AA002851

# 7th CCPS Latin American Conference on Process Safety 2016

Lima, Peru
22 - 23 August 2016

ISBN: 978-1-5108-3212-1

**Printed from e-media with permission by:**

Curran Associates, Inc.
57 Morehouse Lane
Red Hook, NY 12571

**Some format issues inherent in the e-media version may also appear in this print version.**

Copyright© (2016) by AIChE
All rights reserved.

Printed by Curran Associates, Inc. (2017)

For permission requests, please contact AIChE
at the address below.

AIChE
120 Wall Street, FL 23
New York, NY 10005-4020

Phone: (800) 242-4363
Fax: (203) 775-5177

www.aiche.org

**Additional copies of this publication are available from:**

Curran Associates, Inc.
57 Morehouse Lane
Red Hook, NY 12571 USA
Phone: 845-758-0400
Fax: 845-758-2633
Email: curran@proceedings.com
Web: www.proceedings.com

# TABLE OF CONTENTS

## RISK-BASED PROCESS SAFETY



## FIRES, EXPLOSIONS, FACILITY SITING AND QRA



## POSTER SESSION



## PROCESS SAFETY CULTURE



## PHA / LOPA/ RISK MANAGEMENT

## NETWORKING LUNCH



## KEYNOTE SESSION II



## RISK BASED PROCESS SAFETY - METRICS



## RELIABILITY & MECHANICAL INTREGRITY

**Does Process Safety Really Matter in Colombia?**

Herrick, D. E., Universidad de los Andes
Muñoz, F., Universidad de los Andes
Dharmavaram, S., E.I. du Pont de Nemours & Co.
Cadena, J. E., Universidad de los Andes

Colombia does not have the biggest process industry in the world, or even in South America, but it does have a significant number of major hazard facilities with the potential for catastrophic accidents involving large scale loss of life, harm to health and extensive environmental damage. The country boasts two significant petroleum refineries, as well as manufacturing facilities for petrochemicals, synthetic fibers, plastics, herbicides, and rubber. These processes have the potential to cause fires, explosions, or toxic releases of chlorine, ammonia, hydrogen fluoride, among others. Management of process safety by government and industry is in its infancy compared with more developed countries, so it is important to know the context of the industry as a basis for development of government regulations and corporate policies.

7TH CCPS LATIN AMERICAN CONFERENCE ON PROCESS SAFETY

# Principios Básicos para Evaluar los Riesgos de Procesos

***Eduardo M. Francisco***
*DuPont, Global Center of Excellence in SHE*
*1007 Market St, D12022-2*
*Wilmington, DE 19898 U.S.A.*
*eduardo.m.francisco@dupont.com*

***S. Dharmavaram***
*DuPont Engineering Research and Technology*
*1007 Market St, D12022-2*
*Wilmington, DE 19898 U.S.A.*
*seshu.dharmavaram@usa.dupont.com*

Copyright © 2012 by E. I. du Pont de Nemours & Company. Todos los derechos reservados.

Preparado para su presentación en el
7th Latin America Congress on Process Safety
Lima, Peru
Agosto 21-23, 2016

NO PUBLICADO

AIChE no será responsable de las manifestaciones u opiniones contenidas
en los documentos impresos o en sus publicaciones

# Principios Básicos para Evaluar los Riesgos de Procesos

**_Eduardo M. Francisco_**
*DuPont, Global Center of Excellence in SHE*
*1007 Market St, D12022-2*
*Wilmington, DE 19898 U.S.A.*
*eduardo.m.francisco@dupont.com*

**_S. Dharmavaram_**
*DuPont Engineering Research and Technology*
*1007 Market St, D12022-2*
*Wilmington, DE 19898 U.S.A.*
*seshu.dharmavaram@usa.dupont.com*

**Keywords:** intrinsic hazards assessment, toxicity, flammability, explosivity, dust, chemical reactivity, process safety information

## Abstract

In Latin America, recently, a number of process incidents has been occurring and most of them occurred due to a lack of general understanding of process hazards and lack of basic hazards assessment. This lack of general understanding lead to the absence of or inadequate Process Hazards Analysis (PHA) and consequently to provide appropriate safeguards for minimizing process risks. Comprehensive assessment of intrinsic hazards that are present in a chemical process or facility is one of the first steps necessary in documenting process safety information and technology. When conducting PHAs requires much more than just a review of the Material Safety Data Sheets (MSDSs) of materials used in the process. This paper reviews practical approaches for conducting and documenting hazard assessments for flammable, toxic, dust, chemical reactivity, and other process hazards in a typical process boundary as reflected in Process Safety Management (PSM) training at DuPont that can be useful for Latin America Chemical Industry process safety.

## 1. Introducción

***Un riesgo de proceso es como un animal salvaje atrapado en una jaula, donde las consecuencias de una fuga accidental pueden ser devastadores.*** El peligro puede ser debido a una sustancia química / mezcla tóxica, una sustancia química / mezcla inflamable, un polvo combustible, una mezcla reactiva, y / o la energía (a partir de una acumulación de presión, reacción química, deflagración, etc.) que debe ser bien entendido, incluso cuando estén contenidos. Las consecuencias de la liberación (pérdida de contención) de estos peligros pueden ser graves lesiones, pérdidas de negocio, y el daño ambiental. Por lo tanto, siempre es importante entender la ***naturaleza*** del riesgo de proceso (es decir, **¿qué clase de animal**) y el ***nivel*** de riesgo (es decir, cuan **peligroso** que es el animal) como una parte esencial de cualquier programa de gestión de seguridad de procesos (PSM).

Un estudio detallado y la comprensión de los riesgos del proceso deben desarrollarse, de lo contrario no serán tomados en consideración y darán lugar a incidentes en los procesos graves y lesiones [1]. Peligros de proceso están casi siempre presentes en los procesos de fabricación de productos químicos, a menos que sean eliminados o minimizados mediante un diseño adecuado, incluyendo la aplicación de la tecnología inherentemente más segura o otros enfoques parecidos. Un riesgo de proceso se puede definir como una condición física o química que tiene el potencial de causar daños a las personas, las instalaciones o el medio ambiente [2]. Una evaluación del peligro intrínseco (IHA) es una herramienta que se utiliza para entender y documentar los peligros y es diferente de análisis de consecuencias, donde se determinan los impactos de los eventos de fallas catastróficas. También es diferente de la evaluación de identificación de peligros y riesgos llevada a cabo en el Análisis de Riesgos del Proceso (PHA), donde la atención se centra en la identificación de los riesgos relevantes, la realización de un análisis de riesgos, y asegurar la existencia de capas de protección suficientes para minimizar el riesgo de procesos. Riesgos de los procesos, por lo tanto, son diferentes de los peligros del proceso. Un peligro de proceso puede ser muy alto, pero el riesgo de proceso todavía puede ser minimizado por lo que el riesgo real de una liberación no deseada o otro evento puede ser bastante bajo. Se requiere conocimiento de los peligros de procesos y eventos de liberación relacionados, de manera que las salvaguardas apropiadas se pueden implementar para minimizar el riesgo de procesos.

El punto clave a recordar es que la IHA debe venir antes de PHA. IHA es parte del elemento de información tecnología de proceso del gerenciamiento de seguridad de los procesos (PSM). Si este trabajo de base no se hace, o no se hace así, entonces la PHA no podrá contar con información potencialmente esencial que puede provocar o contribuir a la evaluación y gestión de riesgos san ineficaces, el resultado puede ser como la liberación accidental de un animal salvaje desde su jaula, que tal vez no sea peligroso, pero en la mayoría de los casos, es más probable. Un enfoque sistemático de la IHA se introduce en este trabajo para la evaluación de riesgos de proceso, de maneras que la naturaleza del animal pueda ser bien conocida y comprendida por el equipo de PHA, permitiendo que las garantías adecuadas que debe proporcionarse a mantener al animal enjaulado en un nivel de riesgo tolerable y para prevenir las posibles consecuencias de la liberación.

## 2. Evaluación de Riesgos intrínseca (IHA)

Una evaluación sistemática de los peligros intrínsecos de proceso es uno de los primeros pasos necesarios antes de analizar riesgos y consecuencias. Muchas de las regulaciones gobernamentales en el mundo (por ejemplo, SEVESO II en Europa, en el Reino Unido, OSHA1910.119 en el EE.UU.) requieren una evaluación exhaustiva de los riesgos y es necesario para la identificación de los posibles escenarios de incidentes, que proporcionan una vía de exposición a los efectos peligrosos de los materiales y las condiciones de procesamiento implicados a una comprensión completa de los riesgos del proceso.

En las normas globales de PSM de DuPont y en las disposiciones legales vigentes en algunos países de América Latina como del Ministerio de Trabajo de Brasil Norma 20 requiere que una evaluación completa de los riesgos del proceso se lleve a cabo como parte de la tecnología de proceso o de información de seguridad de procesos (PT / ISP) elemento del programa general del PSM. Además, en algunos países de América Latina, esta evaluación también se ha requerido como parte del proceso de concesión de licencias por agencias medioambientales.

En la compilación completa de la documentación de PSI PT precisa estar por escrito acerca de los peligros del proceso, la base de diseño de procesos y base de diseño de equipos y que se considera esencial para la aplicación efectiva del programa general del PSM y aun para la realización de los PHA para la gestión del riesgo. La compilación de PT / ISP proporciona la información necesaria para una variedad de usuarios, incluyendo el equipo de PHA, así como aquellos que desarrollan los procedimientos operativos y programas de formación, los administradores de contratos y contratistas que van a trabajar en un área de proceso, aquellos que llevan a cabo una revisión de pre-arranque y planificadores de preparación de respuesta a emergencia.

En muchos casos, una ficha de datos de seguridad del material (MSDS) preparado por un fabricante de un producto químico específico tiene información sobre algunos de los datos pertinentes. La calidad de la información en las MSDS, sin embargo, es bastante variable. El uso de las MSDS lleva a compilar y comprender información sobre los peligros de proceso dentro de un límite y es generalmente inadecuada y además debe ser complementada con otras fuentes de datos. Centrándose en las propiedades específicas del material la MSDS no proporciona información suficiente para la evaluación de los riesgos inherentes a un proceso, en especial respecto a la reactividad química donde las interacciones químicas son importantes. Todos los productos químicos, los materiales, las condiciones de la química y de operación (temperatura, presión, concentración, etc.) dentro de los múltiples límites del proceso en una instalación típica de fabricación deben ser evaluados para asegurar la documentación adecuada para la compilación de la tecnología de proceso / PSI PT. En América Latina el uso de la MSDS está muy extendida en toda la región. Sin embargo, en la mayoría de los casos, el idioma de la MSDS es diferente del país de uso, teniendo en cuenta el país de origen, donde se produjo la sustancia química. Por lo tanto, la traducción del MSDS es necesaria y es bien conocida las dificultades relacionadas con traducciones que también se hacen presentes

En una planta química, hay una gran variedad de posibles riesgos de proceso, tales como toxicidad, inflamabilidad, reactividad química, polvo, y la capacidad explosiva, desde la manipulación, procesamiento y almacenamiento de productos químicos y otros materiales. Para evaluar sistemáticamente los riesgos del proceso, es necesario en primer lugar definir los límites del proceso dentro de una planta química. Estos límites de proceso pueden corresponder a los utilizados en las PHA o a otras partes apropiadas de la instalación. Dentro de un límite de proceso, una lista completa de todas las materias primas, productos intermedios, productos, servicios públicos y otros materiales utilizados debe ser compilado. En una lista de este tipo, es importante mantener también un registro de las cantidades, las tasas, el estado (vapor / líquido / sólido), composiciones, etc., según sea apropiado. En América Latina, en algunos países a nivel nacional, al igual que en Brasil, los requisitos legales (Ministerio del Medio Ambiente norma) requiere el informe de la lista de productos químicos que se manejan en base anual.

El nivel y naturaleza del peligro variarán en diferentes límites del proceso en función de las cantidades de productos químicos manipulados, las propiedades intrínsecas del material y las condiciones de funcionamiento. Un área de tanques que contiene una variedad de productos químicos almacenados en forma de líquidos en condiciones ambientales tendrá un riesgo significativamente diferente de un edificio de fabricación que tiene algunas de las mismas sustancias químicas en tuberías y recipientes como vapores en mezclas a alta temperatura y presión. Del mismo modo, un tanque que contiene amoniaco anhidro en forma de líquido a presión tiene un nivel mucho más alto de peligro de tuberías y columnas que contienen amoníaco acuoso al 20% en peso. También debe tenerse en cuenta la posibilidad de que los productos químicos y materiales de un proceso de límite entre inadvertidamente en otra frontera proceso, la posibilidad de introducir nuevos riesgos o contraindicaciones que deben ser evaluados.

El propósito de la IHA es definir la naturaleza / tipo y niveles de todos los riesgos de proceso dentro de cada uno de los límites del proceso en una planta de fabricación. Un sistema de puntuación de nivel de peligro se debe utilizar en base a una escala general idéntica a la utilizada para la NFPA H / F / R de puntuación [3] para los materiales individuales: 0 (ninguno), 1 (baja), 2 (Medio), 3 (alta) y 4 (muy alto). La tabla 1 muestra una manera sencilla de resumir la IHA para un límite de proceso (vasos y conductos de alimentación, por ejemplo, mezclando) donde se manejan algunos productos químicos tóxicos y inflamables y pequeñas cantidades de polvos combustibles

Una parte clave de la IHA está tomando una visión amplia de los riesgos del proceso examinado una variedad de propiedades físicas y químicas y luego formando una puntuación compuesta nivel de peligro. El uso de una puntuación compuesta asegura una visión global del riesgo de proceso utilizando múltiples fuentes y tipos de datos para asegurar la integridad. Se proporcionan más detalles en las secciones restantes de evaluación y documentación de los distintos tipos de riesgos de proceso. Una discusión adicional está disponible en otra parte [4].

| ***Tipo*** <br> ***Nivel*** | ***Toxicidade*** | ***Flamabilidad/ Explosividad*** | ***Reactividad Quimica*** | ***Polvo*** | ***Otro*** |
|---|---|---|---|---|---|
| 4 – Muy alto | | X | | | |
| 3 – Alto | X | | | | |
| 2 – Mediano | | | | X | |
| 1 – Bajo | | | X | | X |
| 0 – Ningun | | | | | |

**Tabla 1: Tabla resumen de la evaluación de un límite de peligro de proceso específico.**

## 3. Toxicidad

La toxicidad es el grado en que un producto químico después de la exposición puede causar daño a cualquier organismo vivo [5]. Los efectos de toxicidad se basan en la concentración y tiempo de exposición. La principal preocupación desde la perspectiva del riesgo proceso es el impacto de toxicidad aguda resultan de la exposición a corto plazo debido a una liberación accidental de materiales peligrosos. impactos crónicos / Toxicidad subcrónica, un enfoque de salud en el trabajo, son de mayor preocupación por el impacto ambiental a largo plazo o la exposición de los trabajadores derivados de liberaciones continuas a partir de una planta química, donde las duraciones de exposición son largos. En la evaluación de los riesgos de toxicidad, es más importante centrarse en el desarrollo de una comprensión de los efectos de toxicidad aguda en las personas, al tiempo que observa otros impactos ambientales, en su caso. Mientras que las MSDS para un producto químico podrían proporcionar alguna información acerca de los efectos de toxicidad, esta información a menudo no es completa y por lo general no incluye información sobre las concentraciones requeridas para evaluar la exposición aguda

Importantes parámetros de toxicidad incluyen:

- **Concentraciones Toxicas Agudas.** La mejor fuente de información sobre la concentración de toxicidad aguda y efectos son las Concentraciones para Planificación de Respuesta a Emergencias (ERPG), y las concentraciones del Nivel de Referencia de Exposición Aguda (AEGL). Las concentraciones ERPG / AEGL son desarrollados por los toxicólogos utilizando una amplia gama de datos toxicológicos disponibles para determinar conservadoramente los niveles de concentración que puedan afectar a la población en general y susceptibles a la exposición aguda. Una concentración AEGL-x (como concentración ERPG), se define como la concentración en el aire (en ppm o mg / m3) de una sustancia por encima de las que se predice que la población general, incluyendo individuos susceptibles, podría experimentar:

  - 1, leves efectos adversos sobre la salud y a corto plazo san reversibles

  - 2, efectos adversos irreversibles o graves para la salud

  -3, la muerte o efectos que amenazan la vida

  Los valores de concentración que son más adecuados en función de la evaluación de los riesgos de toxicidad son los AEGL-2 / ERPG-2 para los efectos de lesiones y AEGL-3 / ERPG-3 para los efectos que amenazan la vida. En DuPont, concentraciones equivalentes a ERPGs / AEGL se desarrollan y se ponen a disposición para su uso por un comité interno de toxicólogos.

- **Escores de Salud de la NFPA - NFPA Health Scores.** La Agencia Nacional de Protección contra Incendios (NFPA) en los EE.UU. publica la Guía de protección contra incendios [3], que incluye un puntaje de Salud que es en una escala de 0 a 4 para una variedad de productos químicos. Esta calificación ha sido muy útil desde el punto de vista de respuesta de emergencia y se clasifica basado en efectos sobre la salud de la siguiente manera: 0 (ninguno), 1 (leve), 2 (moderada), 3 (grave), y 4 (Extrema).

- **Indice de Peligro de la Substancia - Substance Hazards Index.** En DuPont, un enfoque centrado PSM se ha desarrollado para la gestión de los riesgos de los materiales altamente tóxicos. Un material altamente tóxico es uno que tiene un índice de riesgo alto sustancia (SHI), que se determina como sigue:

$$SHI = \{Presion\ de\ Vapor\ (en\ atm\ @\ 20\ ^{o}C) \times 1E{+}06\} / \{ERPG\text{-}3\ en\ ppm\}$$

Al evaluar el nivel de toxicidad en general, la información sobre los niveles de concentración de interés (ERPG-3, AEGL-3, o equivalente), NFPA puntaje de salud, y el SHI puede ser utilizado para determinar el nivel de riesgo de toxicidad compuesta dentro de un límite proceso. El nivel de riesgo global, utiliza la misma escala desarrollada para la puntuación de Salud de la NFPA, basado en la media de las puntuaciones de los parámetros individuales, y se pueden clasificar de la siguiente manera: 0 (ninguno), 1 (baja), 2 (Medio), 3 (alta) y 4 (muy alto).

## 4. Inflamabilidad & Explosidad

### Inflamabilidad

Inflamabilidad es una propiedad de los productos químicos que proporciona una indicación del potencial para la ignición y la quema de [6]. El grado de inflamabilidad se determina mediante el ensayo por protocolos estándar. Para los productos químicos que son inflamables, hay una variedad de parámetros que son útiles en la evaluación de los riesgos, con un enfoque en daños a las personas, lesiones de grado 2 a 3 de quemaduras por exposición. Una MSDS o Tarjeta Internacional de Seguridad Química pueden contener algunos de los datos pertinentes como puntos de inflamación, límites de inflamabilidad, temperatura de auto-ignición, y los productos de la combustión. Sin embargo, es importante verificar y confirmar estos datos desde múltiples fuentes.

Importante parametros de flamabilidad incluyen:

- **Flash Point.** La NFPA hace una distinción entre los líquidos inflamables y combustibles en base al punto de ebullición y punto de inflamación. Punto de inflamación es la temperatura más baja por encima del cual un producto químico puede vaporizar para formar una mezcla inflamable con el aire. Líquidos por debajo de un punto de inflamación de 100 ° F se consideran de clase I líquidos inflamables, líquidos con puntos de inflamación de entre 100 a 140 ° F son considerados Clase II líquidos combustibles y líquidos con puntos de inflamación superiores a 140 ° F son considerados Clase III líquidos combustibles. El punto de inflamación se utiliza como un parámetro principal para la medición de inflamabilidad.

- **NFPA Fire Score.** La NFPA también ha publicado un índice de fuego o de inflamabilidad que es en una escala de 0 a 4 para una variedad de productos químicos [3]. Esta puntuación es útil desde el punto de vista de respuesta de emergencia y se clasifican en función de los impactos de la siguiente manera: 0 (ninguno), 1 (leve), 2 (moderada), 3 (grave), y 4 (Extreme). La puntuación de la NFPA de inflamabilidad, cuando sea posible, se debe documentar para los productos químicos dentro de un límite de proceso.

Al evaluar los riesgos de inflamabilidad, la información sobre el punto de inflamación y el score NFPA inflamabilidad se usan para determinar el nivel de riesgo de inflamabilidad compuesta dentro de un límite proceso. Las condiciones de funcionamiento (por ejemplo, temperatura, presión) siempre deben ser usados en la determinación de peligros: un líquido que puede ser considerado como combustible durante el almacenamiento en condiciones ambientales podrían muy bien ser inflamable en un límite de proceso diferente, donde la temperatura de funcionamiento está por encima del punto de inflamación. La puntuación global nivel de peligro es idéntico a la norma NFPA de inflamabilidad de puntuación y se pueden clasificar de la siguiente manera: 0 (ninguno), 1 (baja), 2 (Medio), 3 (alta) y 4 (muy alto).

## Explosividad

La explosividad se puede ver como la medida a la que una mezcla de combustible y oxidante es explosivo. peligro de explosión pueden resultar de la presencia de productos químicos inflamables o polvos combustibles en concentraciones inflamables en un ambiente confinado y / o congestionada dentro o fuera de los equipos [6]. El confinamiento y la congestión causan una llama para acelerar lo que resulta en una deflagración. En algunos casos, se puede producir la detonación que hace que la generación de una mayor sobrepresión y el impulso de la onda de choque.

Para que ocurra una explosión, la concentración de combustible tiene que estar dentro de límites inflamables, la concentración de oxidante tiene que ser suficiente para soportar la combustión, una fuente de ignición tiene que estar presente, y se requieren típicamente la congestión y el confinamiento, en función de las características específicas de combustible. La presión de deflagración máxima y la tasa de aumento de presión son parámetros importantes que pueden ser medidos por una variedad de combustibles. Una vez que un combustible se inflama, la tasa de aceleración de la llama determina la presión máxima generada en un ambiente confinado y congestionado. La velocidad de combustión de un material es una medida de la velocidad de propagación de la llama que puede ocurrir. La velocidad laminar de quema (LBV) está disponible para varios productos químicos inflamables [7], y es una medida de cómo un material reactivo puede ser en términos de generación de altas presiones de deflagración y aumento del ritmo de aumento de presión

Si los productos químicos inflamables o productos químicos combustibles se manejan por encima de su punto de inflamación dentro de equipo, entonces el potencial de la deflagración o detonación interna también está siempre presente. El nivel de riesgo de explosividad, de tal situación, debe considerarse como 3 (alto) o 4 (muy alto). explosiones de nubes de vapor pueden ocurrir cuando la liberación de una sustancia química inflamable / mezcla (de una cierta masa inflamable) se encuentra en un volumen confinado o congestionada. La información tal como la LBV de una sustancia química y los niveles de confinamiento y la congestión se puede utilizar para determinar cuál podría ser el nivel de riesgo global.

Las explosiones pueden también resultar de la explosión de un recipiente causada por un aumento rápido de la presión. La acumulación de presión podría ser el resultado del calentamiento del buque sin control, una reacción química controlada, insuficiencia de los reguladores de presión, la deflagración de polvos combustibles, o la deflagración de vapores inflamables dentro de tubos / equipo. Si la presión en el interior del buque es superior a la presión máxima de trabajo, entonces es posible ruptura de los vasos, lo que resulta en la propagación de una onda expansiva. Un aumento rápido de la temperatura y la presión de un fuego debajo de un contenedor también puede conducir a un líquido en ebullición en expansión explosión nube de vapor (BLEVE) si el material en el recipiente es un líquido bajo presión a una temperatura superior a su punto de ebullición. Si se produce un BLEVE, una bola de fuego se forma típicamente conduce a potenciales impactos de radiación térmica. La determinación del nivel global de riesgo de explosividad para las explosiones de vasos, explosiones de nubes de vapor y BLEVEs y la puntuación correspondiente es idéntica a la norma NFPA de inflamabilidad de puntuación y se pueden clasificar de la siguiente manera:

0 (ninguno),
1 (baja),
2 (Medio),
3 (Alto),
4 (Muy alto).

El riesgo de explosividad y de los límites del proceso donde se manipula el polvo combustible está cubierto en la Sección 6 más adelante.

## 5. Reactividad Quimica

El peligro de reactividad química es un peligro que resulta de las reacciones químicas no controladas en cualquier equipo dentro de un límite de proceso [8]. Una reacción química exotérmica conduce a la liberación de calor y un aumento en la temperatura y de la presión. Una reacción química endotérmica podría conducir a la generación de productos que son inestables y o gases que provocan un aumento de presión. Un ejemplo de una reacción exotérmica es una reacción de polimerización incontrolada que podría ocurrir en un contenedor de almacenamiento o de otro buque que lleva a un aumento rápido de la temperatura y la presión.

- **Tipos de Reacciones.** Las reacciones exotérmicas son por lo general de mayor preocupación que las reacciones endotérmicas. Por lo tanto, el primer paso en la evaluación de la reactividad química del peligro consiste en identificar las posibles reacciones químicas no controladas que pueden ocurrir. Estas son reacciones a menudo secundarios que pueden no ser normal dentro del límite de proceso y que podría ocurrir debido a incluso pequeños cambios en las condiciones de funcionamiento (es decir, presión, temperatura, composición, etc.) o de la mezcla inadvertida de materiales. Cada reacción de preocupación dentro de un recipiente de proceso debe ser evaluado para determinar el nivel potencial de peligro.

Como la polimerización, hay muchas otras reacciones (por ejemplo, la oxidación, nitración, hidrogenación, etc.) que son altamente exotérmica, mientras que otros (por ejemplo, isomerización, electrólisis) son bajos en la escala exotérmica. Basándose en el tipo de reacción, la naturaleza exotérmica puede utilizarse para determinar el nivel de riesgo en una escala de 0 a 4. Si alguna de reacción (exotérmica o endotérmica) puede generar un gas el nivel de riesgo se considera 3 (alta) a (4) Muy alta debido a la posibilidad de aumento de presión rápida.

- **Escore NFPA de Instabilidad - NFPA Instability Score.** La NFPA también ha publicado un índice de reactividad / inestabilidad que está en una escala de 0 a 4 para una variedad de productos químicos [3]. En esta puntuación se clasifican en función de los impactos de la siguiente manera: 0 (ninguno), 1 (leve), 2 (moderada), 3 (grave), y 4 (Extreme). Para cada reacción específica, el Escore NFPA de Instabilidad, cuando esté disponible, debe ser documentado para todos los reactivos y productos. Cuando una puntuación NFPA no está disponible, una puntuación equivalente por lo general se puede determinar en base a la estructura de la molécula química.

- **Calor de Reaccion.** Para cualquier reacción, el calor de reacción es una medida potencial del peligro. En muchos casos, se puede estimar utilizando los calores de formación de cada uno de los reactivos y productos. Si el calor exotérmico de la reacción, expresado (como un número positivo) por lo general como calorías por gramo de masa de reacción, es mayor que 300 cal / g, entonces el nivel de peligro es considerado como 4 (muy alto) y si es menos de 20 cal / g el nivel de peligro es de 1 (bajo). Si una reacción (exotérmica o endotérmica incluso) puede generar un gas el nivel de riesgo se considera 3 (alta) a 4 (muy alto).

- **Aumento de Temperatura Adiabática y la Tasa de Auto Calor.** Una vez que el calor de la reacción se encuentra disponible a través de la estimación o medición usando métodos colorimétricos, que puede ser utilizado para estimar el aumento de temperatura adiabático. aumento de la temperatura adiabática se puede calcular utilizando el calor total generado en una reacción, la masa de reacción, y la capacidad calorífica de la mezcla. Además del aumento de temperatura adiabático, la tasa de calor mismo es otro parámetro importante que se puede utilizar para determinar el nivel de riesgo, que tiene que ser medida o puede ser estimada en base al tipo de reacción. La velocidad de reacción, que es una medida cinética, es también importante además del calor de reacción que es una medida termodinámica.

- **Temperatura de Inicio - Onset Temperature.** Para las reacciones exotérmicas, la temperatura a la que se produce el inicio de una reacción exotérmica es otro parámetro importante. Este es un valor que tiene que ser medida utilizando métodos calorimétricos. La relación de la temperatura de inicio a la temperatura típica de proceso también se puede utilizar para estimar el nivel de riesgo.

Al evaluar peligros de reactividad química, por lo tanto, la información sobre el tipo de reacción, la inestabilidad Score NFPA, el calor de reacción, temperatura de inicio exotermia, aumento de temperatura adiabático, la tasa de calor auto, etc., se pueden usar para determinar el nivel de material compuesto de producto químico peligro de reactividad dentro de un límite proceso. La puntuación es el nivel de riesgo en una escala idéntica a la inestabilidad Puntuación NFPA y se pueden clasificar de la siguiente manera: 0 (ninguno), 1 (baja), 2 (Medio), 3 (alta) y 4 (muy alto). También hay que señalar que la alta temperatura y la presión a partir de reacciones químicas no controladas podrían conducir a una explosión recipiente (un riesgo de explosividad) y la posterior pérdida de contención de los contenidos, resultando en lesiones de la exposición adicional tóxico, fuego, y / o explosiones.

## 6. Polvos

Los riesgos de incendio y explosión pueden existir en el manejo de polvos combustibles finos en el equipo o la liberación de una nube de polvo combustible en un ambiente confinado y / o congestionada [6]. El confinamiento y / o la congestión provoca una llama para acelerar lo que resulta en una deflagración. De acuerdo con la norma NFPA-654, polvo combustible se define como "un material particulado sólido combustible que presenta un riesgo de incendio o de deflagración cuando se suspenden en el aire o algún otro medio oxidante en un rango de concentraciones, independientemente del tamaño o forma de la partícula." Lo más natural y sintética materiales (por ejemplo, cereales, azúcar, harina, muchos plásticos), algunos metales (por ejemplo, aluminio, magnesio), y una variedad de polvos químicos pueden formar nubes de polvo combustible. óxidos estables (por ejemplo, $SiO_2$, $TiO_2$, $CaCO_3$), por otra parte, no representan un riesgo de explosión de polvo.

Para una explosión de polvo que se produzca, el polvo debe ser combustible y el aire, la concentración tiene que ser por encima de la concentración explosiva mínima (MEC), la concentración de oxidante tiene que ser suficiente para soportar la combustión, y una fuente de ignición tiene que estar presente. La energía mínima de ignición (MIE) requerida para la ignición de una nube de polvo combustible es típicamente un orden de magnitud mayor que la de los gases / vapores inflamables.

La presión máxima deflagración y la tasa de aumento de presión son parámetros importantes que pueden ser medidas para polvos. Una vez que un combustible se inflama la tasa de aceleración de una llama determina la presión máxima generada en un ambiente confinado y congestionado. Las tasas de aumento de presión y volumen de expansión se combinan para proporcionar una medida de la extensión de la explosión. Esta medida se denomina índice deflagración que se expresa de la siguiente manera:

$$K_{st} = V^{1/3} * (dP / dt)_{máx}$$

Donde P es la presión en bares, t es el tiempo en segundos, V es el volumen en $m^3$, y $K_{st}$ es el índice de deflagración en el bar-m / s. Algunos valores $K_{st}$ para polvos están disponibles [7], pero por lo general es mejor para medirlos. kst valores se utilizan normalmente para clasificar polvos en diferentes clases de peligro, a veces se hace referencia como St-1, ST-2 y ST-3 que corresponde a baja, media y alta. Para polvos, el tamaño de partícula puede tener un impacto significativo en Kst y los otros parámetros tales como MIE, MEC, etc., y debe ser bien entendido de evaluar con precisión los peligros del polvo.

Para evaluar los riesgos de explosividad del polvo, es importante conocer la cantidad de polvos manejado, el tamaño de partícula más pequeña (o la distribución de tamaño de partículas), las condiciones mínimas concentración explosiva (MEC), Kst, y de proceso. explosiones de polvo secundario, donde el polvo se distribuyen en el aire de un evento del proceso de iniciación, son a menudo más devastador que las explosiones de polvo primarias. El confinamiento y la congestión dentro de edificios en los que puede acumular polvo en las superficies, por lo tanto, deben también ser evaluados. Además, si polvos combustibles finos se manejan dentro de equipos (por ejemplo, colectores de polvo) en un límite de proceso, por encima de MEC, el potencial de deflagración interna está siempre presente.

Para cualquier frontera de los procesos en que se manipulan polvos combustibles, dentro o fuera de los edificios y equipos, la información disponible mencionada anteriormente se debe utilizar para determinar el nivel de riesgo general. La puntuación de nivel de riesgo del polvo de material compuesto se determinó a través de la escala de la NFPA de inflamabilidad de puntuación y se pueden clasificar de la siguiente manera: 0 (ninguno), 1 (baja), 2 (Medio), 3 (alta) y 4 (muy alto).

## 7. Otros Peligros de Proceso

Otros riesgos de proceso son aquellos que no pueden ser fácilmente clasificada en la toxicidad, inflamabilidad, reactividad química, y los peligros del polvo. Incluyen los peligros de alta equipos rotativos de energía (como compresores, turbinas, bombas grandes, centrífugas, etc.), riesgos de los materiales extremas de calor o frío de temperatura que de otra manera no son peligrosos (por ejemplo, vapor), los peligros de ambientes con poco oxígeno, los peligros de alta presión o de vacío, etc. Muchos otros peligros, tales como los peligros mecánicos asociados a equipos de movimiento de menor energía, las fuerzas de infraestructura (por ejemplo, equipos de colapso), peligros de energía eléctrica, los riesgos de radiación ionizante, riesgos de ruido y los riesgos ambientales se consideran por lo general "los riesgos generales" en lugar de "los riesgos del proceso." la mayoría de ellas están en el ámbito de los programas ambientales y de seguridad en el trabajo, higiene industrial.

Para un límite de proceso, una vez que los tipos de otros peligros de proceso se han identificado una combinación de los niveles relevantes de interés, y cualquier otra información disponible se debe utilizar para determinar los niveles globales de riesgo que están presentes. La puntuación nivel de riesgo sería en una escala idéntica a la utilizada para la NFPA Puntuación y se pueden clasificar de la siguiente manera: 0 (ninguno), 1 (baja), 2 (Medio), 3 (alta) y 4 (Muy Alta). Véase la Tabla 1.

## 8. Sumario

Un riesgo de proceso es una condición física o química que tiene el potencial de causar daños a las personas, las instalaciones o a el medio ambiente. ***Un riesgo de proceso es como un animal salvaje atrapado en una jaula, donde las consecuencias de un evento de liberación pueden ser devastadores. Siempre hay que entender todos los tipos y niveles de riesgos en cada parte de un proceso de fabricación.***

Actualmente se encuentra en su etapa de desarrollo, la industria química en América Latina sigue buscando sistemas exitosos y completos para identificar y comprender los riesgos del proceso.

Todos los diferentes tipos de riesgos de proceso en cada límite de proceso, tales como toxicidad aguda, inflamabilidad, explosividad, reactividad química, el polvo y otros, deben ser evaluados y documentados. Es importante tener en cuenta todos los productos químicos, los materiales, las condiciones de la química y de operación (temperatura, presión, concentración, etc.) dentro de los límites del proceso múltiples en una instalación típica de fabricación. Una evaluación completa peligros intrínsecos de riesgos de proceso, utilizando los métodos presentados en este trabajo es el más recomendado para llevar a cabo como parte de la tecnología de proceso o tratar datos de seguridad (PT / ISP) elemento del programa general del PSM y no debe ser relegado al equipo de PHA.

El propósito de una evaluación de los riesgos intrínsecos es definir la naturaleza / tipo y niveles de todos los riesgos de proceso dentro de cada uno de los límites del proceso en una planta de fabricación. Un sistema de puntuación de nivel de peligro se debe utilizar en base a la escala utilizada para la NFPA Salud / Fuego / Inestabilidad La puntuación para cada material por separado. Los niveles de riesgo de proceso en un límite de proceso, entonces se pueden clasificar de la siguiente manera: 0 (ninguno), 1 (baja), 2 (Medio), 3 (alta) y 4 (muy alto).

## Referencias


[1] Atherton, John and Frederic Gil, *Incidents That Define Process Safety*, Center for Chemical Process Safety, Center for Chemical Process Safety, John Wiley & Sons, 2008

[2] Center for Chemical Process Safety, *Guidelines for Hazard Evaluation Procedures*, 3rd Edition, John Wiley & Sons, 2008

[3] NFPA, Fire Protection Guide to Hazardous Materials, A.B. Spencer and G.R. Colona Editors, 13th Edition, 2002

[4] S. Dharmavaram and J. A. Klein, "Using Hazards Assessment to Prevent Loss of Containment, " ***Process Safety Progress***, Vol. 29, No. 4, p. 308-312, Dec. 2010

[5] Medical Dictionary, 3rd Edition, Wiley Publishing, Inc., 2008

[6] Center for Chemical Process Safety, *Guidelines for Evaluating the Characteristics of Vapor Cloud Explosions, Flash Fires, and BLEVEs* , AICHE, 1994

[7] NFPA, Fire Protection Handbook, Volumes 1 and 2, 20th Edition, 2008

[8] Johnson, Robert W., Steven W. Rudy, and Stephen D. Unwin, *Essential Practices for Managing Chemical Reactivity Hazards*, AICHE, 2003

**Process Safety Reflection at Site (PSRS)**
Thilag, S., Indian Additives Limited

For Process Safety professionals, it has been a great challenge in a production environment to engage and educate people to improve Process Safety awareness. In our organization, we tried a balanced approach between an audit and training.

The process is quite simple: a team of multifunctional people are gathered at site and pick up a small section of unit or set of equipment under scope for discussion. The team will go through a chat on various Process Safety aspects for the small scope under consideration. The various aspects include applicable Process Safety elements such as Mechanical Integrity, Management of Change, Pre-Startup Safety Review, Process Safety Information, Operating Procedures, Training, Contractor Management, Incident investigation review. Pictures will be taken and key notes will be taken by the members. While doing this exercise at field, at the working level, people get an opportunity to relate and reflect at field what Process Safety really means to them and how it is related to their day to day life.

The observations and â??reflectionsâ?□ by the members are then discussed and clarified within the team. Key â??Take-awayâ?□s and only the critical & actionable items are documented in the form of a report with pictures and circulated to the respective stake holders including the top management. The report helps in improving the awareness among the other members of the organization and the top management to understand the â??actualâ?□ implementation of Process Safety practically in the field and it is a direct reflection of the present status.

In the report, scores are given to each Process Safety elements and evaluated to understand the key areas to focus. The identified areas to focus (for e.g. Asset Integrity, Contractor Management) are taken as important Process Safety goals in the next yearsâ?? annual plan and budgeted accordingly.

The key differences between an audit or training and this PSRS process are:

- There are neither auditors nor auditees, neither trainer nor trainees but all are team members; more room for two way communication and open discussions.
- No follow-up action is imposed on the team members, (unless it is critically an unsafe condition); team members feel free to think and raise their queries.
- Indirect, slow and steady way of sharing Process Safety knowledge and culture in to the working level people.

The management and the employees have expressed their individual benefits visibly and endorsed the success of this initiative in our organization.

However, is it practical to have a smooth implementation of any such initiative or program? To know more about Process Safety Reflection at Site (PSRS), please stay tunedâ?

***** Formatting Issue - Best Available Paper/Graphic *****

## Conceptualización De Los Sistemas De protección Contra Incendio En Instalaciones De Hidrocarburos Mediante Los Principios De "Diseño Basado En DesempeñO" y La aplicación De anáLisis Cuantitativos De Riesgos - QRA - Casos y Ejemplos PráCticos

Mata, O. Sr., Solteching

Durante la conceptualizaciÃ³n, el diseÃ±o e implantaciÃ³n de los sistemas de protecciÃ³n contra incendios para instalaciones petroleras, es comÃºn encontrar soluciones sin sustento prÃ¡ctico, en donde la recomendaciÃ³n se basa en; â??porque la norma lo diceâ?□.

Esta situaciÃ³n es un indicativo de la falta de ingenierÃa analÃtica que pueda modelar el tamaÃ±o del problema mÃ¡s que en la simple aplicaciÃ³n de un estÃ¡ndar, que pocas veces es viable para este tipo de escenarios. La consecuciÃ³n de accidentes de proceso en instalaciones de hidrocarburos, en los Ãºltimos aÃ±os, a pesar del gran desarrollo y numeroso cÃºmulo de normas y estÃ¡ndares tÃ©cnicos, ha hecho presumir que la seguridad basada, solo en este modelo de aplicaciÃ³n, comÃºnmente denominada â??seguridad prescriptivaâ?□, no es suficiente para controlar los riesgos de incendio y reducirlos a niveles â??tolerablesâ?□.

Dentro de este enfoque, se establecen soluciones de ingenierÃa y administrativas mediante un marco normativo, estÃ¡ndares y cÃ³digos de carÃ¡cter nacional e internacional aplicables al contexto; este tipo de soluciones son aplicadas en escenarios con situaciones del tipo â??estÃ¡ndarâ?□, es decir, bajo condiciones â??normalesâ?□ o sin grandes cambios; sobre lo que comÃºnmente pasa.

Dentro del marco normativo internacional, basamos nuestras soluciones en instituciones tales como la National Fire Protection Association (NFPA), Factory Mutual (FM), entre otras; mientras que en el marco nacional se toma en consideraciÃ³n las exigencias de la normativa nacional vigente verificando la compatibilidad de las instalaciones con los alcances de cada ley.

Eventualmente, con el propÃ³sito de lograr un Ã³ptimo nivel de seguridad, se podrÃ¡n recomendar procedimientos, instalaciones y equipo que superen las exigencias de tales disposiciones. En estos casos y en la medida de lo posible, se citarÃ¡ como referencia; CÃ³digos, GuÃas, PrÃ¡cticas Recomendadas, Normas TÃ©cnicas o EstÃ¡ndares, emitidos por organizaciones de aceptaciÃ³n internacional o reconocido prestigio. Sin embargo es notorio, que estas prÃ¡cticas, aunque de mucha utilidad para situaciones â??normalesâ?□, no han sido suficientes, para proveer barreras seguras, ante la ocurrencia o apariciÃ³n de factores â??no tradicionalesâ?□, ocasionando graves accidentes con pÃ©rdidas humanas y materiales, asÃ como afectaciÃ³n al medio ambiente.

La ingenierÃa o el diseÃ±o â??basado en desempeÃ±oâ?□ se fundamenta en proveer soluciones a las situaciones en donde el estÃ¡ndar no es aplicable o incluso a situaciones â??normalesâ?□, donde deseamos optimizar la relaciÃ³n costo/beneficio y reducir el

*** Formatting Issue - Best Available Paper/Graphic ***

riesgos hasta donde sea razonablemente â??practicableâ?□, siguiendo el principio ALARP.

Un estudio de ingenierÃa de incendios basado en el desempeÃ±o, tambiÃ©n conocido como estudio prestacional, consiste en la aplicaciÃ³n de criterios de desempeÃ±o en contraposiciÃ³n con el diseÃ±o prescriptivo -que considera un cumplimiento estricto de normas y reglamentos que, en muchos casos, no son directamente aplicables a cada problema especÃfico-.

En este sentido, la aplicaciÃ³n de criterios de desempeÃ±o (por ejemplo, evitar el colapso de la estructura para el incendio real; limitar el daÃ±o del incendio a una zona determinada; bajar el nivel de riesgo un 50%; lograr la evacuaciÃ³n total de personas en el tiempo disponible; no permitir flujos de radiaciÃ³n crÃticos para evitar la igniciÃ³n de determinado material, entre otros), permite lograr diseÃ±os efectivos y eficientes, que abordan directamente el problema especÃfico sin tener que exagerar el costo con medidas poco importantes. Es decir, esta metodologÃa permite abordar cada problema como un caso Ãºnico que requiere un estudio especÃfico, mediante la aplicaciÃ³n del conocimiento cientÃfico y de todas las herramientas de ingenierÃa disponibles, con el fin de lograr mayores niveles de seguridad para las personas y las instalaciones

Para el logro de este objetivo es necesario contar con un estudio de riesgos de incendio, segÃºn normativas vigentes o estÃ¡ndares internacionales, tales como NFPA-551 â??Guide for the Evaluation of Fire Risk Assessmentsâ?□ y prÃ¡cticas de reconocido prestigio internacional como el CCPS perteneciente al AICHE de USA, o la TNO de los PaÃses Bajos, en el cual se determine el grado de posibilidad de ocurrencia de un siniestro/evento de incendio, su severidad y posibilidad de escalamiento (â??efecto dominoâ?□) para lo cual se tomarÃ¡ en cuenta los distintos tipos de emergencias que puedan suscitarse en las instalaciones. Actualmente es necesario conocer como afectaran los distintos tipos de escenarios de incendio a las instalaciones y como funcionarÃan las diferentes estrategias de control.

Por otro lado, para el desarrollo de estos estudios, ademÃ¡s del uso de expresiones matemÃ¡ticas teÃ³rico-experimentales, toma gran relevancia el uso de las simulaciones computacionales para el â??modelamiento de efectos fÃsicosâ?□ de los distintos escenarios de incendio, relacionados en este caso con el manejo, transporte, almacenamiento y procesamiento de hidrocarburos, que si bien, no representan completamente el comportamiento real de lo que se simula, se aproximan bastante a la realidad y permiten analizar las distintas soluciones propuestas mediante la evaluaciÃ³n del cumplimiento de los criterios de desempeÃ±o seleccionados. Entre algunas preguntas interesantes que pueden ser respondidas a travÃ©s de esta metodologÃa se encuentra; Â¿Hasta dÃ³nde llegarÃa la afectaciÃ³n por radiaciÃ³n tÃ©rmica de un tanque de gasolina?, Â¿CuÃ¡l serÃa el Ã¡rea optima a proteger para no desperdiciar recursos valiosos como el agua?, Â¿A quÃ© distancia se incrementa el riesgo de â??efecto dominÃ³â?□?. Â¿CuÃ¡l es la separaciÃ³n adecuada entre equipos para reducir el efecto â??dominÃ³â?□ y reducir la necesidad de protecciÃ³n adicional?. Los estudios de esta naturaleza representan una valiosa herramienta, para optimizar los recursos y diseÃ±ar

***** Formatting Issue - Best Available Paper/Graphic *****

basados en â??riesgoâ?□ y â??desempeÃ±oâ?□, mÃ¡s allÃ¡ de lo indicado por las normas o cÃ³digos aplicables, protegiendo la vida de las personas, los activos y el medio ambiente con una relaciÃ³n costo/beneficio Ã³ptima.

**Relación De Los Procesos De gestión De La Seguridad Basada En Comportamientos Con La Seguridad De Procesos: Experiencias De Un Caso De Estudio**

Montero Martínez, R. D. L. C. Sr.,

Los procesos de Gestión de la Seguridad Basada en Comportamientos (GSBC) han tenido y tienen un alto índice de penetración en todo tipo de industrias, como es conocido su foco clásicamente ha estado dirigido a evitar los accidentes personales más que los accidentes mayores, el cual es el foco de la Seguridad de Procesos (SP). Ambos tipos de accidentes tienen en general causas raíces diferentes y sería de suponer que la GSBC y la SP tendrían poco en común. El objetivo de este trabajo es demostrar lo contrario y explicar cómo se produce una sinergia entre ambos conceptos ejemplificando a través de un caso de estudio.

*** Formatting Issue - Best Available Paper/Graphic ***

**CCPS Process Safety Metrics A Global Approach**

Nara, L., AIChE/CCPS

The use of global metrics is essential for companies and industries who strive to understand their process safety incidents and to improve performance. These metrics are an important component in the comparison and evaluation of site to site, or unit to unit, performance within a company, and to help determine where focus is needed and resources should be allocated. In addition to internal comparisons, global process safety metrics can assist companies (and industries) in benchmarking their performance with others or in comparison to an industry average or goal.

In 2007, CCPS published **â??Process Safety Leading and Lagging Metricsâ?¦You Donâ??t Know What You Donâ??t Measureâ?** (available for free download at http://www.aiche.org/sites/default/files/docs/embedded-pfd/CCPS_ProcessSafety2011_2-24-web.pdf).Â The definitions established in the document were a key input to the creation of the existing ANSI / API standard (ANSI/API RP 754) which was finalized and released in April 2010, with CCPS support.Â In 2011, CCPS updated their metrics publication with the intent of aligning CCPS and API documents. CCPS went further in 2013 to develop the use of process safety leading and lagging indicators by publishing the results of a member company survey â??Process Safety Leading Indicators Industry Surveyâ? (free download at http://www.aiche.org/sites/default/files/docs/pages/8404_leading.web_v2.pdf). This publication provides an update on the chemical, petroleum and other process industries in the use, direction and effectiveness of leading indicators to help drive performance improvement and the reduction in the number and severity of process safety incidents.

API is in the final reviews of the revisions to RP 754. CCPS was part of the review panel and worked closely to provide input to the revisions. Once the final document is issued, CCPS plans to review and update the **â??Process Safety Leading and Lagging Metricsâ?¦You Donâ??t Know What You Donâ??t Measureâ?** and align information so that these documents can be used consistently on a global basis. In addition, CCPS is in the process of updating the ReactiveÂ Chemistry Worksheet tool to version 4.0 and updating the Process Safety Incident Evaluation Tool with an app for each to be developed following their releases.

This presentation will discuss the CCPS metrics tools, and ongoing work towards global metrics.

NFPA

7TH CCPS LATIN AMERICAN CONFERENCE ON PROCESS SAFETY

# Critical Lessons Learned from NFPA Experience


Guy R. Colonna, PE
NFPA
gcolonna@nfpa.org


7th LACPS · Swissotel · Lima, Peru · August 22-23, 2016

7TH CCPS LATIN AMERICAN CONFERENCE ON PROCESS SAFETY

# Agenda

- Who is NFPA?
- Where risk management and process safety intersect with NFPA
- Lessons learned and application to NFPA codes and standards
- Key takeaways for the conference and beyond

7th LACPS · Swissotel · Lima, Peru · August 22-23, 2016

## Who is NFPA?

7TH CCPS LATIN AMERICAN CONFERENCE ON PROCESS SAFETY

- Global non-profit devoted to eliminating death, injury, property and economic loss due to fire, electrical and related hazards. Our information and knowledge comes in many forms:

  - Support for the development, adoption and enforcement of our codes and standards
  - Research and data analysis
  - Technical training and certification
  - Public education
  - Outreach and advocacy

- Founded in 1896
- 6,000 volunteers
- 300 employees

More than 60,000 members
300 codes and standards
275+ technical code-and-standard-development committees

- www.nfpa.org

Offices in the United Arab Emirates, Canada, Mexico, France & China

7th LACPS · Swissotel · Lima, Peru · August 22-23, 2016

7TH CCPS LATIN AMERICAN CONFERENCE ON PROCESS SAFETY

## Intersection of Risk Management and Process Safety with NFPA

- Process safety directs attention to that which you are doing well and seeks to replicate throughout your process
  - Uses lessons learned from aspects that are a challenge and resets the direction as needed
- National and international standards support the strategies of risk-based process safety and contribute to framing and guiding implementation

7th LACPS · Swissotel · Lima, Peru · August 22-23, 2016

## Risk-Based Process Safety

- Foundational blocks
  - Commit to process safety
  - Understand hazards and risk
  - Manage risk
  - Learn from experience
- Standards based and compliance based strategies
  - What should I do and what do I have to do?



7TH CCPS LATIN AMERICAN CONFERENCE ON PROCESS SAFETY

## Commit to Process Safety

- Compliance with standards
  - Maintain a dependable practice
  - Conduct compliance work activities
  - Follow through on decisions, actions, and use of compliance results
- Stakeholder outreach
  - CCPS and NFPA "develop and disseminate information" to prevent incidents

7th LACPS · Swissotel · Lima, Peru · August 22-23, 2016

# Buncefield Oil Depot, UK

7TH CCPS LATIN AMERICAN CONFERENCE ON PROCESS SAFETY

- Buncefield Oil Depot, December 11, 2005

- Explosion and fires
- Gasoline
- 22 of 31 tanks involved
- Tank fires extinguished on the 4th day
- Smoke plume drifted to France and Portugal



# Buncefield Oil Depot - 2005

7TH CCPS LATIN AMERICAN CONFERENCE ON PROCESS SAFETY

# Tank Collapse and Failure, Buncefield 2005

7TH CCPS LATIN AMERICAN CONFERENCE ON PROCESS SAFETY

7th LACPS · Swissotel · Lima, Peru · August 22-23, 2016

# Emergency Response, Buncefield, UK

7TH CCPS LATIN AMERICAN CONFERENCE ON PROCESS SAFETY

7th LACPS · Swissotel · Lima, Peru · August 22-23, 2016

# Vapor Cloud Explosion



- Dependent on factors:
  - Composition of the mixture
  - Amount of vapor and size of the flammable cloud
  - Strength of the ignition source
  - Degree of confinement within the flammable cloud ("partial confinement")
  - Turbulence created within the mixture



# Properties of Petrol

7TH CCPS LATIN AMERICAN CONFERENCE ON PROCESS SAFETY

- Highly flammable liquid
  - Applies when flash point less than 32° C
  - Petrol flash point less than -40° C
- Flammable range 1.4% - 7.6% by volume in air
- Wide range of potential ignition sources due to minimum ignition energy and ignition temperature
  - Normally expected to find ignition source before significant vapor cloud accumulation possible

7th LACPS · Swissotel · Lima, Peru · August 22-23, 2016

# Caribbean Petroleum Company (CAPECO) – October 23, 2009

7TH CCPS LATIN AMERICAN CONFERENCE ON PROCESS SAFETY

- Offloading ship into terminal
- Gasoline
- Due to numerous process failures, tank overfilled into secondary containment bund (dike)
- During overfilling, liquid became aerosolized and created large vapor cloud and ignited
- Damaged 17 of 48 tanks in the terminal
- Fire burned for 60 hours

7th LACPS · Swissotel · Lima, Peru · August 22-23, 2016

# CAPECO Oil Terminal Fire, Puerto Rico

7TH CCPS LATIN AMERICAN CONFERENCE ON PROCESS SAFETY

7th LACPS · Swissotel · Lima, Peru · August 22-23, 2016

# CAPECO Tank Overfill and Explosion, Puerto Rico

7TH CCPS LATIN AMERICAN CONFERENCE ON PROCESS SAFETY

# West Fertilizer Plant, West, TX USA

7TH CCPS LATIN AMERICAN CONFERENCE ON PROCESS SAFETY

- Ammonium nitrate fertilizer grade (FGAN)
- Fire and explosion
  - 15 fatalities
- Did it detonate?
  - Yes, created crater 30 meters across

April 17, 2013

7TH CCPS LATIN AMERICAN CONFERENCE ON PROCESS SAFETY

# Ammonium Nitrate Properties

- Classified as Oxidizer (Class 2) by NFPA 400
- Classified as Oxidizer by US DOT

- AN as blasting agent is classified as an explosive (blend the Fuel and Oxidizer)
- Pure AN stable
- Higher the AN concentration the greater the hazard
- Under certain conditions AN can become unstable

7th LACPS · Swissotel · Lima, Peru · August 22-23, 2016

7TH CCPS LATIN AMERICAN CONFERENCE ON PROCESS SAFETY

# Properties of AN – What do we know?

- AN will melt ~165°C (~330°F) and decompose when exposed to heat/fire.
- AN will decompose when exposed to heat/fire and form toxic gases.
- AN is an oxidizer so even in the absence of oxygen it increases the burning of combustible materials

- Pure AN will not burn.
- Pure AN will not explode.
- Pure AN will not explode in a fire.
- Pure AN is not shock sensitive and will not explode due to friction and normal impact and handling.

7th LACPS · Swissotel · Lima, Peru · August 22-23, 2016

## What do we NOT know?

7TH CCPS LATIN AMERICAN CONFERENCE ON PROCESS SAFETY

- Conditions that lead to explosions not precisely known.
- **Contamination** by combustible materials seems to be the common denominator for increasing risk of explosion.
  - Some contamination leads to instability
  - Not all instability leads to explosions
- Risk of explosion increases when COMBINATION of the following occurs
  - Heating (exposure to fire) until it becomes molten
  - Confinement
  - Contamination

7th LACPS · Swissotel · Lima, Peru · August 22-23, 2016

## How do you reduce risk of explosion?

7TH CCPS LATIN AMERICAN CONFERENCE ON PROCESS SAFETY

- Prevent AN from becoming molten
- Prevent from becoming confined – ventilation, sloping, construction
- Prevent from becoming contaminated – separate storage for incompatible materials (combustibles for example)
- Change formulation? Mix with inert?

7th LACPS · Swissotel · Lima, Peru · August 22-23, 2016

7TH CCPS LATIN AMERICAN CONFERENCE ON PROCESS SAFETY

## Understand Hazards and Risk

- Lessons learned from each of the highlighted incidents
  - Government level investigations
  - Reports on causal factors
  - Corrective actions for respective industries
- Recommendations to regulatory and standards-setting bodies
  - NFPA implementation of changes

7th LACPS · Swissotel · Lima, Peru · August 22-23, 2016

7TH CCPS LATIN AMERICAN CONFERENCE ON PROCESS SAFETY

## Manage Risks

- Risk = likelihood and consequences
  - Example cases: infrequent events but serious consequences
- Refined understanding of hazards
  - New assessment of risks
- Qualify risk – facility, personnel, community
- Resilience

7th LACPS · Swissotel · Lima, Peru · August 22-23, 2016

7TH CCPS LATIN AMERICAN CONFERENCE ON PROCESS SAFETY

## Learn from Experience

- Global sharing of incidents and losses essential to loss prevention
- Global participation in hazard identification and development of risk standards
- Inclusion of those industrial facilities not engaged in core "chemical process safety"
- Sharing with community leaders leads to effective pre-planning for incidents

7th LACPS · Swissotel · Lima, Peru · August 22-23, 2016

7TH CCPS LATIN AMERICAN CONFERENCE ON PROCESS SAFETY

## Takeaways – Today and Beyond

- CCPS and NFPA have very similar missions
- Standards impact risk-based process safety goals in many ways
- Do not need to reinvent everything
- Process safety is a career-long journey for every worker

7th LACPS · Swissotel · Lima, Peru · August 22-23, 2016

NFPA

7TH CCPS LATIN AMERICAN CONFERENCE ON PROCESS SAFETY

# Thank you!

7th LACPS · Swissotel · Lima, Peru · August 22-23, 2016

**Integration of Human and Technical Barriers for Reducing Risks**
Chidambaram, P., Dupont
Originally presented on: 8/22/2016 10:00:00 - 10:30:00

Ultimate success of PSM is measured through effective risk reduction. It is but natural for engineers to focus on technical and engineering barriers to reduce risk. Studies show that technical and/or engineering barriers constitute approximately around 50% and the remaining 50% is human barriers or barriers involving human intervention. As such this means that the barriers that we have put in place is in adequate to prevent the occurrence of incidents and does not mitigate potential risks.

Many companies tend to do high quality technical studies and quantitative risk analysis and implement engineering controls and this is mandatory. There are others that have done the technical studies but do very little to follow up on implementing the recommendations from these studies. This can be attributed to the sheer number of recommendations that can be overwhelming. It can also be attributed to the fact that there is no proper way of prioritizing the recommendation in terms of highly critical vs less critical. So, despite significant amount of time, money and effort, the contribution to risk reduction is limited. Unfortunately, the risk is not reduced until the documents and paper is converted in to practical and effective controls in the field.

SCG Chemicals adopted a practical approach that is driven with a specific purpose in mind and that is managing risks proactively. Employees from the individual unit operations were engaged in identifying the hazards, hazardous events, consequences, evaluating the risks, defining the gaps and additional barriers to reduce risks. This helped address the question of "why" a particular barrier is in place and enhance the risk ownership and awareness of employees at all level. This approach facilitated the integration of human barriers in to technical barriers and contributed in risk communication to leadership and the importance of risk mindset and behavior and competencies that focuses on managing risks.

A bi-focal approach to risk reduction was adopted. The short term focus was to address deviations in the field which if not addressed today can contribute to a potential catastrophic incident tomorrow. This enhanced operational discipline and prevented potential 'normalization of deviations'. The longer term approach focused on re-doing structured PHAs and using the risk matrix to establish the levels of acceptable/unacceptable risks. Management decisions were then made to address the unacceptable risks with a rigorous follow up on implementing the critical recommendations. This process contributed to better outcomes in increased effectiveness of PSM while optimizing the money, time, and effort required. This paper will share the experience that SCG PSM Journey along with DuPont as a partner in implementing PSM to manage risks effectively and proactively.

7TH CCPS LATIN AMERICAN CONFERENCE ON PROCESS SAFETY

# IS THE GAS PROCESSING INDUSTRY WASTING BILLIONS OF DOLLARS IN THE CONSTRUCTION OF PROCESSING FACILITIES? A DESIGN CASE STUDY

**Cristóbal Cabrera**
**Process System Enterprise Ltd**
**26-28 Hammersmith Grove**
**London W6 7HA, United Kingdom**
**c.cabrera@psenterprise.com**

**James Marriot, Apostolos Giovanoglou, Simon Leyland**
**Process System Enterprise Ltd**
**26-28 Hammersmith Grove**
**London W6 7HA, United Kingdom**
**j.marriott@psetnerprise.com, a.giovanoglou@psenterprise.com, s.leyland@psenterprise.com**

© Process Systems Enterprise Ltd

Prepared for Presentation at
American Institute of Chemical Engineers
2016 Spring Meeting
7th Latin American Conference on Process Safety
Lima, Peru
August 22-23, 2016

AIChE shall not be responsible for statements or opinions contained
within papers or printed in its publications

# IS THE GAS PROCESSING INDUSTRY WASTING BILLIONS OF DOLLARS IN THE CONSTRUCTION OF PROCESSING FACILITIES? A DESIGN CASE STUDY

**Cristóbal Cabrera**
**Process System Enterprise Ltd**
**26-28 Hammersmith Grove**
**London W6 7HA, United Kingdom**
**c.cabrera@psenterprise.com**

**James Marriot, Apostolos Giovanoglou, Simon Leyland**
**Process System Enterprise Ltd**

**Keywords:** Depressurization, blowdown, low temperature, material selection

## Abstract

In gas processing facilities, the minimum metal temperatures (MMT) in process equipment and piping are usually observed during highly transient depressurization operations ("blowdown"). The MMT usually sets the material of construction and can have a huge impact on project costs and ultimately project viability.

To explore this issue we use a recent case study that considers the design from Pre-FEED through to Final Investment Decision of a gas processing facility. During pre-FEED, the most widespread methodology for designing the depressurization system, based on idealized equilibrium volumes, was applied. This showed that extremely low metal temperatures could be expected in nearly all parts of the processing facility. To avoid material embrittlement, large vessels and piping would have required expensive stainless steel construction for ~80% of the facility.

As a result, a more detailed methodology for accurate assessment of MMT during depressurization was applied. This methodology involves a detailed representation of the processing facility using accurate dynamic models and requires a greater level of analysis and more effort. It does, however, account for different system pipe and vessel dimensions and wall thickness; as well as system elevations, points where condensate liquid may accumulate, drainage and the location of blowdown valves. The results predicted much more accurate MMT at each location throughout the processing facility.

Having identified specific locations of concern, the design team developed targeted solutions addressing all predicted issues whilst minimizing capital expense. Savings were achieved by optimizing material selection and other critical design specifications. By utilizing the detailed blowdown methodology throughout the design cycle only 30% of the facility is being constructed from stainless steel.

We conclude by reviewing the different methods for depressurization system design, their relative merits and discuss how designer engineers can identify systems that require more thorough attention.

# 1 Introduction

A multi-national Oil & Gas operator performed a preliminary blowdown analysis on a high pressure gas plant that indicated a requirement for 80% of the plant to be constructed from stainless steel to mitigate risks from low temperature brittle fracture. To minimize the additional cost penalty for stainless steel construction, the operator commissioned a detailed low temperature blowdown analysis to determine the minimum metal temperatures in the process equipment and piping during system depressurization. The resulting optimized design decreased the stainless steel construction requirement from 80% of the facility to just 30%, with total project savings over $1bn.

In this paper we first present an introduction to blowdown, we then discuss the fundamental elements of a detailed low temperature analysis and how it is different to conventional assessment methods. Finally we show how detailed analysis is applied in the abovementioned case study.

# 2 Background on blowdown operation and calculations

## *2.1 Blowdown Operation*

A blowdown operation is designed:

- to remove, in a controlled manner, all combustible hydrocarbons during an emergency situation or for a planned shutdown
- to reduce the internal stress and the risk of vessel or pipe rupture in the event of a fire
- to decrease the propensity for escalation of leaks by reducing process pressures

Typically prior to system depressurization a process plant is isolated into a number of independent blowdown segments. A full plant blowdown operation involves the simultaneous or staggered blowdown (depressurization) of all the pressurized gas (and/or in some cases liquid) in each segment by routing it to one or more flare tips for controlled combustion. Blowdown operations are time critical; blowdown times have to be sufficiently short to prevent stress failure during fire exposure, and this often governs the system flowrates for other emergency scenarios.

The blowdown operation may itself be hazardous and a number of factors must be considered, including flare system capacity, process equipment mechanical construction and flare system mechanical construction. This paper is related to the selection of process and flare system mechanical construction (material selection).

## 2.2 *Impact on Material selection*

During a blowdown operation, potential hazardous situations may arise in the process (blowdown segment) that is being depressurized. In particular, auto-refrigeration chilling during depressurization can lead to very low fluid, and potentially low metal temperatures. These in turn raise the risk of brittle failure of the process equipment and piping during depressurization. Of particular interest are high pressure gas systems where condensate liquid forms and systems where hydrocarbon liquid is initially present. In such cases attention must be given to the geometry of the blowdown segment and in particular low-points where liquid may accumulate (Marriott *et al.* [1] provide more details). These include process equipment (e.g. gas manifolds, separators, KO drums) as well as process piping at low relative elevation. The importance of these aspects is also identified in the sixth edition of API 521 Guidelines on Pressure-relieving and Depressuring Systems [2]. Of equal importance is the mechanical construction of the flare system where the effects of low temperature can be addressed by using suitable materials of construction. However materials suitable to very cold temperatures are expensive and more difficult to procure, so it is highly desirable to minimize their use without compromising safety considerations.

In fact, the minimum metal temperatures (MMT) in process equipment and piping in Oil and Gas facilities are usually observed during these blowdown operations. The MMT usually sets the material of construction and can have a huge impact on project costs and ultimately project viability. Hence, as will be demonstrated in the case study in section 3, detailed low temperature analysis can play a central role in material selection and should be considered from early stages and throughout the course of a project

## 2.3 *Blowdown assessment: conventional assessment vs detailed analysis*

A blowdown assessment is used in order to determine:

- the blowdown durations and the loads entering the flare network. For new designs, accurate information is needed in order to achieve an optimal design that minimizes the piping diameters required to meet Mach number and back-pressure constraints
- the metal wall temperatures throughout the process and pipework, in order to identify the minimum temperature that process equipment will experience for comparison against the Lower Design Temperature (LDT) for the selected material of construction
- the temperature of the fluid entering the flare system (which may contain evaporating entrained liquids). This provides essential information for choosing the appropriate material of construction for the flare system tailpipes, sub-headers and headers.

Calculation and simulation tools are invariably used as the basis of this assessment; this is regardless of whether it is for the design of new facilities or as part of an asset integrity review. However, the fidelity of the approaches applied varies considerably across the oil and gas industry. With the changes to the API 521 guidelines mentioned previously, a more consistent application of best practice analysis is anticipated.

### *2.3.1 Conventional calculations*

Conventional practice when performing blowdown assessment of high-pressure blowdown segments is to use utilities available in off-the-shelf process simulation tools. These usually employ equilibrium thermodynamic methods and simplistic representations of equipment walls. In addition the "lumped" approach is used to represent the entire blowdown segment as a single "equivalent" vessel.

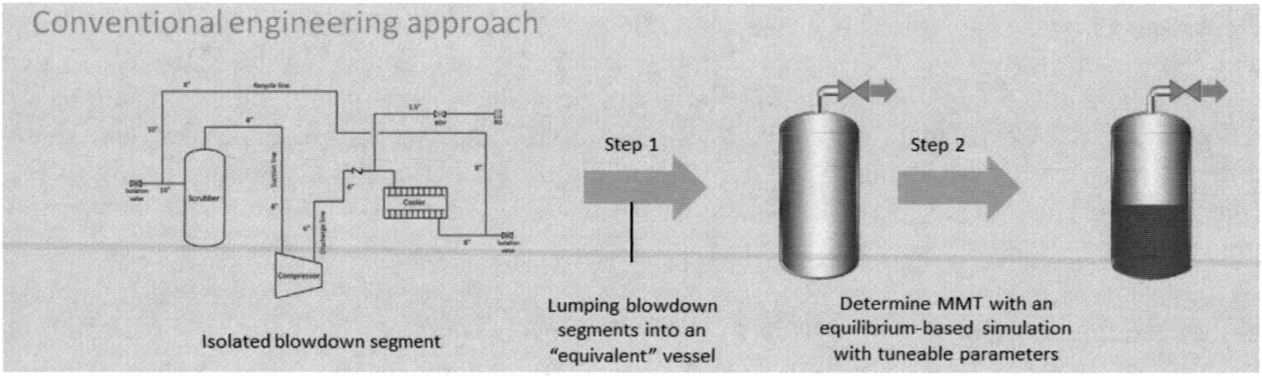


*Fig 1: conventional calculation approach for blowdown analysis*

In this approach there are a number of adjustable dimensions that the engineer must specify to define the equivalent vessel. Considerations include:

- total volume of equivalent vessel should match the total volume of the system
- appropriate aspect ratio to use; either to give a suitable heat transfer area or a representative diameter for heat transfer calculations
- wall thickness to represent some of the metal mass

Some of these adjustments are therefore subjective and the precise approach employed varies from engineer to engineer with no way to take credit for the actual metal mass of pipe and equipment or how the heat transfer with the fluid can vary in different sections.

Once the real distributed system is represented as a single vessel the underlying model used to represent the blowdown event assumes equilibrium between the vapor and liquid phases. In reality though, vapor and liquid are not in equilibrium and so the approach gives poor, and potentially unsafe, predictions [1]. To account for that, conventional methods enable the user to adjust a number of tuning parameters but this is only useful if the results are known, which by definition, is never the case.

In conclusion, a simplistic or a "lumped" representation of a blowdown system and equilibrium based depressurization modeling approaches can never be predictive. They can usually be overly conservative, but there are cases where they are not sufficiently conservative.

#### *2.3.2 Detailed analysis*

Detailed analysis utilizes technology and workflows that address all the limitations of conventional calculations. In particular:

- full geometric representation of a blowdown segment is used including all equipment and piping in the system and their connectivity compared to the lumped of conventional calculation methods
- a rate-based thermodynamic approach is employed instead of assuming equilibrium between the liquid and vapor phases
- it accounts for the localized thermal mass of equipment or pipe metal and the heat transfer rate between the adjacent phase and the metalwork
- it is predictive, having no adjustable or tuning parameters
- it is validated for a wide-range of blowdown conditions.

Such an analysis not only allows accurate metal temperature prediction, but also offers the resolution to identify the exact locations within a blowdown segment where low temperature risks exist. This in turn provides a better understanding of the root causes for low temperatures and hence the identification of suitable mitigations strategies to avoid such risks. The impact of design specifications and operational conditions and strategies on wall metal temperatures and hence selection of materials can directly be predicted enabling safe designs at the minimum possible cost. This is demonstrated in the next section.

## 3 Case study: design of a typical high pressure gas plant

### 3.1 Pre-Feed analysis predicts extensive material embrittlement risks

As with many Oil & Gas facilities, the minimum metal temperatures experienced by this high pressure gas plant are observed during the highly transient blowdown operation. Analysis in Pre-FEED was performed using a conventional methodology where the entire blowdown segment was represented as an aggregated, idealized volume and the depressurization event is simulated with an equilibrium-based utility. The results showed that extremely low metal temperatures could be expected in nearly all parts of the processing facility during a depressurization operation. Violations were predicted even when depressurization was initiated from typical operating conditions. To avoid material embrittlement, large vessels and piping would require expensive stainless steel construction for approximately 80% of the facility; this was considered to have significant impact on the feasibility of the investment. Detailed information, such as which pipes and equipment items were subjected to low temperatures (and the coincident pressure), was unavailable because of the simplistic methodology used.

The operator and asset owner wanted to substantially reduce capital spend whilst maintaining critical safety standards. To do this they needed more detailed information about the specific location and severity of the worst case minimum metal temperatures in the process equipment and piping. The operator commissioned a detailed analysis to (i) perform a rigorous blowdown analysis of the proposed facility and (ii) collaborate with their engineering teams at the FEED and Detailed Design stages, to optimize the plant design.

## 3.2 Detailed blowdown analysis during FEED

To accurately assess potential risks due to low temperatures during plant blowdown, a detailed geometric model was created, in the software package gFLARE®, for each isolatable blowdown segment. Detailed models helped to calculate depressurization times as well as accurate fluid and metal temperatures in all process equipment and piping. The system model incorporated design information (as it developed) during the project, such as:

- system geometry – pipe and vessel dimensions, wall thickness and materials of construction
- system elevation – points where liquid may accumulate, drainage
- the number and location of blowdown valves / ROs for each isolatable segment
- variable feed gas composition

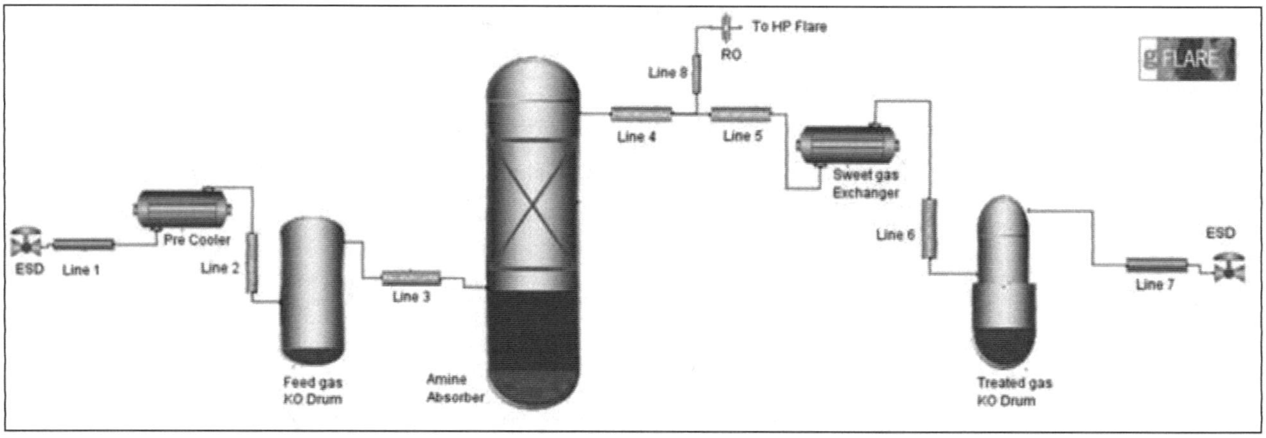


*Fig 2: Representation of the amine absorber blowdown segment in gFLARE*

Working with the design engineering teams, a collaborative approach using the detailed models to understand the system's operational requirements was followed, exploring the design space through assessing a wide range of "what-if" scenarios including the impact of design changes and variable process conditions. The result of this analysis included a detailed risk margin matrix on material selection, in which the minimum fluid and metal temperatures for each what-if scenario are recorded and can be used to identify designs with reduced low temperature risks.

Using this approach, at the end of the FEED stage, accurate metal temperatures were predicted and specific locations of concern were identified due to the geometric model representation. Key results included:

- When depressurization was initiated from typical operating conditions, metal temperatures below the Lower Design Temperature of Low Temperature Carbon Steel were not predicted in any of the blowdown segments
- When depressurization was initiated from ambient conditions, low temperature violations were predicted in all but one segment, but crucially, these areas were generally restricted to low points and process vessels coming into contact with liquid and at the outlet lines of process equipment in contact with gas
- Variable feed gas composition impacted metal temperatures by as much as 35°C

## 3.3 Further analysis during detailed design

Again, in collaboration with the operator, the same model was used to develop targeted solutions addressing all predicted issues whilst minimizing capital expense. Savings were achieved by optimizing wall thickness, line schedules, blowdown valve locations and blowdown rates.

This is illustrated in Figures 3 and 4 for the sweetening section inlet KO drum, where low temperature violations were seen at the bottom head wall which is in contact with liquid, and line 4 (the outlet gas line from the amine absorber), where low temperature violations were seen in metal wall in contact with gas.

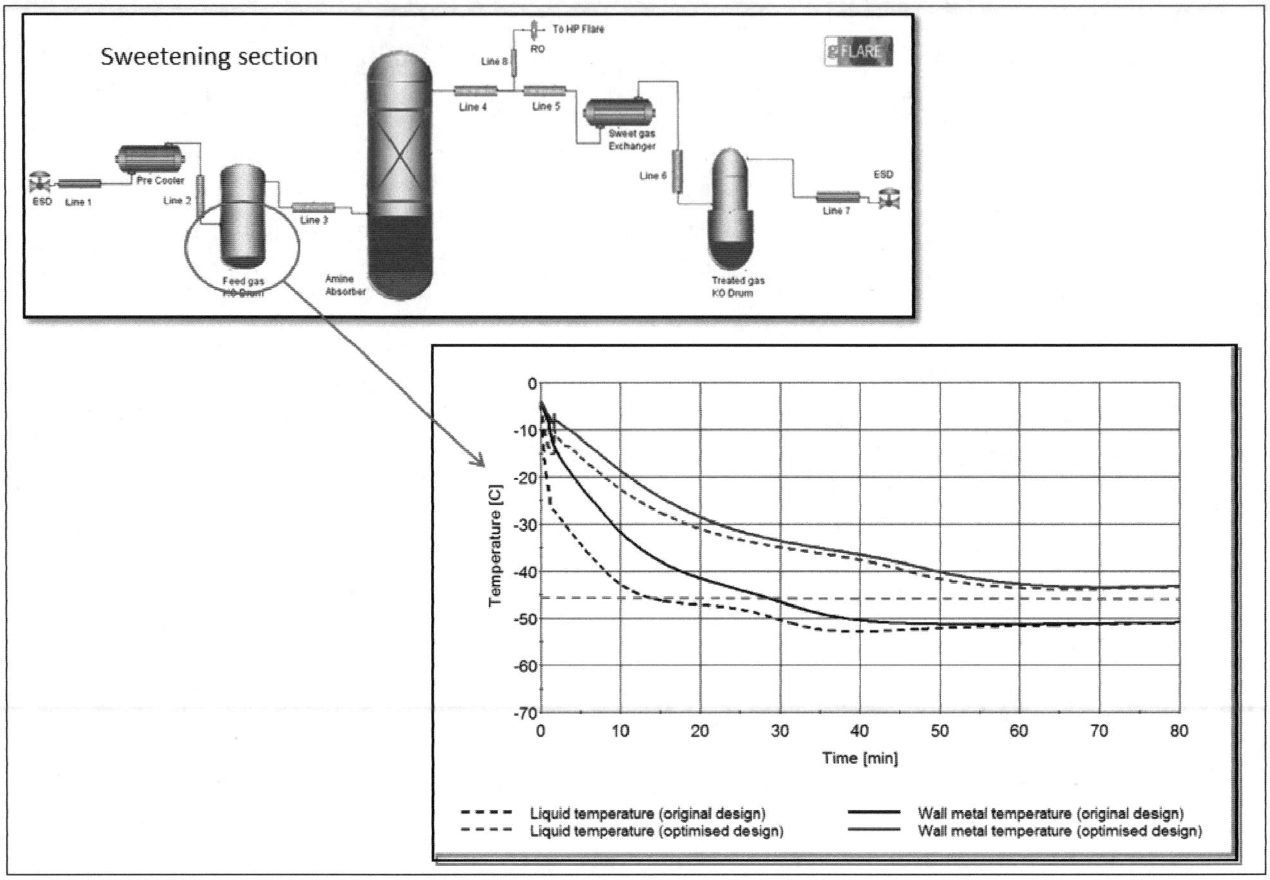


*Fig 3:Optimization of vessel metal thickness*

Figure 3 shows how the optimization of design specifications allowed the selection of low temperature carbon steel for the sweetening section inlet KO drum. The red dotted line denotes the lower design temperature of LTCS. The black lines show the original design fluid (dash) and wall metal (solid) temperatures. The blue lines show the optimized design. As can be seen in this plot, with the original design the LDT was violated which may result in the need for stainless steel for this vessel. With the new design the LDT of LTCS is not violated.

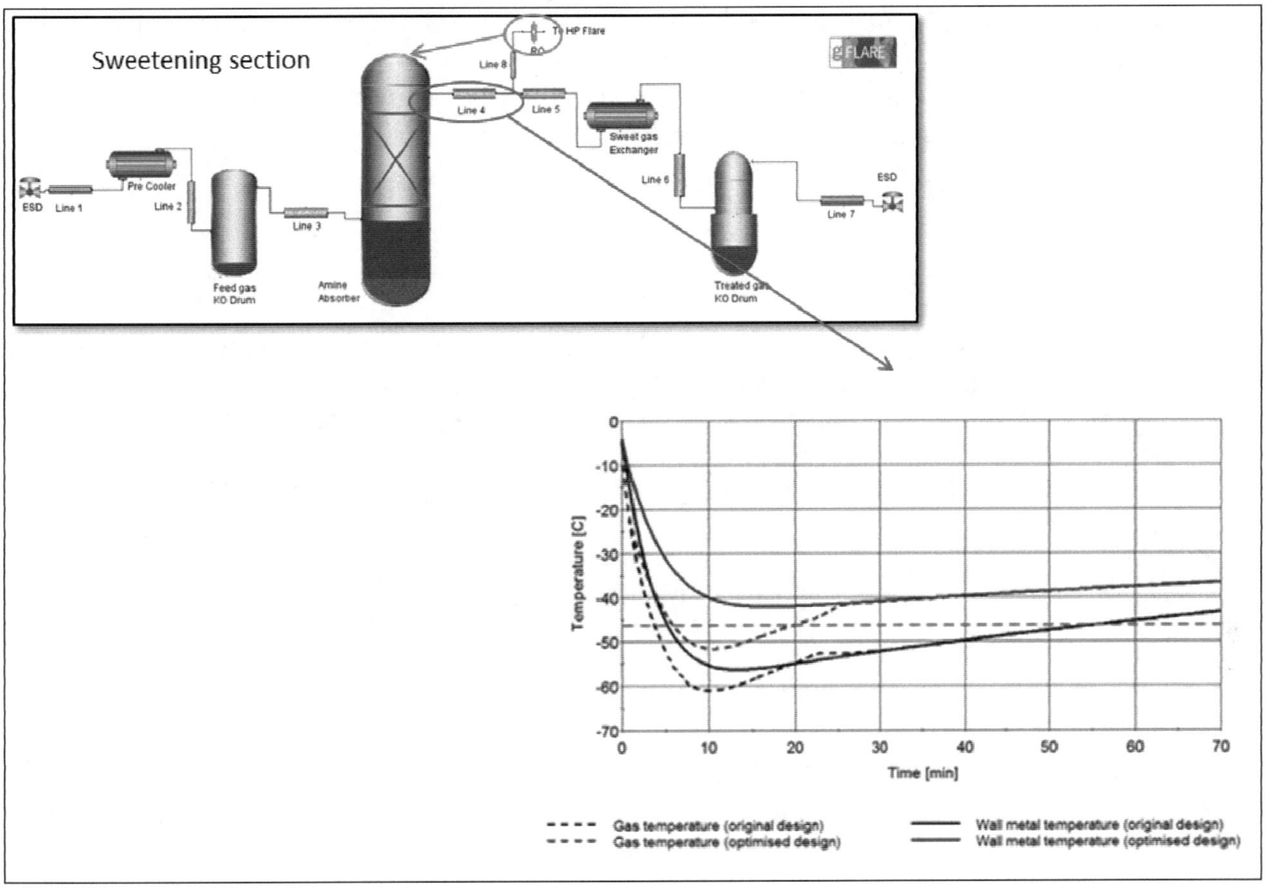


*Fig 4: Optimization of blowdown line location*

Figure 4 shows how the optimization of design specifications and system topology allowed the selection of low temperature carbon steel for line 4. The red dotted line denotes the lower design temperature of LTCS. The black lines show the original design fluid (dash) and wall metal (solid) temperatures. The blue lines show the optimized design. As can be seen in this plot, with the original design the LDT was violated which may result in the need for stainless steel for this line. With the new design the LDT of LTCS is not violated.

## 4 Conclusion

If the design team had relied on the conventional single aggregated calculations for blowdown system analysis then 80% of the facility would need to have been constructed from stainless steel. By utilizing a detailed blowdown methodology throughout the design cycle only 30% of the facility is being constructed from stainless steel - saving the operator over $1bn through reduced material costs. Further benefits are reduced equipment lead times, and simpler procurement due to better supplier availability.

This case study also highlighted the importance of starting the detailed blowdown analysis early on in the project. The earlier such a methodology is applied the greater the potential overall project savings. In particular, starting with conventional calculations can incorrectly identify potential risks that then need to be assessed in more detail.

## 5. References

[1] J. Marriott, A. Giovanoglou, "Process modeling requirements for the safe design of blowdown systems – changes to industry guidelines and how this impacts current practice", *For presentation* at the Global Congress on Process Safety, 2014.

[2] API Standard 521: Pressure-relieving and Depressuring Systems, Sixth Edition, January 2014

[3] HSE Offshore: Fire and Explosion Strategy - Issue 1 (2003).

PSRG LATIN AMERICA LTDA.

7TH CCPS LATIN AMERICAN CONFERENCE ON PROCESS SAFETY

# Investigating Small Incidents

Hunter Hawa
Mike Munsil

PSRG
hhawa@psrg.com

7th LACPS · Swissotel · Lima, Peru · August 22-23, 2016

PSRG LATIN AMERICA LTDA.

7TH CCPS LATIN AMERICAN CONFERENCE ON PROCESS SAFETY

# Agenda

- What are Near Misses?
- Why do Small Incidents Matter?
- Small Incidents as a Leading Indicator
- Barriers to Identification, Investigation and Reporting
- 5 Why Methodology to Prevent Recurrence

7th LACPS · Swissotel · Lima, Peru · August 22-23, 2016

PSRG LATIN AMERICA LTDA.

7TH CCPS LATIN AMERICAN CONFERENCE ON PROCESS SAFETY

# SMALL INCIDENTS ARE NOT NEAR MISSES BUT **NEAR MISSES ARE SMALL INCIDENTS**

**A near miss is an unplanned event that did not result in injury, illness, or damage – but had the potential to do so.**

*A near-miss is usually caused by a series of dangerous conditions that when unnoticed will eventually result in an accident.*



PSRG LATIN AMERICA LTDA.

7TH CCPS LATIN AMERICAN CONFERENCE ON PROCESS SAFETY

# "NEAR MISS" is Misleading

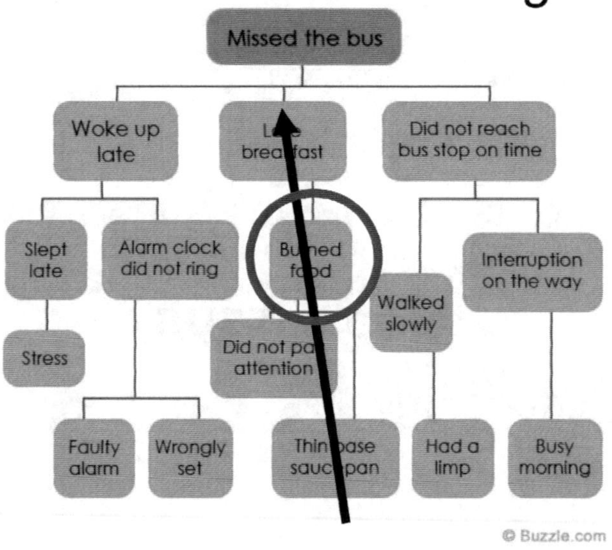


The use of "Near Miss" promotes the idea that the event is isolated and relatively unimportant.

Nothing happens in a vacuum.

7th LACPS · Swissotel · Lima, Peru · August 22-23, 2016

PSRG LATIN AMERICA LTDA.

7TH CCPS LATIN AMERICAN CONFERENCE ON PROCESS SAFETY

OSHA® Occupational Safety and Health Administration www.osha.gov

OSHA provides the following definition of a near miss in an Accident Investigation Fact Sheet:

*"…incidents where no property was damaged and no personal injury sustained, but where, given a slight shift in time or position, damage and/or injury easily could have occurred."*

**OSHA considers near misses to be incidents...**

7th LACPS · Swissotel · Lima, Peru · August 22-23, 2016

PSRG LATIN AMERICA LTDA.

7TH CCPS LATIN AMERICAN CONFERENCE ON PROCESS SAFETY

Process Safety and Reliability Group

By focusing on a "Near Miss" as a 'thing'… and by treating the "Near Miss as distinct from investigated incidents, you are ignoring the single most important feature of a Small Incident…

**That it is part of a potentially larger series of events.**

**It is the CONNECTION that is important.**

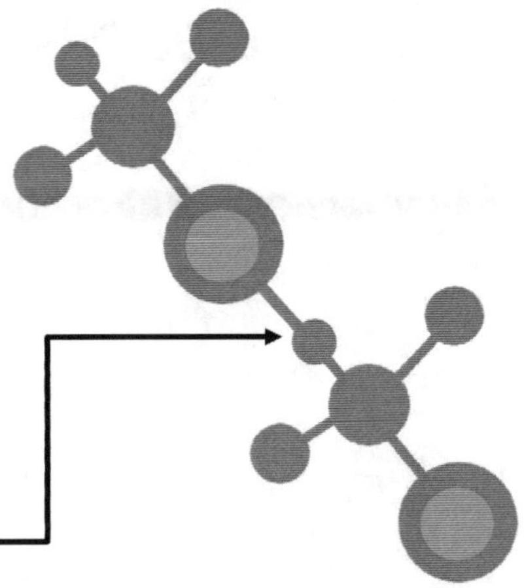

7th LACPS · Swissotel · Lima, Peru · August 22-23, 2016

PSRG LATIN AMERICA LTDA.

7TH CCPS LATIN AMERICAN CONFERENCE ON PROCESS SAFETY

So, let's not talk about "Near Misses"...

Let's look at...

## Why Small Incidents Matter

7th LACPS · Swissotel · Lima, Peru · August 22-23, 2016

PSRG LATIN AMERICA LTDA.

7TH CCPS LATIN AMERICAN CONFERENCE ON PROCESS SAFETY

## Investigating Small Incidents Matter, Because:

- They share the causal factors and significant factors of major incidents
- There are more small incidents than medium or large incidents
- They can be used (in some cases) as leading indicators.

7th LACPS · Swissotel · Lima, Peru · August 22-23, 2016

PSRG LATIN AMERICA LTDA.

7TH CCPS LATIN AMERICAN CONFERENCE ON PROCESS SAFETY

# Everything is Connected

A small incident is a small incident only because something stopped it from becoming a major incident.

Breaking the causal chain before the small incident occurs also prevents the large incident.

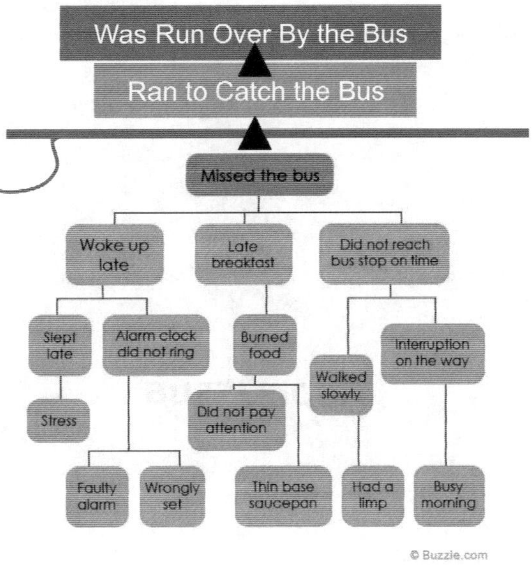


7th LACPS · Swissotel · Lima, Peru · August 22-23, 2016

PSRG LATIN AMERICA LTDA.

7TH CCPS LATIN AMERICAN CONFERENCE ON PROCESS SAFETY

# Small Incidents are Common

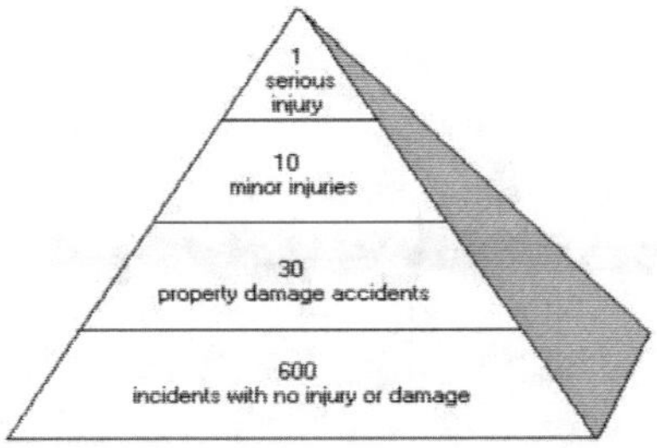


Investigating small incidents is far more cost-effective than investigating major incidents, and may prevent the major incidents.

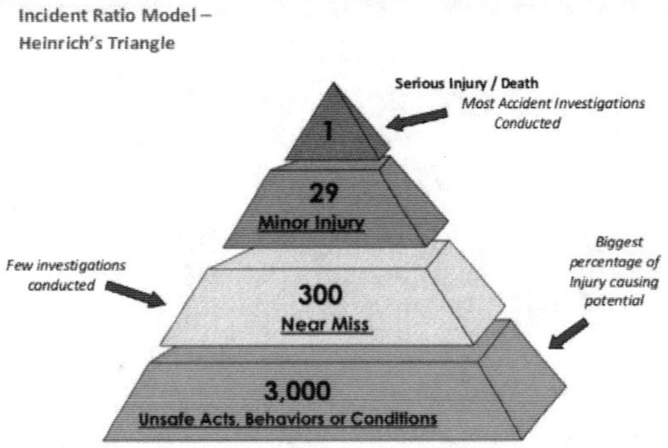


7th LACPS · Swissotel · Lima, Peru · August 22-23, 2016

PSRG LATIN AMERICA LTDA.

7TH CCPS LATIN AMERICAN CONFERENCE ON PROCESS SAFETY

# Incidents are Indicators in **Complex Systems**

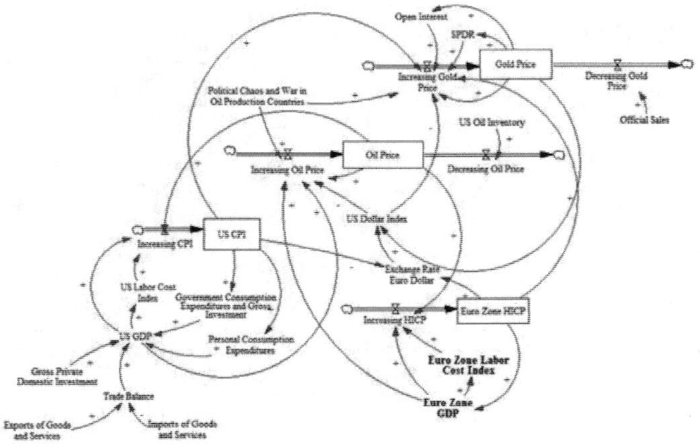


Complex systems demonstrate connections and behaviors (aka ‘states’).



PSRG LATIN AMERICA LTDA.

7TH CCPS LATIN AMERICAN CONFERENCE ON PROCESS SAFETY

# Complex Systems

Steady-states (IE production processes) may exhibit complex, chaotic failures.

*In this case the failures are hard to predict.*

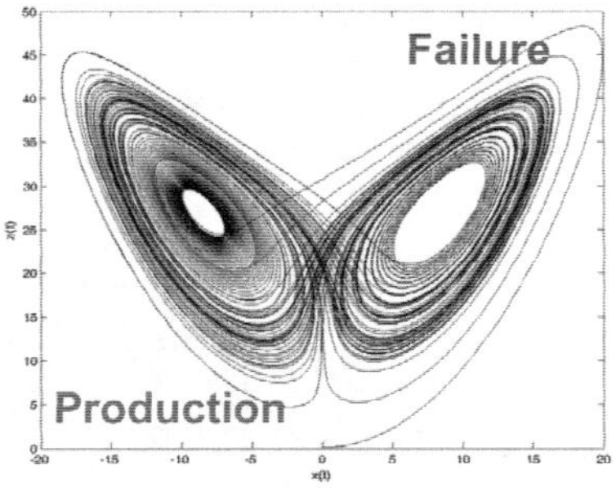


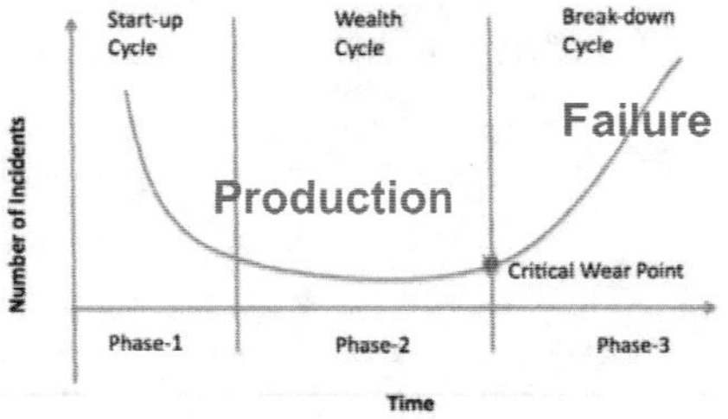


Maintenance Bucket Curve

Complex systems tend to indicate end-of-life.

*In this case the failures may be predictable.*

PSRG LATIN AMERICA LTDA.

7TH CCPS LATIN AMERICAN CONFERENCE ON PROCESS SAFETY

## When Small Incidents indicate end of life in a Complex System, they can serve as Leading Indicators

Predictive Solutions

Big Data & Safety: Are Near-Misses Leading or Lagging Indicators?

Near-Miss Continuum

7th LACPS · Swissotel · Lima, Peru · August 22-23, 2016

PSRG LATIN AMERICA LTDA.

7TH CCPS LATIN AMERICAN CONFERENCE ON PROCESS SAFETY

## Identifying and Reporting Small Incident Causes can Lead to Significant Reductions in Accidents and Costs.

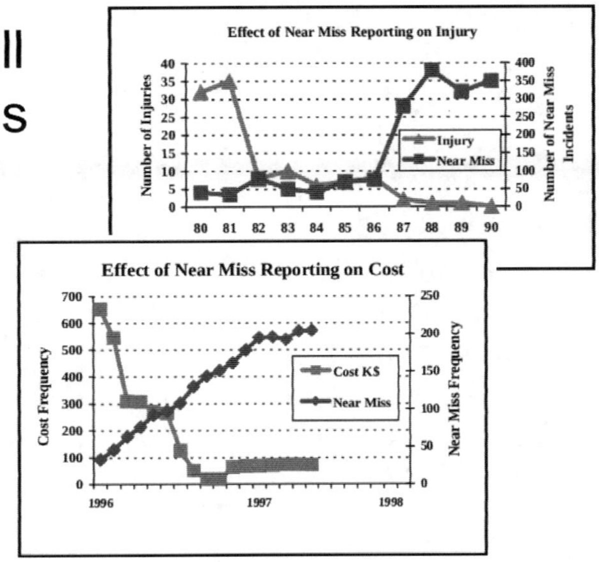


7th LACPS · Swissotel · Lima, Peru · August 22-23, 2016

PSRG LATIN AMERICA LTDA.

7TH CCPS LATIN AMERICAN CONFERENCE ON PROCESS SAFETY

# However, this assumes that Small Incidents are:

- Identified
- Reported
- Investigated

PSRG LATIN AMERICA LTDA.

7TH CCPS LATIN AMERICAN CONFERENCE ON PROCESS SAFETY

# Barriers to Identification & Reporting

- Fear of blame
- Fear of discipline
- Embarrassment
- Fear of legal liability
- Complacency (a miss is as good as a mile)
- Demanding that reporting be done off the clock
- Fear of reprisals
- No rewards for identification

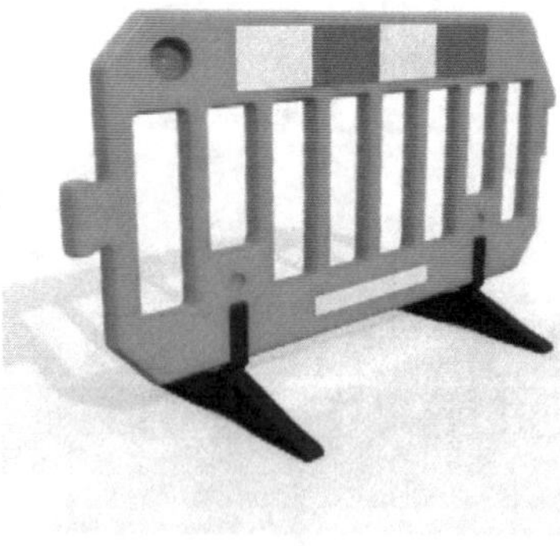

7th LACPS · Swissotel · Lima, Peru · August 22-23, 2016

PSRG LATIN AMERICA LTDA.

7TH CCPS LATIN AMERICAN CONFERENCE ON PROCESS SAFETY

# Identification & Reporting

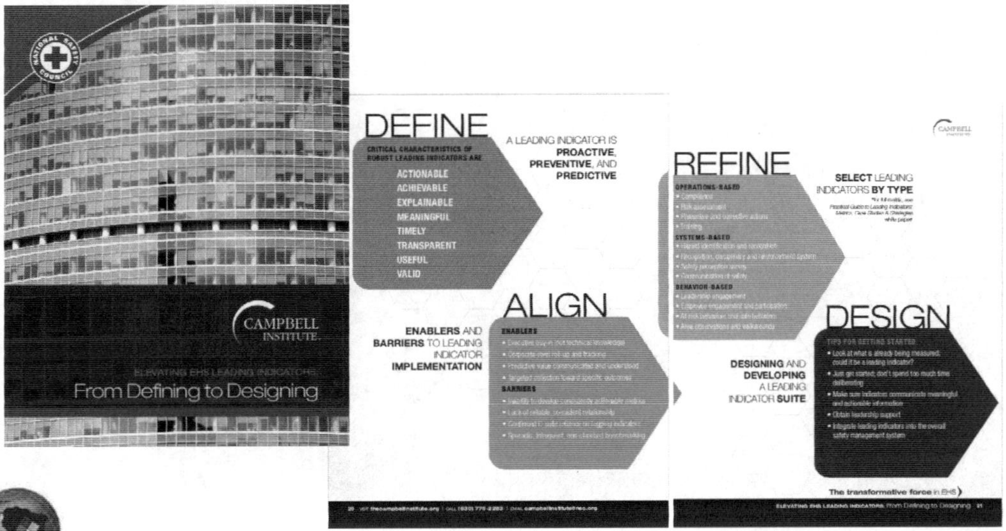




PSRG LATIN AMERICA LTDA.

7TH CCPS LATIN AMERICAN CONFERENCE ON PROCESS SAFETY

# Barriers to Investigation

- Complacency *(a miss is as good as a mile)*
- No leadership
- Demanding that investigation be done off the clock
- Poor method *(pencil whipping, 5 why approach)*
- Fear of reprisals
- Not knowing what to do with the data *(gut feeling that the data is useless)*
- Reluctance to recognize and admit human error

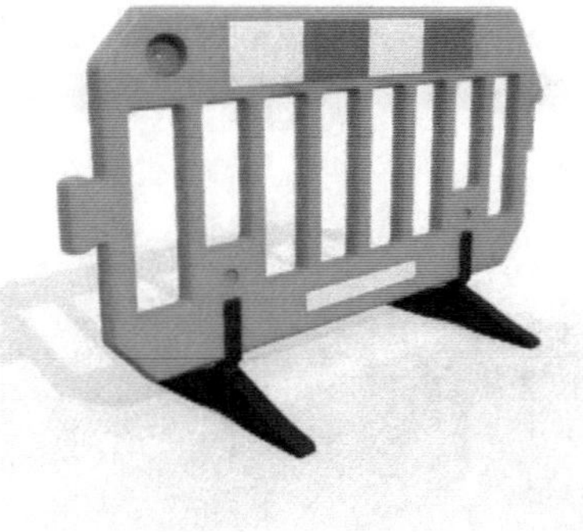

PSRG LATIN AMERICA LTDA.

7TH CCPS LATIN AMERICAN CONFERENCE ON PROCESS SAFETY

# Poor Investigation Method

"Root Cause Confusion"

When you're looking for the carrot, you miss the weeds.

There is no such thing as a single Root Cause.

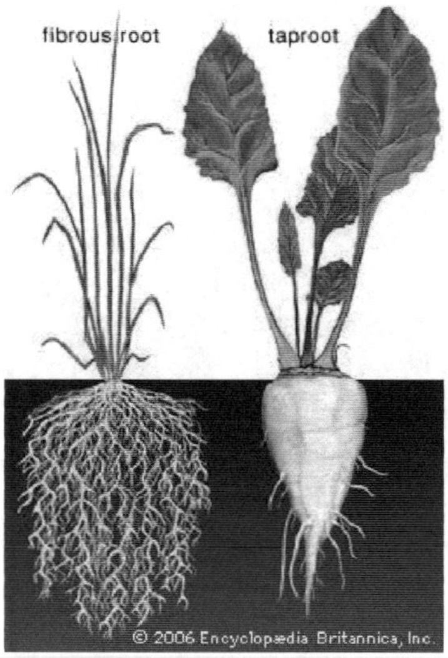


7th LACPS · Swissotel · Lima, Peru · August 22-23, 2016

PSRG LATIN AMERICA LTDA.

7TH CCPS LATIN AMERICAN CONFERENCE ON PROCESS SAFETY

# Poor Investigation Method

- Emphasis on use of 5 Why
- Lack of training
- Lack of time to investigate
- No or poor Leadership buy-in
- No follow-up
  - Complacency *(a miss is as good as a mile)*
  - No leadership
  - Demanding that investigation be done off the clock
  - Poor method *(pencil whipping, 5 why approach)*
  - Fear of reprisals
  - Not knowing what to do with the data *(gut feeling that the data is useless)*
  - Reluctance to recognize and admit human error

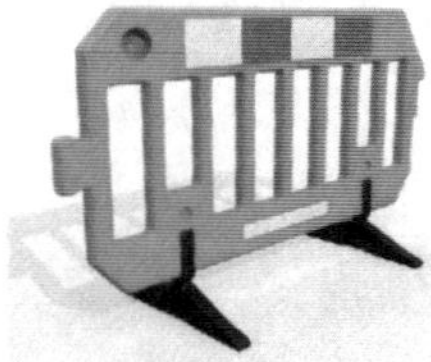

7th LACPS · Swissotel · Lima, Peru · August 22-23, 2016

PSRG LATIN AMERICA LTDA.

7TH CCPS LATIN AMERICAN CONFERENCE ON PROCESS SAFETY

# Poor Results

PSRG has reviewed thousands of Small Incident Investigations as part of auditing and consulting on Process Safety.

We have seen that the large majority of the investigations never identify significant causal factors that set the stage for the incident.

**Observed Range**
**70 % ---→ 90%**

7th LACPS · Swissotel · Lima, Peru · August 22-23, 2016

PSRG LATIN AMERICA LTDA.

7TH CCPS LATIN AMERICAN CONFERENCE ON PROCESS SAFETY

# 5 Why

- Can be effective when properly used
- But was developed for manufacturing and thus must be modified to serve us well

7th LACPS · Swissotel · Lima, Peru · August 22-23, 2016

PSRG LATIN AMERICA LTDA.

7TH CCPS LATIN AMERICAN CONFERENCE ON PROCESS SAFETY

## 5 Why Origin

The technique was originally developed by Sakichi Toyoda (born 1867 – died 1930). It was used within the Toyota Motor Corporation during the evolution of its manufacturing methodologies. It is a critical component of problem-solving training, delivered as part of the induction into the Toyota Production System.

The architect of the Toyota Production System, Taiichi Ohno, described the 5 Whys method as "the basis of Toyota's scientific approach . . . by repeating why five times, the nature of the problem as well as its solution becomes clear."

7th LACPS · Swissotel · Lima, Peru · August 22-23, 2016

PSRG LATIN AMERICA LTDA.

7TH CCPS LATIN AMERICAN CONFERENCE ON PROCESS SAFETY

## 5 Why Advantages

**If** a person knows how to ask good, successive 'why' questions, and is able to ask them of the right people, he or she will find at least one "root" cause for a given problem.

*This approach takes little time to perform and does not require the use of special software, flip chart paper, or reading materials.*

**If** it is performed repeatedly with the same group of people in a sound manner, its use can lead to a new way of thinking amongst those people that have been exposed to the tool's use.

7th LACPS · Swissotel · Lima, Peru · August 22-23, 2016

PSRG LATIN AMERICA LTDA.

7TH CCPS LATIN AMERICAN CONFERENCE ON PROCESS SAFETY

# 5 Why Disadvantages

- Tendency for investigators to stop at symptoms rather than going on to lower-level root causes.
- Lack of support to help the investigator ask the right why" questions.
- Results are not very repeatable - different teams using Five Whys come up with different causes for the same problem.
- Tendency to isolate a single root cause, whereas each question could elicit many different root causes.

7th LACPS · Swissotel · Lima, Peru · August 22-23, 2016

PSRG LATIN AMERICA LTDA.

7TH CCPS LATIN AMERICAN CONFERENCE ON PROCESS SAFETY

# 5 Why Common Deficiencies

## Stopped Too Soon

Most 5 Why investigations that did not correctly identify root causes simply stopped too soon. The investigators focused on proximal causes (physical causes that were significant but not root causes) and did not often continue past physical causes to identify potential systemic issues.

7th LACPS · Swissotel · Lima, Peru · August 22-23, 2016

PSRG LATIN AMERICA LTDA.

7TH CCPS LATIN AMERICAN CONFERENCE ON PROCESS SAFETY

# 5 Why Common Deficiencies

*The investigation was stopped when it was discovered that bearings were badly worn, or that a support bracket was corroded and unable to support a load. There was often no consideration of maintenance and inspection practices that could have prevented that type of failure, or other potential systemic issues for other failure modes.*

Blamed the Equipment

7th LACPS · Swissotel · Lima, Peru · August 22-23, 2016

PSRG LATIN AMERICA LTDA.

7TH CCPS LATIN AMERICAN CONFERENCE ON PROCESS SAFETY

# 5 Why Common Deficiencies

**Paperwork not correctly or comprehensively filled out, mostly due to paperwork overload.**

*It was common for there to be no Incident Description or no Timeline, no Communication Plan and no Recommendation.*

Was Overwhelmed

7th LACPS · Swissotel · Lima, Peru · August 22-23, 2016

PSRG LATIN AMERICA LTDA.

7TH CCPS LATIN AMERICAN CONFERENCE ON PROCESS SAFETY

# 5 Why Common Deficiencies

**Recommendations did not match Causes.**

*For example, a worn bearing was identified as the root cause, but the recommendations indicated a lack of systematic inspection procedures to allow the identification of significant bearings and their impact in case of failure.*

Mistook Symptom for Cause

7th LACPS · Swissotel · Lima, Peru · August 22-23, 2016

PSRG LATIN AMERICA LTDA.

7TH CCPS LATIN AMERICAN CONFERENCE ON PROCESS SAFETY

# 5 Why Recommended Approach

**5-Why Analysis**

| Problem: | Processing of job requests delayed | | | | | |
|---|---|---|---|---|---|---|
| **Why 1** | **Why 2** | **Why 3** | **Why 4** | **Why 5** | **Root Cause** | **Recurrence Prevention** |
| There is no computerized solution to handle job applications | | | | | | |
| There was no formal set of procedures to handle job requests, and procedures were passed on by mouth as opposed to being documented. | | | | | | |

*State the Problem and Ask Why*
*Accept Multiple Answers*

*http://sites.google.com/site/kamblog/5why/5-whyTableAnalysis-Step-by-Step-Excel97-2003.xls?attredirects=0*

7th LACPS · Swissotel · Lima, Peru · August 22-23, 2016

PSRG LATIN AMERICA LTDA.

7TH CCPS LATIN AMERICAN CONFERENCE ON PROCESS SAFETY

# 5 Why

**5-Why Analysis**

**Problem:** Processing of job requests delayed

| Why 1 | Why 2 | Why 3 | Why 4 | Why 5 | Root Cause | Recurrence Prevention |
|---|---|---|---|---|---|---|
| There is no computerized solution to handle job applications → | There was staff resistance | | | | | |
| There was no formal set of procedures to handle job requests, and procedures were passed on by mouth as opposed to being documented. → | There was no system in place to do so. | | | | | |

## *Ask Why for Every Answer*

*http://sites.google.com/site/karnblog/5why/5-whyTableAnalysis-Step-by-Step-Excel97-2003.xls?attredirects=0*

**7th LACPS · Swissotel · Lima, Peru · August 22-23, 2016**

PSRG LATIN AMERICA LTDA.

7TH CCPS LATIN AMERICAN CONFERENCE ON PROCESS SAFETY

# 5 Why

**5-Why Analysis**

**Problem:** Processing of job requests delayed

| Why 1 | Why 2 | Why 3 | Why 4 | Why 5 | Root Cause | Recurrence Prevention |
|---|---|---|---|---|---|---|
| There is no computerized solution to handle job applications → | There was staff resistance → | They were not explained the full benefits of the system | | | | |
| | → | They feared being made redundant | | | | |
| | → | They were uncomfortable about changing the way they worked | | | | |
| There was no formal set of procedures to handle job requests, and procedures were passed on by mouth as opposed to being documented. → | There was no system in place to do so. → | The company grew at an exponential rate that there was no time to document anything. | | | | |

## *Keep Going*

*http://sites.google.com/site/karnblog/5why/5-whyTableAnalysis-Step-by-Step-Excel97-2003.xls?attredirects=0*

**7th LACPS · Swissotel · Lima, Peru · August 22-23, 2016**

PSRG LATIN AMERICA LTDA.

7TH CCPS LATIN AMERICAN CONFERENCE ON PROCESS SAFETY

# 5 Why

| Problem: | Processing of job requests delayed | | | | | |
|---|---|---|---|---|---|---|
| **Why 1** | **Why 2** | **Why 3** | **Why 4** | **Why 5** | **Root Cause** | **Recurrence Prevention** |
| There is no computerized solution to handle job | There was staff resistance | They were not explained the full benefits of the | There was a lack of communication. | | | |
| | | They feared being made redundant | They thought the computer system was designed to replace them. | | | |
| | | They were uncomfortable about changing the way they worked | They had always been doing it this way | | | |
| | | | The positive aspects of the change were not communicated. | | | |
| There was no formal set of procedures to handle job requests, and procedures were passed on by mouth as opposed to being documented. | There was no system in place to do so. | The company grew at an exponential rate that there was no time to document anything. | There was insufficient planning | | | |

## *Keep On Going*

*http://sites.google.com/site/karnblog/5why/5-whyTableAnalysis-Step-by-Step-Excel97-2003.xls?attredirects=0*

**7th LACPS · Swissotel · Lima, Peru · August 22-23, 2016**

PSRG LATIN AMERICA LTDA.

7TH CCPS LATIN AMERICAN CONFERENCE ON PROCESS SAFETY

# 5 Why

| Problem: | Processing of job requests delayed | | | | | |
|---|---|---|---|---|---|---|
| **Why 1** | **Why 2** | **Why 3** | **Why 4** | **Why 5** | **Root Cause** | **Recurrence Prevention** |
| There is no computerized solution to handle job | There was staff resistance | They were not explained the full benefits of the | There was a lack of communication. | We assumed that the benefits were obvious. | | |
| | | They feared being made redundant | They thought the computer system was designed to replace them. | Because we didn't tell them how it would help make their jobs easier. | | |
| | | They were uncomfortable about changing the way they worked | They had always been doing it this way | All the work was done manually prior | | |
| | | | The positive aspects of the change were not communicated. | We assumed that the benefits were obvious. | | |
| There was no formal set of procedures to handle job requests, and procedures were passed on by mouth as opposed to being documented. | There was no system in place to do so. | The company grew at an exponential rate that there was no time to document anything. | There was insufficient planning | Top management were too busy fire fighting and dealing with operational work, rather than developing a strategy | | |

## *5 Layers of Why! Not 5 Whys*

*http://sites.google.com/site/karnblog/5why/5-whyTableAnalysis-Step-by-Step-Excel97-2003.xls?attredirects=0*

**7th LACPS · Swissotel · Lima, Peru · August 22-23, 2016**

PSRG LATIN AMERICA LTDA.

7TH CCPS LATIN AMERICAN CONFERENCE ON PROCESS SAFETY

# 5 Why

**Problem:** Processing of job requests delayed

| Why 1 | Why 2 | Why 3 | Why 4 | Why 5 | Cause | Recurrence Prevention |
|---|---|---|---|---|---|---|
| There is no computerized solution to handle job applications | There was staff resistance | They were not explained the full benefits of the system | There was a lack of communication. | We assumed that the benefits were obvious. | Insufficient communication | |
| | | They feared being made redundant | They thought the computer system was designed to replace them. | Because we didn't tell them how it would help make their jobs easier. | Insufficient communication | |
| | | They were uncomfortable about changing the way they worked | They had always been doing it this way | All the work was done manually prior | No culture of change and sense of insecurity among staff. | |
| | | | The positive aspects of the change were not communicated. | We assumed that the benefits were obvious. | Assumptions made on our side led to insufficient communication. | |
| There was no formal set of procedures to handle job requests, and procedures were passed on by mouth as opposed to being documented. | There was no system in place to do so. | The company grew at an exponential rate that there was no time to document anything. | There was insufficient planning | Top management were too busy fire fighting and dealing with operational work, rather than developing a strategy | Poor work delegation and advanced planning | |

## *Categorize or Restate Causes*

*http://sites.google.com/site/karnblog/5why/5-whyTableAnalysis-Step-by-Step-Excel97-2003.xls?attredirects=0*

**7th LACPS · Swissotel · Lima, Peru · August 22-23, 2016**

PSRG LATIN AMERICA LTDA.

7TH CCPS LATIN AMERICAN CONFERENCE ON PROCESS SAFETY

# 5 Why

**Problem:** Processing of job requests delayed

| Why 1 | Why 2 | Why 3 | Why 4 | Why 5 | Root Cause | Recurrence Prevention |
|---|---|---|---|---|---|---|
| There is no computerized solution to handle job applications | There was staff resistance | They were not explained the full benefits of the system | There was a lack of communication. | We assumed that the benefits were obvious. | Insufficient communication | Develop a communication strategy to show the benefits of a computerized system. |
| | | They feared being made redundant | They thought the computer system was designed to replace them. | Because we didn't tell them how it would help make their jobs easier. | Insufficient communication | In the communication strategy, emphasize how the computer system will complement their jobs and assist them, and not replace them. |
| | | They were uncomfortable about changing the way they worked | They had always been doing it this way | All the work was done manually prior | No culture of change and sense of insecurity among staff. | Include change management in implementation plan. Also, assure staff that comprehensive training will be offered to allay fears of change. |
| | | | The positive aspects of the change were not communicated. | We assumed that the benefits were obvious. | Assumptions made on our side led to insufficient communication. | Develop a communication strategy to show the benefits of a computerized system. |
| There was no formal set of procedures to handle job requests, and procedures were passed on by mouth as opposed to being documented. | There was no system in place to do so. | The company grew at an exponential rate that there was no time to document anything. | There was insufficient planning | Top management were too busy fire fighting and dealing with operational work, rather than developing a strategy | Poor work delegation and advanced planning | Develop vision, and coordinate resources to free up management to engage in strategic planning. Hire more people as necessary, and implement a computerized system. |

## *Identify Actions to Prevent Recurrence*

*http://sites.google.com/site/karnblog/5why/5-whyTableAnalysis-Step-by-Step-Excel97-2003.xls?attredirects=0*

**7th LACPS · Swissotel · Lima, Peru · August 22-23, 2016**

PSRG LATIN AMERICA LTDA.

7TH CCPS LATIN AMERICAN CONFERENCE ON PROCESS SAFETY

# Investigating Small Incidents Can be Rewarding, if:

- You realize that they are part of a continuum of events that are connected
- They can be indicators in Complex Systems
- They are numerous and can be investigated at little cost
- They can be leading indicators for potential end of life
- They can provide useful data if properly investigated

7th LACPS · Swissotel · Lima, Peru · August 22-23, 2016

PSRG LATIN AMERICA LTDA.

7TH CCPS LATIN AMERICAN CONFERENCE ON PROCESS SAFETY

# Sources and References


- Safety Management: Near Miss Identification, Recognition, and Investigation. McKinnon, Ron C.
- Heinrich H.W. Industrial accident prevention: a scientific approach (4th ed.). McGraw-Hill. 1959
- Analyzing Near-Miss Events: Risk Management in Incident Reporting and Investigation, Discussion Paper No: 47, MacRae, Carl. 2007
- Developing System-Based Leading Indicators for Proactive Risk Management in the Chemical Processing Industry, by Ibrahim A. Khawaji, B.S., Chemical Engineering, Colorado School of Mines, 2001
- A Systems Approach to Risk Management, Through Leading Safety Indicators 1, Nancy Leveson, Aeronautics and Astronautics Engineering Systems, MIT 2015
- Near Miss Reporting, A Missing Link in Safety Culture, NASS Safety Campaign – Module One 2013 -2015
- Near-Miss System Analysis: Phase I James R. Phimister, Post-Doctoral Fellow, Ulku Oktem, Senior Research Fellow, Paul R. Kleindorfer, Universal Furniture Professor, Howard Kunreuther, Cecilia Yen Koo Professor, Wharton School, Center for Risk Management and Decision Processes, 2000
- Predictive Safety from Near Miss and Hazard Reporting, Bernard Borg, CSP, 2002
- Big Data & Safety: Are Near-Misses Leading or Lagging Indicators?, Chuck Pettinger, Ph.D. 2015
- ELEVATING EHS LEADING INDICATORS: From Defining to Designing, Campbell Institute - National Safety Council, 2015
- Practical Guide to Leading Indicators: Metrics , Case Studies & Strategies, Campbell Institute - National Safety Council, 2015
- Complex Systems Modeling: Using Metaphors From Nature in Simulation and Scientific Models, Based on Rocha, Luis M. [1999]. BITS: Computer and Communications News. Computing, Information, and Communications Division. Los Alamos National Laboratory. 1999.
- Chaos and Time-series Analysis, Julien C. Sprott, Oxford University Press, 2003


7th LACPS · Swissotel · Lima, Peru · August 22-23, 2016

A GLOBAL PROVIDER OF
INTEGRATED HSSE
SOLUTIONS AND SERVICES
www.psrg.com
PSRG
Process Safety and Reliability Group
EGRITY ENVIRONMENTAL & QUALITY PROCESS SAFETY MANAGEMENT RISK MANAGEMENT SAFETY & HEALTH SECURITY RELIABILITY TRAINING ASSET INTEGRITY ENVI
Thank you for joining PSRG
at this event!

7TH CCPS
LATIN AMERICAN
CONFERENCE
ON PROCESS SAFETY

# Divulgación a las Partes Interesadas. Elemento Clave de la Seguridad de Procesos

Nestor H Spósito
CCPS Staff Consultant
PPR Consultora
pprconsultora@gmail.com

Iris Regina F. Poffo
CETESB – SP, Brasil
ipoffo@sp.gov.br

7th LACPS · Swissotel · Lima, Peru · August 22-23, 2016

7TH CCPS
LATIN AMERICAN
CONFERENCE
ON PROCESS SAFETY

# AGENDA

- Introducción
- Que se entiende por Grupo de Interes (GI)
- Porqué es importante involucrarlos.
  - RBPS/Visión 2020/Aprendiendo de los accidentes
- Como la comunidad ve los riesgos
- Percepción del Riesgo - Herramientas
- Proceso APELL. Participación GI
- Conclusiones

7th LACPS · Swissotel · Lima, Peru · August 22-23, 2016

# INTRODUCCIÓN

7TH CCPS LATIN AMERICAN CONFERENCE ON PROCESS SAFETY

- Gestión Seguridad de Procesos (SP),
- Muchos accidentes serios superan la capacidad de respuesta e impactan a la comunidad,
- Ningún programa serio SP puede omitir involucrar a los grupos de interes (GI),
- La comunidad y los GI han sido ignorados por años,
- RBPS/VISION 2020,
- Proceso APELL LA desde principios años 1990

7th LACPS · Swissotel · Lima, Peru · August 22-23, 2016

# QUE SE ENTIENDE POR GI

7TH CCPS LATIN AMERICAN CONFERENCE ON PROCESS SAFETY

- Organizaciones, instituciones, grupos de personas, individuos que:
  - Pueden verse afectados por un accidente en la instalación
  - Brindar ayuda/soporte prevenir, controlar o mitigar un accidente,

- Universo dísimil y diverso. Varía de instalación en instalación,

- Potenciales participantes:

- Comunidad próxima a la instalación,
- Grupo respuesta a emergencias (bomberos, servicios médicos, etc)
- Defensa Civil/Órgano de Medio Ambiente,
- Organizaciones sociales/Escuelas. Establecimientos de instrucción
- Empresas vecinas/Organizaciones empresariales, y otros.

7th LACPS · Swissotel · Lima, Peru · August 22-23, 2016

7TH CCPS LATIN AMERICAN CONFERENCE ON PROCESS SAFETY

# PORQUE ES IMPORTANTE INVOLUCRAR A LOS GI

- Política del "Buen vecino",
- Mantener y renovar "la licencia social y política",
- Muchas empresas desaparecieron = Bophal-UC,
- Plan de Preparación y Respuesta a Emergencias:
  - Última capa o barrera del sistema SP,
  - El funcionamiento correcto es fundamental,
  - Ninguna empresa puede contar con todos los recursos,
  - Asistencia de recursos externos es fundamental,
  - Confiable, útil, efectiva y segura si lo grupos externos cuentan con información adecuada.
- El intercambio de información de manera creativa con GI construye confianza y compromiso.

7th LACPS · Swissotel · Lima, Peru · August 22-23, 2016

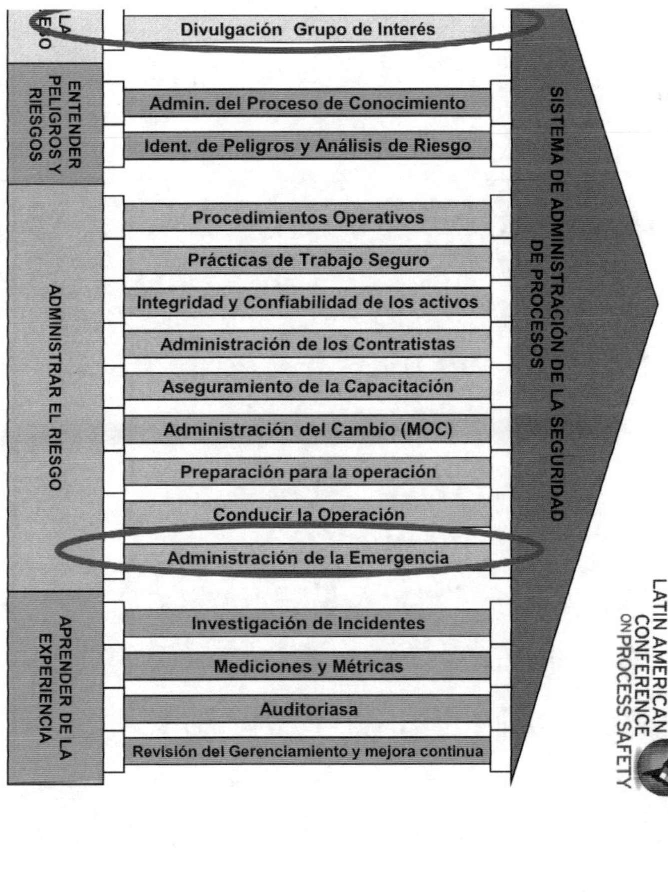


"Community Committed to Process Safety"
7th LACPS · Swissotel · Lima, Peru · August 22-23, 2016

7TH CCPS LATIN AMERICAN CONFERENCE ON PROCESS SAFETY

7TH CCPS LATIN AMERICAN CONFERENCE ON PROCESS SAFETY

# RBPS- DIVULGACIÓN GI

**PRINCIPIOS CLAVES**

- **Mantener** práctica confiable,
- **Identificar** las necesidades de comunicación y divulgación,
- **Conducir** actividades de comunicación y divulgación,
- **Seguir** a través de compromisos y acciones.

**CARACTERÍSTICAS ESENCIALES**

- **Identificar** las partes interesadas relevantes,
- **Definir** el alcance apropiado,
- **Identificar** vías de comunicación apropiadas,
- **Desarrollar** herramientas apropiadas de comunicación orientada al público,
- **Compartir** información apropiada,
- **Mantener** relaciones externas.

7th LACPS · Swissotel · Lima, Peru · August 22-23, 2016

7TH CCPS LATIN AMERICAN CONFERENCE ON PROCESS SAFETY

# ACCIDENTES SIN INFORMACIÓN GI

Gran cantidad de accidentes donde falta información a los GI. Algunos ejemplos

- Seveso - Italia – 1976,
- Bophal - India – 1984,
- West Fertilizer - EEUU 2013,
- Terminal Santos/ SP/Brasil (2015)
- Puerto Tiajing China - 2015

7th LACPS · Swissotel · Lima, Peru · August 22-23, 2016

7TH CCPS LATIN AMERICAN CONFERENCE ON PROCESS SAFETY

## EXPLOSION WEST-TEXAS

- 17 DE ABRIL DE 2013
- 17 MUERTOS 12 BOMBEROS
- 60 Tm de N03NH4

7th LACPS · Swissotel · Lima, Peru · August 22-23, 2016

7TH CCPS LATIN AMERICAN CONFERENCE ON PROCESS SAFETY

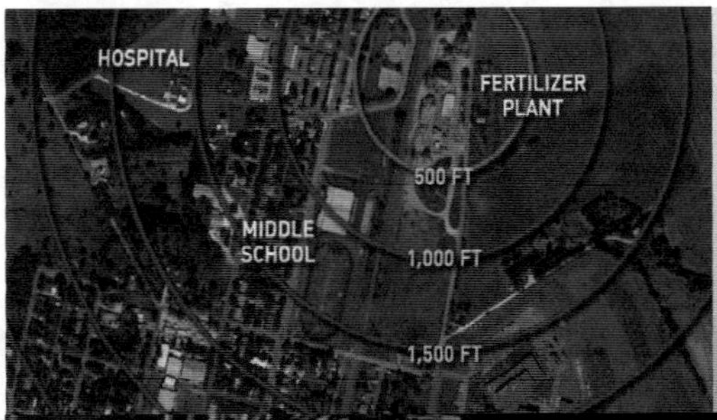

## EXPLOSION WEST TEXAS

- Destrucción escuelas
- Destrucción de viviendas
- + 200 Heridos

7th LACPS · Swissotel · Lima, Peru · August 22-23, 2016

7TH CCPS LATIN AMERICAN CONFERENCE ON PROCESS SAFETY

# INCENDIO SANTOS/ SP/BRASIL (2015)

- Terminal Productos Químicos
- Duró 9 días,
- Participaron 140 Bomberos y equipos de planes de auxilio mutuo de la región,
- Pánico, polución, mortalidad de peces,
- Información equivocadas circulaban en las redes sociales,
- DC, Bomberos y Órgano del Medio Ambiente - esfuerzos por brindar información oficial.

7th LACPS · Swissotel · Lima, Peru · August 22-23, 2016

7TH CCPS LATIN AMERICAN CONFERENCE ON PROCESS SAFETY

**Explosión Tiajin China**

12 Agosto 2015

- Almacenamiento Productos Químicos
  - ✓165 Muertos
    - ✓110 Bomberos/ GRE
    - ✓55 Civiles/residentes
  - ✓Más de 798 Heridos
  - ✓8 desaparecidos
  - ✓Más de 100 empresas fueron cerradas preventivamente

7th LACPS · Swissotel · Lima, Peru · August 22-23, 2016

## APRENDIENDO DE LOS ACCIDENTES

- CETESB San Pablo Brasil
  - Grandes accidentes década 1980.
  - Programa de Gerenciamiento de Riesgo en terminales químicas y de petróleo desde 1988.
  - Plan Integrado de Emergencia – PIE – ABTL 1991
    - 11 Empresas,
    - CETESB/DC/Bomberos/Marina,
    - Organizar acciones conjuntas,
    - Articular uso recursos,
    - Disminución cantidad accidentes, volúmenes liberados y consecuencias.

7th LACPS · Swissotel · Lima, Peru · August 22-23, 2016

## APRENDIENDO DE LOS ACCIDENTES

- US Chemical Safety Board (CSB)
  - "Planificación y Respuesta a Emergencias" es el nuevo "Most Wanted Safety Improvement" - 15/7/2016,
  - Pobre o inadecuada planificación o respuesta hallazgo recurrente en las investigaciones del CSB,
  - 12 investigaciones del CSB y 46 recomendaciones resultantes destinadas a corregir esas deficiencias,
    - Entrenamiento personal de los GRE,
    - Planes de respuesta comunitarios y los equipos,
    - Uso de sistemas de notificación a la comunidad,
    - Realización de ejercicios de respuesta a emergencias,
    - Intercambio de información entre las instalaciones y GI.

7th LACPS · Swissotel · Lima, Peru · August 22-23, 2016

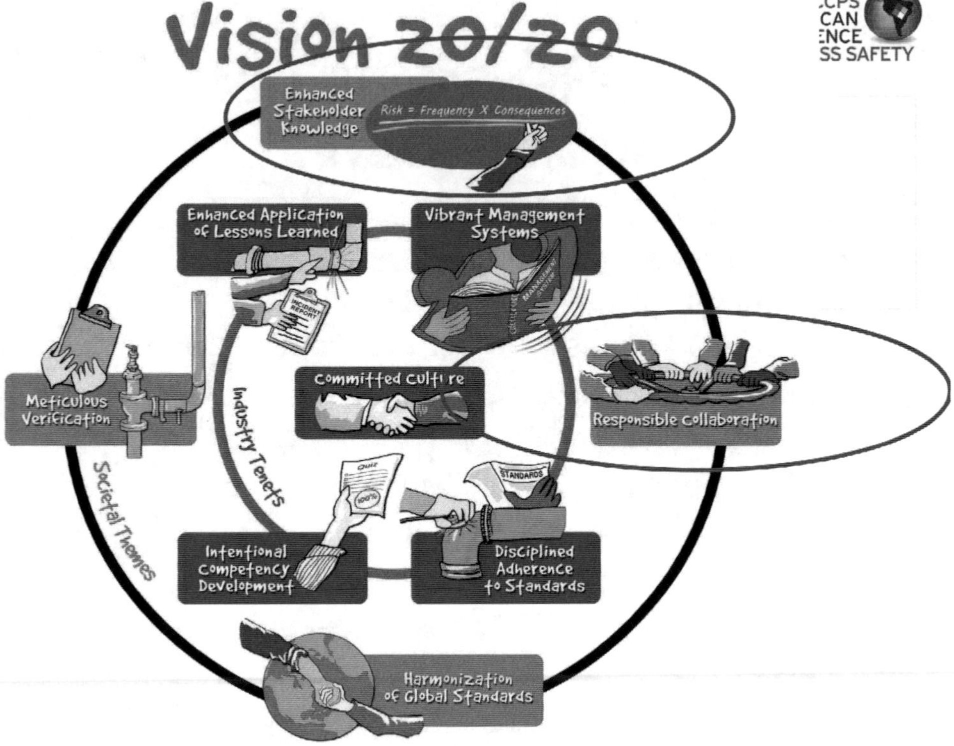


7TH CCPS LATIN AMERICAN CONFERENCE ON PROCESS SAFETY

# MEJORA EN EL CONOCIMIENTO GI

- Educación en Riesgos
  - Público,
  - Gobierno,
  - Responsables decisión en industria.
- Fundamentos en SP
  - Estudiantes de Ingeniería,
  - Empleados/Contatistas,
- Permite
  - Al público desafiar a la industria prevención de accidentes,
  - A la industria desafiar al público para comprender los riesgos y SP

7TH CCPS LATIN AMERICAN CONFERENCE ON PROCESS SAFETY

# COLABORACIÓN RESPONSABLE

- Relación cooperativa entre Reguladores, entes investigadores, organizaciones laborales, comunidades, institutos de investigación, universidades e industria.

- Remoción de barreras.

7th LACPS · Swissotel · Lima, Peru · August 22-23, 2016

7TH CCPS LATIN AMERICAN CONFERENCE ON PROCESS SAFETY

# PERCEPCIÓN Y EVALUACIÓN DEL RIESGO

**Factores del riesgo**

- ✓ Color de la piel
- ✓ Sexo
- ✓ Edad
- ✓ Lenguaje corporal
- ✓ Traje
- ✓ Apariencia
- ✓ Profesión

**Factores de mitigación**

- ✓ Color de la piel
- ✓ Sexo
- ✓ Edad
- ✓ Apariencia
- ✓ Profesión
- ✓ Traje

**Factores del riesgo y Factores de Mitigación: aceptable o no?**

Adaptado de Slovic et all, 2004

https://www.kent.ac.uk/scarr/events/finalpapers/Slovic%201.pdf

7th LACPS · Swissotel · Lima, Peru · August 22-23, 2016

# ELEMENTOS IMPORTANTES EN PERCEPCIÓN DE RIESGOS

**1 Conocer al grupo objetivo** y no dar por sentado que de antemano se sabe lo que dicho grupo piensa, conoce o siente.

**2 El mito de la invulnerabilidad personal:** las personas creen que tienen una suerte de invulnerabilidad,

**3 El mito del optimismo irreal:** las personas se dejan llevar por sus creencias e impulsos y no anticipa ninguna consecuencia negativa importante ("nada va a pasar").

Estas creencias las vuelve más vulnerables pues dejan de tomar precauciones y/o se exponen frecuentemente a riesgos.

Curso Comunicación de Riesgo de OPAS - *http://www.bvsde.paho.org/cursocr/e/index.php*



7TH CCPS LATIN AMERICAN CONFERENCE ON PROCESS SAFETY

# PERCEPCIÓN Y EVALUACIÓN DEL RIESGO

## EJEMPLO DE UNA ENCUESTA*

**Cuál la distancia más segura desde el incendio**
**... "*pero en la práctica no es verdad*".**

"no me aproximaría al sitio del accidente"
178 respuestas o 68% del total

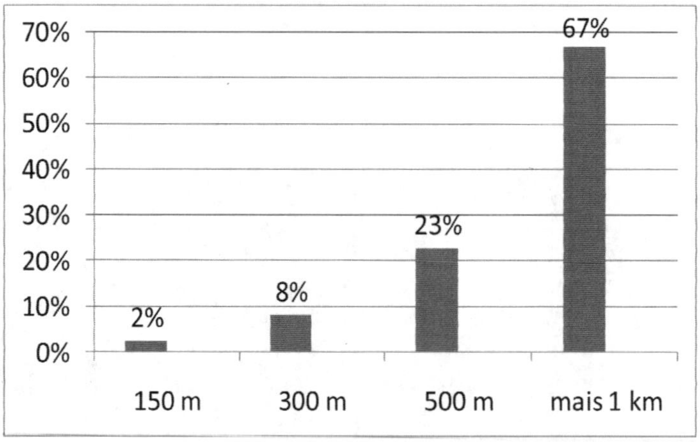


**Percepción de riesgos y el comportamiento de la comunidad delante de accidentes ambientales en áreas portuárias. Poffo, 2004*

7th LACPS · Swissotel · Lima, Peru · August 22-23, 2016

# DESPUES DE BOPHAL

**ORGANIZACIONES** **HERRAMIENTAS**

7th LACPS · Swissotel · Lima, Peru · August 22-23, 2016

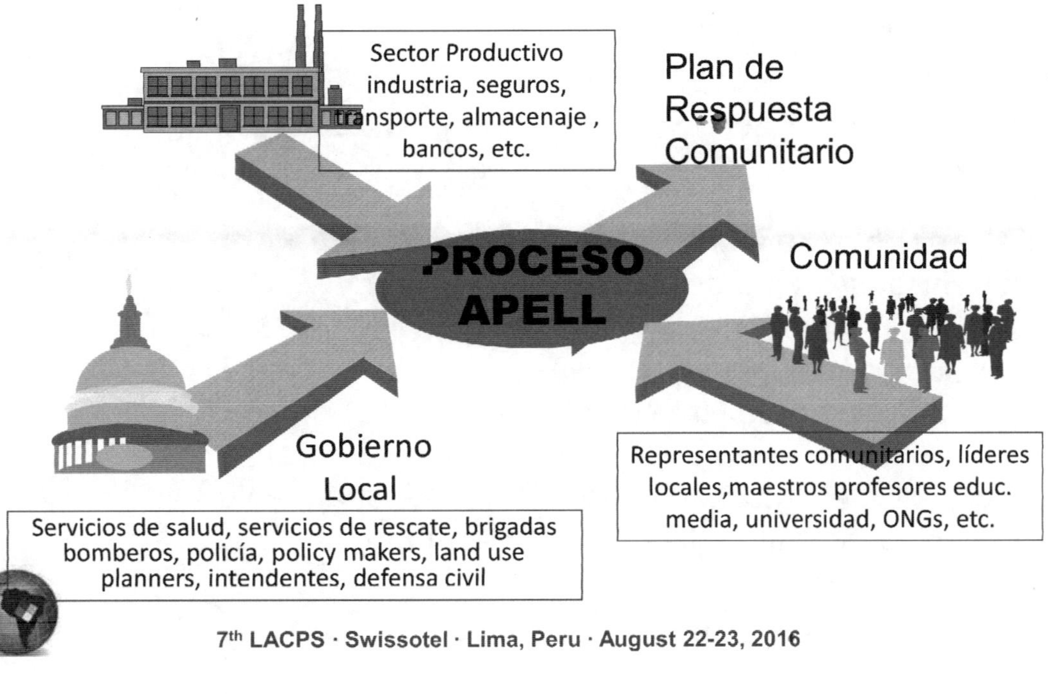


7th LACPS · Swissotel · Lima, Peru · August 22-23, 2016

7TH CCPS
LATIN AMERICAN
CONFERENCE
ON PROCESS SAFETY

## APELL ESTRATEGIAS DIFUSIÓN LA

### MÉTODO UTILIZADO

1. Solicitación de información a las personas claves que trabajan con el proceso APELL en Brasil, Argentina, Perú y Colombia sobre:

- situación de riesgo y escenario accidental,
- actores involucrados y perfil de la comunidad,
- metodologías de comunicación de riesgo empleadas

2. Elaboración de un cuadro comparativo de las metodologías desarrolladas y de los puntos fuertes de cada uno de ellos.



### TRABAJOS CON EL APELL EN BRASIL:

7TH CCPS
LATIN AMERICAN
CONFERENCE
ON PROCESS SAFETY

**São Paulo**: terminal de hidrocarburo de Petrobras (São Sebastião, en la Unidad de Tratamiento de Gas Monteiro Lobato (Caraguatatuba), y en la industria Unipar/Carbocloro (Cubatão),

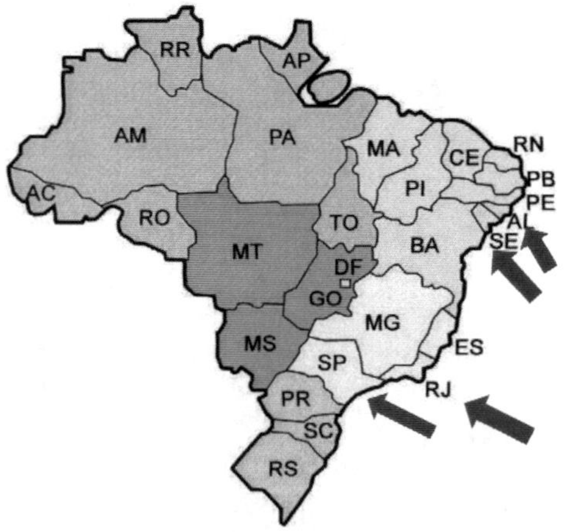


**Rio de Janeiro**: polo industrial de Campos Elíseos/Duque de Caxias,

**Alagoas:** Empresa Nacional de Gás Butano y la Braskem - planta de cloro

**Sergipe**: Polo de Procesamiento y de Almacenamiento de Petróleo y Gas Natural (Atalaia – Aracaju).

## TRABAJOS CON EL APELL EN:

7TH CCPS LATIN AMERICAN CONFERENCE ON PROCESS SAFETY

**Argentina** => para la zona industrial y portuaria de Bahía Blanca ,

**Perú** => el TransApell involucrando las compañías mineras en los Departamentos de Ancash, Cajamarca y Lima,

**Colombia** => el APELL para zonas industriales en Barranquilla, el TransApell y están desarrollando lo de la zona portuaria

7th LACPS · Swissotel · Lima, Peru · August 22-23, 2016

## APELL ESTRATEGIAS DIFUSIÓN LA

7TH CCPS LATIN AMERICAN CONFERENCE ON PROCESS SAFETY

### CUADRO COMPARATIVO: ACTIVIDADES EN VIVO

- Realización de reuniones y talleres técnicos,
- Diagnósticos Participativos de Riesgos y Planes de Contingencia;
- Encuentro de Sensibilización Escolar para la Respuesta a Emergencias a nivel regional;
- Visitas supervisadas a las plantas químicas;
- Difusión de planes de Prevención y Respuesta comunitarios.

7th LACPS · Swissotel · Lima, Peru · August 22-23, 2016

7TH CCPS LATIN AMERICAN CONFERENCE ON PROCESS SAFETY

# APELL ESTRATEGIAS DIFUSIÓN LA

| CANALES DE COMUNICACIÓN | ESTRATEGIAS DE COMUNICACIÓN DE RIESGO EMPLEADAS |
|---|---|
| Impreso | Cartilla APELL, folletos y carteles diversos, libretos, materiales educativos e imán de nevera con los teléfonos de emergencia, |
| Por audio | Entrevista a periodistas sobre el APELL y llamadas para participación de los simulacros en la radio. Divulgación de los simulacros por altavoz en las calles. Pruebas de sirenas de emergencias de las industrias. |
| Medio audiovisual | Vídeos sobre el Programa APELL, de sensibilización comunitaria, sobre los Primeros Auxilios y Prevención de Incendio y videos con grabaciones de los simulacros. |

7th LACPS · Swissotel · Lima, Peru · August 22-23, 2016

# APELL ESTRATEGIAS DIFUSIÓN LA

7TH CCPS LATIN AMERICAN

7th LACPS · Sw

7TH CCPS LATIN AMERICAN CONFERENCE ON PROCESS SAFETY

## APELL ESTRATEGIAS DIFUSIÓN LA

**PUNTOS FUERTES**

•Charlas y campañas sobre emergencias,
•Consejo Comunitario Consultivo;
•Dinámicas lúdicas sobre gestión de riesgos con reconocimiento de productos peligrosos;
•Proyecto "Por Un Plan de Prevención de Riesgos Sostenibles" en Barranquilla;
•Programa "Mis Primeros Pasos" (de NFPA) en protección contra incendios a niños en edad preescolar en Bahía Blanca.

7th LACPS · Swissotel · Lima, Peru · August 22-23, 2016

7TH CCPS LATIN AMERICAN CONFERENCE ON PROCESS SAFETY

## APELL ESTRATEGIAS DIFUSIÓN LA

- Proceso APELL B. Blanca- Argentina
  - Títeres/Obras de Teatro
  - Ejercicios de Confinamiento. Escuelas-clubes
  - Programa NFPA "Aprendiendo a no Quemarse"
  - 2010 Encuesta Percepción del Riesgo.
    - 300 encuestados
    - 90% conoce la alarma comunitaria
    - 70% respuesta correctas medidas autoprotección.
    - 79 % quiere recibir más información/capacitación.

7th LACPS · Swissotel · Lima, Peru · August 22-23, 2016

7TH CCPS
LATIN AMERICAN
CONFERENCE
ON PROCESS SAFETY

# CONCLUSIONES

- Accidentes catastrófico con alto impacto GI siguen ocurriendo.
- CCPS postula claramente que son esenciales
  - Divulgación a los GI
  - Colaboración Responsable.
- Estudios percepción del riesgo LA
  - Las respuesta y reacciones no son homogéneas
  - La percepción de la comunidad no coincide con los resultados de los expertos
  - Un porcentaje importante del público quiere recibir información y capacitación para Gestión de Riesgo.

7th LACPS · Swissotel · Lima, Peru · August 22-23, 2016

7TH CCPS
LATIN AMERICAN
CONFERENCE
ON PROCESS SAFETY

# CONCLUSIONES

- Donde el Proceso APELL está implantado
  - Sociedad más y mejor informada.
  - Mejor preparada para actuar en emergencias.
  - Conocen mejor señales de alerta, rutas de escape, puntos de encuentro, etc.
- Evaluar colaboración sinérgica entre CCPS y el Proceso APELL.

7th LACPS · Swissotel · Lima, Peru · August 22-23, 2016

7TH CCPS LATIN AMERICAN CONFERENCE ON PROCESS SAFETY

Iris Regina F. Poffo
irisp@uol.com.br; ipoffo@sp.gov.br
Nestor H Spósito
pprconsultora@gmail.com

# GRACIAS

7th LACPS · Swissotel · Lima, Peru · August 22-23, 2016

7TH CCPS LATIN AMERICAN CONFERENCE ON PROCESS SAFETY

# Consolidación de las normas y reglamentos de seguridad de procesos para las industrias de producción y procesamiento de hidrocarburos en el Perú

Paul E. Rodríguez
Pluspetrol Perú Corporation S.A.
prodriguez@pluspetrol.net



## Hidrocarburos en Perú (1863-1989)

7TH CCPS LATIN AMERICAN CONFERENCE ON PROCESS SAFETY

- 1863 - Primer pozo de petróleo en Zorritos – Piura
- 1917 – Refinería de Talara – Piura (10MBPD/62.5MBPD).
- 1950 – Primera planta de envasado de GLP.
- 1950 – Refineria Shiviyacu – Loreto.
- 1955 – Refinería Luis F. Diaz – Loreto.
- 1959 – Primer pozo off-shore (Negritos-Piura).
- 1960 – Planta Fertilizantes Sintéticos S.A. – Callao
- 1961 – Refinería Conchan – Lima (4.6 MBPD/13.5MBPD).
- 1966 – Refinería Pucallpa – Ucayali (3.3 MBPD).
- 1967 – Refinería La Pampilla – Callao (20MBPD / 102MBPD).
- 1975 – Complejo Petroquímico en Talara - Petroperú.
- 1976 – Oleoducto Nor Peruano – 1,100km.
- 1977 – Refineria Marsella - Amazonas
- 1982 – Refinería Iquitos (10.5MBPD) - Loreto

7th LACPS · Swissotel · Lima, Peru · August 22-23, 2016

# Hidrocarburos en Perú (1950-1989)

7TH CCPS LATIN AMERICAN CONFERENCE ON PROCESS SAFETY

| Entre 1950 - 1989 | | |
|---|---|---|
| RM Nº 082 | 20/11/1952 | Reglamento de Seguridad Petrolera |
| DS 42-F | 22/05/1964 | Reglamento de Seguridad Industrial |
| DS 29-65-DGS | 08/02/1965 | Reglamento para la Apertura y Control Sanitario de Plantas Industriales |
| DS 002-72-TR | 24/02/1972 | Accidentes de Trabajo y Enfermedades Profesionales |
| DS 00258-75-SA | 22/09/1975 | Valores Limites Permisibles Para Agentes Químicos en el Ambiente de Trabajo |
| RM Nº 0664-78-EM/DGH | 03/10/1978 | Reglamento de Seguridad en la Industria del Petróleo |



7TH CCPS LATIN AMERICAN CONFERENCE ON PROCESS SAFETY

# *...Mientras tanto en el Mundo...*

# ...Mientras tanto en el Mundo...

7TH CCPS LATIN AMERICAN CONFERENCE ON PROCESS SAFETY

- Flixborought Works, Nypro Ltd. - UK (01 Junio 1974). Fuga de Ciclohexano – Explosión.
- 28 muertos, 36 heridos internos y 53 heridos a las inmediaciones. USD$167MM.

- ICMESA - Seveso, Italia (10 Julio 1976). Explosión de planta - Tetraclorodibenzo-p-dioxina (TCDD).
- 2,000 personas envenenadas – impacto sobre la fauna y el medio ambiente.

***Directiva Seveso en 1982 (82/501/EEC) - Europa.***

**7th LACPS · Swissotel · Lima, Peru · August 22-23, 2016**

# ...Mientras tanto en el Mundo...

7TH CCPS LATIN AMERICAN CONFERENCE ON PROCESS SAFETY

- Bhopal, India – 03/12/1984
- Planta de Union Carbide
- Venteo de 41 tons MIC – Isocianato de Metilo.
- Muerte de aprox. 15,000 personas.
- Fuentes de agua contaminadas.

**7th LACPS · Swissotel · Lima, Peru · August 22-23, 2016**

# ...Mientras tanto en el Mundo...

7TH CCPS LATIN AMERICAN CONFERENCE ON PROCESS SAFETY

- 1985 - AIChE (Instituto Americano de Ingenieros Químicos), establece el Centro de Seguridad de Procesos Químicos (CCPS - Center for Chemical Process Safety).
- 1985 – Inspección de OSHA a las plantas que producen MIC.
- 1986 – Chemical Special Emphasis Program (ChemSEP).
- 1986 – Inicio de desarrollo de propuestas para un estándar referido a seguridad de procesos.
- 1989 – CCPS: Guidelines for the Technical Management of Chemical Process Safety.
- 1990 – API – Management of Process Hazards – API RP750.
- 1990 - Propuesta de estándar por OSHA – Process Safety Management of Highly Hazardous Chemicals.

7th LACPS · Swissotel · Lima, Peru · August 22-23, 2016

# ...Mientras tanto en el Mundo...

7TH CCPS LATIN AMERICAN CONFERENCE ON PROCESS SAFETY

- Canada: Reporte de Secuelas de Bhopal - Departamento de Medio Ambiente – Marzo 1986.
- Formación del Consejo de Accidentes Industriales Mayores – MIACC (Major Industrial Accident Council of Canadá).

7th LACPS · Swissotel · Lima, Peru · August 22-23, 2016

# *...de regreso a Perú...*



## Hidrocarburos en Perú (1990-1999)

7TH CCPS
LATIN AMERICAN
CONFERENCE
ON PROCESS SAFETY

- 1993 - Ley 26221, "Ley Orgánica que norma las actividades de hidrocarburos en el territorio nacional". Perupetro – Osinerg (Osinergmin)
- 1996 – Reubicación Refinería El Milagro – Amazonas (1,700Bbl).
- 1998 - Explotación del Lote 31C – Aguaytia – Ucayali – Planta de Procesamiento de Gas / Fraccionamiento (56MMscfd/4,400 LGN)

7th LACPS · Swissotel · Lima, Peru · August 22-23, 2016

# Hidrocarburos en Perú (1990-1999)

7TH CCPS LATIN AMERICAN CONFERENCE ON PROCESS SAFETY

| | |
|---|---|
| DS 046-93-EM | Reglamento para la Protección Ambiental en las Actividades de Hidrocarburos |
| DS 051-93-EM | Reglamento de Normas para la Refinación y Procesamiento de Hidrocarburos |
| DS 052-93-EM | Reglamento de Seguridad para el Almacenamiento de Hidrocarburos |
| DS 054-93-EM | Reglamento de Seguridad para Establecimientos de Venta al Público de Combustibles Derivados de Hidrocarburos |
| DS 01-94-EM | Reglamento para la Comercialización de Gas Licuado de Petróleo |
| DS 26-94-EM | Reglamento de Seguridad para el Transporte de Hidrocarburos |
| DS 27-94-EM | Reglamento de Seguridad para Instalaciones y Transportes de Gas Licuado de Petróleo |
| RD 030-96-EM/DGAA | Niveles Máximos Permisibles Para Efluentes Líquidos producto de Actividades de Explotación y Comercialización de Hidrocarburos Líquidos y sus Productos Derivados |
| DS 019-97-EM | Reglamento de Establecimientos de Gas Licuado de Petróleo para Uso Automotor - Gasocentros |
| DS 003-98-SA | Normas Técnicas de Seguro Complementario de Trabajo de Riesgo |
| DS 040-98-EM | Reglamento de Utilización de Recursos y Medios Provenientes de los Contratistas |
| DS 040-99-EM | Reglamento de la Ley de Promoción del Desarrollo de la Industria de Gas Natural |
| DS 041-99-EM | Reglamento de Transporte de Hidrocarburos por Ductos |
| DS 042-99-EM | Reglamento de Distribución de Gas Natural por Red de Ductos |

7TH CCPS LATIN AMERICAN CONFERENCE ON PROCESS SAFETY

# *...Mientras tanto en el Mundo...*

7th LACPS · Swissotel · Lima, Peru · August 22-23, 2016

# ...Mientras tanto en el Mundo...

7TH CCPS LATIN AMERICAN CONFERENCE ON PROCESS SAFETY

- Process Safety Management of Highly Hazardous Chemicals – OSHA (29 CFR 1910.119) - 1992.

**1. Participación de los empleados**
**2. Información de seguridad de procesos**
**3. Análisis de riesgos de los procesos**
**4. Procedimientos operativos**
**5. Entrenamiento de los empleados**
**6. Contratistas**
**7. Revisiones de seguridad Pre-Arranque**
**8. Integridad mecánica**
**9. Permisos de trabajo en caliente**
**10. Manejo del cambio**
**11. Investigación de incidentes**
**12. Respuesta a emergencias y planificación**
**13. Auditoria**
**14. Confidencialidad**

- La Directiva Seveso fue actualizada en 1996 – Seveso II (96/82/EC)



7TH CCPS LATIN AMERICAN CONFERENCE ON PROCESS SAFETY

# ...de regreso a Perú...

## Hidrocarburos en Perú (2000-2016)

7TH CCPS LATIN AMERICAN CONFERENCE ON PROCESS SAFETY

- 2004 – Explotación Gas del Lote 88 y 56 – Planta de Sep. de Gas Natural / Planta de Fraccionamiento LGN.
- 2004 – Gasoducto/Poliducto Selva-Costa (729/557Km).
- 2004 - Distribución de gas en Lima.
- 2005 – Planta Criogénica de Gas – Piura
- 2008 – Planta de Gas Pariñas – Piura (84MMscfd)
- 2010 – Planta de Licuefacción de Gas Natural -
- 2012 – Plantas Topping Corrientes – Huayuri - Loreto
- 2014 – Explotación Gas del Lote 57
- 2015 – Gasoducto para las regiones del sur del Perú

7th LACPS · Swissotel · Lima, Peru · August 22-23, 2016


## Hidrocarburos en Perú (2000-2016)

7TH CCPS LATIN AMERICAN CONFERENCE ON PROCESS SAFETY


| | |
|---|---|
| DS 045-2001-EM | Reglamento para Comercialización de Combustibles Líquidos y otros Productos Derivados de los Hidrocarburos |
| DS 018-2004-EM | Normas del Servicio de Transporte de Gas Natural por Ductos |
| DS 032-2004-EM | Reglamento de las Actividades de Exploración y Explotación de Hidrocarburos |
| RS 047-2004-EM | Plan de Prevención y Atención de Desastres del Sector Energía y Minas |
| DS-032-2004-EM | Reglamento de Actividades de Exploración y Explotación de Hidrocarburos |
| DS 015-2005-SA | Reglamento sobre Valores Limite Permisibles para Agentes Químicos en el Ambiente de Trabajo |
| DS 009-2005-TR | Reglamento de Seguridad y Salud en el Trabajo |
| DS 015-2006-EM | Reglamento para la Protección Ambiental en las Actividades de Hidrocarburos |
| DS 043-2007-EM | Reglamento de Seguridad para las Actividades de Hidrocarburos |
| DS 081-2007-EM | Reglamento de Transporte de Hidrocarburos por Ductos |
| DS 040-2008-EM | Reglamento de Distribución de Gas Natural por Red de Ductos |
| DS 039-2014-EM | Reglamento para la Protección Ambiental en las Actividades de Hidrocarburos |
| DS 023-2015-EM | Modifican el Reglamento de Normas para la Refinación y Procesamiento de Hidrocarburos |
| DS 035-2015-EM | Modifican Reglamento de las Actividades de Exploración y Explotación de Hidrocarburos |

# ...Mientras tanto en el Mundo...



## ...Mientras tanto en el Mundo...

7TH CCPS
LATIN AMERICAN
CONFERENCE
ON PROCESS SAFETY

- 2004 – Incendio en Formosa Plastics, Illiopolis – 05 muertos – 03 heridos de gravedad.
- 2005 – Incendio en Refineria BP, Texas – 15 muertos – 170 heridos.

7th LACPS · Swissotel · Lima, Peru · August 22-23, 2016

# Risk Based Process Safety
# RBPS – CCPS 2007

7TH CCPS LATIN AMERICAN CONFERENCE ON PROCESS SAFETY

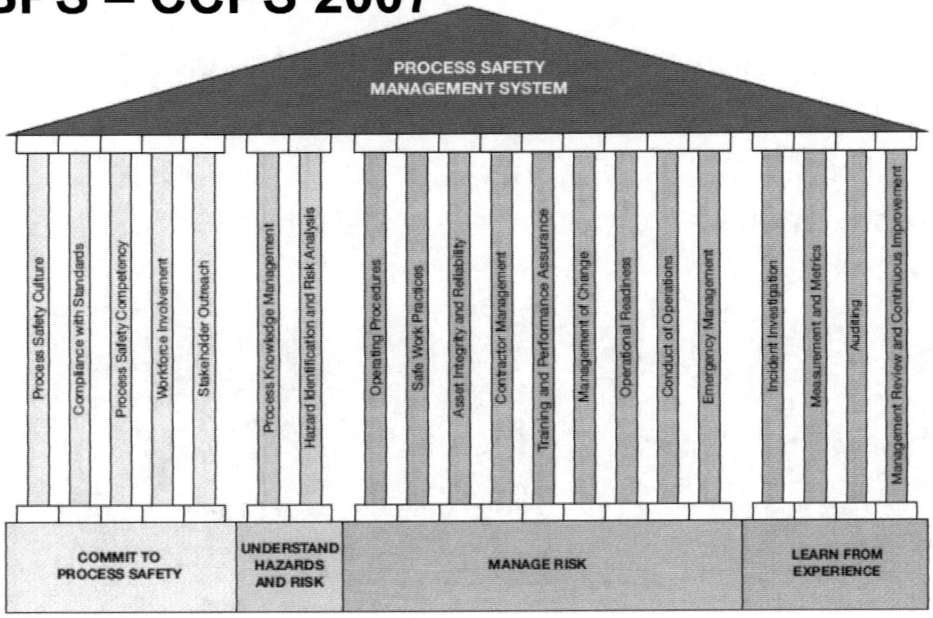


7th LACPS · Swissotel · Lima, Peru · August 22-23, 2016

7TH CCPS LATIN AMERICAN CONFERENCE ON PROCESS SAFETY

| CCPS Risk-Based 20 PSM Elements [1] (2007) | OSHA PSM *(EPA RMP)* Required 14 Elements [2] |
|---|---|
| **Pillar 1: Commit to Process Safety** | |
| 1. Process Safety Culture | |
| 2. Compliance with Standards | 2. Process Safety Information (PSI) |
| 3. Process Safety Competency | |
| 4. Workforce Involvement | 4. Employee Participation |
| 5. Stakeholder Outreach | |
| **Pillar 2: Understand Hazards and Risk** | |
| 6. Process Knowledge Management | 1. Process Safety Information (PSI) |
| 7. Hazard Identification & Risk Analysis | 2. Process Hazard Analysis |
| **Pillar 3: Manage Risk** | |
| 8. Operating Procedures | 3. Operating Procedures |
| 9. Safe Work Practices | 3. Operating Procedures<br>9. Hot Work Permit |
| 10. Asset Integrity & Reliability | 8. Mechanical Integrity |
| 11. Contractor Management | 6. Contractors |
| 12. Training & Performance Assurance | 5. Training |
| 13. Management of Change | 10. Management of Change (MOC) |
| 14. Operational Readiness | 7. Pre-startup Safety Review |
| 15. Conduct of Operations | |
| 16. Emergency Management | 12. Emergency Planning & Response |
| **Pillar 4: Learn from Experience** | |
| 17. Incident Investigation | 11. Incident Investigation |
| 18. Measurement & Metrics | |
| 19. Auditing | 13. Compliance Audits |
| 20. Management Review & Continuous Improvement | |
| | 14. Trade Secrets |

***Fuente: PSM: Regulatory Scan, CAPP 2014***

7th LACPS · Swissotel · Lima, Peru · August 22-23, 2016

## ...Mientras tanto en el Mundo...

7TH CCPS LATIN AMERICAN CONFERENCE ON PROCESS SAFETY

- 2010 – Explosión e incendio en Refinería Tesoro, Anacortes - 07 muertos.
- 2013 – Explosión de almacén de nitrato de amonio en West Fertilizer Company, Texas - 15 muertos – 160 heridos.

7th LACPS · Swissotel · Lima, Peru · August 22-23, 2016


## ...Mientras tanto en el Mundo...

7TH CCPS LATIN AMERICAN CONFERENCE ON PROCESS SAFETY


- Agosto 2013 - Executive Order 13650, *Improving Chemical Facility Safety and Security – Mejoramiento de la Protección y Seguridad de las Instalaciones Químicas.*
- Diciembre 2013 – RFI OSHA/EPA – Request For Information – Revisar el estándar PSM y los reglamentos RPM.

7th LACPS · Swissotel · Lima, Peru · August 22-23, 2016

7TH CCPS LATIN AMERICAN CONFERENCE ON PROCESS SAFETY

# ...de regreso a Perú...

7th LACPS · Swissotel · Lima, Peru · August 22-23, 2016

# PSM en Perú

7TH CCPS LATIN AMERICAN CONFERENCE ON PROCESS SAFETY

**ENERGIA Y MINAS**

**Modifican el Reglamento de Normas para la Refinación y Procesamiento de Hidrocarburos, aprobado por Decreto Supremo Nº 051-93-EM**

**DECRETO SUPREMO**
**Nº 023-2015-EM**

***Artículo 78A.-*** *Las instalaciones que se encuentran dentro del alcance de este Reglamento deberán contar con un* ***Sistema de Gestión de Seguridad de Procesos****, el mismo que deberá ser elaborado tomando como referencia lo indicado en el estándar* ***OSHA 1910.119****.*

7th LACPS · Swissotel · Lima, Peru · August 22-23, 2016

## PSM en Perú

7TH CCPS LATIN AMERICAN CONFERENCE ON PROCESS SAFETY

*Que, mediante el artículo 3 del Reglamento de la Ley Nº 30130, aprobado por Decreto Supremo Nº 008-2014-EM, se dispuso que el Ministerio de Energía y Minas, en coordinación con el OSINERGMIN y las autoridades competentes,* **inicie un proceso de actualización de los reglamentos vigentes en el Subsector Hidrocarburos** *a fin de incorporar los códigos y estándares generalmente aceptados y en uso por la industria internacional de Hidrocarburos, así como otras modificaciones que resulten pertinentes;*



## Incendio Ducto Transporte Gas Natural

7TH CCPS LATIN AMERICAN CONFERENCE ON PROCESS SAFETY

- Transportadora del Gas del Perú – TGP
- Acontecido el 29 de noviembre del 2015.
- Progresiva KP-699+700 - Chilca-Lima.
- Maniobras operativas pasaje de herramientas de inspeccion en ducto.
- Corte de suministro a 7 centrales termoeléctricas.

7th LACPS · Swissotel · Lima, Peru · August 22-23, 2016

# Incendio Plataforma Extracción de Petróleo

7TH CCPS LATIN AMERICAN CONFERENCE ON PROCESS SAFETY

- Savia Perú.
- Acontecido el 01 de marzo del 2016.
- Sector Peña Negra Lote Z-2B -Piura.
- Sin daños personales.

7th LACPS · Swissotel · Lima, Peru · August 22-23, 2016

# Explosión en cargadero de Gas Natural

7TH CCPS LATIN AMERICAN CONFERENCE ON PROCESS SAFETY

- Petrocorp S.A.
- Acontecido el 02 de marzo del 2016.
- Durante carga de un semi remolque con 146 cilindros de GNC.
- Callao - Perú.
- 01 muerto y 03 heridos.

7th LACPS · Swissotel · Lima, Peru · August 22-23, 2016

# Derrame de Petróleo

7TH CCPS LATIN AMERICAN CONFERENCE ON PROCESS SAFETY

- Petroperú.
- Acontecido tres derrames: 25 enero, 04 febrero y 24 Junio 2016.
- Chiriaco – Amazonas (2,000 Bls) – 1,900 afectados.
- Morona-Loreto (1,000 Bbls) – 2,543 afectados.
- Barranca-Loreto (600 BBls) – 950 afectados.
- Sin daños personales.

7th LACPS · Swissotel · Lima, Peru · August 22-23, 2016

# Conclusiones y Recomendaciones

7TH CCPS LATIN AMERICAN CONFERENCE ON PROCESS SAFETY

- Evaluar la aplicación/impacto de PSM en el sub-sector de hidrocarburos.
- Consolidar las reglamentaciones y normativas del sector.
- Revisar consistencias/inconsistencias con otras políticas y reglamentaciones.
- Complementar la normativa con las mejores practicas industriales.
- Actualizar lista de materiales peligrosos.
- Coordinación de los Planes de Emergencia con las autoridades locales de respuesta a emergencia.
- Incorporar PSM en la curricula regular de pregrado en la instrucción superior.

7th LACPS · Swissotel · Lima, Peru · August 22-23, 2016

7TH CCPS LATIN AMERICAN CONFERENCE ON PROCESS SAFETY

# Gracias!...

7th LACPS · Swissotel · Lima, Peru · August 22-23, 2016

GRUPO ACIMUT

7TH CCPS LATIN AMERICAN CONFERENCE ON PROCESS SAFETY

# MARCO DE REFERENCIA PARA LA INSPECCIÓN BASADA EN RIESGO PARA EL SECTOR COLOMBIANO DE PETRÓLEO Y GAS


Jaime E. Cadena G.
LÍDER DE SEGURIDAD DE PROCESOS
Grupo Acimut SAS
jaime.cadena@acimut.co




GRUPO ACIMUT

7TH CCPS LATIN AMERICAN CONFERENCE ON PROCESS SAFETY

## Contenidos

- Introducción
- Marco de referencia
- Caso de estudio
- Conclusiones y perspectivas

7th LACPS · Swissotel · Lima, Peru · August 22-23, 2016

# Introducción

Costos promedios de producción de crudo en Colombia

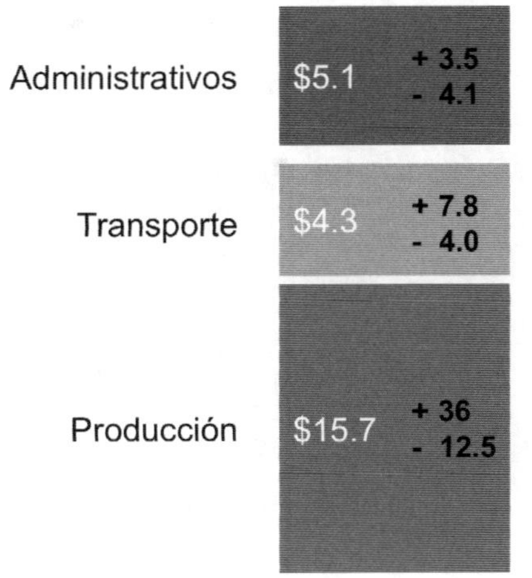


Fuente: PNUD, "La competitividad del sector de hidrocarburos en las diferentes regiones de Colombia", 2016 y El Tiempo.

# Introducción

Riesgos principales en Las Américas

| | | |
|---|---|---|
| 1 | Interrupción del negocio / cadena de suministro | 55% |
| 2 | Catástrofes naturales | 35% |
| 3 | Incendios/ explosiones | 27% |
| 4 | Cibercrimen | 25% |
| 5 | Cambios en legislación y regulación | 17% |
| 6 | Pérdida de reputación o valor de marca | 16% |
| 7 | Falta de talento | 10% |
| 8 | Competencia intensificada | 10% |
| 9 | Incremento en precio de commodities | 9% |
| 10 | Deficiencias de calidad | 8% |

Fuente: Allianz, Risk Barometer 2015, 2016.

# Introducción

Riesgos principales en Las Américas

| | | |
|---|---|---|
| 1 | Interrupción del negocio / cadena de suministro | 55% |
| 2 | Catástrofes naturales | 35% |
| 3 | Incendios/ explosiones | 27% |
| 4 | Cibercrimen | 25% |
| 5 | Cambios en legislación y regulación | 17% |
| 6 | Pérdida de reputación o valor de marca | 16% |
| 7 | Falta de talento | 10% |
| 8 | Competencia intensificada | 10% |
| 9 | Incremento en precio de commodities | 9% |
| 10 | Deficiencias de calidad | 8% |

Fuente: Allianz, Risk Barometer 2015, 2016.

# Introducción

Costos promedios de producción de crudo en Colombia

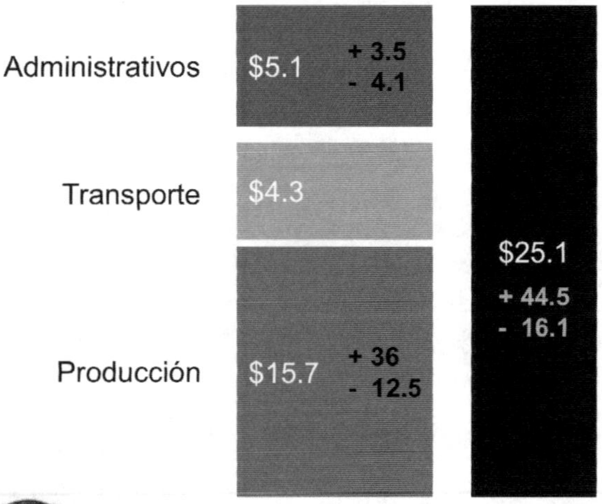

Fuente: PNUD, "La competitividad del sector de hidrocarburos en las diferentes regiones de Colombia", 2016 y El Tiempo.

GRUPO ACIMUT

7TH CCPS LATIN AMERICAN CONFERENCE ON PROCESS SAFETY

# Introducción

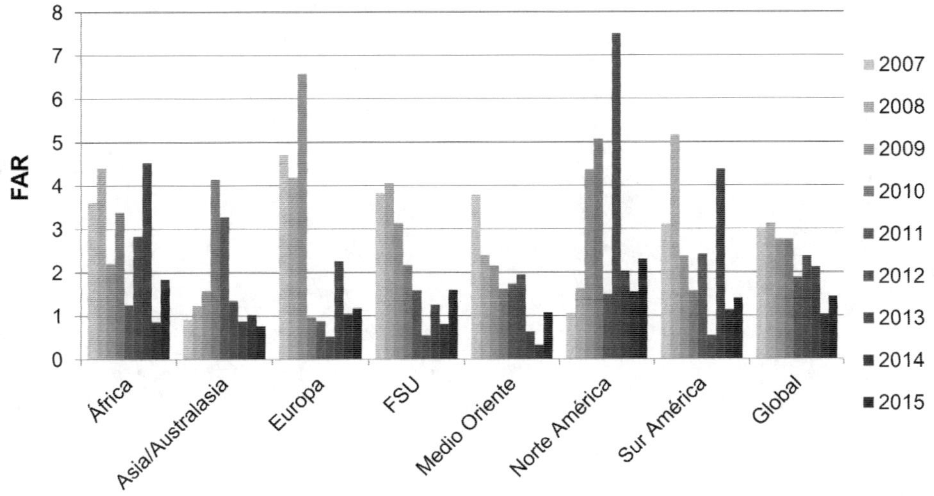


Fuente: OGP, Safety Performance Indicators – 2016(2015)

GRUPO ACIMUT

7TH CCPS LATIN AMERICAN CONFERENCE ON PROCESS SAFETY

# Introducción

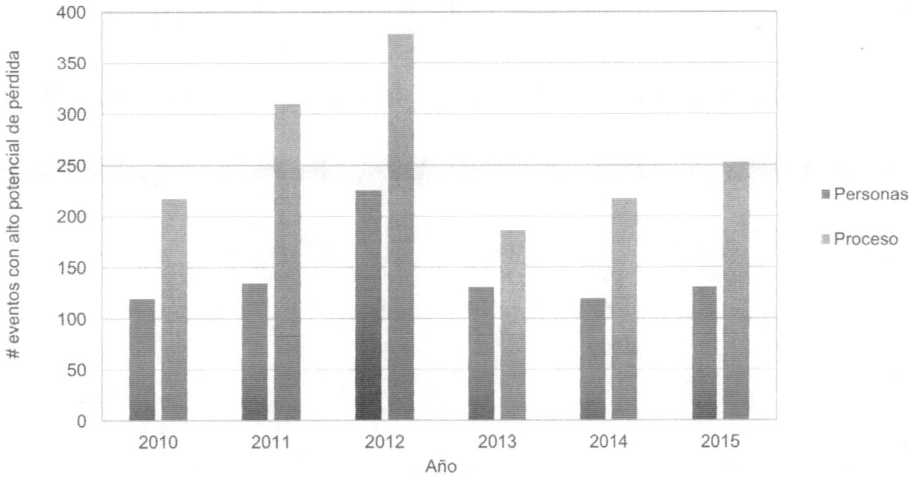


Fuente: OGP, Safety Performance Indicators – 2016(2015)

GRUPO ACIMUT

7TH CCPS LATIN AMERICAN CONFERENCE ON PROCESS SAFETY

# Introducción

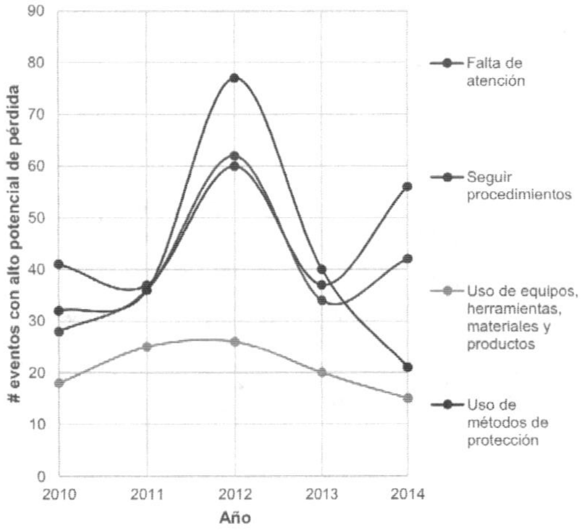


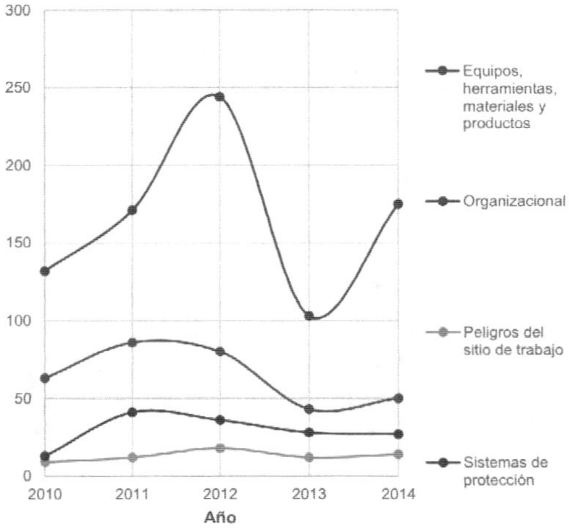


Fuente: OGP, Safety Performance Indicators – 2015(2014)

GRUPO ACIMUT

7TH CCPS LATIN AMERICAN CONFERENCE ON PROCESS SAFETY

# Introducción

La **gestión de riesgos** se puede definir como la:

Formulación e implementación de

- Medidas
- Procedimientos

… de carácter

- Técnico
- Administrativos

… que tiene por finalidad

- Eliminar
- Prevenir
- Controlar
- Mitigar

…los riesgos en una operación industrial y mantenerlos **dentro de las condiciones de seguridad** consideradas aceptables.

7th LACPS · Swissotel · Lima, Peru · August 22-23, 2016

GRUPO ACIMUT

7TH CCPS LATIN AMERICAN CONFERENCE ON PROCESS SAFETY

# Introducción

- Modelo general (ISO 31000)
- Soporta toma de decisiones con riesgo informado.
- Información del riesgo proviene del proceso de Valoración de Riesgos.

7th LACPS · Swissotel · Lima, Peru · August 22-23, 2016

GRUPO ACIMUT

7TH CCPS LATIN AMERICAN CONFERENCE ON PROCESS SAFETY

# Introducción

$$Riesgo = f(PoF, CoF)$$

**Deterioro del material**

- Amenazas independientes del tiempo
  *P.E. Daños por terceros*
- Amenazas estables en el tiempo
  *P.E. Defectos de fabricación*
- **Amenazas dependientes del tiempo**
  ***P.E. Corrosión Interna***

**Efectos negativos**

- Tipo de incidente
  *Incendio, Explosión, Dispersión*
- Elementos vulnerables expuestos
  *Ambiental, Poblacional, Económico*
- Vulnerabilidad del elemento
  *¿Qué tan susceptible es a afectarse?*

7th LACPS · Swissotel · Lima, Peru · August 22-23, 2016

GRUPO ACIMUT

7TH CCPS LATIN AMERICAN CONFERENCE ON PROCESS SAFETY

# Introducción

**Riesgo Absoluto**

- Descripción ideal y precisa del riesgo
  - ¿Cuántos escenarios incluye?
  - ¿Cómo medimos su incertidumbre?
- Medición cuantitativa del riesgo
- Aplicaciones:
  - QRA (Riesgo individual)
  - QRA (Riesgo social)

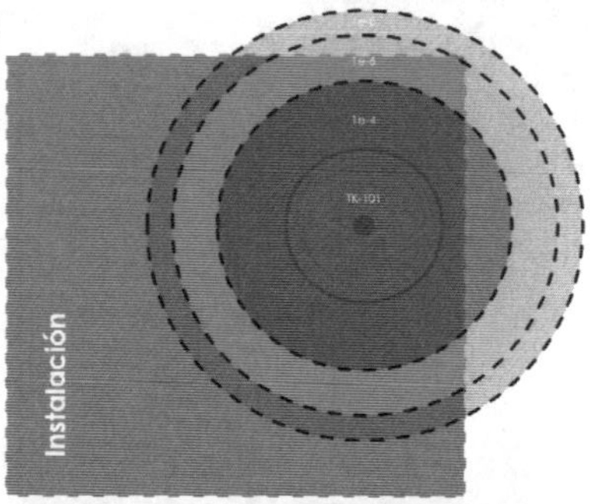


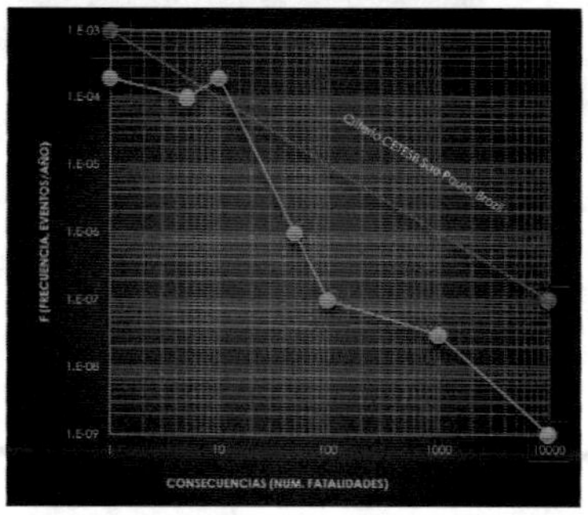


7th LACPS · Swissotel · Lima, Peru · August 22-23, 2016

GRUPO ACIMUT

7TH CCPS LATIN AMERICAN CONFERENCE ON PROCESS SAFETY

# Introducción

**Riesgo Relativo**

- Comparación entre elementos de naturaleza similar:
  - Instalaciones
  - Unidades
  - Sistemas
  - Activos
  - Componentes
- Aplicaciones:
  - RBI (en todos sus niveles)
  - PHAs (incluyendo HazOps)

7th LACPS · Swissotel · Lima, Peru · August 22-23, 2016

GRUPO ACIMUT

7TH CCPS LATIN AMERICAN CONFERENCE ON PROCESS SAFETY

# Introducción

- Riesgo relativo → orienta la toma de decisiones.
- Elimina el afán de evaluar el riesgo absoluto.
- Uso de IPTM para valorar/calificar del riesgo relativo.

7th LACPS · Swissotel · Lima, Peru · August 22-23, 2016

GRUPO ACIMUT

7TH CCPS LATIN AMERICAN CONFERENCE ON PROCESS SAFETY

# Introducción

Clima y fuerzas Externas

CUI

SCC

Daños por terceros

Erosión

Fatiga

Fractura frágil

Errores diseño

HTHA

DAT

Corrosión por H2S

Vandalismo

Corrosión atmosférica

Corrosión por aminas

Defectos fabricación

Corrosión por bacterias

Corrosión por suelo

7th LACPS · Swissotel · Lima, Peru · August 22-23, 2016

GRUPO ACIMUT

7TH CCPS LATIN AMERICAN CONFERENCE ON PROCESS SAFETY

## Introducción

**ASME**

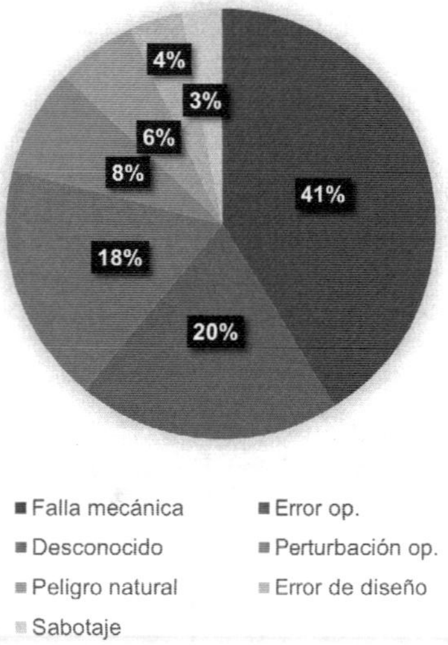


**DNV**

*3387 fallas*

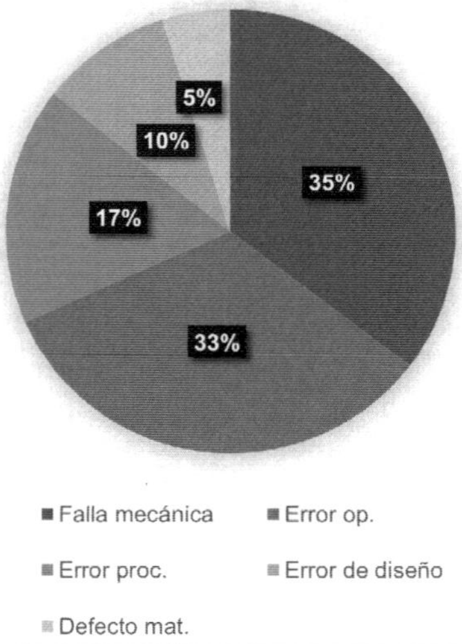


Ref: DNV, Failure Frequency Guidance, 2012

Ref: ASME PCC-3_07 Inspection Planning Using RBI (T2.3)

GRUPO ACIMUT

7TH CCPS LATIN AMERICAN CONFERENCE ON PROCESS SAFETY

## Introducción

### Mecanismos de Daño

- Fenómenos físicos dependientes del tiempo.
- Asociados a:
  - Fluido y contaminantes
  - Condiciones de operación
  - Entorno del activo
  - IPTM
- Tasas constantes o exponenciales.
- Conocimiento del mecanismo de deterioro del material.

CUI
SCC
Erosión
HTHA
Fatiga
Corrosión atmosférica
Corrosión por H2S
DAT
Corrosión por aminas
Corrosión por bacterias
Corrosión por suelo

7th LACPS · Swissotel · Lima, Peru · August 22-23, 2016

GRUPO ACIMUT

7TH CCPS LATIN AMERICAN CONFERENCE ON PROCESS SAFETY

# Introducción

**Mecanismos de Daño**

- Impacto directo en programas de IPTM (Inspección, pruebas, mantenimiento preventivo) y de mantenimiento correctivo.
- Impacto al presupuesto y eficiencia operacional.

CUI | SCC
Erosión | HTHA | Fatiga
Corrosión atmosférica | Corrosión por H2S
DAT | Corrosión por aminas
Corrosión por bacterias | Corrosión por suelo

El análisis del riesgo relativo entre estas amenazas es fundamental para direccionar una efectiva asignación de recursos físicos, económicos y humanos → RBI

7th LACPS · Swissotel · Lima, Peru · August 22-23, 2016

GRUPO ACIMUT

7TH CCPS LATIN AMERICAN CONFERENCE ON PROCESS SAFETY

# Introducción

**Mecanismos de Daño**

- Impacto directo en programas de IPTM (Inspección, pruebas, mantenimiento preventivo) y de mantenimiento correctivo.
- Impacto al presupuesto y eficiencia operacional.

CUI | SCC
Erosión | HTHA | Fatiga
Corrosión atmosférica | Corrosión por H2S
DAT | Corrosión por aminas
Corrosión por bacterias | Corrosión por suelo

El análisis del riesgo relativo entre estas amenazas es fundamental para direccionar una efectiva asignación de recursos físicos, económicos y humanos → RBI

7th LACPS · Swissotel · Lima, Peru · August 22-23, 2016

## Marco de referencia

- Conjunto de herramientas que soportan la implementación de la inspección basada en riesgo (RBI).
- Desarrolladas por ATP Integridad y Corrosión S.A.S. de Colombia en entre 2012-2015.
- Permite la implementación de:
  - RBI Cualitativo para facilidades de producción de hidrocarburos.
  - RBI Semi-cuantitativo
    - Vasijas presurizadas y atmosféricas.
    - Dispositivos de alivio de presión.



## Marco de referencia

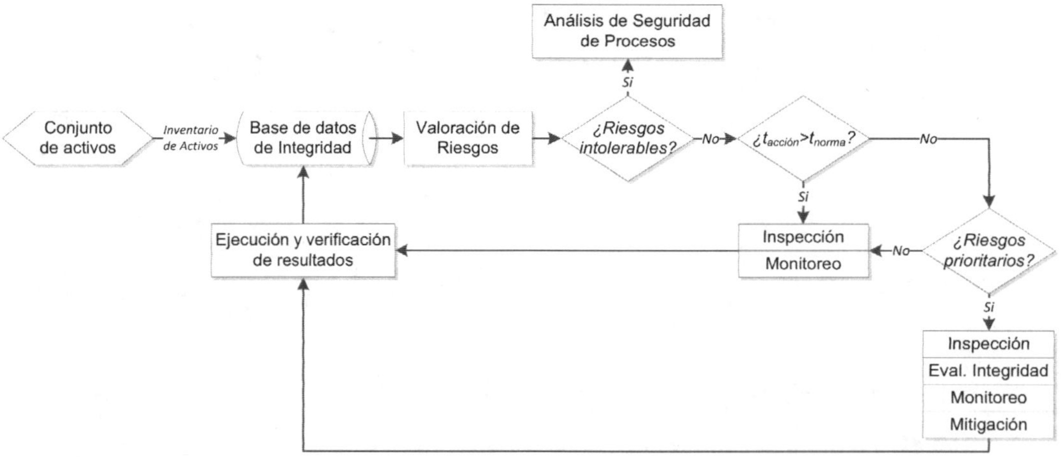


7th LACPS · Swissotel · Lima, Peru · August 22-23, 2016

GRUPO ACIMUT

7TH CCPS LATIN AMERICAN CONFERENCE ON PROCESS SAFETY

# Marco de referencia

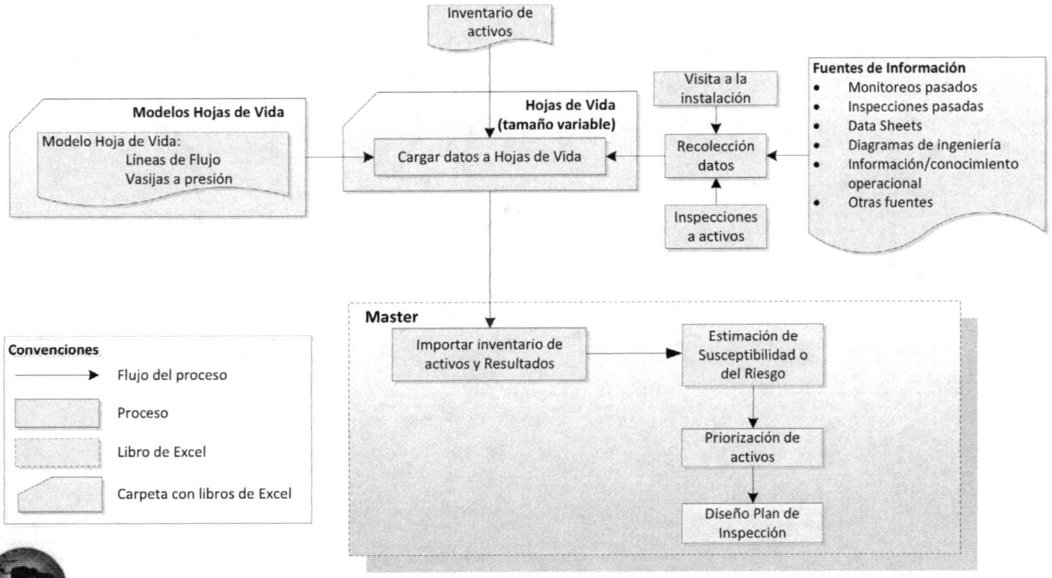


7th LACPS · Swissotel · Lima, Peru · August 22-23, 2016

GRUPO ACIMUT

7TH CCPS LATIN AMERICAN CONFERENCE ON PROCESS SAFETY

# Marco de referencia

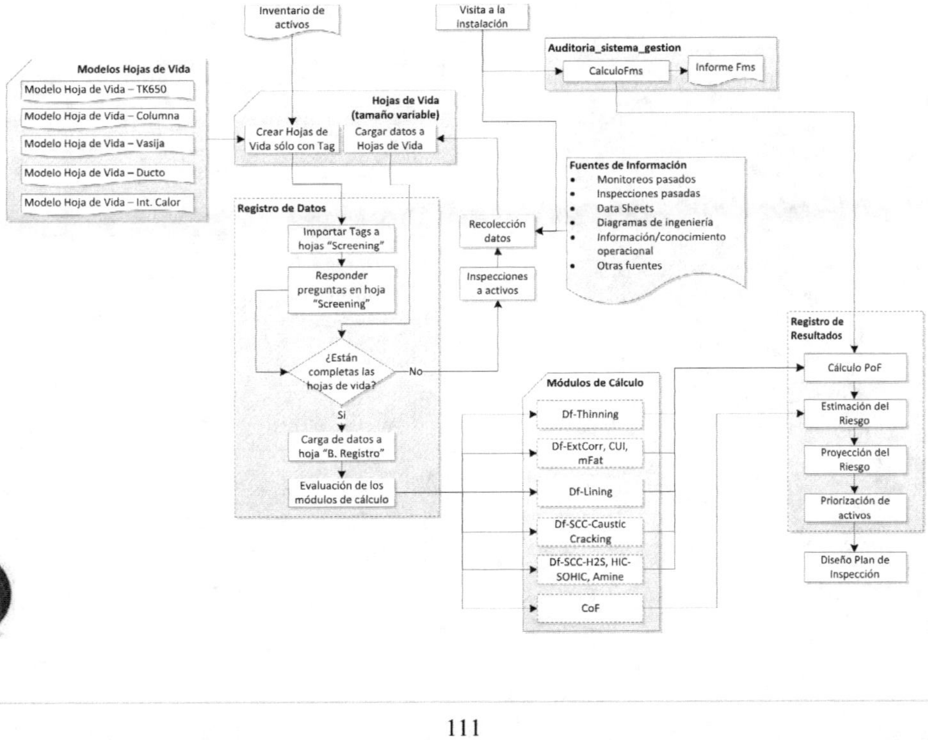

GRUPO ACIMUT

7TH CCPS LATIN AMERICAN CONFERENCE ON PROCESS SAFETY

# Caso de estudio

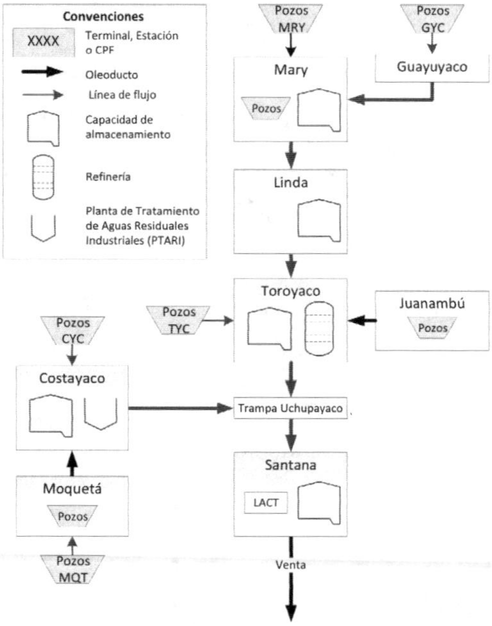


GRUPO ACIMUT

7TH CCPS LATIN AMERICAN CONFERENCE ON PROCESS SAFETY

# Caso de estudio

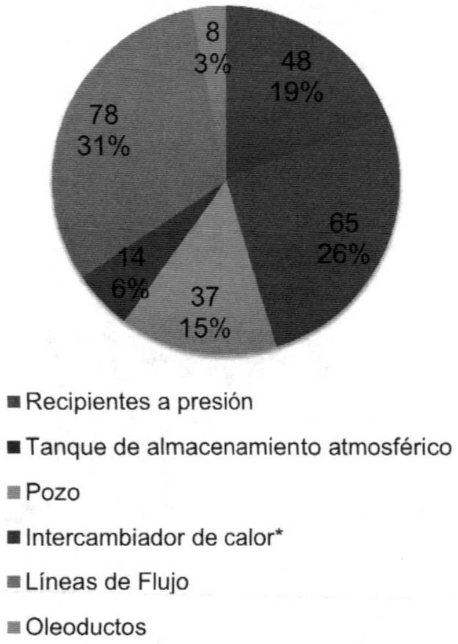


| Tipo de Activo | Cantidad |
|---|---|
| Recipientes a presión | 48 |
| Tanque de almacenamiento atmosférico | 65 |
| Pozo | 37 |
| Intercambiador de calor* | 14 |
| Líneas de Flujo | 78 |
| Oleoductos | 8 |
| **Activos totales** | **250** |

GRUPO ACIMUT

7TH CCPS LATIN AMERICAN CONFERENCE ON PROCESS SAFETY

# Caso de estudio

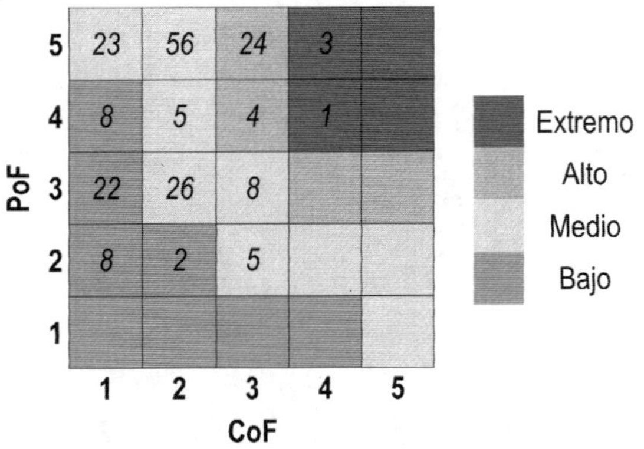


Matriz de Riesgos de GTEC con número de activos por cada par (PoF, CoF)

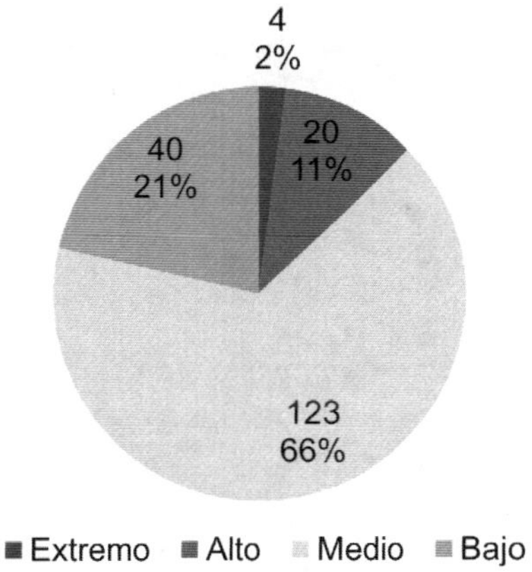


GRUPO ACIMUT

7TH CCPS LATIN AMERICAN CONFERENCE ON PROCESS SAFETY

Caso de estudio

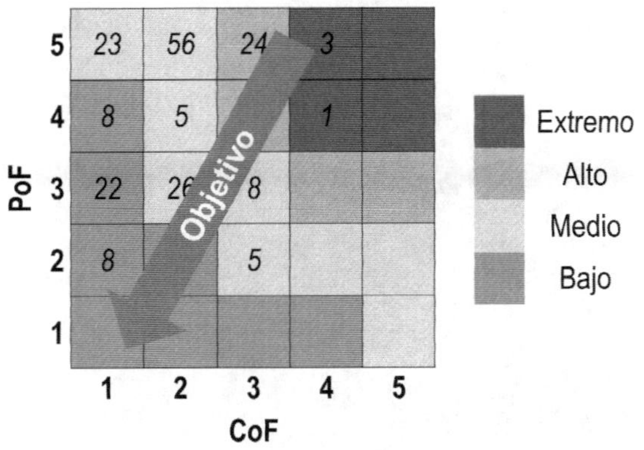


Matriz de Riesgos de GTEC con número de activos por cada par (PoF, CoF)

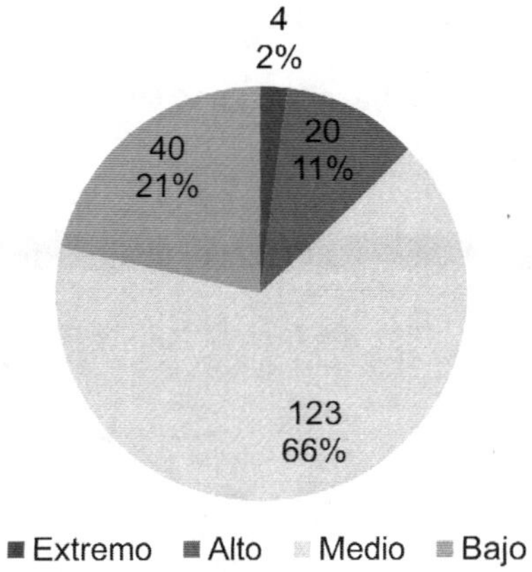

GRUPO ACIMUT

7TH CCPS LATIN AMERICAN CONFERENCE ON PROCESS SAFETY

## Caso de estudio

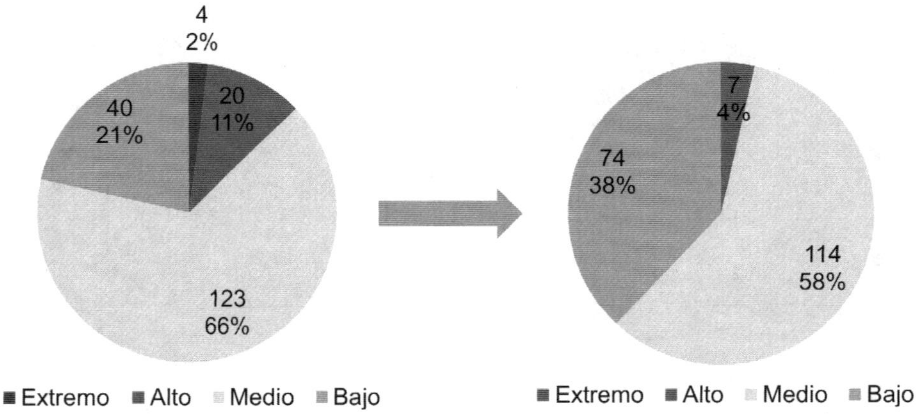


Distribución de Riesgo Relativo de toda la operación

Distribución esperada tras implementación de planes de inspección metal-mecánicos

GRUPO ACIMUT

7TH CCPS LATIN AMERICAN CONFERENCE ON PROCESS SAFETY

## Caso de estudio

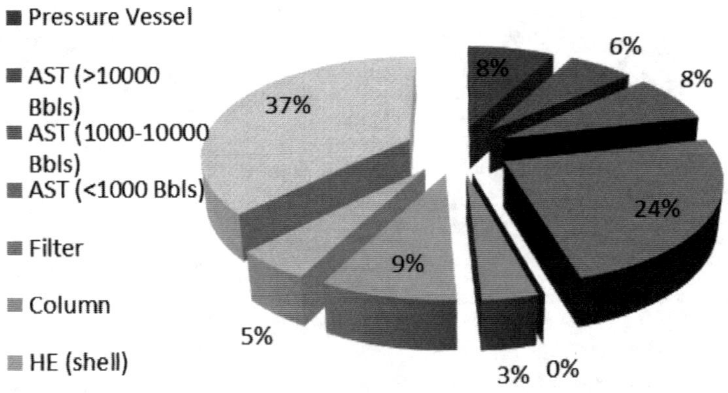

GRUPO ACIMUT

7TH CCPS LATIN AMERICAN CONFERENCE ON PROCESS SAFETY

## Caso de estudio

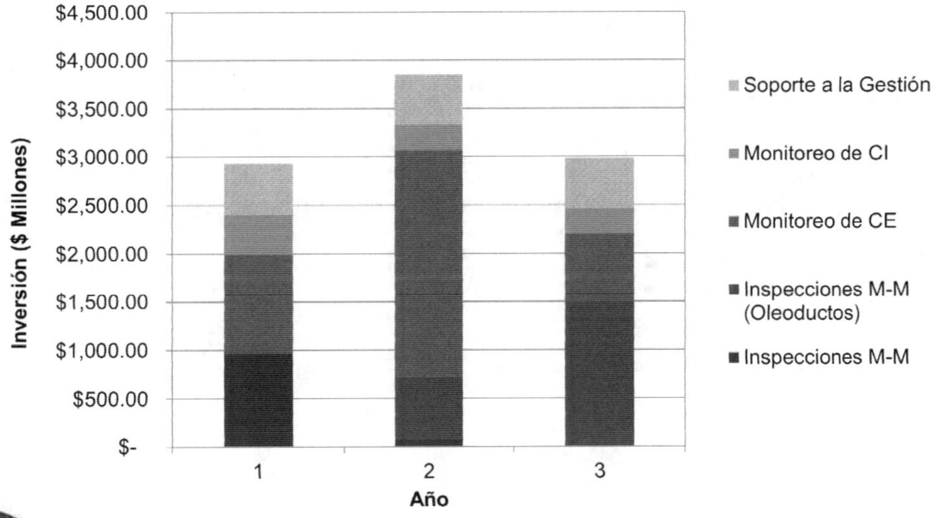


GRUPO ACIMUT

7TH CCPS LATIN AMERICAN CONFERENCE ON PROCESS SAFETY

## Conclusiones

- La valoración de riesgos es el elemento central del RBI y por ende es aquel al cual más recursos deben destinarse durante la construcción/selección de los modelos.
- El eficiente y sistemático levantamiento de información de IM en campo es la clave para obtener resultados confiables del RBI y obtener así los beneficios esperados.
- Aunque la aproximación semi-cuantitativa es popular, no necesariamente es la mejor alternativa para las operaciones en Latino América, debido a los requerimientos de datos que presenta.

GRUPO ACIMUT

7TH CCPS LATIN AMERICAN CONFERENCE ON PROCESS SAFETY

## Perspectivas

- Análisis de implementación del modelo semi-cuantitativo en operaciones de Ecopetrol.
- Análisis de la actualización del RBI cualitativo para GTEC.
- Integración de RiskBIT en GIAP (Aplicación web).
- Actualización de módulos de cálculo (PoF) con base a las modificaciones presentadas en API RP 581_2016.

GRUPO ACIMUT

7TH CCPS LATIN AMERICAN CONFERENCE ON PROCESS SAFETY

# MARCO DE REFERENCIA PARA LA INSPECCIÓN BASADA EN RIESGO PARA EL SECTOR COLOMBIANO DE PETRÓLEO Y GAS

Jaime E. Cadena G.
LÍDER DE SEGURIDAD DE PROCESOS
Grupo Acimut SAS
jaime.cadena@acimut.co

7th LACPS · Swissotel · Lima, Peru · August 22-23, 2016

DNV·GL

7TH CCPS LATIN AMERICAN CONFERENCE ON PROCESS SAFETY

# Performance Forecasting Method for Gas Supply Chain

Victor Borges
DNV GL
5-11 Lavington St, London SE1 0NZ
Victor.borges@dnvgl.com

7th LACPS · Swissotel · Lima, Peru · August 22-23, 2016

DNV·GL

7TH CCPS LATIN AMERICAN CONFERENCE ON PROCESS SAFETY

# Agenda

- Introduction
- Methodology
- Case Study
- Results
- Sensitivity Analysis
- Conclusion

7th LACPS · Swissotel · Lima, Peru · August 22-23, 2016

DNV·GL

7TH CCPS LATIN AMERICAN CONFERENCE ON PROCESS SAFETY

# Introduction

- The transportation system for natural gas consists of a complex network of pipelines and compression stations that is designed to quickly and efficiently transport natural gas from its origin, to areas of high natural gas demand.
- With increased adoption of Liquefied Natural Gas (LNG) technology, this already complex network has been extended to include LNG storage and transport supporting increased global transport and usage of natural gas.

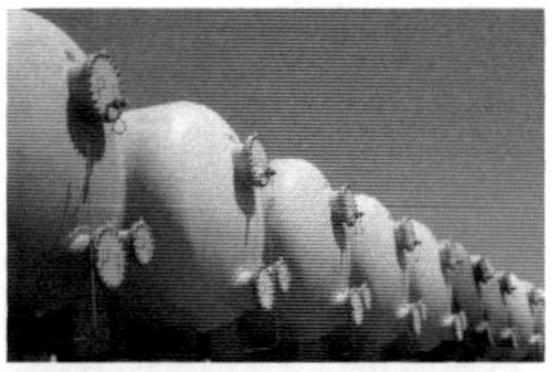

7th LACPS · Swissotel · Lima, Peru · August 22-23, 2016

DNV·GL

7TH CCPS LATIN AMERICAN CONFERENCE ON PROCESS SAFETY

# Methodology

- Reliability, Availability and Maintainability (RAM) analysis is a methodology which makes use of the Monte Carlo method and is used to predict the performance of assets in different industries. This traditional methodology when combined with a flow modelling approach (DNV GL Software, 2015) enables analysts to carry out realistic, up-to-date predictive analyses to optimise integrated gas development planning for gas supply and future operations.

7th LACPS · Swissotel · Lima, Peru · August 22-23, 2016

DNV·GL

7TH CCPS LATIN AMERICAN CONFERENCE ON PROCESS SAFETY

# Case study

- This paper focusses on a case study where interactions between the different units in a gas supply chain are investigated. The gas supply chain is typically formed by a number of units which are going to be described in more details over the next sections (Gene Whitney, 2010).

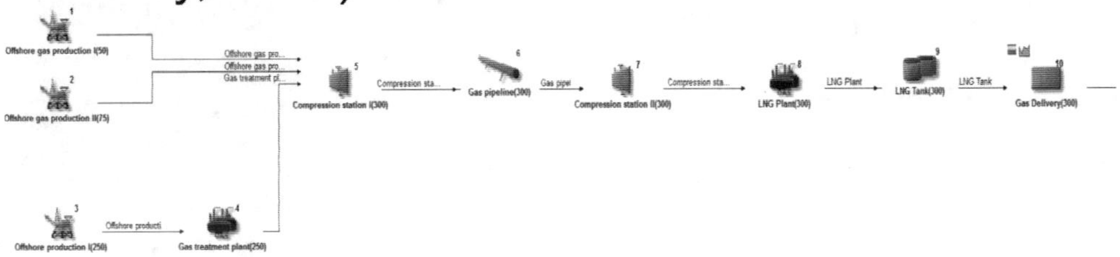


7th LACPS · Swissotel · Lima, Peru · August 22-23, 2016

DNV·GL

7TH CCPS LATIN AMERICAN CONFERENCE ON PROCESS SAFETY

# Gas Treatment plant

- Natural gas produced from offshore wells, in most cases, contains contaminants and liquids. Therefore, this gas must be processed before it can be pumped through long-distance pipelines.
- There are a number of steps and techniques used to treat gas prior exporting. The number of processes required to treat natural gas prior export depends mostly on the well formation of the source well.

7th LACPS · Swissotel · Lima, Peru · August 22-23, 2016

# Pipeline and linepacking

- Pipelines are typically used to transport gas. Due to the compressible nature of natural gas, this pipeline can be used as a buffer by compressing more natural gas into the pipeline temporarily stored in the pipeline system. This process is called line packing.

DNV·GL

7TH CCPS LATIN AMERICAN CONFERENCE ON PROCESS SAFETY

# Compression stations

- Natural gas is moved through a pipeline under pressure. As natural gas flows through a pipeline, it loses pressure due to friction against the inside of the pipe. To keep the natural gas moving at the desired rate, the pressure must be increased. This is accomplished with compressor stations located along a pipeline.
- These stations contain one or more compressor units whose purpose is to receive the transmission flow (which has decreased in pressure since the previous compressor station) at an intake point, increase the pressure and rate of flow, and thus, maintain the movement of natural gas along the pipeline.

7th LACPS · Swissotel · Lima, Peru · August 22-23, 2016

DNV·GL

7TH CCPS LATIN AMERICAN CONFERENCE ON PROCESS SAFETY

# Production profile

- This profile indicates the potential production rate; the declining profile is expected since gas is finite and the model assumes that no additional well is being commissioned to account for production rate reduction over the life of the asset. Therefore, the gas production starts at the rate of 300 mmscf per day and goes down to 155 mmscf per day over ten years.

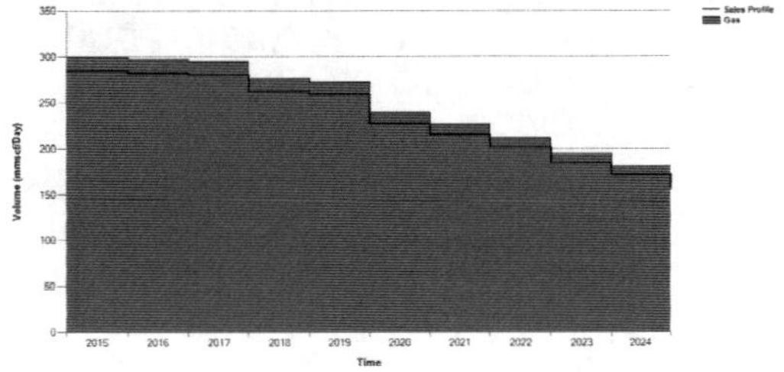


7th LACPS · Swissotel · Lima, Peru · August 22-23, 2016

DNV·GL

7TH CCPS LATIN AMERICAN CONFERENCE ON PROCESS SAFETY

# Reliability Block Diagram

- After defining the top-level block flow diagram, the level below each unit must be defined. To account for the interdependency of the different systems, sub-systems and equipment items, a Reliability Block Diagram (RBD) methodology is used.
- The RBDs form the logical relationships between equipment and systems. The level of detail in these diagrams allows identification of relative equipment capacities and areas of operational redundancy.

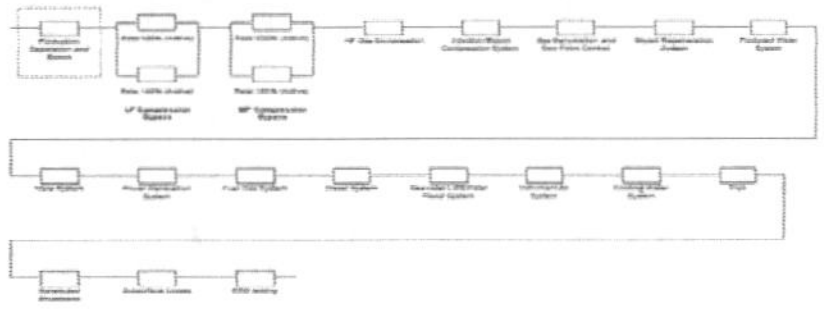

7th LACPS · Swissotel · Lima, Peru · August 22-23, 2016

DNV·GL

7TH CCPS LATIN AMERICAN CONFERENCE ON PROCESS SAFETY

# Reliability data

- Most of the reliability data used to model this network comes from Offshore Reliability Data (OREDA) handbook ( (SINTEF, 2009).
- OREDA is a project organization sponsored by eight oil and gas companies with worldwide operations.
- OREDA's main purpose is to collect and exchange reliability data among the participating companies and act as a forum for co-ordination and management of reliability data collection within the oil and gas industry.
- OREDA has established a comprehensive databank with reliability and maintenance data for exploration and production equipment from a wide variety of geographic areas, installations, equipment types and operating conditions.
- Since offshore subsea and topside equipment items are the primary focus of OREDA, an adjusted version of data from OREDA is applied to RAM analysis of onshore facilities.

7th LACPS · Swissotel · Lima, Peru · August 22-23, 2016

DNV·GL

7TH CCPS LATIN AMERICAN CONFERENCE ON PROCESS SAFETY

# Results Analysis

- The production efficiency for this model is 98.819%.

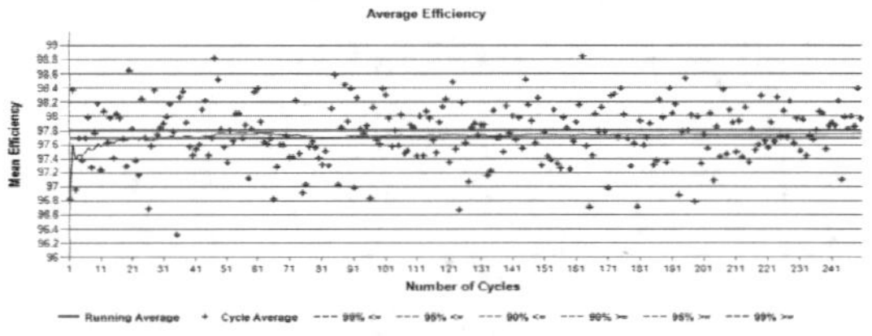


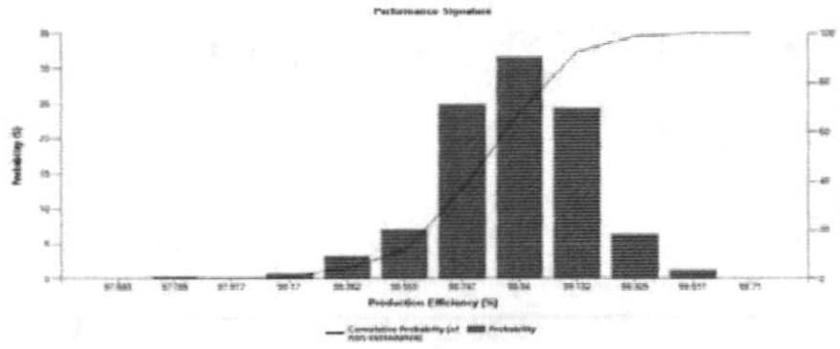

7th LACPS · Swissotel · Lima, Peru · August 22-23, 2016

# Criticality analysis

- For this model, the biggest contributors to production loss are listed below:
- The "Compression station I" is responsible for 27.612% of the losses
- The "Offshore production" is responsible for 23.8% of the losses
- `The "Gas treatment plant" is responsible 15.074% for all the losses

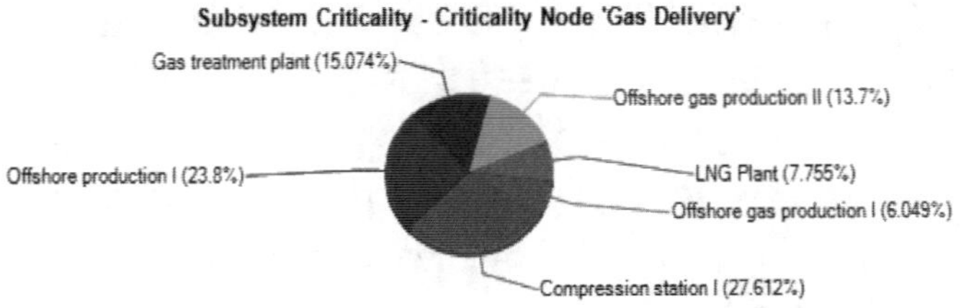


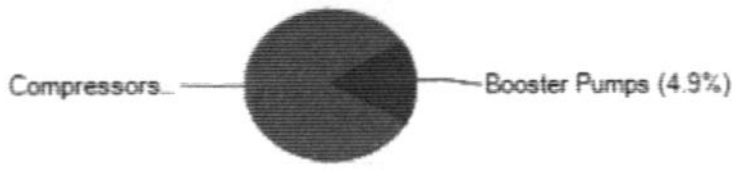




DNV·GL

7TH CCPS LATIN AMERICAN CONFERENCE ON PROCESS SAFETY

# Contract loss

- Another important KPI is the number of delivery contracts failed throughout the life of the system.
- Every instance where the production runs below the intended delivery, the simulator captures the size of the contract and the number of contracts.

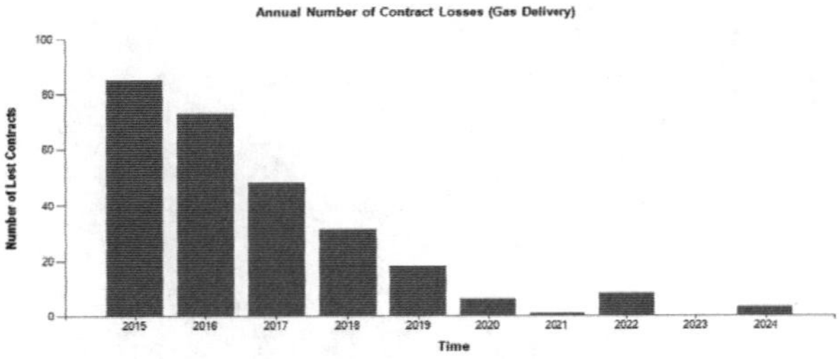


7th LACPS · Swissotel · Lima, Peru · August 22-23, 2016

DNV·GL

7TH CCPS LATIN AMERICAN CONFERENCE ON PROCESS SAFETY

# Financial opportunity

- The projects then become directly comparable (DNV GL Software, 2015). Should the present value of the capital inflows exceed those of the outflows after the selected discount rate has been applied, the project is showing a positive cash flow return and the greater the value the better. However, if the NPV is negative the returns from the project are less than the outflows and attempts should be made to minimise the NPV.

7th LACPS · Swissotel · Lima, Peru · August 22-23, 2016

DNV·GL

7TH CCPS LATIN AMERICAN CONFERENCE ON PROCESS SAFETY

# Financial opportunity

- The average price of gas price is for 2014 is 3350 US$/mmscf ( (EIA, 2015). The amount of volume loss tracked by the system gives an overall financial loss for the venture life of 2.6 US$/billion.

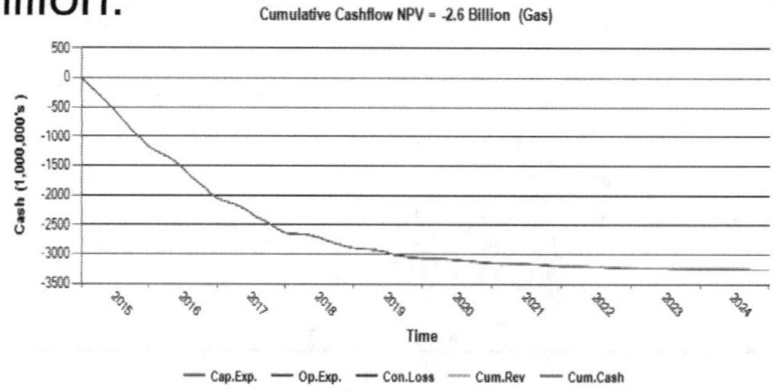


7th LACPS · Swissotel · Lima, Peru · August 22-23, 2016

DNV·GL

7TH CCPS LATIN AMERICAN CONFERENCE ON PROCESS SAFETY

# Sensitivity analysis

- Given that Compression Station I is a critical point of the system, one of the financial opportunities highlighted by the model is to increase the capacity of Compression Station I. Therefore, instead of having a configuration of 2x50%, the compressors will be replaced by a 2x100% configuration. Obviously, the capital expenditure of the investment must be taken into account. The new compressors have an estimated price of US$10 million.
- After changing the configuration of this system, the simulation is performed again and the

7th LACPS · Swissotel · Lima, Peru · August 22-23, 2016

DNV·GL

7TH CCPS LATIN AMERICAN CONFERENCE ON PROCESS SAFETY

# Sensitivity analysis: Results

- Production efficiency is: 99.315%, an increase of 0.495%.
- The order of criticality now is:
  - Offshore production is the most critical facility with a contribution of 30.653%
  - Gas treatment plant is responsible for 18.99% of the losses

7th LACPS · Swissotel · Lima, Peru · August 22-23, 2016

DNV·GL

7TH CCPS LATIN AMERICAN CONFERENCE ON PROCESS SAFETY

# Sensitivity analysis: Results

- The number of contracts lost decreased from 9034.9 mmscf to 5931.8 mmscf. Additionally, on average, 55.2 contracts are lost for the first year for the new configuration when compared to 71.276 contracts.
- The additional revenue gained by installing the new set of compressors is US$ 0.9 billion dollars as shown in the new NPV graph below.

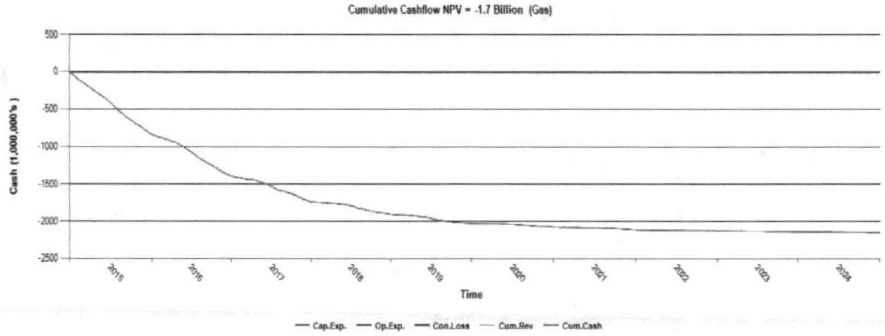




DNV·GL

7TH CCPS LATIN AMERICAN CONFERENCE ON PROCESS SAFETY

# Conclusion

- RAM analysis empowers analysts to make informed decisions about their asset
- Decision support – where to focus!
  - Reliability?
  - Availability?
  - Operability?

7th LACPS · Swissotel · Lima, Peru · August 22-23, 2016

7TH CCPS LATIN AMERICAN CONFERENCE ON PROCESS SAFETY

# Migración de sistemas instrumentados de control y seguridad: Un enfoque desde el PSM

Andrés F. Valencia, CAP, CFSE
West Engineering S.A.S.
andres.valencia@west.net.co

7th LACPS · Swissotel · Lima, Peru · August 22-23, 2016

7TH CCPS LATIN AMERICAN CONFERENCE ON PROCESS SAFETY

# Agenda

- Introducción
- Proceso normal de migración
- Migración fuera del dominio del PSM
- Migración desde el dominio del PSM
- MOC
- Conclusión

7th LACPS · Swissotel · Lima, Peru · August 22-23, 2016

WEST ENGINEERING

7TH CCPS LATIN AMERICAN CONFERENCE ON PROCESS SAFETY

# Introducción

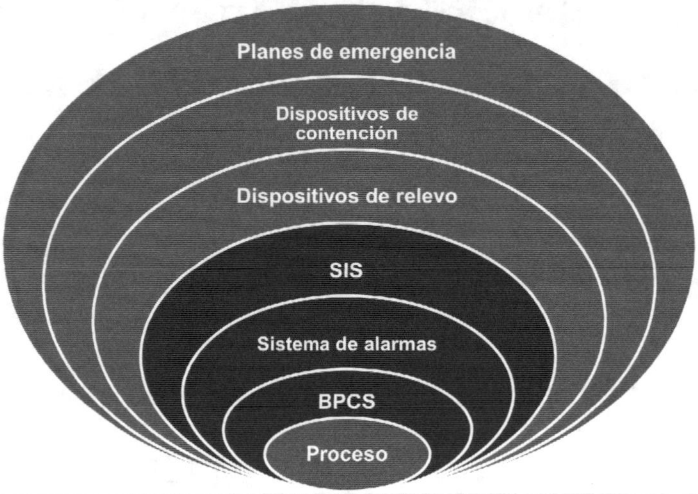


7th LACPS · Swissotel · Lima, Peru · August 22-23, 2016

WEST ENGINEERING

7TH CCPS LATIN AMERICAN CONFERENCE ON PROCESS SAFETY

# Introducción

- Factores que motivan la migración de los sistemas instrumentados de control y seguridad:
  - Obsolescencia
  - Alto costo de mantenimiento de la base instalada
  - Necesidades de integración.
- Elementos enmarcados dentro del programa PSM deberán soportar el desarrollo de un plan de migración de una plataforma instrumentada para cubrir los objetivos de confiabilidad, inversión, estandarización, etc., cumpliendo con los requerimientos de seguridad de proceso.

7th LACPS · Swissotel · Lima, Peru · August 22-23, 2016

7TH CCPS LATIN AMERICAN CONFERENCE ON PROCESS SAFETY

# Proceso normal de migración

- Estrategias *Front-end Loading* (FEL)
- *Replacement in Kind*
- Flexibilidad y adaptabilidad tecnológica

**Hardware**
- Controladores
- I/O
- Redes
- HMI

**Software y aplicaciones**
- Bases de datos
- Historiadores
- Tendencias
- Intercambio de información

**Requerimientos**
- Cumplimiento de estándares
- Espacios y áreas
- Ciberseguridad
- *Decommissioning*

7th LACPS · Swissotel · Lima, Peru · August 22-23, 2016

7TH CCPS LATIN AMERICAN CONFERENCE ON PROCESS SAFETY

# Proceso normal de migración

<u>Plataformas anteriores al año 2000</u>

- Plataformas no independientes.
- No hay uniformidad en modos de programación.
- No hay registros de MOC.
- Deficiencia en registros de mantenimiento de las plataformas.
- Bases de datos no confiables, con *tags* y módulos de control a los cuales no se les desarrolló un adecuado proceso de *decommissioning*.

7th LACPS · Swissotel · Lima, Peru · August 22-23, 2016

WEST

7TH CCPS
LATIN AMERICAN
CONFERENCE
ON PROCESS SAFETY

# Proceso normal de migración

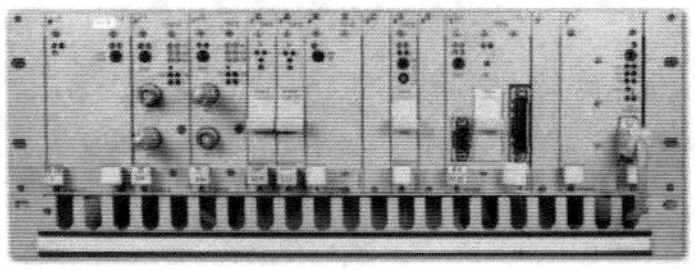

Plataformas posteriores al año 2000

- Deficiencia en registros de MOC.
- Ausencia de registros de pruebas funcionales de *interlocks* de seguridad o SIF.
- Asuntos relacionados con ciberseguridad.
- Bases de datos y puntos de alarmas no depurados.

7th LACPS · Swissotel · Lima, Peru · August 22-23, 2016

WEST

7TH CCPS
LATIN AMERICAN
CONFERENCE
ON PROCESS SAFETY

# Migración fuera del dominio del PSM

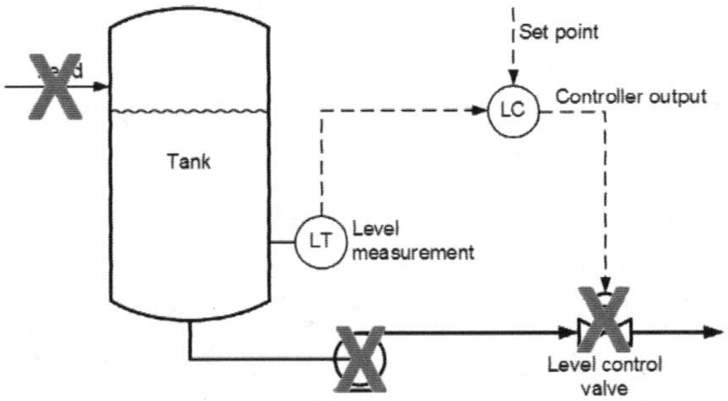


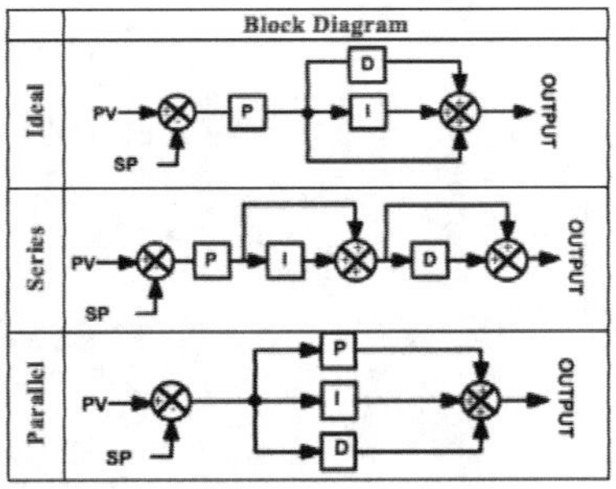


7th LACPS · Swissotel · Lima, Peru · August 22-23, 2016

7TH CCPS LATIN AMERICAN CONFERENCE ON PROCESS SAFETY

# Migración fuera del dominio del PSM

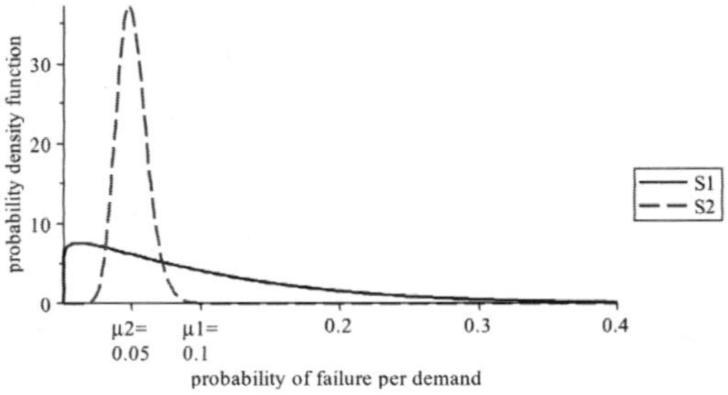


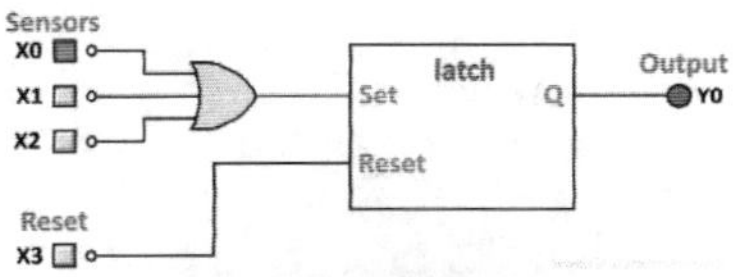

7th LACPS · Swissotel · Lima, Peru · August 22-23, 2016

7TH CCPS LATIN AMERICAN CONFERENCE ON PROCESS SAFETY

# Migración fuera del dominio del PSM

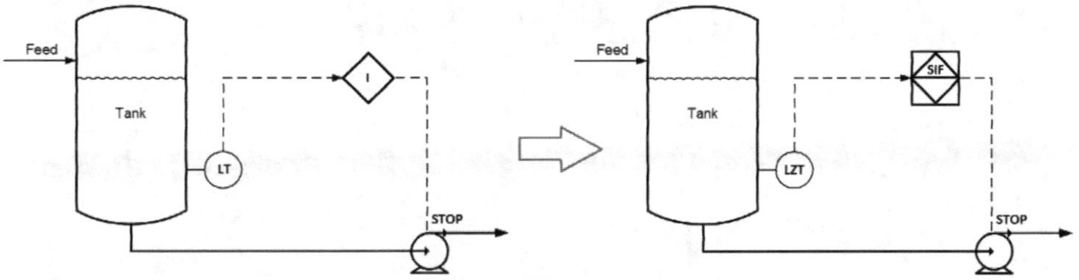

7th LACPS · Swissotel · Lima, Peru · August 22-23, 2016

7TH CCPS LATIN AMERICAN CONFERENCE ON PROCESS SAFETY

# Migración desde el dominio del PSM

- Roles y responsabilidades en el desarrollo de IPS.
- Establecimiento de un sistema de gerenciamiento que soporte el diseño y manejo de IPS.
- Flujos de trabajo en el desarrollo de IPS, a partir de la evaluación del riesgo con su implementación y transferencia a operaciones.
- Actividades esenciales para mantener los atributos de las IPS.
- Evaluación de oportunidades de mejora.

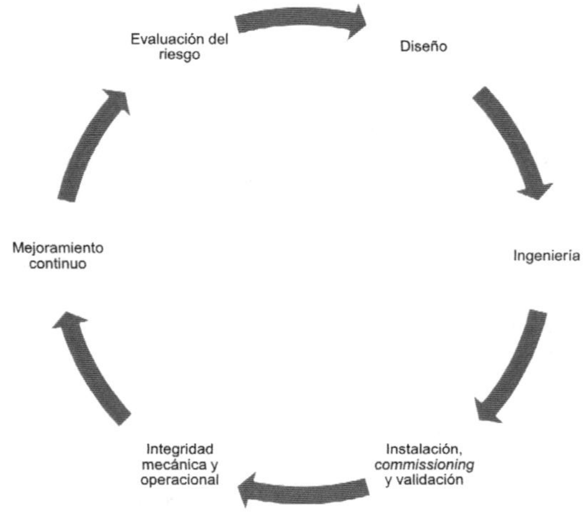


CCPS. "*Guidelines for Safe and Reliable Instrumented Protective Systems*", Center for Chemical Process Safety. Wiley-Interscience, 2007.

7th LACPS · Swissotel · Lima, Peru · August 22-23, 2016

7TH CCPS LATIN AMERICAN CONFERENCE ON PROCESS SAFETY

# Migración desde dominio del PSM

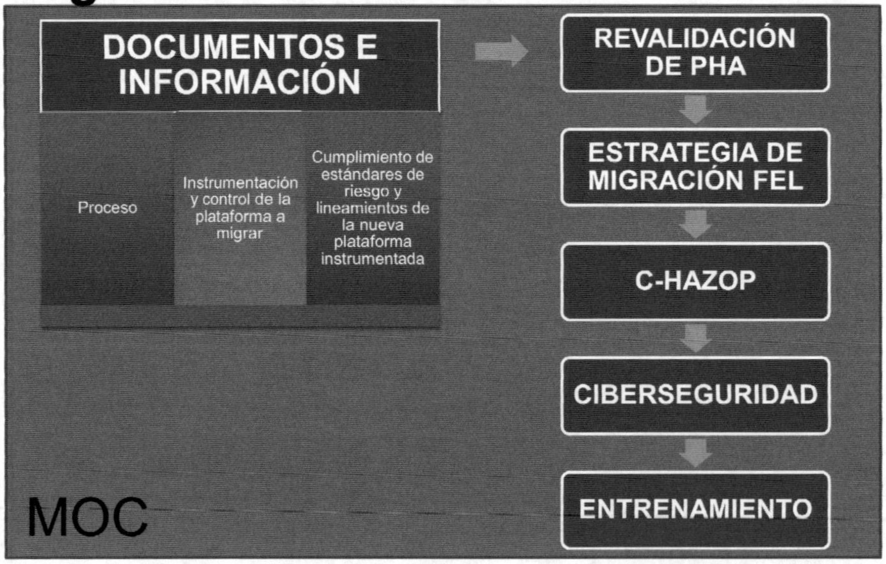


7th LACPS · Swissotel · Lima, Peru · August 22-23, 2016

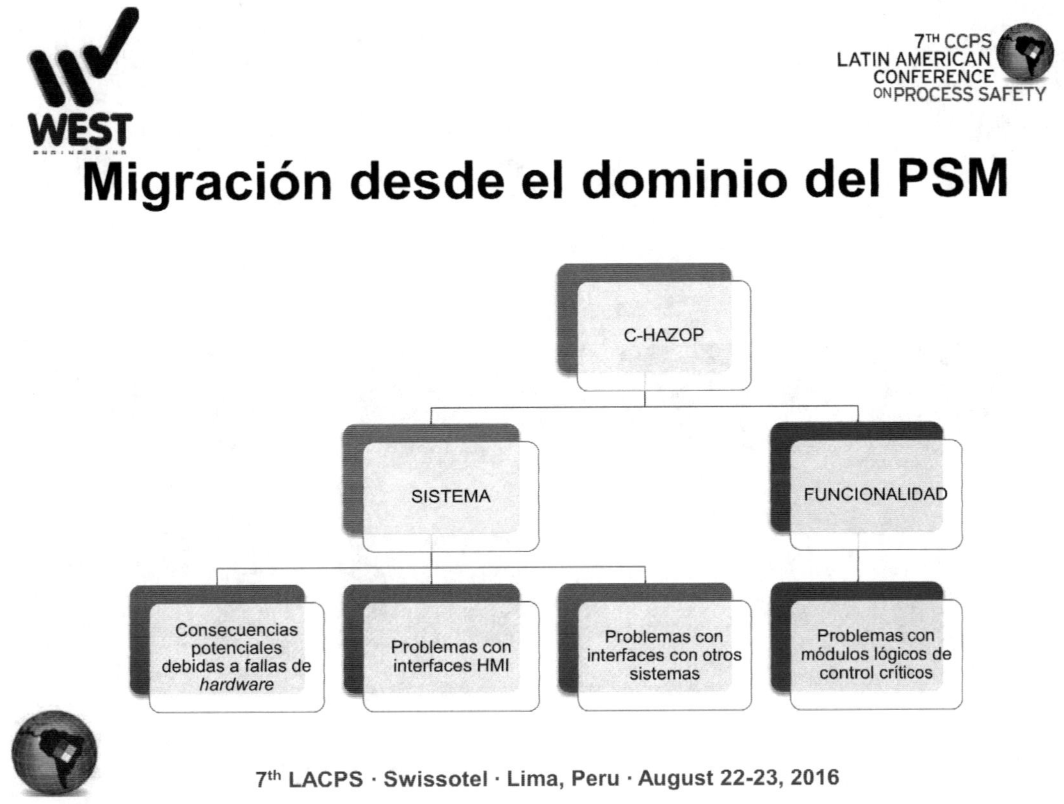
WEST ENGINEERING
7TH CCPS LATIN AMERICAN CONFERENCE ON PROCESS SAFETY
Migración desde el dominio del PSM
C-HAZOP
SISTEMA
FUNCIONALIDAD
Consecuencias potenciales debidas a fallas de *hardware*
Problemas con interfaces HMI
Problemas con interfaces con otros sistemas
Problemas con módulos lógicos de control críticos
7th LACPS · Swissotel · Lima, Peru · August 22-23, 2016

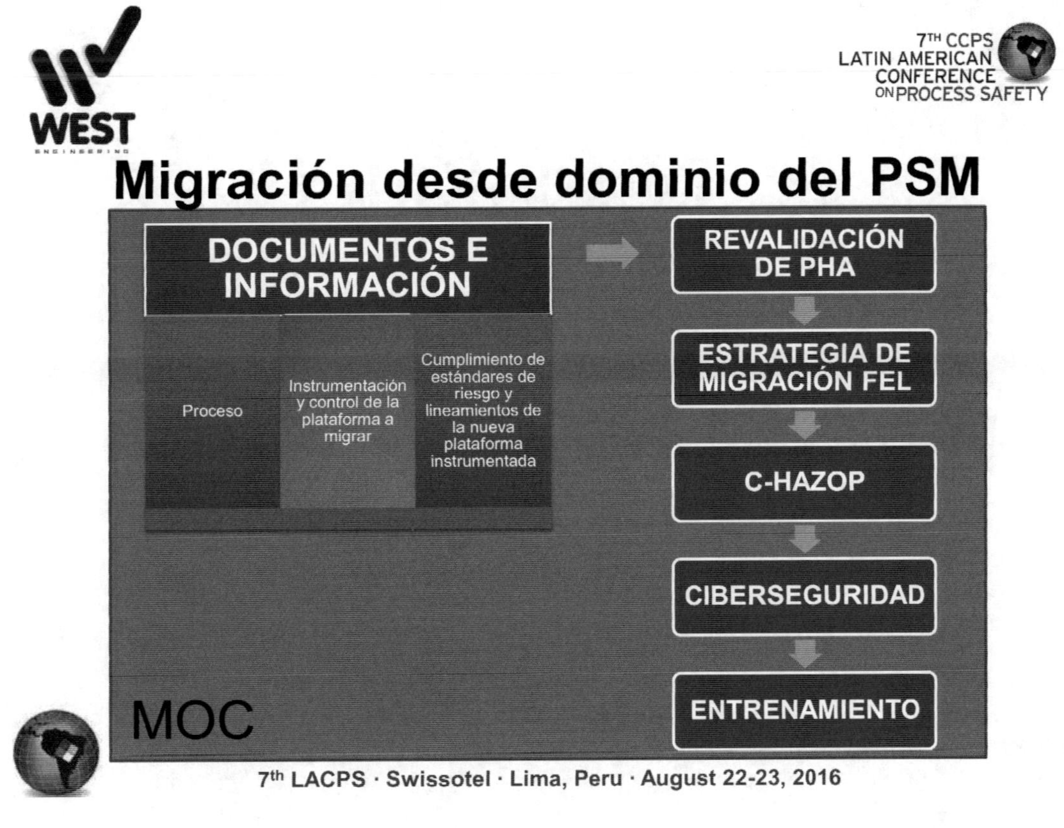
WEST ENGINEERING
7TH CCPS LATIN AMERICAN CONFERENCE ON PROCESS SAFETY
Migración desde dominio del PSM
DOCUMENTOS E INFORMACIÓN
Proceso
Instrumentación y control de la plataforma a migrar
Cumplimiento de estándares de riesgo y lineamientos de la nueva plataforma instrumentada
REVALIDACIÓN DE PHA
ESTRATEGIA DE MIGRACIÓN FEL
C-HAZOP
CIBERSEGURIDAD
ENTRENAMIENTO
MOC
7th LACPS · Swissotel · Lima, Peru · August 22-23, 2016

WEST

7TH CCPS LATIN AMERICAN CONFERENCE ON PROCESS SAFETY

# MOC

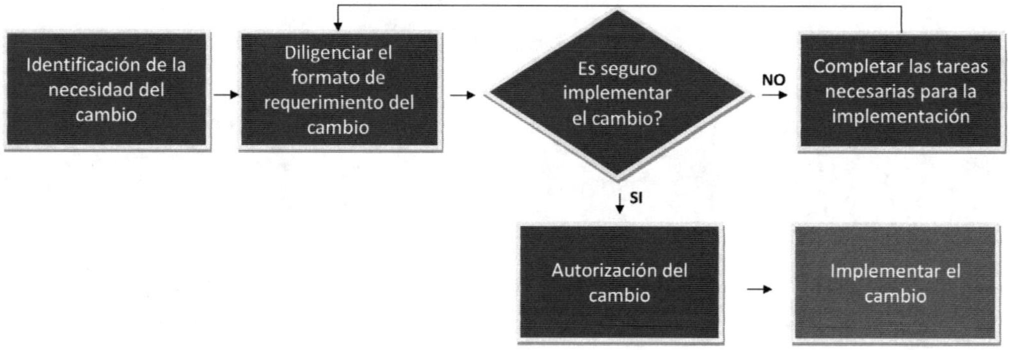


7th LACPS · Swissotel · Lima, Peru · August 22-23, 2016

WEST

7TH CCPS LATIN AMERICAN CONFERENCE ON PROCESS SAFETY

# Conclusión

- Las plataformas de control y seguridad fueron originalmente diseñadas junto con otras capas de prevención y de mitigación no instrumentadas para llevar el riesgo inherente en un proceso hasta un nivel tolerable de riesgo. Es por esta razón que sus procesos de migración deben ser gestionados desde el dominio del PSM a partir de la actualización de información, la revalidación de PHA, el desarrollo de análisis C-HAZOP y de ciberseguridad, el aseguramiento del desempeño operativo y un el plan MOC.

7th LACPS · Swissotel · Lima, Peru · August 22-23, 2016

7TH CCPS
LATIN AMERICAN
CONFERENCE
ON PROCESS SAFETY

7th LACPS · Swissotel · Lima, Peru · August 22-23, 2016

7TH CCPS
LATIN AMERICAN
CONFERENCE
ON PROCESS SAFETY

# LAMINAS DE APOYO

7th LACPS · Swissotel · Lima, Peru · August 22-23, 2016

7TH CCPS LATIN AMERICAN CONFERENCE ON PROCESS SAFETY

# PALABRAS GUÍA C-HAZOP

| | Palabra guía | Tipo de desviación |
|---|---|---|
| SISTEMA | PÉRDIDA | Señal o señal congelada |
| | | Potencia |
| | | Comunicación |
| | | Memoria o memoria corrupta |
| | RANGO | Distorción de señal |
| | | Señal fuera de rango |
| | COMBINACIÓN | Segregación de canales |
| | | Modos de falla |
| | VERSIÓN | *Firmware* |
| | | Software del sistema instrumentado |
| | SEGURIDAD | *Firmware* y software del sistema *hackables* |
| | | Debilidad en confidencialidad y manejo de información |
| | | Software de aplicación suceptible a cambios no autorizados |
| FUNCIONALIDAD | ACCESO | Cambio de modo de la función lógica (OFF-LINE / ENABLE, ETC.) |
| | | Cambio de modo del controlador (MAN / AUTO) |
| | | Cambio de estado de la secuencia (START / STOP / READY, ETC.) |
| | | Decisiones lógicas |
| | SINCRONIZACIÓN | Eventos |
| | | Acciones |
| | ESTRUCTURA | Tipo de función |
| | | Esquemas de control |
| | | Procedimientos /secuencias) |
| | CONFLICTO | Interacciones y cambios simultáneos |

7th LACPS · Swissotel · Lima, Peru · August 22-23, 2016

7TH CCPS LATIN AMERICAN CONFERENCE ON PROCESS SAFETY

# HOJA DE TRABAJO C-HAZOP

| C-HAZOP WORKSHEET | | | | | | |
|---|---|---|---|---|---|---|
| Planta: Cloración | | Sección: BPCS (DCS) | | Fecha: Junio 6 de 2014 | | |
| No | Palabra guía | Causa | Consecuencia | Salvaguarda | Acción | Responsable |
| 1 | Pérdida comunicaciones UCN A | Desconexión canal A en HPM (error humano) | Pérdida de monitoreo y control sobre las variables del reactor. | UCN redundante (UCN B) | Ninguna | |

7th LACPS · Swissotel · Lima, Peru · August 22-23, 2016

RSE
Gerenciamento de Risco e Sustentabilidade Empresarial

7TH CCPS LATIN AMERICAN CONFERENCE ON PROCESS SAFETY

# Managing Risks During Organizational Changes

Américo Diniz Carvalho Neto
RSE Risk Engineering and Sustainability
americodcn@gmail.com
americodcn@rsem.com.br

7th LACPS · Swissotel · Lima, Peru · August 22-23, 2016

RSE
Gerenciamento de Risco e Sustentabilidade Empresarial

7TH CCPS LATIN AMERICAN CONFERENCE ON PROCESS SAFETY

## Agenda

- Introduction
- Definitions
- History of organizational change management
- Managing Organizational Change
- Communication during organizational change
- Conclusion

7th LACPS · Swissotel · Lima, Peru · August 22-23, 2016

RSE Gerenciamento de Risco e Sustentabilidade Empresarial

# Introduction

7TH CCPS LATIN AMERICAN CONFERENCE ON PROCESS SAFETY

## BENCHMARK – CONSULTANT PERCEPTION

*"Various studies have shown that mergers have failure rates of more than 50 percent.*
*One recent study found 83 percent of all mergers fail to create value and half actually destroy value. This is an abysmal record.*
*What is particularly amazing is that in polling the boards of the companies involved in those same mergers, over 80 percent of the board members thought their acquisitions had created value."*

***Robert W. Holthausen, The Nomura Securities Company Professor, Wharton School of Executive Education***

***WHAT IS A MERGER&ACQUISITION? IT IS AN ORGANIZATIONAL CHANGE***

***"We can provide a M&A procedure and process for organizations"***

7th LACPS · Swissotel · Lima, Peru · August 22-23, 2016

RSE Gerenciamento de Risco e Sustentabilidade Empresarial

# Introduction

7TH CCPS LATIN AMERICAN CONFERENCE ON PROCESS SAFETY

## ORGANIZATIONAL CHANGE MANAGEMENT

| Type | Description | Used For | Who Impacted |
|---|---|---|---|
| **Systemic** | Management of the systemic changes associated with IT applications, architecture or infrastructure | • System Implementations<br>• Software Upgrades<br>• Other IT Changes | • IT Professionals |
| **Project** | Management of scope or schedule change for a specific project. | • All Projects | • Project Core Team<br>• Extended Team |
| **Organizational** | Planning and implementing the tools, processes, skills and principles for managing the people side of change to achieve the required outcomes of a project or initiative | • All Projects<br>• Many System Implementations<br>• Most Software Upgrades<br>• Many Other IT Changes<br>• Company Restructuring<br>• Mergers & Acquisitions<br>• Introducing New Channels, Brands or Business Models | • Targeted Employees or Departments<br>• Ancillary Employees or Departments<br>• IT Professionals<br>• Stakeholders |

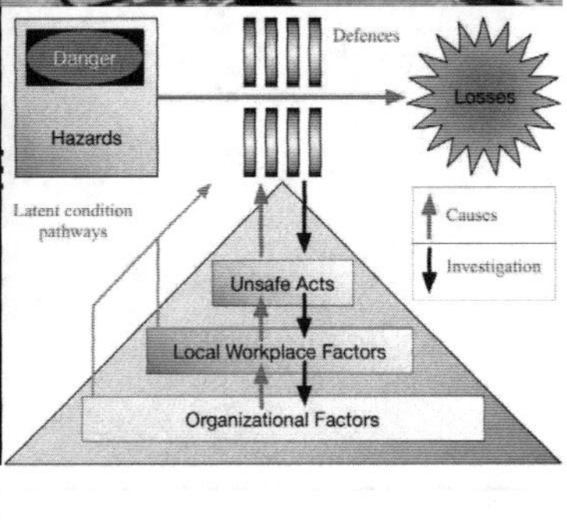


7th LACPS · Swissotel · Lima, Peru · August 22-23, 2016

RSE Gerenciamento de Risco e Sustentabilidade Empresarial

# DEFINITIONS

7TH CCPS LATIN AMERICAN CONFERENCE ON PROCESS SAFETY

- ✓ **Process Safety Management:**
  - A program or activity involving the aplication of management principles and analytical techniques to ensure the safety of process facilities.
- ✓ **Management of Change:**
  - A system to identify, review and aprove all modifications to equipment, procedures, raw materials, and processing conditions, other than "replacement in kind", prior to implementation.
- ✓ **Organizational Change:**
  - Any change in **position or responsibility** in an organization or any **change to an organizational policy or procedure that affects process safety**.
- ✓ **Organizational Change Management:**
  - A method of **examining** proposed **changes in the structure or organization of a company** (or unit thereof) to determine wheter the changes introduce new hazards or increase the risk to employee health and safety, the environment, or the surrounding community.

**7th LACPS · Swissotel · Lima, Peru · August 22-23, 2016**

RSE Gerenciamento de Risco e Sustentabilidade Empresarial

# OCM HISTORY

7TH CCPS LATIN AMERICAN CONFERENCE ON PROCESS SAFETY

- ✓ After Flixborough incidente in 1974, companies realize the importance of MOC (Equip/Proc)
- ✓ The CCPS was created in 1985. Guidelines for technical Mng of Chemical OS in 1989;
- ✓ OSHA PSM Standard, (29 CFR 1910.119) was promulgated in 1992;
- ✓ American Chemistry Council (ACC), published in 1998 a document to guide MOC;
- ✓ In 2001, United Kingdom Health and Safety Executive published its "Contract Research Repor"348/2001, wich discusses importance of Staff arrangements with regard to PS;
- ✓ In 2004 the Canadian Society for Chemical Engineering released its own guideline in 2004, which recognize the management of organizational change as a vital componente;
- ✓ In 2007 CCPS released Guidelines for RBPS, expanded the original 12 elements of process safety into 20 elements and included a slightly more Organizational Change;
- ✓ In 2008, CCPS published the MOC Guideline;
- ✓ In 2010, CCPS published Guideline for Process Safety Acquisition Evaluation and post Merger Integration;
- ✓ In 2014, CCPS Project 261 – Translate MOC Guideline into Portuguese. Finish translation and publish Guideline in portuguese version at the end of 2016

**7th LACPS · Swissotel · Lima, Peru · August 22-23, 2016**

# HISTORY

7TH CCPS LATIN AMERICAN CONFERENCE ON PROCESS SAFETY

RSE Gerenciamento de Risco e Sustentabilidade Empresarial

BAD MANAGEMENT OF CHANGE CAN CAUSE ACCIDENTS

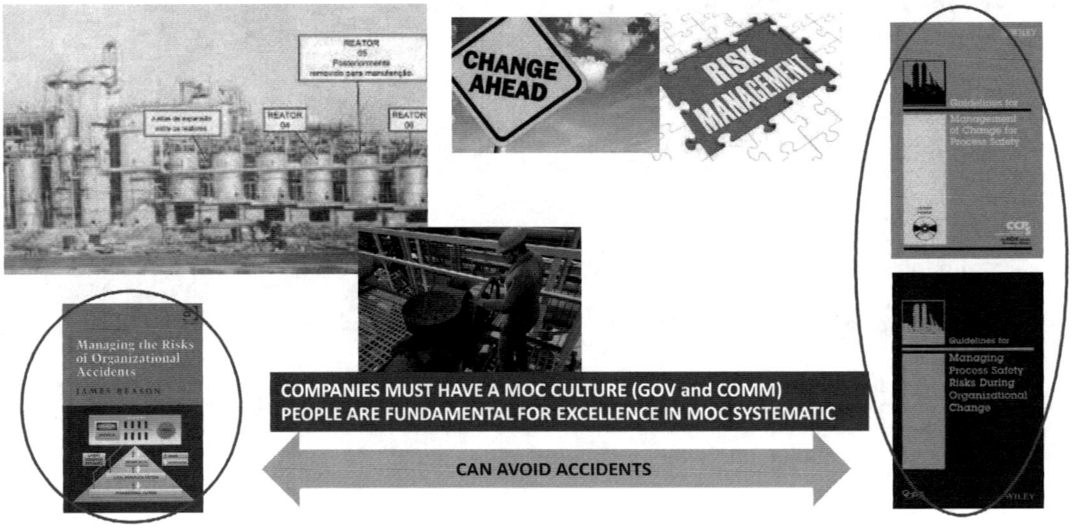


7th LACPS · Swissotel · Lima, Peru · August 22-23, 2016

# Managing OC

7TH CCPS LATIN AMERICAN CONFERENCE ON PROCESS SAFETY

RSE Gerenciamento de Risco e Sustentabilidade Empresarial

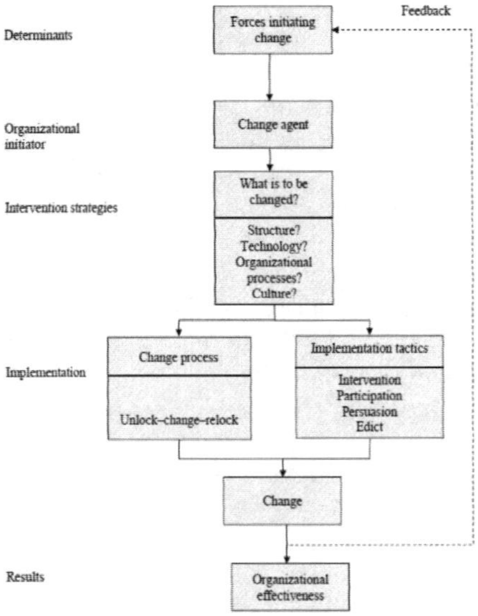


*FIG. 1. Model for managing organizational change.*

7th LACPS · Swissotel · Lima, Peru · August 22-23, 2016

RSE
Gerenciamento de Risco e Sustentabilidade Empresarial

# Managing OC

7TH CCPS LATIN AMERICAN CONFERENCE ON PROCESS SAFETY

## SELECTION OF OCM - RELATED INCIDENTS

| Year | Company | Location | Incident | Damage | OCM-Related Causes |
|---|---|---|---|---|---|
| 1984 | Union Carbide | Bhopal, India | Issues arising during a pipe washing procedure resulted in pressure rise and release of toxic gas from vent stack | More than 20,000 fatalities; unknown injuries | Institutional knowledge not captured prior to **downsizing**; employees performing **unfamiliar tasks; joint venture doesn't alleviate responsibility** for process safety |
| 1998 | Anonymous* | United States | Electrical fault resulted in emergency shutdown of production unit | No Injuries; emergency shutdown resulted in lost production | **Change in ownership** didn't adequately transition the mechanical integrity program to the new organization |
| 1998 | Exxon-Esso Australia | Longford, Victoria, Australia | Warm oil pump restarted after reboiler had cooled below allowable temperatures; restarting the oil pump resulted in brittle fracture od the reboiler, explosion and fire | Two fatalities; eight injuries; destruction of reboiler, two-week natural gas service disruption | **Centralization and relocation of engineering staff** off site from facility with no follow-up regarding maintaining communications |
| 1998-2006 | BP Amoco** | Whiting, Indiana, United States | Modifications to relief systems were delayed; maintenance of relief devices was inadvertently overlooked | No damage; risks posed from overpressured equipment | **Job tasks were not reassigned when a project engineer left the company,** so the project "fell through the cracks" |

* Information from CCPS Process Safety Incident Database – the company name is confidential
** BP Amoco is now known as BP, plc.

7th LACPS · Swissotel · Lima, Peru · August 22-23, 2016

RSE
Gerenciamento de Risco e Sustentabilidade Empresarial

# Managing OC

7TH CCPS LATIN AMERICAN CONFERENCE ON PROCESS SAFETY

## SELECTION OF OCM - RELATED INCIDENTS

| Year | Company | Location | Incident | Damage | OCM-Related Causes |
|---|---|---|---|---|---|
| 2000 | BP Amoco** | Grangemouth, Scotland | Three separate incidents in May and June: electrical fault resulting in loss of power and plant shutdown; steam line rupture, and fire in the fluidized catalytic cracking unit | Plant shutdown; public road temporarily closed; fire damage to FCCU | **Organizational and personnel changes made at all levels without mapping responsibilities** or ongoing competency development; utilities **division in charge of multiple projects became overloaded** |
| 2005 | British Petroleum | Texas City, Texas, United States | Isomerization startup resulting in a hydrocarbon release that ignited | Fifteen fatalities; multiple injuries; significant property damage | **Ineffective organizational structure** |
| 2008 | Bayer CropScience, LLC | Institute,, West Virginia, United States | A runaway chemical reaction during startup of the methomyl unit resulted in explosion, fire, and release of toxic gas | Two fatalities; eight injuries; destruction of equipment | **Reduction in technical advisors** without ensuring their knowledge was retained elsewhere on staff: **capital project personnel unfamiliar** with control systems and process |
| Unknown | Not Specified | Not Specified | Liquid overflowed from a column into the flare stack; no ignition | No injuries; failure of the flare stack | **Modification of the working hours** |

** BP Amoco is now known as BP, plc.

7th LACPS · Swissotel · Lima, Peru · August 22-23, 2016

RSE
Gerenciamento de Risco e Sustentabilidade Empresarial

# Managing OC

7TH CCPS LATIN AMERICAN CONFERENCE ON PROCESS SAFETY

CORPORATE STANDARD FOR ORGANIZATIONAL CHANGE MANAGEMENT

There are many similarities between the tasks required for traditional MOC procedure and an OCM procedure.

Next slide we will discuss and sumarizes the critical tasks requirements of sample workflow for MOC and OCM to highlight the similarities.

7th LACPS · Swissotel · Lima, Peru · August 22-23, 2016

RSE
Gerenciamento de Risco e Sustentabilidade Empresarial

# Managing OC

7TH CCPS LATIN AMERICAN CONFERENCE ON PROCESS SAFETY

## COMPARISON OF MOC AND OCM WORKFLOW TASKS

| Workflow Task | MOC Procedure | OCM Procedure |
|---|---|---|
| **Request for a change** | Specifies the purpose, scope, timing, and safety impact of the proposed change to process chemicals, technology, equipment, and facilities | Specifies the purpose, scope, timing, and safety impact of the proposed **change to personnel and/or the organization** |
| **Approval to Asses Impact of the Change** | This approval is typically for resources to design the change and conduct a PHA or risk assessment | This approval is for resources to conduct **a risk assessment** of the change |
| **Assess Hazards and Risk** | Process hazard analysis or risk assessment | Risk assessment |
| **Approval to Install or Develop Plans** | Approve resources to design, purchase, and install the change and address recommendations from he PHA or hazard identification | Approve resources to develop plans to implement the change and **address recommendations from the risk assessment** |
| **Installation/Planning** | Physical installation of changes or redline of procedures | Development of action plans to implement the change **based on the risk assessment** |
| **Training and Communication of the Change** | Communication of the change to affected employees and training for more complex changes | Training to provide process safety expertise **to individuals assuming new roles and responsibilities** and communicate to affected employees |
| **Authorization to Startup** | Pre-startup safety review and authorization to start up the change | Initial actions items completed and authorization to implement the change |
| **Monitoring** | As required by the specific MOC, such as when testing a new technology or equipment | Monitor the impact of the organizational change by **measuring** key safety and health **performance indicators** |
| **Closeout** | Verify all actions items have been closed out and all documentation updates have been finalized | Verify that all risk assessment action items have been closed out and all documentation updates have been finalized |

RSE
Gerenciamento de Risco e Sustentabilidade Empresarial

# Managing OC

7TH CCPS LATIN AMERICAN CONFERENCE ON PROCESS SAFETY

## SELECTING THE OCM RISK ANALYSIS METHOD AND TOOL

It is important to understand the OCM RA methods available and the stenghts and weakness of each

7th LACPS · Swissotel · Lima, Peru · August 22-23, 2016

RSE
Gerenciamento de Risco e Sustentabilidade Empresarial

# Managing OC

7TH CCPS LATIN AMERICAN CONFERENCE ON PROCESS SAFETY

## OCM RA Methods and Tools Comparison

| OCM RA Method / Tool | Pros | Cons |
|---|---|---|
| **Checklist Review (checklist (s))** | Less dependent on OCM RA team experience and knowledge (experience and knowledge is captured within checklist review items) | Checklists should be developed by SMEs to ensure they are complete and effective. Considerable time may go into the development of checklist |
| | **May be complemented with another methods** | Highly dependent on thorough checklist. Checklists must be maintained to ensure effectiveness |
| | **May take less time than other methods** | Change must match the checklist, if not the checklist may need to be updated or another checklist developed or another method selected |
| | Generally provides qualitative results | **Checklists may be less effective for complex or unusual (unanticipated) changes;** checklists are generally not flexible |
| | | **Issues that were not anticipated during the checklist development may not be addressed.** An updated or new checklist may be needed or selection of another method |
| | | Does not generally provide quantitative results |
| | | **Checklists can be very long** |

7th LACPS · Swissotel · Lima, Peru · August 22-23, 2016

RSE Gerenciamento de Risco e Sustentabilidade Empresarial

# Managing OC

7TH CCPS LATIN AMERICAN CONFERENCE ON PROCESS SAFETY

## OCM RA Methods and Tools Comparison

| OCM RA Method / Tool | Pros | Cons |
|---|---|---|
| **Brainstorming or High-Level Activity Mapping** | **Flexible method** that can be applied to any type of change | **Dependent on OCM RA team experience and knowledge.** May be prone to overlook issues |
| | Doesn't necessarily require extensive background data | **Does not generally provide quantitative results** |
| | May take less time than other methods | |
| | **May be complemented with other methods** | |
| **What-If or Scenario Review or Simulations (e.g., dry-runs or table top drills)** | Flexible method that can handle unanticipated issues | **Requires competent facilitator** to ensure complete and effective RA |
| | May be complemented with other methods | **Dependent on OCM RA team experience** and knowledge and/or effective tools (i.e., detailed job descriptions, competencies, and risk register) (may miss less obvious scenarios or low-frequency events) |
| | Generally provides qualitative results | **Generally takes more time** as compared to Checklist Reviews |
| | | Does not generally provide quantitative results |

7th LACPS · Swissotel · Lima, Peru · August 22-23, 2016

RSE Gerenciamento de Risco e Sustentabilidade Empresarial

# Managing OC

7TH CCPS LATIN AMERICAN CONFERENCE ON PROCESS SAFETY

## OCM RA Methods and Tools Comparison

| OCM RA Method / Tool | Pros | Cons |
|---|---|---|
| **Event Tree or Bow Tie** | Flexible method that can address unanticipated issues | **Requires expert facilitation** to ensure complete and effective RA |
| | **Generally used to complement** | **Dependent on OCM RA team experience and knowledge** and/or effective tools (i.e., detailed job descriptions, competences |
| | **Can provide quantitative results** | **Special tools or software may be needed to efficiently capture** risk assessment |
| | | **Takes considerable time** and resources to effectively implement |
| **Task Mapping** | Structure review of all activities, roles, and responsibilities | Requires a thorough understanding of current activities, roles, and responsibilities |
| | Clear delineation of who does what before and after the change | Takes considerable time and resources to effectively implement, especially if the current information is not already available |
| | Provides good information to use in the implementation plan and communications | Does not generally provide quantitative results |
| | May be complemented with other methods | |

7th LACPS · Swissotel · Lima, Peru · August 22-23, 2016

## Managing OC

RSE Gerenciamento de Risco e Sustentabilidade Empresarial

7TH CCPS LATIN AMERICAN CONFERENCE ON PROCESS SAFETY

**MODIFICATION OF WORKING CONDITIONS (OCM)**

- ✓ Modification to working hours and shift schedules;
- ✓ The opportunity or requirement to work overtime;
- ✓ Relocation of personnel;
- ✓ Changes to staffing arrangements in relation to:
  - Startups, Shutdowns, turnarounds, upsets;
  - Emergency conditions;
  - Severe weather events during which inadequate Manpower can have devastating consequences.

7th LACPS · Swissotel · Lima, Peru · August 22-23, 2016

## Managing OC

RSE Gerenciamento de Risco e Sustentabilidade Empresarial

7TH CCPS LATIN AMERICAN CONFERENCE ON PROCESS SAFETY

✓ CASE STUDY: UNION CARBIDE – BHOPAL, INDIA (1984)

- Lessons Learned:
  - When experienced employees leaves the company, it is crucial to understand all of the roles he or she playes and ensure that these are adequately covered by remaining employees or his or her replacement.

7th LACPS · Swissotel · Lima, Peru · August 22-23, 2016

RSE
Gerenciamento de Risco e Sustentabilidade Empresarial

# Managing OC

7TH CCPS LATIN AMERICAN CONFERENCE ON PROCESS SAFETY

## TASK ALLOCATION CHANGES (OCM)

This topic deals with reallocation of tasks to different individuals or the elimination of tasks that may have an impact on process safety.

This can occur for a variety of reasons of which some of the more typical causes will be discussed later.

7th LACPS · Swissotel · Lima, Peru · August 22-23, 2016

RSE
Gerenciamento de Risco e Sustentabilidade Empresarial

# Managing OC

7TH CCPS LATIN AMERICAN CONFERENCE ON PROCESS SAFETY

## DOWNSIZING EXAMPLES (OCM)

- ✓ Reasons for degrated safety performance:
  - ✓ Early retirement of competente personnel;
  - ✓ Major investments projects;
  - ✓ Neglected maintenance;
  - ✓ Loss of competente personnel to early retirement;
  - ✓ Decreased maintenance;
  - ✓ Others

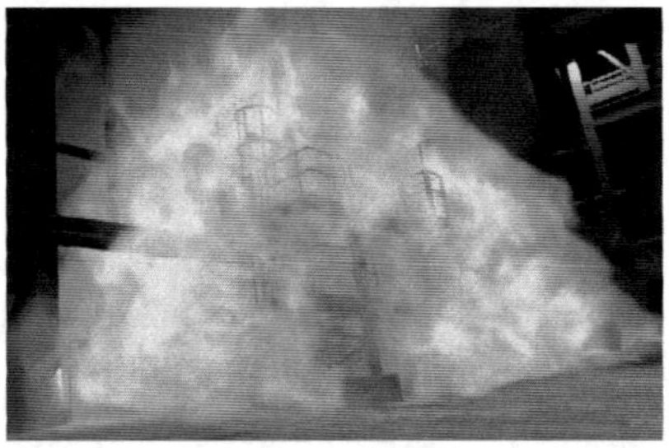

7th LACPS · Swissotel · Lima, Peru · August 22-23, 2016

RSE Gerenciamento de Risco e Sustentabilidade Empresarial

# Managing OC

7TH CCPS LATIN AMERICAN CONFERENCE ON PROCESS SAFETY

## ASSIGNING NEW RESPONSABILITIES (OCM)

- ✓ Advancement of position ( Operator to shift supervisor, Operation Coordinator to Production manager)
- ✓ Acquiring more responsability (Combining engineering and maintenance functions, Maintenance and operation functions etc...)

Questions to be done for task allocation change

7th LACPS · Swissotel · Lima, Peru · August 22-23, 2016

RSE Gerenciamento de Risco e Sustentabilidade Empresarial

# Managing OC

7TH CCPS LATIN AMERICAN CONFERENCE ON PROCESS SAFETY

## TASK ALLOCATION CHANGE IMPACT – (WHAT-IFS EVALUATION)

| WHAT IF ....... | |
|---|---|
| 01 | The Key EHS critical roles and responsabilities for the task have not been identified? |
| 02 | The individual assigned the task does not have the skills and experiences to fullfill the key EHS critical roles? |
| 03 | The key EHS critical roles and responsabilities have not been communicated to the individual aasigned the task? |
| 04 | The time allocated to the individual aasigned the task is inadequate to perform the job safely? |
| 05 | No all the key roles na dresposabilities have been accounted for when the task was reallocated? |
| 06 | Informal safety activities or communications paths are disrupted due to reallocationsof the task? |
| 07 | The policies, procedures, lists, or organizational charts have not been updated to reflect the task allocation change? |
| 08 | The emergence response function has not been reassigned when the position is eliminated? |
| 09 | There is na emergency during startup or when someone is on leave? |
| 10 | The risk of the impact on general EHS performance due to the task reallocation has not been evaluated? |
| 11 | The individual has not received proper training to carry out the EHS responsabilities? |
| 12 | A competency training matrix has not been reviewed and an appropriate training plan has not been created? |

7th LACPS · Swissotel · Lima, Peru · August 22-23, 2016

# RSE Managing OC

Gerenciamento de Risco e Sustentabilidade Empresarial

7TH CCPS LATIN AMERICAN CONFERENCE ON PROCESS SAFETY

## EXAMPLES OF HAZOP PARAMETERS FOR **OC** REVIEW

| Parameters for HAZOP | Parameters for Organizational Change Review |
|---|---|
| Flow | Work Flow |
| | Communication |
| | Networking |
| Pressure | Stress |
| | Work Load |
| Level | Capacity / Human Resources |
| | Span of control |
| | Knowlwdge/Experience |
| | Authorization |
| N/A | Resource Proximity Location |
| N/A | Logistic |
| Emergency Response | Emergency Response |
| Startup | Startup |
| Emergency Shutdown | Emergency Shutdown |
| Human Factors | Human Factors |

7th LACPS · Swissotel · Lima, Peru · August 22-23, 2016

# RSE Communication

Gerenciamento de Risco e Sustentabilidade Empresarial

7TH CCPS LATIN AMERICAN CONFERENCE ON PROCESS SAFETY

The implementation of such changes shall be planned, controlled, communicated, monitored, tracked and recorded to ensure that safety is not compromised.

What is impacted/what is to be changed;

- ✓ The type of change;
- ✓ The extent of the change (e.g. the depth of the impact);
- ✓ The level of the change (grading);
- ✓ The safety impact of the change.

These factors must be analyzed.

7th LACPS · Swissotel · Lima, Peru · August 22-23, 2016

# Conclusion

- The implementation of an organizational change management system, can be more complex than the implementation of a MOC system involving more technical issues such as design, facilities, etc ...

## WHY?

- Many OC`s are related to business demands for cost and investments reduction;
- headcount reduction;
- Reduction of work processes;
- Quickness in changes during integrations, acquisitions, demobilization etc ...

***WE RECCOMEND-SUPPORT THE ORGANIZATIONAL CHANGE AND MERGER & ACQUISITION PROCESS AND PROCEDURE***

7th LACPS · Swissotel · Lima, Peru · August 22-23, 2016

PERU LNG

7TH CCPS LATIN AMERICAN CONFERENCE ON PROCESS SAFETY

# Design, Operation and Maintenance of Ground Flare Systems for Seismic Zones

John Galley
Hunt LNG Operating Company
Av. Victor Andres Belaunde 147, San Isidro
Torre Doce, Lima, PERU
jgalley@huntloc.pe

7th LACPS · Swissotel · Lima, Peru · August 22-23, 2016

PERU LNG

7TH CCPS LATIN AMERICAN CONFERENCE ON PROCESS SAFETY

# Agenda

- Introduction
- Process Design
- Inspection
- Testing and Maintenance
- Operational Constraints and Discipline
- Risks
- Conclusion

7th LACPS · Swissotel · Lima, Peru · August 22-23, 2016

PERU LNG

7TH CCPS LATIN AMERICAN CONFERENCE ON PROCESS SAFETY

# Introduction

- PERU LNG has a 4.4 million metric tons per annum LNG Facility
- APCI MRPR Process
- Two Main Flares:
  - Dry Flare: for cold service
  - Wet Flare: for warm service
- Both are Ground Flares due to the Plant being in a Seismic Zone. Focus on Dry Flare

7th LACPS · Swissotel · Lima, Peru · August 22-23, 2016

PERU LNG

7TH CCPS LATIN AMERICAN CONFERENCE ON PROCESS SAFETY

# Process Design (Dry Flare)

- Stage 1 is open
- Stages 2 to 5 are closed
- Staging valve opens as pressure increases
- Staging valve closes as pressure decreases
- Buckling Pin Relief Valve (BPRV) as safety device in case a staging valve doesn't open

7th LACPS · Swissotel · Lima, Peru · August 22-23, 2016

PERU LNG

7TH CCPS LATIN AMERICAN CONFERENCE ON PROCESS SAFETY

# Staged Flare

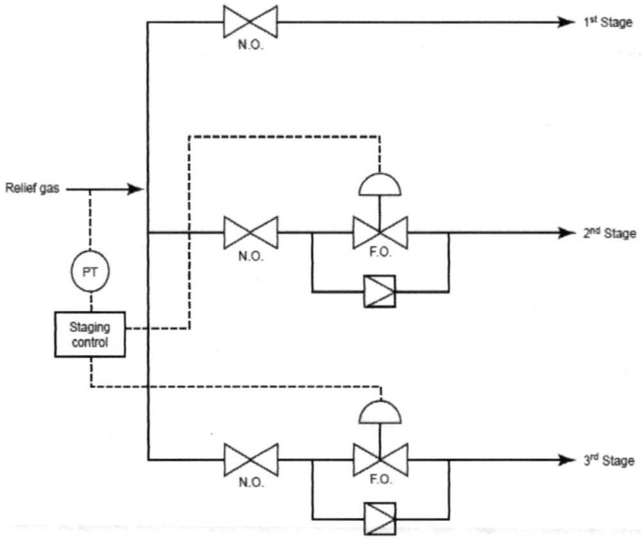




PERU LNG

7TH CCPS LATIN AMERICAN CONFERENCE ON PROCESS SAFETY

# Process Design Cases

- Case 1: Blocked outlet on PR Compressor
- Case 2: Blocked outlet on MR Compressor
- Case 3: Start-up case. MCHE Venting

- Case 3 is handled by Stage 1
- Cases 2 and 3 require all 5 stages
- Other reliefs 2 to 4 stages

7th LACPS · Swissotel · Lima, Peru · August 22-23, 2016

PERU LNG

7TH CCPS LATIN AMERICAN CONFERENCE ON PROCESS SAFETY

# Process Design Cases

| Parameter | Case 1 | Case 2 | Case 3 |
|---|---|---|---|
| Flow, kg/h | 1,891,918 | 1,815,918 | 94,000 |
| MW | 41.1 | 25.8 | 17.6 |
| Temp, °C | 64.4 | 65.7 / 43.9 | -97.0 |
| Pressure, barg | 2.5 | 2.5 | 2.5 |
| Viscosity, cP | 0.01 | 0.01 | 0.01 |
| Density, kg/m$^3$ | 5.3 | 3.2 | 4.4 |
| LHV kJ/kg | 46,510 | 38,670 | 49,150 |

7th LACPS · Swissotel · Lima, Peru · August 22-23, 2016

PERU LNG

7TH CCPS LATIN AMERICAN CONFERENCE ON PROCESS SAFETY

# Control of Stages

- Each of Stages 2 to 4 has a PT
- Programmed in the DeltaV SIS
- Staging valve control is with 2oo4 voting
- Design allows one stage to be taken out of service resulting in 2oo3

7th LACPS · Swissotel · Lima, Peru · August 22-23, 2016

PERU LNG

7TH CCPS LATIN AMERICAN CONFERENCE ON PROCESS SAFETY

# Inspection

- Remotely Operated Aerial Vehicle (ROAV)
- Video and photographic records
- Planning for Turnaround

PERU LNG

7TH CCPS LATIN AMERICAN CONFERENCE ON PROCESS SAFETY

# Testing and Maintenance

To ensure reliability:

- Stroke all staging valves
- Check the bypass device or the staging valve for leakage

One stage has to be taken out of service

7th LACPS · Swissotel · Lima, Peru · August 22-23, 2016

PERU LNG

7TH CCPS LATIN AMERICAN CONFERENCE ON PROCESS SAFETY

# Operational Constraints

Four stage capacity is 1,390 t/h for MR

To keep within this capacity:

- Compressor flow at about 75%
- Recycle valves closed
- Production reduced
- MR and PR Compositions optimized



PERU LNG

7TH CCPS LATIN AMERICAN CONFERENCE ON PROCESS SAFETY

# Operational Discipline

**Required to overcome constraints:**

- Process Analysis
- Verification with Plant data and Operations
- Development of Special Procedures
- Trial Run
- Review Results and effectiveness of Procedures

7th LACPS · Swissotel · Lima, Peru · August 22-23, 2016

PERU LNG

7TH CCPS LATIN AMERICAN CONFERENCE ON PROCESS SAFETY

# Safe Practices

7th LACPS · Swissotel · Lima, Peru · August 22-23, 2016

PERU LNG

7TH CCPS LATIN AMERICAN CONFERENCE ON PROCESS SAFETY

# Conclusions

- Operational discipline applied to the design, operation and maintenance
- LOPA shows low acceptable risk of $10^{-6}$ due enabling condition 48 h per year without controlling flow
- However, why take a risk if it can be avoided?

7th LACPS · Swissotel · Lima, Peru · August 22-23, 2016

PERU LNG

7TH CCPS LATIN AMERICAN CONFERENCE ON PROCESS SAFETY

# Thank You

Any Questions?

7th LACPS · Swissotel · Lima, Peru · August 22-23, 2016

PERU LNG

7TH CCPS LATIN AMERICAN CONFERENCE ON PROCESS SAFETY

# Lessons Learned in Implementing Process Safety Management at PERU LNG

Pablo Taborga, QHSE Manager Hunt LNG Operating Company.
ptaborga@huntloc.pe

Greg Smith, Senior Engineer / Instructor Process Improvement Institute, INC.
gsmith@process-improvement-institute.com



PERU LNG

7TH CCPS LATIN AMERICAN CONFERENCE ON PROCESS SAFETY

## Agenda

1. Introduction
2. Foundation of Process Safety in PERU LNG
3. Independent Gap Assessment
4. Challenges and lessons learned during PSM implementation
5. Conclusions

PERU LNG

7TH CCPS LATIN AMERICAN CONFERENCE ON PROCESS SAFETY

# 1. Introduction

A 4.4 million metric tons per annum LNG Facility 163 km south of Lima.

A 408 km gas pipeline from the highlands to the LNG Plant.

APCI train, two LNG storage tanks, and a marine terminal.

Inaugurated in June 2010. More than 340 LNG cargos delivered to date.

Partners are Hunt Oil (operator), SK, Shell and Marubeni.

PERU LNG

7TH CCPS LATIN AMERICAN CONFERENCE ON PROCESS SAFETY

PERU LNG

7TH CCPS LATIN AMERICAN CONFERENCE ON PROCESS SAFETY

# 2. Foundation of Process Safety in PERU LNG

- PERU LNG (PLNG) addresses HSE topics, including PSM, through a well-structured "Integrated Management System" (IMS).
- The IMS applies to all work areas, employees, contractors, and subcontractors.
- The IMS is aimed at maintaining enough layers of protection and engineering and administrative controls.
- It is a "*risk assessment - risk control*" tool that predicts risk scenarios to determine layers of protection to control risks to a tolerable level.



PERU LNG

7TH CCPS LATIN AMERICAN CONFERENCE ON PROCESS SAFETY

- The IMS is aligned with ISO 9.001, OHSAS 18.001, ISO 14.001 and achieved the corresponding ISO & OHSAS Certifications in 2014.
- Continuous Improvement Cycle with the "*Plan-Do-Check-Act*" approach.
- Identification of weaknesses in the risk management process.
- Preventive & corrective actions.
- PLNG IMS mirrors OSHA PSM Standards ( 29 CFR 1910.119)

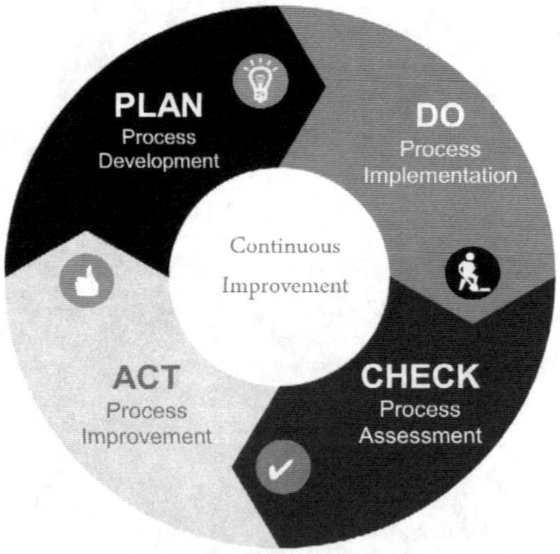

| Element | PERU LNG IMS | OSHA Process Safety Management |
|---|---|---|
| | **Plan** | |
| 1. | Leadership and Policies | |
| 2. | Risk Assessment | 3. Process Hazard Analysis (PHA)<br>7. Pre-Startup Safety Review (PSSR)<br>10. Management of Change (MoC) |
| 3. | Legal and Contractual Obligations | |
| 4. | Objectives, Targets and Plans | |
| | **Do** | |
| 5. | Roles and Responsibilities | 1. Employee Participation |
| 6. | Training and Competency | 5. Training |
| 7. | Communications | |
| 8. | Document Management | 2. Process Safety Information (PSI)<br>14.Trade Secrets |
| 9. | Incident Reporting and Investigation | 11.Incident Investigation |
| 10. | Risk Controls | 4. Operating Procedures<br>6. Contractor Control<br>8. Mechanical Integrity<br>9. Hot Works Permit |
| 11. | Emergency Preparedness | 12.Emergency Planning and Response |
| | **Check** | |
| 12. | System Improvement and Corrective Actions | |
| 13. | Measuring And Monitoring | |
| 14. | Audit | 13.Compliance Audits |
| | **Act** | |
| 15 | Management Review | |





- Although good progress made and production figures registered high efficiency, availability and reliability rates, there were some signs indicating Process Safety culture stagnation:

    i) Information was scattered across the organization.

    ii) The level of document control for PSI was not uniform.

    iii) Minor process safety incidents not thoroughly investigated.

    iv) Inefficient tracking of PHAs and MOCs actions.

    v) Temporary MOCs open beyond established timeframes.

    vi) Minor gaps identified in some operating procedures.

PERU LNG

7TH CCPS LATIN AMERICAN CONFERENCE ON PROCESS SAFETY

Essentially, although all the elements for a proactive Process Safety Management were there, dots were not necessarily connected, improvement efforts were not fully aligned or integrated, and more of a "reactive" approach became embedded into the day to day activities.

7th LACPS · Swissotel · Lima, Peru · August 22-23, 2016 9

PERU LNG

7TH CCPS LATIN AMERICAN CONFERENCE ON PROCESS SAFETY

# 3. Independent Gap Assessment

- Provide a very good insight into management systems and certainly help to analyze actual problems.
- Help to determine weaknesses from an objective point of view.
- Provide good understanding of where the problems are, the root causes that lie underneath, and contributing factors behind them.
- When assessment is conducted by specialized third parties, also capitalizes the benefits of experience in industry best practices.
- Industry-wide knowledge held by a third party provider can provide recommendations for growth or change when deemed necessary.

7th LACPS · Swissotel · Lima, Peru · August 22-23, 2016 10

PERU LNG

7TH CCPS LATIN AMERICAN CONFERENCE ON PROCESS SAFETY

- In 2014 PLNG secured services of *Process Improvement Institute* to conduct a Gap Analysis against OSHA 29CFR1910.119 and industry best practices: 74 findings were reported.

PERU LNG

7TH CCPS LATIN AMERICAN CONFERENCE ON PROCESS SAFETY

# 4. Challenges and lessons learned during PSM implementation

- PSM Implementation in PLNG faced many interesting challenges that have been, or are in the process of being overcome:

  ✓ Resources Constraints.

  ✓ Defining a suitable, practical & realistic timeframe.

  ✓ Defining where to start.

  ✓ Leadership Engagement.

  ✓ From lagging to leading indicators.

PERU LNG

7TH CCPS LATIN AMERICAN CONFERENCE ON PROCESS SAFETY

# 4.1 Resources Constraints

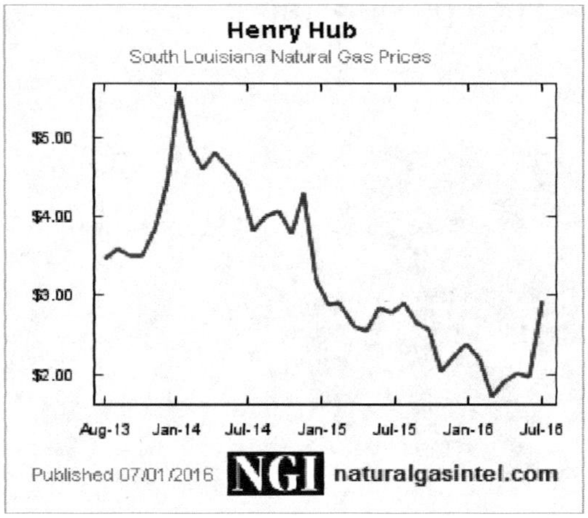


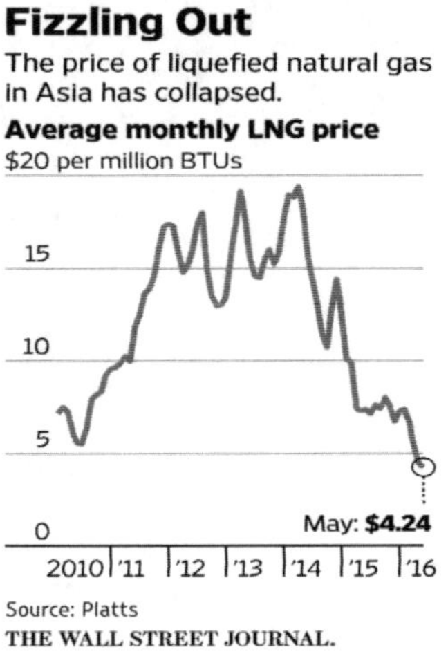


As soon as the 2015 Process Safety Gap Assessment was conducted and the final report issued, the gas prices in the market started to tumble...



PERU LNG

7TH CCPS LATIN AMERICAN CONFERENCE ON PROCESS SAFETY

- Questions like these were now certainly not easy to answer......
  - ✓ How to implement Process Safety with fewer resources?
  - ✓ How to deliver training and foster competency within reduced budgets?
  - ✓ How to extend the reach of Process Safety without securing additional staff and resources?
  - ✓ How to coordinate implementation efforts?
- Interestingly, when resources are scare, creativity arises.....

PERU LNG

7TH CCPS LATIN AMERICAN CONFERENCE ON PROCESS SAFETY

Process Safety Committee

- ✓ Integrated by all managers
- ✓ Chaired by the Plant Manager
- ✓ Meets on a monthly basis
- ✓ No addition of dedicated PSM-only staff
- ✓ Everything done by existing crew
- ✓ Actions spread out across PLNG
- ✓ PSM expert assistance by topic

- ➢ Accountability at al levels
- ➢ Strong leadership support
- ➢ Progress tracking and alignment
- ➢ Collaborative effort (team effort)
- ➢ Multiplying factor. Ownership
- ➢ Greater visibility
- ➢ Tailored assistance

7th LACPS · Swissotel · Lima, Peru · August 22-23, 2016 15

PERU LNG

7TH CCPS LATIN AMERICAN CONFERENCE ON PROCESS SAFETY

Development of Competency

- ✓ PLNG decided to foster competency development within existing resources (i.e. longer route & more time) with the aim of satisfying:
  - The need of skilled and competent personnel.
  - Progressive competency levels.
  - Motivational tool demonstrating Company's commitment with staff.
- ✓ Prioritized areas based on the gap assessments:
  - Incident Investigation & Root Cause Analysis.
  - Writing Effective Operating Procedures.
  - Process Hazard Analysis Leadership.
  - PSM Leadership.
  - Layer of Protection Analysis.

7th LACPS · Swissotel · Lima, Peru · August 22-23, 2016 16

- ✓ Training provided by specialized consultants.
- ✓ Cross-functional approach with different areas participating.
- ✓ Scope of trainings with a "***hands on***" approach:

***= Classroom time + Workshops + On the job training + Field activities + Assisted technical meetings + Feedback + Analysis of results***

## 4.2 Defining a suitable, practical & realistic timeframe

- To answer the question of "when will this be completed?" :
  - ✓ Understanding differences between "*current*" and "*ideal*".
  - ✓ Factor-in "*resources constraints*" into the equation.
  - ✓ Remembering that it is an "*operating facility*".
  - ✓ Understanding that the "*journey*" is more relevant than "*final destination*".

- The "*journey*" concept helps to:
  - ✓ clarify expectations,
  - ✓ define clear scope of work,
  - ✓ clarify priorities,
  - ✓ provides perspective,
  - ✓ it is not an "easy fix",
  - ✓ it is a change in culture,
  - ✓ goes beyond compliance,
  - ✓ need to soak all levels.

- In the case of PERU LNG, the PSM Journey has been defined to take up to three years.



PERU LNG
7TH CCPS LATIN AMERICAN CONFERENCE ON PROCESS SAFETY

## 4.3 Where to start? All sort of valid questions:

- ✓ Shall we address the gaps in Process Safety Information?
- ✓ Or fix the MoC process first?
- ✓ What about PSSR or addressing PHA recommendations?
- ✓ Shall we leave Operating Procedures for later?
- ✓ Or address these before Safe Operating Limits are defined?
- ✓ Shall the incident investigation process be improved?
- ✓ Or shall RCA training and competency be developed first?

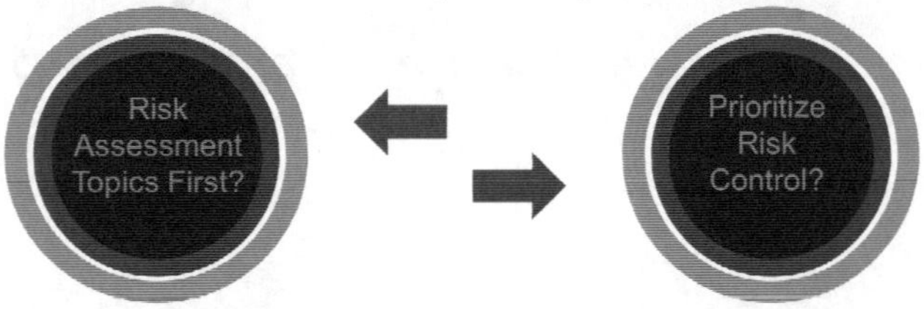

PERU LNG

7TH CCPS LATIN AMERICAN CONFERENCE ON PROCESS SAFETY

## Where to start? Not an easy answer, however:

- ✓ Recognize that many PSM elements build upon other elements.
- ✓ Address the foundation elements first.
- ✓ Prioritize items related to promoting PSM leadership & culture.
- ✓ Start where the bigger and most significant risks are. (Risk ranking)
- ✓ Start with what you have (available/existing resources).

7th LACPS · Swissotel · Lima, Peru · August 22-23, 2016 21

PERU LNG

7TH CCPS LATIN AMERICAN CONFERENCE ON PROCESS SAFETY

## 4.4 Leadership Engagement

- Perhaps the most important element for a successful PSM implementation program is Leadership engagement.
- Process safety needs to come from the very top, i.e. from senior leaders of the organization.
- It has to be embedded in Company Policies and overarching documents that describe the way business are conducted.
- PLNG developed several initiatives to ensure a high visibility of process safety leadership.

7th LACPS · Swissotel · Lima, Peru · August 22-23, 2016 22

PERU LNG

7TH CCPS LATIN AMERICAN CONFERENCE ON PROCESS SAFETY

## Adherence to the Sustainability Policy

PERU LNG

7TH CCPS LATIN AMERICAN CONFERENCE ON PROCESS SAFETY

## PSM implementation recognized as a business strategy

- The PSM Implementation has been included within the Company's Strategic Plan which has five pillars: i) Incident-free Workplace, ii) Sustainability, iii) Organizational Capabilities, iv) Operational Excellence, and v) Financial Performance.
- The goal of "Implementing a Process Safety Management Plan" is highlighted in the "Incident-free workplace" pillar.
- This is an example of how the Company is trying to raise the visibility of process safety within the organization.
- It shows that PSM implementation is a mandate from senior leadership and is therefore coming from the top down.

PERU LNG

7TH CCPS LATIN AMERICAN CONFERENCE ON PROCESS SAFETY

High visibility in PSM of senior leaders

- Senior leaders have to understand that they are "actors of change", and that they play a key role in transforming the culture of the Company.
- Senior leaders set the tone for all PSM matters, and help people to understand the "journey", the "whys" and the "how".
- They have the power to demonstrate through the decision making process that PSM is not only a priority but a Company value.
- Senior leaders have the chance to demonstrate that production does not take precedence to safety.

7th LACPS · Swissotel · Lima, Peru · August 22-23, 2016 25

PERU LNG

7TH CCPS LATIN AMERICAN CONFERENCE ON PROCESS SAFETY

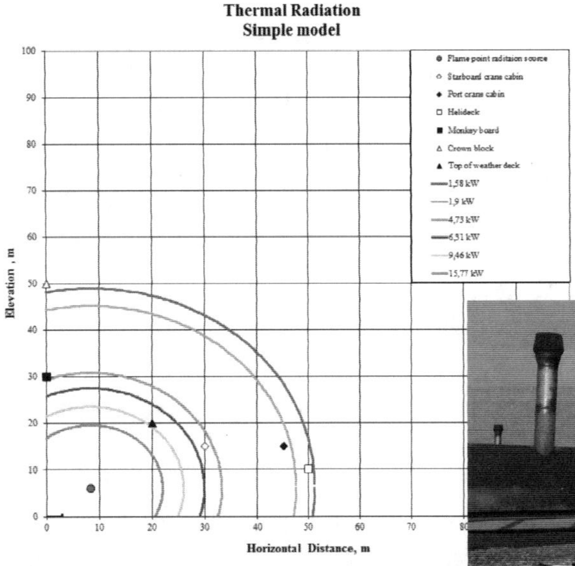


- In January 2016, production was stopped to repair the ground flare pilots.
- Several assessments conducted to determine the safer possible way to conduct the work and to reduce Risks to As Low as Reasonably Practicable.

7th LACPS · Swissotel · Lima, Peru · August 22-23, 2016 26

PERU LNG

7TH CCPS LATIN AMERICAN CONFERENCE ON PROCESS SAFETY

Active Engagement

- Senior leaders do what they preach.
- By doing so, they convey a powerful message to the workforce, who in turn reaffirm their commitment to PSM.
- Examples include:
  - ✓ Lead PSM Committee meetings.
  - ✓ Review open items.
  - ✓ Establish PSM goals
  - ✓ Define accountability.
  - ✓ Take part in audits & inspections.
  - ✓ Management walk downs.
  - ✓ Interview people in the field.
  - ✓ Participate in stand downs.
  - ✓ Lead MOC & PTW committees.
  - ✓ Review Action Tracking System.
  - ✓ Discuss drills and incidents.
  - ✓ Enterprise Risk Management.



PERU LNG

7TH CCPS LATIN AMERICAN CONFERENCE ON PROCESS SAFETY

## 4.5 Overcoming poor incident reporting

Gaps:

- ✓ Process safety near miss reporting did exist but incipient.
- ✓ A comprehensive program for near miss reporting was missing.
- ✓ Process Safety Events (PSEs) were being reported in silos.
- ✓ Only big events were documented and thoroughly investigated.
- ✓ Near miss reports were insufficient to develop a trend analysis.

Challenges:

✓ Understanding that near misses are "free learning opportunities".
✓ Near miss reporting does not mean reporting problems.

PERU LNG

7TH CCPS LATIN AMERICAN CONFERENCE ON PROCESS SAFETY

Steps towards a solution:

- ✓ Consolidate the incident investigation manuals and plans.
- ✓ Simplify investigation activities.
- ✓ Unify incident investigation criteria.
- ✓ Collect and systematize data in the same database.
- ✓ Focus on root cause identification and system weaknesses.
- ✓ Follow API RP- 754 for incidents classification.
- ✓ Report all gas leaks even if they are minor in nature.
- ✓ Map all incidents and develop a trend analysis.
- ✓ ……..



PERU LNG

7TH CCPS LATIN AMERICAN CONFERENCE ON PROCESS SAFETY

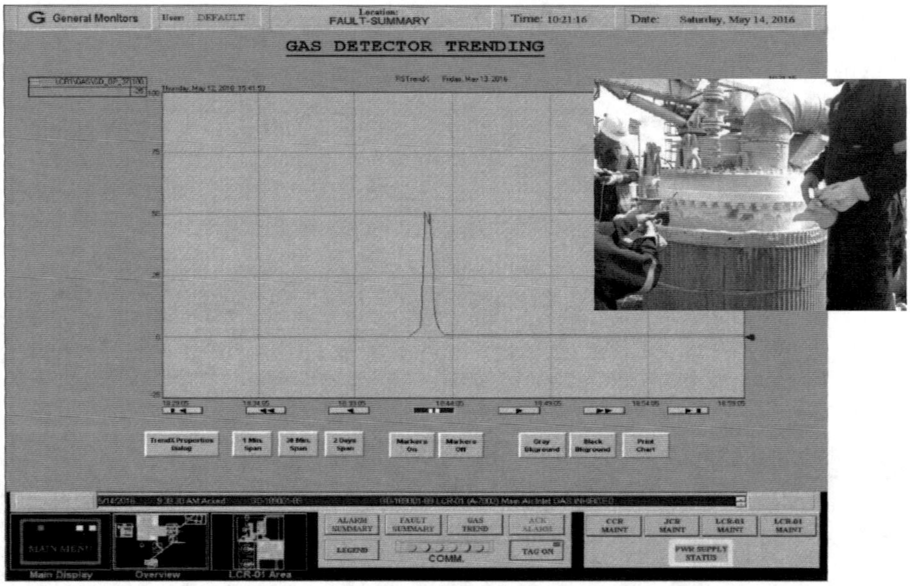

PERU LNG

7TH CCPS LATIN AMERICAN CONFERENCE ON PROCESS SAFETY

# 4.6 From lagging to leading indicators

| No. | INDICATOR | 2016 TARGETS GREEN | YELLOW | RED |
|---|---|---|---|---|
| 1 | Overdue inspections to piping, vessels, and tanks. | <5% | 5%≤ Δ < 10% | >10% |
| 2 | Overdue of Corrosion Under Insulation monitoring for piping and vessels. | <5% | 5%≤ Δ < 10% | >10% |
| 3 | PRVs calibration overdue monitoring. | All PRVs calibrated on time | 1 valve (or more) with overdue ≤ 30 days | 1 valve (or more) with overdue > 30 days |
| 4 | Compliance of SIS testing schedule. | All SIS tested on time | 1 SIS (or more) with overdue ≤ 30 days | 1 SIS (or more) with overdue > 30 days |
| 5 | Closure of Process Safety Action Items from PHAs, MOCs, Audits & Incidents. | 100% | 90%≤ Δ < 100% | < 90% |
| 6 | MOCs completed according to the MOC Procedure. | 100% | 90%≤ Δ < 100% | < 90% |
| 7 | Number of "Temporary" MOCs which have expired. | 0 | 1 ≤ Δ ≤ 5 | > 5 |
| 8 | Number of MOCs audited with no observations in the PHA. | 100% | 90%≤ Δ < 100% | < 90% |
| 9 | Number of audited PTWs identified as completed according to Procedure. | ≥ 95% | 90% ≤ % < 95% | < 90% |
| 10 | Number of drills conducted per month. | ≥ 90% | 85% ≤ % < 90% | < 85% |
| 11 | P&ID Field Validation. | Audit with no observations related to P&IDs | Audit with up to 2 obs related to P&IDs | Audit with more than 2 obs. related to P&IDs |
| 12 | Compliance with the approved Forcing, Bridging and Bypass Procedure. | Audit with no observations | Audit with up to two observations | Audit with more than two observations |
| 13 | Number of PSE with root cause investigations performed. | All PSE being investigated and tracked | --- | 1 PSE (or more) with no investigation in process |
| 14 | PSM Training compliance. | ≥ 90% | 85% ≤ % < 90% | < 85% |
| 15 | ISBL PM Work Order Monthly Compliance. | ≥ 95% | 85% ≤ % < 95% | < 85% |
| 16 | Excursions of the operating envelope. | TBD | TBD | TBD |
| 17 | Number of Tier 1, 2 & 3 Process Safety Incidents that result in LOPC. | ≤ 1.40 | 1.40 < X ≤ 2.06 | > 2.06 |
| 18 | Number of events where an Activation of Pressure Relief Device (PRD) occurred | No activation of PRDs | 01 PRD without crossing the threshold | 01 or more activated and crossing the threshold |



PERU LNG

7TH CCPS LATIN AMERICAN CONFERENCE ON PROCESS SAFETY

# Conclusions

- Implementing process safety is a comprehensive process.
- It involves all the organization, all the facilities.
- Needs support and buy-in from Employees and Contractors.
- Implementing PSM is really a journey rather than a destination.
- As such, there is no map; there are no recipes, or formulae that can be replicated for every case.
- It will certainly depends on the people commanding the effort, and on the starting point and the pursued end result.

PERU LNG

7TH CCPS LATIN AMERICAN CONFERENCE ON PROCESS SAFETY

# Conclusions

- There are however four common elements to consider:
  - ✓ Strong, committed, active, continuous and visible leadership engagement.
  - ✓ Full employee participation, buy-in and involvement at all levels.
  - ✓ A well-structured Management System designed to understand the risks and the corresponding controls and layers of protection.
  - ✓ Competency and communications are essential to strong safety performance.

7th LACPS · Swissotel · Lima, Peru · August 22-23, 2016 33

PERU LNG

7TH CCPS LATIN AMERICAN CONFERENCE ON PROCESS SAFETY

# Final thoughts…

*Implementing PSM is certainly an across-the-board exercise that needs to be carefully thought to be successful.*

*It has to be understood as a change in the safety culture, a change that goes beyond compliance.*

*It is a modification of people's mindset that will ultimately be reflected on how the business is conducted every day.*

7th LACPS · Swissotel · Lima, Peru · August 22-23, 2016 34

PERU LNG

7TH CCPS LATIN AMERICAN CONFERENCE ON PROCESS SAFETY

# Thank You

7th LACPS · Swissotel · Lima, Peru · August 22-23, 2016

35

# Metodología para la Instalación de Válvulas de Aislamiento de Emergencia

Eliana Berroteran
berroterane@csf.com.ve
Romel Rodríguez
rodriguezrx@csf.com.ve
CSF Consultoría en Seguridad Funcional





## Agenda

- Introducción.
- Metodología General de Evaluación de Riesgo.
- Identificación de Peligros.
- Caso de Estudio.
- Conclusiones.

# Introducción

En el diseño o evaluación de instalaciones existe la posibilidad que:

- No se contemplen todos los eventos que pudiesen generar accidentes.
- Se contemplen escenarios que no representan riesgo, pudiendo derivar en la colocación de protecciones no necesarias.

**Por lo tanto, la aplicación de una única normativa(s) o estándar(es), no garantiza la integridad y seguridad de una instalación.**





# Metodología General de Evaluación de Riesgo

Normas Consideradas:

- PDVSA IR-P-01.
- PDVSA 90622.1.001.
- API 553.
- CCPS, NFPA,SFPE, HSE.

CSF
CONSULTORÍA EN SEGURIDAD FUNCIONAL

7TH CCPS LATIN AMERICAN CONFERENCE ON PROCESS SAFETY

# Metodología General de Evaluación de Riesgo

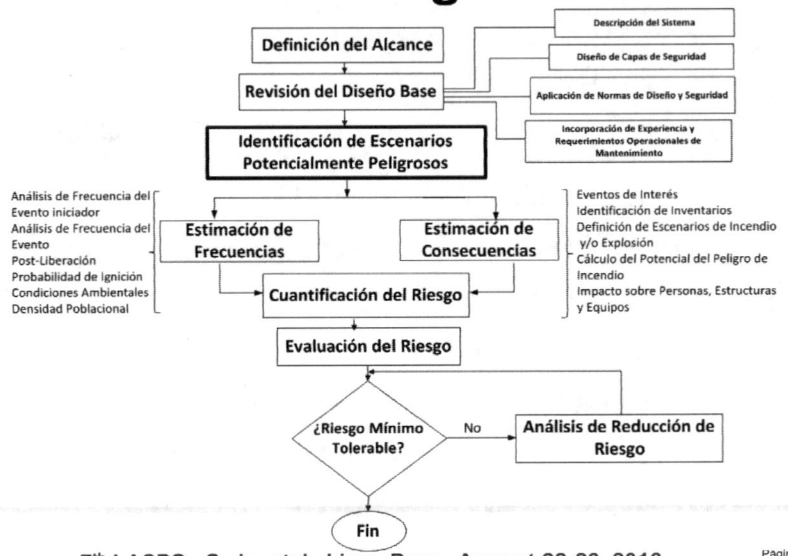




CSF
CONSULTORÍA EN SEGURIDAD FUNCIONAL

7TH CCPS LATIN AMERICAN CONFERENCE ON PROCESS SAFETY

# Identificación de Peligros

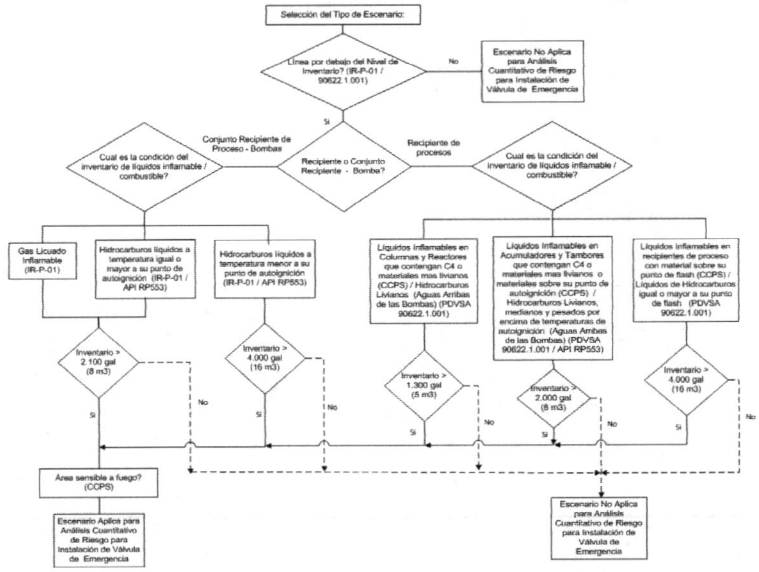

CSF
CONSULTORÍA EN SEGURIDAD FUNCIONAL

7TH CCPS LATIN AMERICAN CONFERENCE ON PROCESS SAFETY

# Caso de Estudio

- Planta de Fraccionamiento de LGN con aislamiento manual.
- Ingeniería previa basada en Análisis de Consecuencias y recomendaciones de Aseguradora.
  - Instalación de 24 válvulas por tren, incluyendo topes de torres.
- Requerimiento de optimización de costos y justificación técnico económica.



CSF
CONSULTORÍA EN SEGURIDAD FUNCIONAL

7TH CCPS LATIN AMERICAN CONFERENCE ON PROCESS SAFETY

# Caso de Estudio

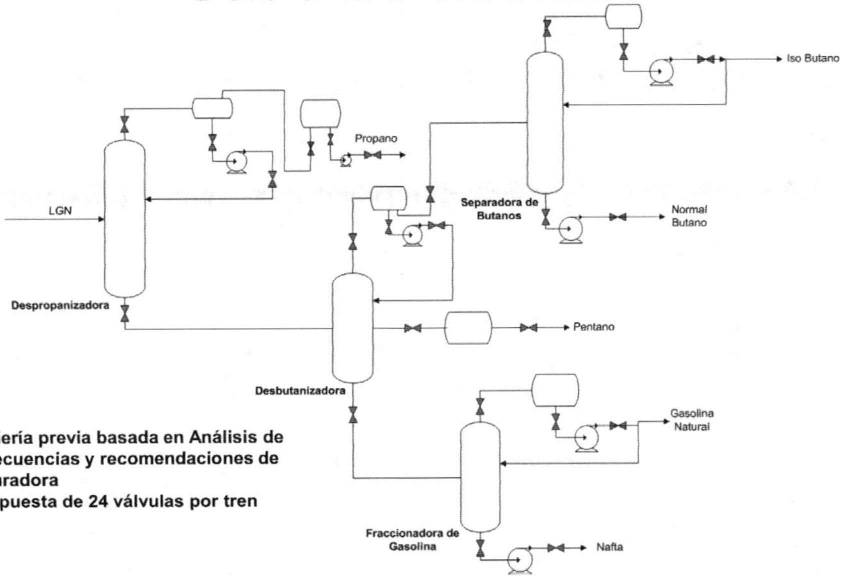


**Ingeniería previa basada en Análisis de Consecuencias y recomendaciones de Aseguradora**
- **Propuesta de 24 válvulas por tren**

CSF
CONSULTORÍA EN SEGURIDAD FUNCIONAL

7TH CCPS LATIN AMERICAN CONFERENCE ON PROCESS SAFETY

# Caso de Estudio

- 48 escenarios evaluados.
  - 24 escenarios clasificados para Análisis Cuantitativo de Riesgo.
- 13 sub-escenarios evaluados (uno para cada tipo de afectación esperada).
  - 312 sub-escenarios evaluados.



CSF
CONSULTORÍA EN SEGURIDAD FUNCIONAL

7TH CCPS LATIN AMERICAN CONFERENCE ON PROCESS SAFETY

# Caso de Estudio

## Eventos Evaluados ACR:

- Dispersión e ignición retardada con deflagración para formación de fogonazo (Flashfire).
  - Fogonazo 100% del Límite Inferior de Inflamabilidad con 100% del personal afectado.

CSF
CONSULTORÍA EN SEGURIDAD FUNCIONAL

7TH CCPS LATIN AMERICAN CONFERENCE ON PROCESS SAFETY

# Caso de Estudio

## Eventos de Fuga Evaluados ACR :

- Tasa de liberación e ignición inmediata con estimación de nivel de radiación por efecto de chorro de fuego (Radiación).
  - **Afectación al Personal:**
    1.6 $kW/m^2$ (Diseño de rutas de escape)
    5 $kW/m^2$ (Límite de quemaduras)
    7.27 $kW/m^2$ (Límite de 1% de fatalidad)
  - **Afectación a los Equipos e Instalaciones:**
    12.1 $kW/m^2$ (Calentamiento de estructuras metálicas)
    21.5 $kW/m^2$ (Límite de exposición segura para almacenamiento de GLP)
    38 $kW/m^2$ (Daño a equipos de proceso)



CSF
CONSULTORÍA EN SEGURIDAD FUNCIONAL

7TH CCPS LATIN AMERICAN CONFERENCE ON PROCESS SAFETY

# Caso de Estudio

## Eventos de Fuga Evaluados ACR:

- Tasa de liberación para explosión de una nube de vapor VCE (Sobrepresión)
  - **Afectación al personal:**
    1.2 psig (Nivel adecuado de protección de las personas)
    2.3 psig (Lesiones temporales por efecto de la ráfaga de viento)
    3.5 psig (Lesiones serias por efecto de la ráfaga de viento)
  - **Afectación a los equipos e instalaciones:**
    1.35 psig (Colapso parcial de paredes y techos No Reforzados)
    2.5 psig (Daño a edificaciones y equipos de proceso)
    6.19 psig (99 % Daño a equipos)

# Caso de Estudio

| | Sub – Escenario | Riesgo Personas | Riesgo Instalaciones |
|---|---|---|---|
| 1 | Fogonazo 100% Fatalidades 100% LII | Medio | |
| 2 | Radiación 1,6 kW/m² Escape | Bajo | |
| 3 | Radiación 5 kW/m² Quemaduras | Bajo | |
| 4 | Radiación 7,27 kW/m² 1% Fatalidad | Bajo | |
| 5 | Sobrepresión 1,2 psig Nivel Protección Adecuado | Bajo | |
| 6 | Sobrepresión 2,3 psig Lesiones leves | Bajo | |
| 7 | Sobrepresión 3,5 psig Lesiones Moderadas | Bajo | |
| 8 | Radiación 12,1 kW/m² Estructuras Metálicas | | Bajo |
| 9 | Radiación 21,5 kW/m² Límite Exposición Recipientes GLP | | Bajo |
| 10 | Radiación 38 kW/m² Daño Equipos de Proceso | | Medio |
| 11 | Sobrepresión 1,35 psig Colapso parcial Estructuras | | Bajo |
| 12 | Sobrepresión 2,5 psig Daño a Estructuras y Equipos | | Bajo |
| 13 | Sobrepresión 6,19 psig 99% Daños | | Medio |

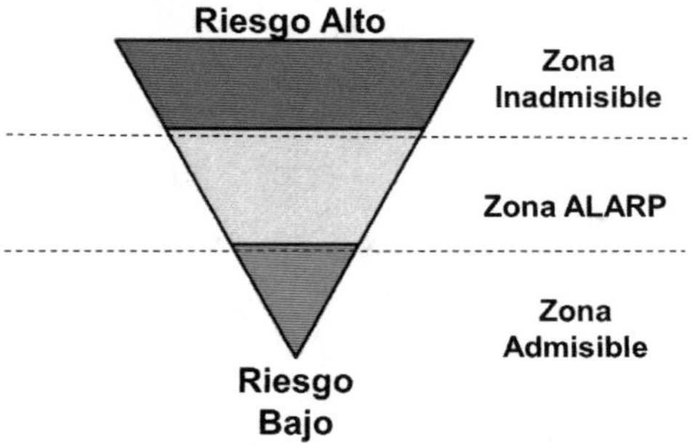




# Caso de Estudio

- **Análisis de Sensibilidad**

| RESULTADOS CONSECUENCIAS ANÁLISIS DE CIERRE DE VÁLVULAS EN 5 MIN | | | | | | | |
|---|---|---|---|---|---|---|---|
| Tiempo de Fuga (min) | Flujo Chorro de Fuego (kg/s) | Radiación Térmica – Personas (m) | | | Radiación Térmica – Equipos (m) | | |
| | | 1,6 kW/m² | 5 kW/m² | 7,27 kW/m² | 12,1 kW/m² | 21,5 kW/m² | 38.0 kW/m² |
| 0 | 48,89 | 126,2 | 94 | 86,4 | 78,4 | 69,4 | 68,9 |
| 1 | 48,50 | 125,8 | 93,7 | 86 | 78,1 | 69,2 | 68,7 |
| 5 | 45,97 | 122,7 | 91,5 | 83,8 | 76,3 | 68 | 67,5 |
| 8 | 40,91 | 116,2 | 86,9 | 77,6 | 72,5 | 65,4 | 64,9 |
| 15 | - | - | - | - | - | - | - |
| 60 | - | - | - | - | - | - | - |
| Tiempo vaciado inventario: 8,67 min | | | | Fogonazo (100% LII): 196,93 metros en 2,25 min. | | | |
| Nota: Flujo de Proceso 27,34 kg/s | | | | | | | |

RESULTADOS GRÁFICOS – DF1A

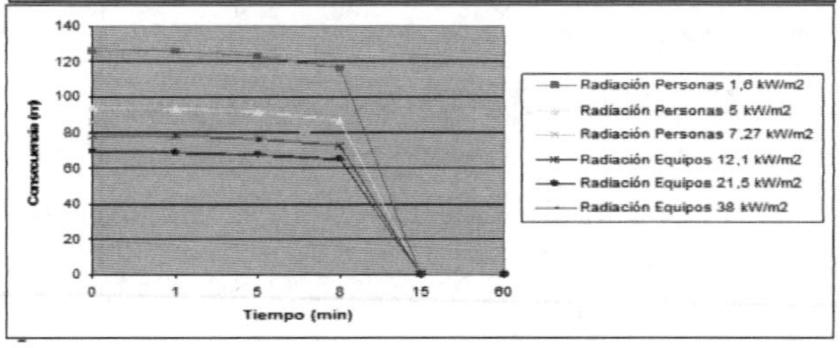

CSF
CONSULTORÍA EN SEGURIDAD FUNCIONAL

7TH CCPS LATIN AMERICAN CONFERENCE ON PROCESS SAFETY

# Caso de Estudio

- **Análisis Costo Riesgo Beneficio**
  - **Afectación al Personal:** Indicador ICAF - Implied Cost of Averting Fatality' de la HSE.

$$ICAF = \frac{VPN\ CMRR - CPP}{(IECS_i - IECS_f)T}$$

| Descripción | Valor | Unidad |
|---|---|---|
| Índice de Costo Social Equivalente Inicial ($IECS_i$) | | Fatalidades/Año |
| Índice de Costo Social Equivalente Final ($IECS_f$) | | Fatalidades/Año |
| Costo de Evitar una Fatalidad Estadística (ICAF) | | $1x10^6$\$/Fatalidad |
| Índice Estimado de Fatalidad Evitada PDVSA (FE PDVSA) | 0.5 | $1x10^6$\$/Fatalidad |
| Valor Presente Neto Medida de Reducción de Riesgo (VPN CMRR) | 0.26 | $1x10^6$\$ |
| Costo de Pérdida de Producción (CPP) 1% | 0.24 | $1x10^6$\$ |
| Tiempo de Expectativa de Vida de la planta (T) | 20.00 | Años |



CSF
CONSULTORÍA EN SEGURIDAD FUNCIONAL

7TH CCPS LATIN AMERICAN CONFERENCE ON PROCESS SAFETY

# Caso de Estudio

- **Análisis Costo Riesgo Beneficio**
  - **Afectación Material:** Verificación del nivel de daño inicial (sin válvula instalada) y final (con válvula instalada).

$$BEDM = (DM_i - DM_f)T$$

| Descripción | Unidad |
|---|---|
| Costos de Daños Materiales Inicial ($DM_i$) | $1x10^6$\$/Año |
| Costo de Daños Materiales Final ($DM_f$) | $1x10^6$\$/Año |
| Diferencial de Daños Materiales (DDM) | $1x10^6$\$/Año |
| Beneficio Medida de Control de Riesgo (BEDM) | $1x10^6$\$ |

CSF
CONSULTORÍA EN SEGURIDAD FUNCIONAL

7TH CCPS LATIN AMERICAN CONFERENCE ON PROCESS SAFETY

# Caso de Estudio

- **Análisis Costo Riesgo Beneficio**
  - **Análisis Costo Beneficio Riesgo Total:**

$$ReBC = BFE + BEDM - VPN\ CMRR \qquad RCB = \frac{VPN\ CMRR}{(BFE + BEDM)}$$

| Descripción | Unidad |
|---|---|
| Beneficio por Fatalidad Evitada (BFE) | $1x10^{6}\$$ |
| Beneficio por Daño Material Evitado (BEDM) | $1x10^{6}\$$ |
| Beneficio Total (BT=BFE+BEDM) | $1x10^{6}\$$ |
| Costo Medida de Reducción de Riesgo (VPN CMRR) | $1x10^{6}\$$ |
| Relación de Beneficio - Costo (ReBC) | $1x10^{6}\$$ |
| Radio de Costo / Beneficio (RCB) | |

**Criterio:** Si la relación Costo Beneficio > 0 y la relación Costo / Beneficio < 3 indica que la medida de reducción de riesgo es económicamente justificable.

**Análisis de Sensibilidad +/- 15%**



CSF
CONSULTORÍA EN SEGURIDAD FUNCIONAL

7TH CCPS LATIN AMERICAN CONFERENCE ON PROCESS SAFETY

# Caso de Estudio

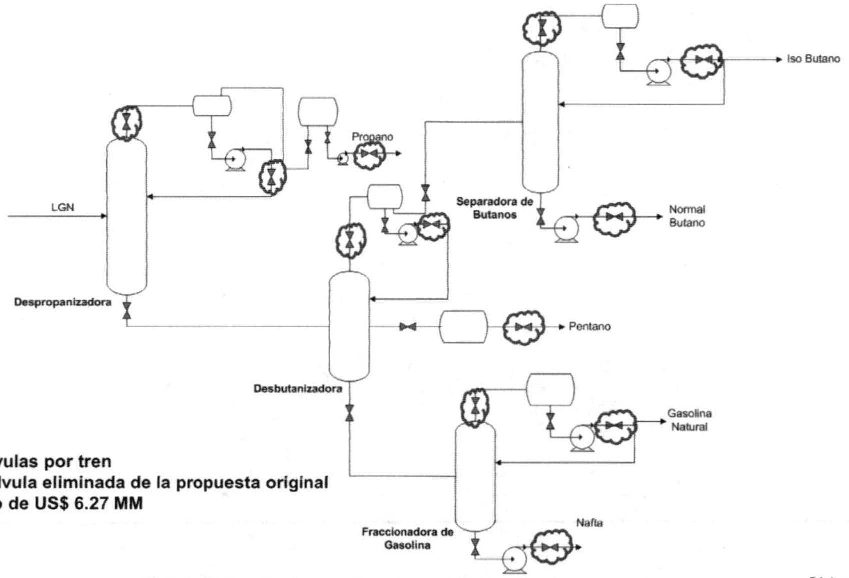


- **12 válvulas por tren**
- **Válvula eliminada de la propuesta original**
- **Ahorro de US$ 6.27 MM**

# Conclusiones

- La metodología presentada sirve de complemento a la aplicación de mejores prácticas de diseño al permitir realizar un diseño basado en desempeño con la incorporación de las técnicas de ACR y ACBR.
- La identificación de escenarios peligrosos garantiza la colocación de las válvulas de aislamiento de emergencia únicamente en las áreas con requerimientos de aislamiento de inventarios.





# Conclusiones

- En la instalación evaluada, de las 24 válvulas de aislamiento de emergencia propuestas originalmente, solo 12 deben ser instaladas por cada tren de fraccionamiento, lo que representó un ahorro de US$ 6.27 MM para la ejecución del proyecto.
- Las consecuencias derivadas de la formación de la mezcla explosiva no se ve afectada por la colocación de la válvula de aislamiento de emergencia , el tiempo de la formación total de la nube es menor que el tiempo estimado de cierre de la válvula de bloqueo (5 min).

CSF
CONSULTORÍA EN SEGURIDAD FUNCIONAL

7TH CCPS LATIN AMERICAN CONFERENCE ON PROCESS SAFETY

# Conclusiones

- El ACBR arrojó resultados que indican que los escenarios asociados a fugas y rupturas a líneas de succiones de bombas son financieramente justificables debido a la frecuencia de ocurrencia de este tipo de eventos.
- Los escenarios de fuga y ruptura de líneas que interconectan recipientes resultaron no ser justificadas financieramente, sin embargo, en estos casos prevalece el criterio de instalarlas de acuerdo a las recomendaciones, normas y buenas prácticas de ingeniería relacionadas con cada escenario.



CSF
CONSULTORÍA EN SEGURIDAD FUNCIONAL

7TH CCPS LATIN AMERICAN CONFERENCE ON PROCESS SAFETY

# Conclusiones

- El análisis de sensibilidad arrojó resultados consistentes con el ACBR, todas las medidas se mantienen dentro del mismo rango para las variaciones estudiadas.
- Un ACBR no debe ser utilizado para la no observancia de una norma de diseño y seguridad, una buena práctica de ingeniería o el diseño de capas de seguridad, por lo que aun así se recomienda la instalación de la misma.

CSF
CONSULTORÍA EN SEGURIDAD FUNCIONAL

7TH CCPS LATIN AMERICAN CONFERENCE ON PROCESS SAFETY

# Metodología para la Instalación de Válvulas de Aislamiento de Emergencia

- **Mail:** csf.ven@gmail.com / contacto@csf.com.ve
- **Teléfono:** +58-416-684-0929


**Personal Contacto Venezuela:**
**Eliana Berroteran**
FSEng TÜV SÜD TP16051216
PHA Leader
berroterane@csf.com.ve
Skype: eliberroteran

**Personal Contacto Venezuela:**
**Romel Rodríguez**
FSEng TÜV Rheinland 575/07
FSEng TÜV SÜD TP15051090
ISA84 SIS Fundamentals Specialist
PHA Leader
rodriguezrx@csf.com.ve
Skype: Rodriguezrx

**Personal Contacto Perú:**
**Jorge Luis Perez**
Coordinador Desarrollo de Negocios Perú
RPC: 954 184 099
RPM: #945 430 212
perezj@csf.com.ve
Skype: jluisperezlopez

RSE
Gerenciamento de Risco e Sustentabilidade Empresarial

7TH CCPS LATIN AMERICAN CONFERENCE ON PROCESS SAFETY

# Risk of Entrepreneurship Based on Management and Reliability of Barriers Protection

Américo Diniz Carvalho Neto
RSE Risk Engineering and Sustainability
americodcn@gmail.com
americodcn@rsem.com.br



RSE
Gerenciamento de Risco e Sustentabilidade Empresarial

7TH CCPS LATIN AMERICAN CONFERENCE ON PROCESS SAFETY

## Agenda

- INTRODUCTION
- OBJECTIVES
- PROCESS SAFETY DYNAMIC MODEL
- METHODOLOGIES APPLIED TO MANAGEMENT OF PROTECTIVE BARRIERS
- RESULTS OF THE RISK OF ENTREPRENEURSHIP
- CONCLUSIONS

7th LACPS · Swissotel · Lima, Peru · August 22-23, 2016

RSE
Gerenciamento de Risco e Sustentabilidade Empresarial

# INTRODUCTION

7TH CCPS LATIN AMERICAN CONFERENCE ON PROCESS SAFETY

- Given the current global economic context, it becomes essential to adopt strategies that ensure business sustainability by preventing losses and optimization of resources;
- The recent evolution of PSM especially after events of recent years such as Buncefield and Texas city, both in 2005, has directly reflected in the sustainability of organizations and demonstrated that its management requires an integrated approach involving different subjects, in order to ensure management of assets within acceptable risks;
- Risk reduction of annualized business by reducing the likelihood of occurrence of the scenarios with greater potential damage is a good solution;
- Proportional reduction of the overall cost of maintenance through the identification of the really essential devices in risk reduction;
- Identification of really effective barriers in the reduction and control the risks. In order to demonstrate the benefits of entrepreneurship strategy.

7th LACPS · Swissotel · Lima, Peru · August 22-23, 2016

RSE
Gerenciamento de Risco e Sustentabilidade Empresarial

# OBJECTIVES

7TH CCPS LATIN AMERICAN CONFERENCE ON PROCESS SAFETY

The objective of this project was to apply the entrepreneurship strategy risks in a storage Unit.

This methodology manages the protective barriers of relevant scenarios, and quantify the reduction of the risk of financial loss associated with managed scenarios, based on the Dynamic Model of process safety

7th LACPS · Swissotel · Lima, Peru · August 22-23, 2016

RSE
Gerenciamento de Risco e Sustentabilidade Empresarial

## PROCESS SAFETY DYNAMIC MODEL

7TH CCPS LATIN AMERICAN CONFERENCE ON PROCESS SAFETY

- ✓ The initial phase identifies potential accident scenarios through qualitative methodology selecting the major ones;
- ✓ The next step quantifies the potential losses associated with these scenarios, applying methodologies that calculate the physical effects of accidents (Vulnerability Analysis) and the probability of occurrence of these events (Layer of Protection Analysis - LOPA);
- ✓ The quantitative evaluation of the physical effects was performed by applying mathematical models for gas cloud dispersion calculating the atmosphere, as well as calculating the pressure levels and thermal radiation. Similarly, LOPA methodology was applied to calculate the frequency of occurrence of the initiating events of these accident scenarios, which linked to demand in the failure probability (PFD) of existing protective barriers, provide the value of the frequency of each scenario a year.

7th LACPS · Swissotel · Lima, Peru · August 22-23, 2016

RSE
Gerenciamento de Risco e Sustentabilidade Empresarial

## PROCESS SAFETY DYNAMIC MODEL

7TH CCPS LATIN AMERICAN CONFERENCE ON PROCESS SAFETY

- ✓ Combining the calculated values of each scenario, and compared with the risk matrix, it is possible to determine the risk and for those whose risk was high or medium , corrective actions were implemented in order to include new protective barriers or reduce the likelihood of failure of the existing barriers, bringing the risk to acceptable condition;
- ✓ The next step was to develop a management system of the main control mechanisms of these scenarios, their protective barriers through registration in maintenance management software (Meridium), updating the criticality classification of these scenarios based on your risk.

7th LACPS · Swissotel · Lima, Peru · August 22-23, 2016

RSE
Gerenciamento de Risco e Sustentabilidade Empresarial

# PROCESS SAFETY DYNAMIC MODEL

7TH CCPS LATIN AMERICAN CONFERENCE ON PROCESS SAFETY

Dynamic Model Process Safety was conceived for the purpose of developing corporately in the company a new system of risk management, with which it intends to achieve its main objective consolidation of a new safety culture, whose process safety metrics and targets are clear, well defined and permeate all functional processes of the organization.

7th LACPS · Swissotel · Lima, Peru · August 22-23, 2016

RSE
Gerenciamento de Risco e Sustentabilidade Empresarial

# PROCESS SAFETY DYNAMIC MODEL

7TH CCPS LATIN AMERICAN CONFERENCE ON PROCESS SAFETY

- ✓ Pre Identify key process risks;
- ✓ Select the relevant scenarios based on risk matrix;
- ✓ Application of quantitative techniques to calculate the consequences of relevant scenarios;
- ✓ Application of quantitative techniques to calculate the frequency of relevant scenarios;
- ✓ Identification of protective barriers that effectively reduce the risk scenarios;

7th LACPS · Swissotel · Lima, Peru · August 22-23, 2016

Gerenciamento de Risco e Sustentabilidade Empresarial

# PROCESS SAFETY DYNAMIC MODEL

7TH CCPS LATIN AMERICAN CONFERENCE ON PROCESS SAFETY

- Definition of criticality of protective barriers based on risk scenarios that they prevent or mitigate;
- Management of the protective barriers of scenarios through prioritized by risk maintenance strategy;
- Conducting barriers audits to evaluate the percentage of their integrity;
- Entrepreneurship risk by calculating the reduction in the annualized risk of losses associated with managed scenarios.

7th LACPS · Swissotel · Lima, Peru · August 22-23, 2016

Gerenciamento de Risco e Sustentabilidade Empresarial

# PROCESS SAFETY DYNAMIC MODEL

7TH CCPS LATIN AMERICAN CONFERENCE ON PROCESS SAFETY

This of entrepreneurship risk model consists of three focuses:

✓ Systemic Evaluation of PSM;

✓ Evaluation of the integrity of protective barriers based on international requirements and standards;

✓ Management of these barriers via focused risk maintenance strategy.

7th LACPS · Swissotel · Lima, Peru · August 22-23, 2016

Gerenciamento de Risco e Sustentabilidade Empresarial

## PROCESS SAFETY DYNAMIC MODEL

7TH CCPS LATIN AMERICAN CONFERENCE ON PROCESS SAFETY

**The main objectives:**

- ✓ Assess the condition of managing the integrity of preventive and mitigating barriers to protect the risks scenarios of the plant;
- ✓ Demonstrate the existence of operational and management practices to ensure security through the degree of compliance with the requirements set out in standards and safety standards assessed process;
- ✓ Manage the Sites risk through the effective management of critical protective barriers;
- ✓ Contribute to preventive culture in all organization.



Gerenciamento de Risco e Sustentabilidade Empresarial

## Overview of Barriers MI Optimizing Maintenance

7TH CCPS LATIN AMERICAN CONFERENCE ON PROCESS SAFETY

It is possible to reduce maintenance costs by simply reducing the level of service, the expected effect will be the negative impact on the cost of unreliability and performance of this system.

Equivalently, increasing the performance and reliability of a barrier can be obtained increasing dramatically up the level of service, but with significant increase in maintenance costs.

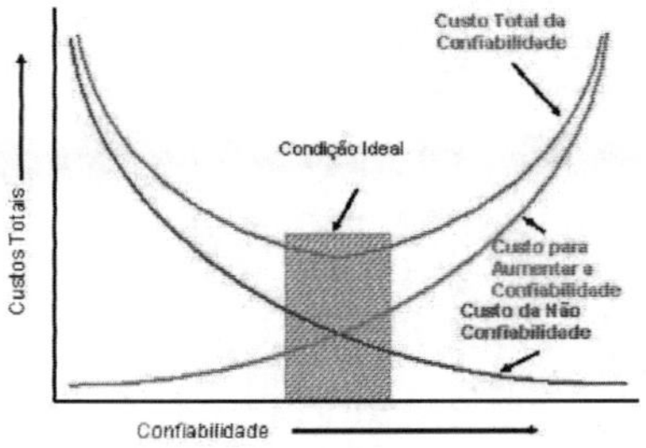


The barriers installed in relevant scenarios were formally classified according to their level of importance in the process. This criticality classification of the barriers is the basis for maintenance actions, respecting the particularities of each system.

**Figure 20 - Total Cost of Reliability of a protection barrier.**

Ideally in such cases is to establish a balanced condition range, as the following figure.

RSE
Gerenciamento de Risco e Sustentabilidade Empresarial

## RESULTS OF THE RISK OF ENTREPRENEURSHIP

7TH CCPS LATIN AMERICAN CONFERENCE ON PROCESS SAFETY

It is important to emphasize the existence of three main earnings components:

- ✓ Business Risk reduction annualized by decreasing the likelihood of the scenarios with greater potential damage;
- ✓ Proportional reduction of the overall costs of maintaining plant safety systems, by identifying the essential devices to reduce risks, prioritizing the maintenance thereof;
- ✓ Cost savings by eliminating unnecessary investments, based on the identification of proven effective protective barriers in reducing and controlling the risks.

7th LACPS · Swissotel · Lima, Peru · August 22-23, 2016

RSE
Gerenciamento de Risco e Sustentabilidade Empresarial

## CONCLUSIONS

7TH CCPS LATIN AMERICAN CONFERENCE ON PROCESS SAFETY

- ✓ In order to ensure safe operation, minimizing material and environmental losses and mainly preserve lives, the entrepreneurship process risks based on management and reliability of the protective barriers is fundamental importance;
- ✓ In this context, the entrepreneurship of the risks is obtained when we do a maintenance management of protective barriers, and than can be quantified by reducing the risks of financial losses associated with managed risk scenarios;
- ✓ The protective barriers management model adopted permited increase in PS culture;
- ✓ The adoption of this model in PSM audits allowed the company to draw up guidelines consistent deployment and PSM consolidation, respecting the technical specifications, industrial and even local organizational culture.

7th LACPS · Swissotel · Lima, Peru · August 22-23, 2016

RSE
Gerenciamento de Risco e Sustentabilidade Empresarial

## CONCLUSIONS

7TH CCPS LATIN AMERICAN CONFERENCE ON PROCESS SAFETY

- ✓ The adopted PSM model had essentially focus on identification, risk reduction and risk management of major accident scenarios of its industrial units. The implementation of barriers audits allowed a thorough and efficient evaluation of the relevant scenarios and their preventive and mitigating barriers;
- ✓ The Process Safety, as evidenced by major accidents in the world, made evident the need for development of models and PSM practices and maintenance management;
- ✓ The model developed by Mr Americo Diniz and adopted in the organization, ensures the integrity of the process avoiding any kind of losses. This current model is implemented in sites located in South America, USA and Europe.

7th LACPS · Swissotel · Lima, Peru · August 22-23, 2016

RSE
Gerenciamento de Risco e Sustentabilidade Empresarial

7TH CCPS LATIN AMERICAN CONFERENCE ON PROCESS SAFETY

# Risk of Entrepreneurship Based on Management and Reliability of Barriers Protection

Américo Diniz Carvalho Neto
RSE Risk Engineering and Sustainability
americodcn@gmail.com
americodcn@rsem.com.br

7th LACPS · Swissotel · Lima, Peru · August 22-23, 2016

SOLTECHING

7TH CCPS LATIN AMERICAN CONFERENCE ON PROCESS SAFETY

# Factores, limitaciones y guía para la ejecución de Estudios de Riesgos mediante la metodología "Cuantitativa" (ACR-QRA) en actividades de Exploración y Explotación de Hidrocarburos en la Selva Peruana

Ing. Oswaldo L. Mata M.
Especialista HSE, Consultor en Seguridad de los Procesos
Oswaldo.mata@solteching.com

7th LACPS · Swissotel · Lima, Peru · August 22-23, 2016

SOLTECHING

7TH CCPS LATIN AMERICAN CONFERENCE ON PROCESS SAFETY

## Agenda

- Situación actual
- Modelo de gestión de riesgos
- Elaboración de un QRA
- Factores y Limitaciones
- Conclusiones

7th LACPS · Swissotel · Lima, Peru · August 22-23, 2016

SOLTECHING

7TH CCPS LATIN AMERICAN CONFERENCE ON PROCESS SAFETY

## Situación Actual

- Procesos actuales más complejos, con mayores volúmenes de sustancias peligrosas y en condiciones más desfavorables
- Condiciones medio-ambientales mas críticas y desfavorables
- Retos más exigentes en cuanto a Recursos, Logística y márgenes de ganancias
- Necesidad de tomar decisiones en ambientes de "incertidumbre"
- Requerimientos Legales exigentes

7th LACPS · Swissotel · Lima, Peru · August 22-23, 2016

SOLTECHING

7TH CCPS LATIN AMERICAN CONFERENCE ON PROCESS SAFETY

## Seguridad "prescriptiva"

- Diseños basados en la aplicación de normas, códigos técnicos y un conjunto de reglas estrictas

7th LACPS · Swissotel · Lima, Peru · August 22-23, 2016

SOLTECHING

# Accidentes recientes

7TH CCPS LATIN AMERICAN CONFERENCE ON PROCESS SAFETY

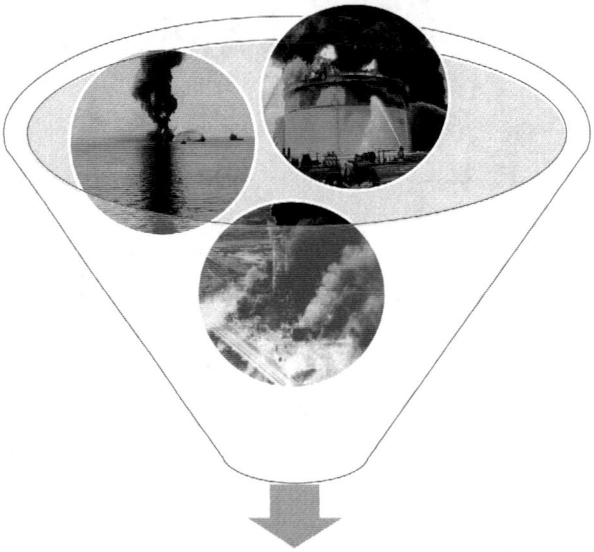

¿La sola aplicación de normas y códigos técnicos estrictos para el diseño y operación de instalaciones es suficientemente "seguro"?

7th LACPS · Swissotel · Lima, Peru · August 22-23, 2016

SOLTECHING

7TH CCPS LATIN AMERICAN CONFERENCE ON PROCESS SAFETY

# Seguridad basada en Riesgo

**Códigos, reglas y normas**

7th LACPS · Swissotel · Lima, Peru · August 22-23, 2016

SOLTECHING

7TH CCPS LATIN AMERICAN CONFERENCE ON PROCESS SAFETY

# Un modelo de gestión de Riesgos debe dar respuesta a…

¿Cuán seguro es suficientemente seguro?

¿Cuál es el precio adecuado a pagar por la seguridad?

¿Cuáles son las mejores opciones para reducir o controlar el riesgo? (Gestión)

7th LACPS · Swissotel · Lima, Peru · August 22-23, 2016

SOLTECHING

7TH CCPS LATIN AMERICAN CONFERENCE ON PROCESS SAFETY

# ¿Cuando hay "Seguridad"?

7th LACPS · Swissotel · Lima, Peru · August 22-23, 2016

SOLTECHING

7TH CCPS LATIN AMERICAN CONFERENCE ON PROCESS SAFETY

# Modelo actual de Gestión de Riesgos

**VALORACIÓN DEL RIESGO:**

Análisis de Riesgo
- Identificación de Peligros
- Estimación del Riesgo (Posibilidad y Severidad)

Evaluación del Riesgo

- Cualitativo
- Cuantitativo
- Semi-cuantitativo

Plan de Control

Monitoreo del Plan de Acción

7th LACPS · Swissotel · Lima, Peru · August 22-23, 2016

SOLTECHING

7TH CCPS LATIN AMERICAN CONFERENCE ON PROCESS SAFETY

# Peligro y Riesgo

- Peligro: Una condición o acto capaz de causar daño a una persona, propiedad o proceso. los peligros pueden ser mecánicos, eléctricos, físicos, químicos, ergonómicos, biológicos, locativos, socioculturales, entre otros.

  RM 240-2010 - OS/OD

**Riesgo = P x S**

7th LACPS · Swissotel · Lima, Peru · August 22-23, 2016

SOLTECHING

7TH CCPS LATIN AMERICAN CONFERENCE ON PROCESS SAFETY

# Valoración "cualitativa" de Riesgo

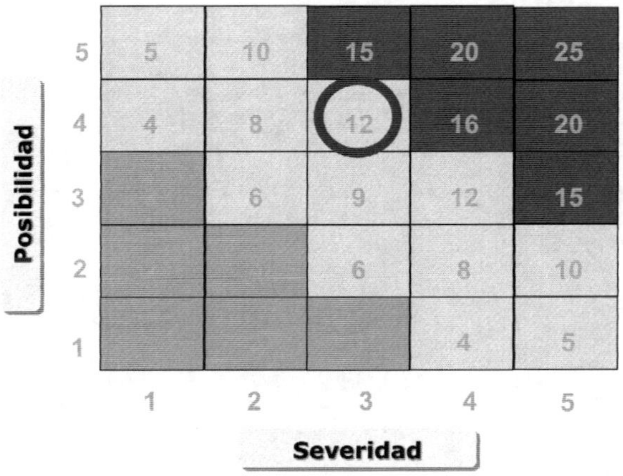


RIESGO ALTO: El riesgo debe ser rechazado. La operación no debe continuar hasta reducir el mismo

**RIESGO MEDIO: Tolerable solo si:**

- **La reducción del riesgo no es práctica, o,**
- **Su costo es altamente desproporcionado respecto a la ganancia obtenida, o,**
- **El costo de reducción supera la mejora ganada**

**RIESGO TOLERABLE**

**7th LACPS · Swissotel · Lima, Peru · August 22-23, 2016**

SOLTECHING

7TH CCPS LATIN AMERICAN CONFERENCE ON PROCESS SAFETY

# ACR-QRA

Proceso a través del cual se obtienen estimados de la posibilidad de fatalidades (bien dentro de los trabajadores de una instalación, o del público en general, o ambos).

**Riesgo Individual**

ISIR - Individual-Specific Individual Risk

LSIR - Location-Specific Individual Risk

FAR – Fatal accident Rate

PLL (Potencial Loss of Life)

**Riesgo Social**

Group PLL

F-N Curve

**7th LACPS · Swissotel · Lima, Peru · August 22-23, 2016**

SOLTECHING

# Elaboración QRA

7TH CCPS LATIN AMERICAN CONFERENCE ON PROCESS SAFETY

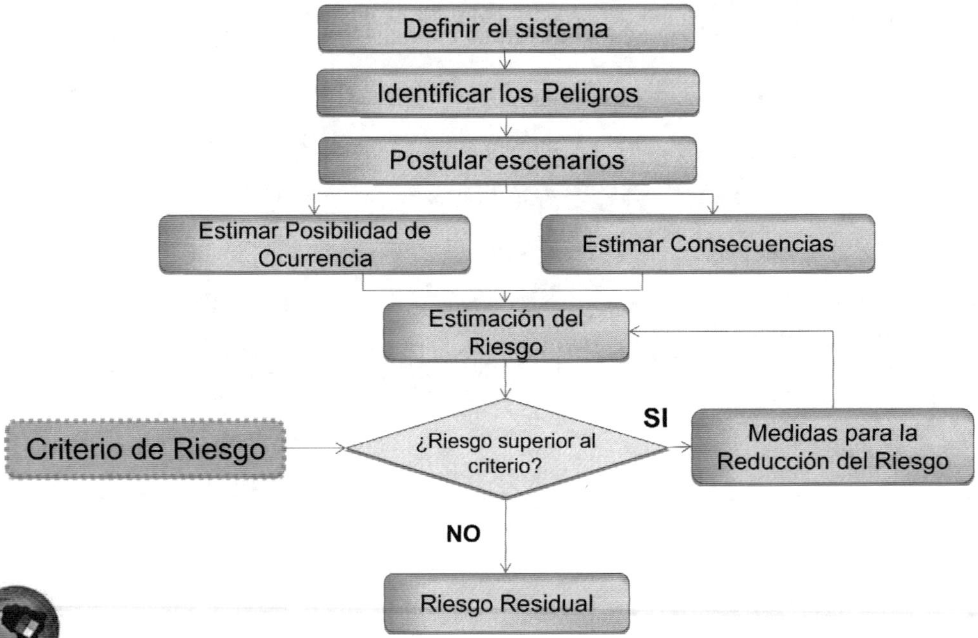


7th LACPS · Swissotel · Lima, Peru · August 22-23, 2016

SOLTECHING

# Definición del sistema

7TH CCPS LATIN AMERICAN CONFERENCE ON PROCESS SAFETY

- Objetivos y alcance
- Personal Clave
- Información
- Tiempo de ejecución
- Base de datos a usar para la información de frecuencia de fallas de equipos, accidentes, incidentes, etc.
- Criterios cuantitativos de tolerancia de riesgos de la organización y/o de la empresa dueña de la instalación, según la medida de riesgos seleccionada (LSIR, IRPA, Riesgo Social, etc.)
- Definición de criterios y suposiciones
- Software para modelamiento de efectos físicos y medición del riesgo
- Estudio del área poblacional

7th LACPS · Swissotel · Lima, Peru · August 22-23, 2016

SOLTECHING

# Identificación de peligros

7TH CCPS LATIN AMERICAN CONFERENCE ON PROCESS SAFETY

Peligros específicos y factores en la selva

7th LACPS · Swissotel · Lima, Peru · August 22-23, 2016

SOLTECHING

# Escenarios de Riesgos

7TH CCPS LATIN AMERICAN CONFERENCE ON PROCESS SAFETY

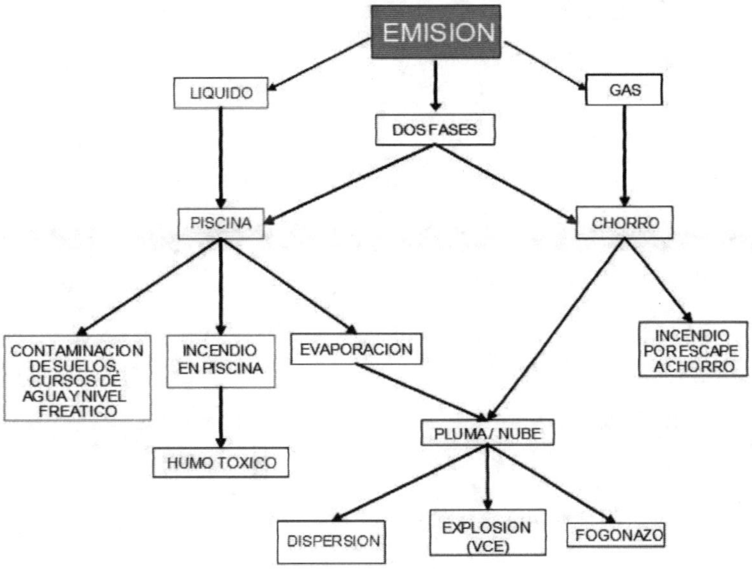


7th LACPS · Swissotel · Lima, Peru · August 22-23, 2016

SOLTECHING

7TH CCPS LATIN AMERICAN CONFERENCE ON PROCESS SAFETY

# Eventos iniciadores y Conteo de "partes"

LOC: Pérdida de contenido

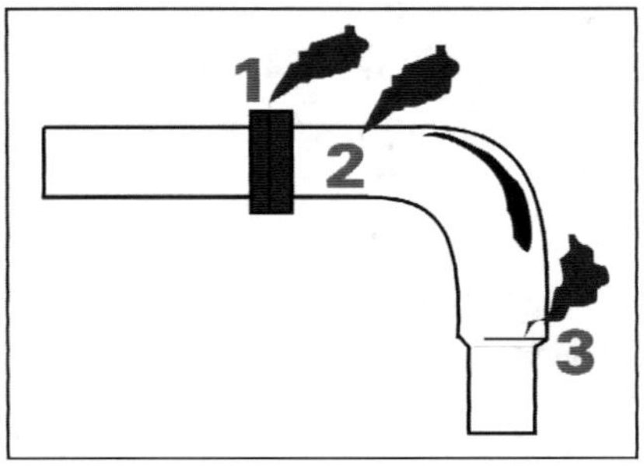


**1** ***FUGA POR BRIDAS***
*20% diámetro de tubería*

**2** ***FUGA EN CUERPO DE LA TUBERÍA***
*20% diámetro de tubería*
*100% diámetro de tubería (Ruptura Total)*

Válvulas
Recipientes
Bombas / Compresores
Filtros

7th LACPS · Swissotel · Lima, Peru · August 22-23, 2016

SOLTECHING

7TH CCPS LATIN AMERICAN CONFERENCE ON PROCESS SAFETY

# Postular escenarios

**EVENTOS INICIADORES** → **ESCAPES DE MATERIALES PELIGROSOS** → **ESCENARIOS**

**Árbol de Fallas (FTA)**

**Árbol de Eventos (ETA)**

7th LACPS · Swissotel · Lima, Peru · August 22-23, 2016

SOLTECHING

7TH CCPS LATIN AMERICAN CONFERENCE ON PROCESS SAFETY

# Arboles de Eventos

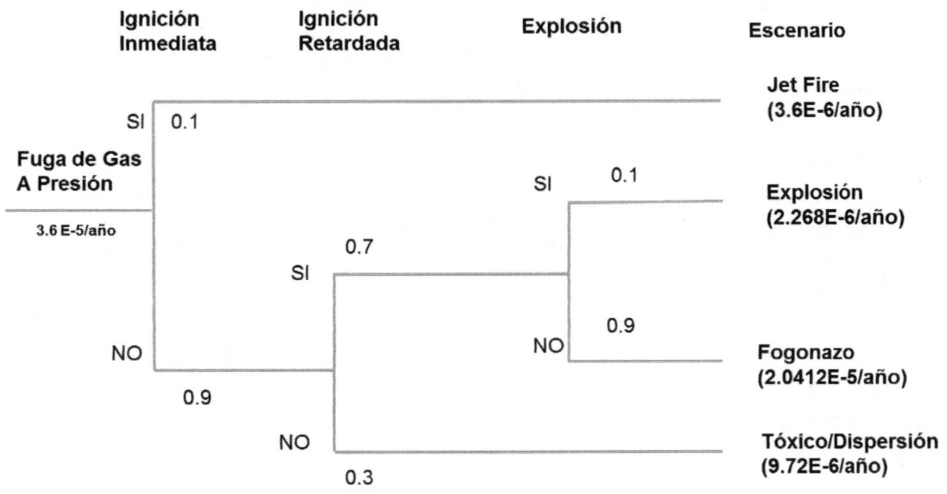


7th LACPS · Swissotel · Lima, Peru · August 22-23, 2016

SOLTECHING

7TH CCPS LATIN AMERICAN CONFERENCE ON PROCESS SAFETY

# Estimación de la posibilidad

- Estudios aplicables de probabilidad
- Bases de datos; Genéricas y especificas
- Juicio de expertos
- Creación de bases de datos corporativas y propias de la Selva

7th LACPS · Swissotel · Lima, Peru · August 22-23, 2016

SOLTECHING

7TH CCPS LATIN AMERICAN CONFERENCE ON PROCESS SAFETY

# Estimación de la posibilidad

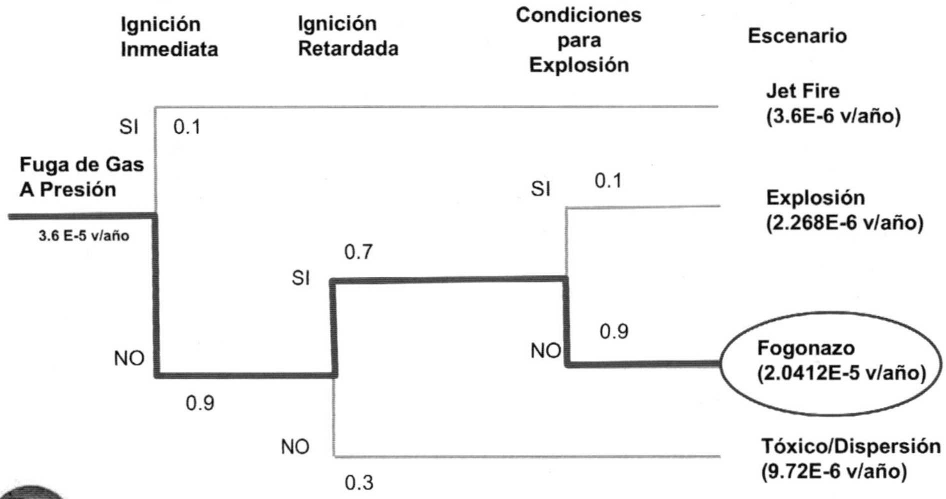


7th LACPS · Swissotel · Lima, Peru · August 22-23, 2016

SOLTECHING

7TH CCPS LATIN AMERICAN CONFERENCE ON PROCESS SAFETY

# Modelamiento de efectos físicos y Evaluación de Consecuencias

- Definición de escenarios
- Comportamientos de Gases y líquidos
- Condiciones medio-ambientales
- Modelos matemáticos
- Criterios de daño (Ecuaciones Probit)
- Tamaños de orificio (5 mm, 10 mm, 25, 50, Rotura Total)
- Tiempos de Fuga (600 seg.)
- Inclinación de la fuga (0°, 30°, 45°, 57°, 90°)

7th LACPS · Swissotel · Lima, Peru · August 22-23, 2016

SOLTECHING

7TH CCPS LATIN AMERICAN CONFERENCE ON PROCESS SAFETY

# Modelamiento de efectos físicos

Estabilidad 8D

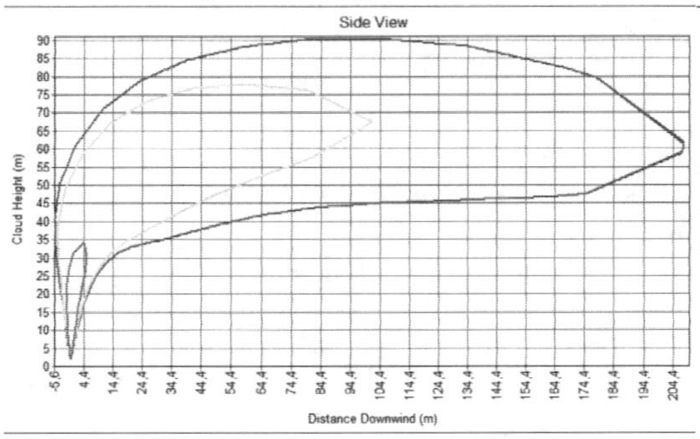


Estabilidad 1B

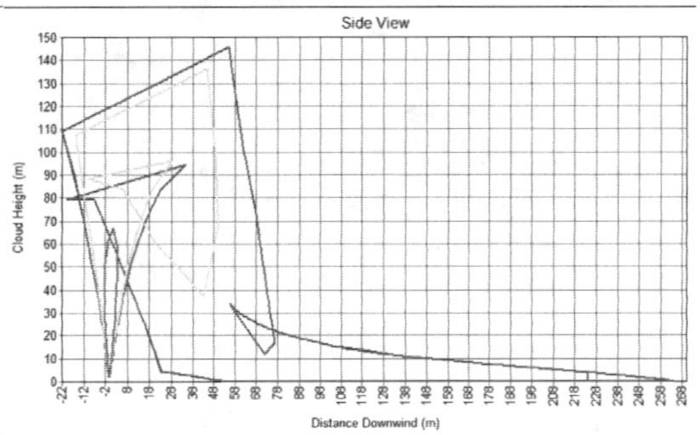




SOLTECHING

7TH CCPS LATIN AMERICAN CONFERENCE ON PROCESS SAFETY

# Modelamientos de efectos físicos

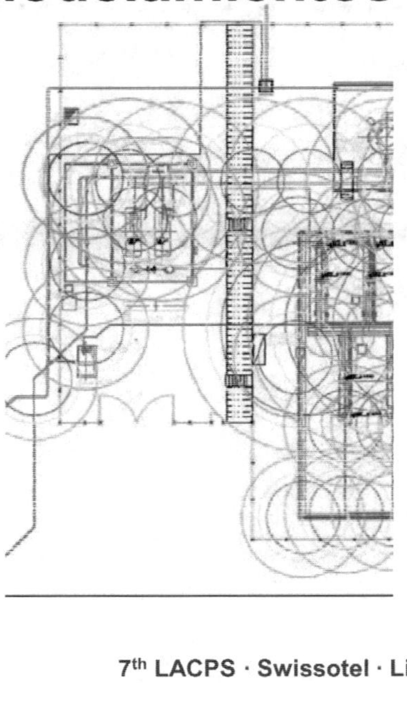

- Determinación de zonas de seguridad y operacionales
- Ubicación de rutas de escape y puntos de reunión
- Ubicación de dispositivos de seguridad
- Requerimientos de sistemas contra incendio
- Separación entre equipos
- Análisis de vulnerabilidad

7th LACPS · Swissotel · Lima, Peru · August 22-23, 2016

SOLTECHING

7TH CCPS LATIN AMERICAN CONFERENCE ON PROCESS SAFETY

# Medición y Evaluación de Riesgos

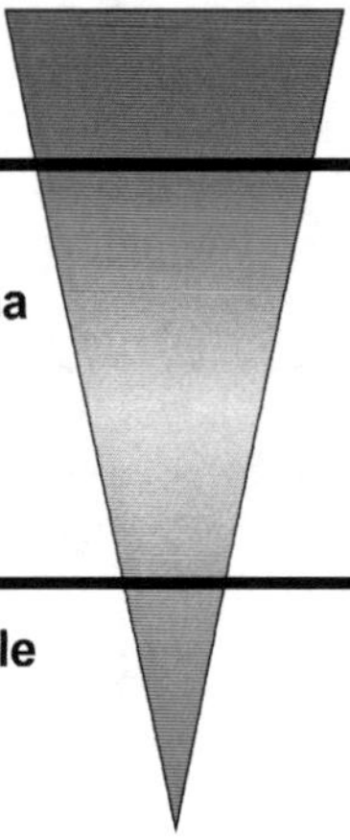

| Región | | |
|---|---|---|
| **Región Intolerable** | | **El riesgo debe ser rechazado. La operación no debe continuar hasta reducir el riesgos a niveles adecuados** |
| **Región de ALARP (Se toma el riesgo si se desea el beneficio)** | | **Tolerable solo si:**<br>▪ **La reducción del riesgo no es prácticable, o,**<br>▪ **Su costo es altamente desproporcionado respecto a la ganancia obtenida** |
| **Región Tolerable** | | **Medidas para mantener el riesgo en este nivel**<br>**No es obligatorio demostrar ALARP** |

**ALARP: Tan bajo como sea razonablemente practicable**

ALARP no es una simple medida cuantitativa de beneficio contra perjuicio, sino una práctica de juicio para obtener un equilibrio entre riesgo y beneficio



SOLTECHING

7TH CCPS LATIN AMERICAN CONFERENCE ON PROCESS SAFETY

# Medición y Evaluación de Riesgos

- Análisis de sensibilidad.
- Análisis de la importancia de cada uno de los factores contribuyentes al riesgo
- Presentación gráfica de las distintas medidas de riesgo; LSIR, IRPA, curvas F-N y/o PLL.
- Documentar todas las suposiciones, información y modelos utilizados.
- Análisis costo - Beneficio

7th LACPS · Swissotel · Lima, Peru · August 22-23, 2016

SOLTECHING

7TH CCPS LATIN AMERICAN CONFERENCE ON PROCESS SAFETY

# Medición y Evaluación de Riesgos

- Criterios de Riesgos
- Demostración ALARP
- Análisis costo – Beneficio

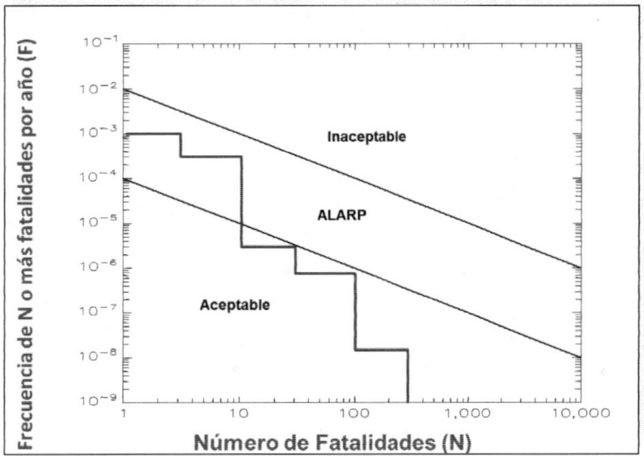


7th LACPS · Swissotel · Lima, Peru · August 22-23, 2016

SOLTECHING

7TH CCPS LATIN AMERICAN CONFERENCE ON PROCESS SAFETY

# Medición y Evaluación de Riesgos

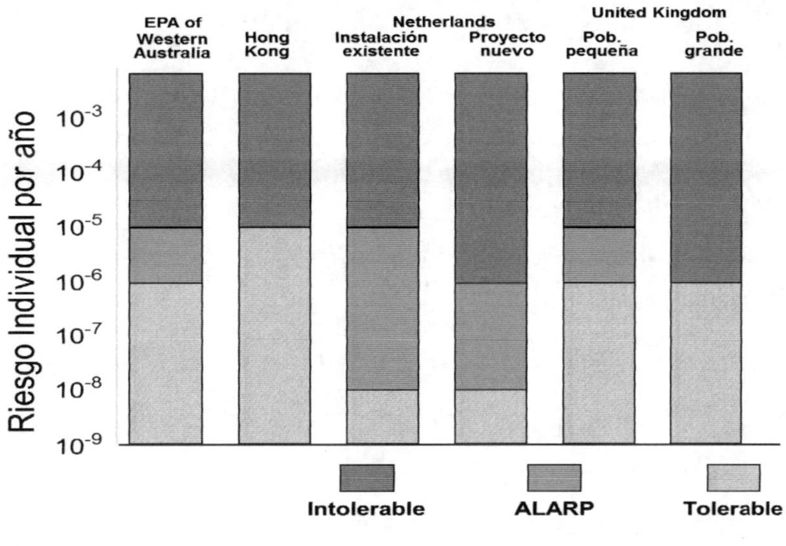


7th LACPS · Swissotel · Lima, Peru · August 22-23, 2016

SOLTECHING

7TH CCPS LATIN AMERICAN CONFERENCE ON PROCESS SAFETY

# Riesgo vs. Inversión

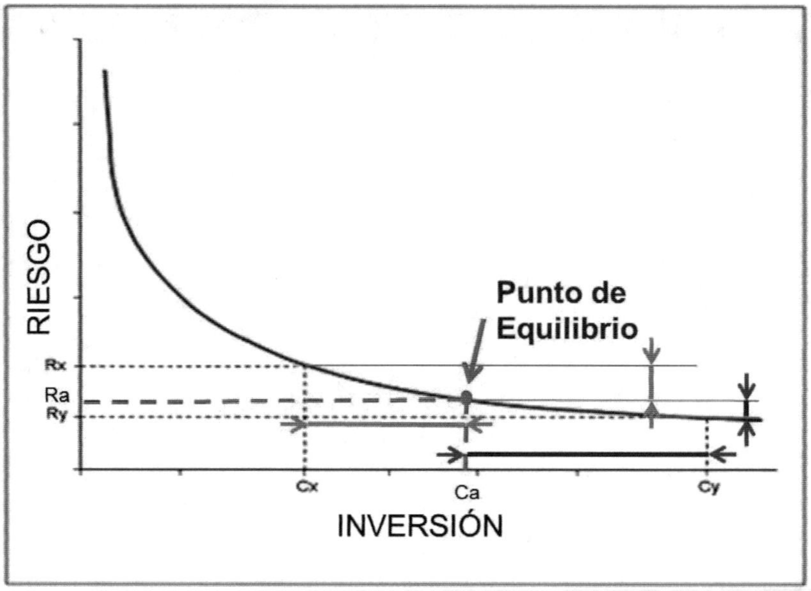




SOLTECHING

7TH CCPS LATIN AMERICAN CONFERENCE ON PROCESS SAFETY

# Factores y Limitaciones de Orden Técnico

- No acoplar las medidas de reducción del riesgo a estudios
- Nivel de incertidumbre alto
- Usar modelos y criterios inadecuados. Falta de bases de datos especificas
- Fallas en el proceso de aplicación de un QRA
- Ausencia de criterios de tolerancia de Riesgos basados en estudios
- Entorno geográfico en la selva

7th LACPS · Swissotel · Lima, Peru · August 22-23, 2016

SOLTECHING

7TH CCPS LATIN AMERICAN CONFERENCE ON PROCESS SAFETY

# Factores y Limitaciones de Orden Organizacional

- Falta de claridad en os objetivos y el alcance de un QRA
- Ausencia de planificación y sub-estimación de los tiempos de ejecución
- Falta de experiencia y personal idóneo
- Proyecto en etapas incipientes para estudios QRA
- Cultura organizacional de “seguridad” reactiva o dependiente. Actuación por “obligación”

7th LACPS · Swissotel · Lima, Peru · August 22-23, 2016

SOLTECHING

7TH CCPS LATIN AMERICAN CONFERENCE ON PROCESS SAFETY

# Conclusiones

- Uso de QRA´s como herramientas para tomar decisiones adecuadas en términos de costo / beneficio
- Demostración de pleno cumplimiento de regulaciones y de que el riesgo ha sido reducido tan bajo como razonablemente es practicable
- Capas adecuadas de protección por encima de “cultura” de seguridad prescriptiva
- Resultados técnicos entendibles para personal propio, autoridades y público en general
- Desarrollo de una “cultura” organizacional preventiva e interdependiente

7th LACPS · Swissotel · Lima, Peru · August 22-23, 2016

SOLTECHING

7TH CCPS LATIN AMERICAN CONFERENCE ON PROCESS SAFETY


Ing. Oswaldo L. Mata M.
Especialista HSE, Consultor en Seguridad de los Procesos
Oswaldo.mata@solteching.com


Muchas gracias por su atención

7th LACPS · Swissotel · Lima, Peru · August 22-23, 2016

# Facility Siting Studies
# A Comprehensive Methodology

**Jeffrey D. Marx**

QUEST
CONSULTANTS INC.®

www.questconsult.com





## CCPS Four Pillars

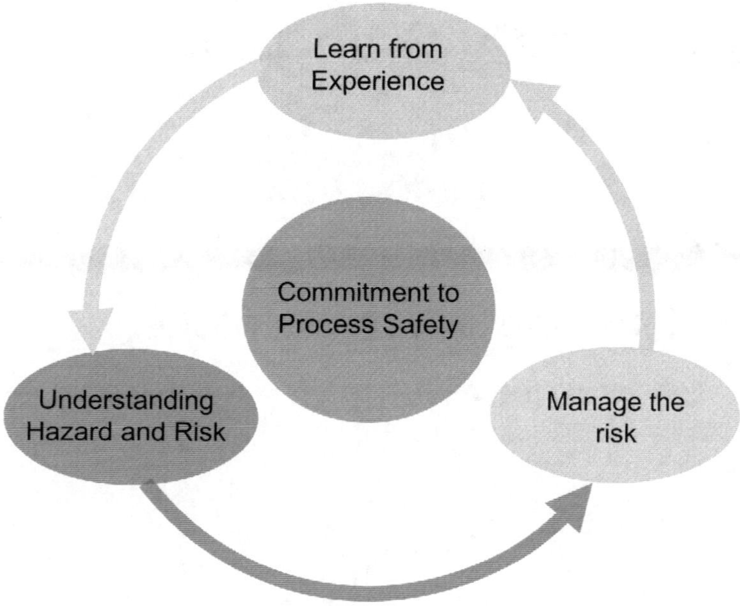

QUEST CONSULTANTS INC.®

# Why Facility Siting?

7TH CCPS LATIN AMERICAN CONFERENCE ON PROCESS SAFETY

Facility siting *evaluates the spatial relationships within a plant and between the plant and the sounding areas* given the fact that the existence of the facility at the site represent hazards to the site personnel and surrounding community.

Normally performed by multidisciplinary group of experts due to the variety of constrains that must be identified, these studies must consider many factors:

- Legal and regulatory
- Environmental
- Topography
- Geology of site
- Local weather
- Transportation
- Availability of services
- Safety



QUEST CONSULTANTS INC.®

7TH CCPS LATIN AMERICAN CONFERENCE ON PROCESS SAFETY

# Why Safety Siting Studies?

- Commitment to process safety
- Good corporate citizens
- Managing risk saves money
- Learning from history

# Bhopal Disaster

Considered to be the worst accident in chemical industry

- December 3, 1984, Bhopal, Madhya Pradesh, India
- Union Carbide India Limited pesticide plant
- Release of 25 tons of toxic, volatile, and flammable methyl isocyanate
- 2,000+ civilians dead, 500,000 injured, and $470 Million settlement
- The cause is still debated, but is associated with water contamination of a MIC storage tank which created overpressure conditions that lead to an unmitigated released of MIC into the atmosphere.

➔ Location of plant relative to public



Learn From Experience

# Bhopal Disaster

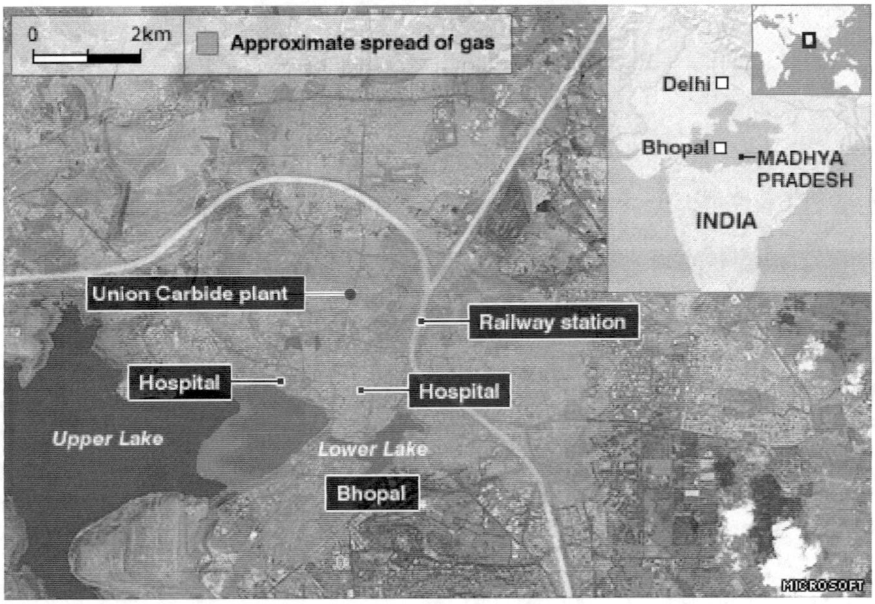

# Skikda LNG Accident

One of the few major accidents in the LNG industry

- January 19, 2004, Sonatrach's Skikda LNG Plant, Algeria
- Hydrocarbon leak was drawn by a fan into a boiler leading to an explosion and ignition of the vapor cloud in unit 40
- 26 employees dead, 74 injured, severe damage to plant
- Adjacent Units 20 and 30 were also involved in the explosion due to the size of the vapor cloud and cascading effects. The blast damaged surrounding structures and facilities, including a nearby power plant and numerous homes and other buildings in the community.

➔ Location of permanent plant buildings (API RP 752)





# Skikda LNG Accident

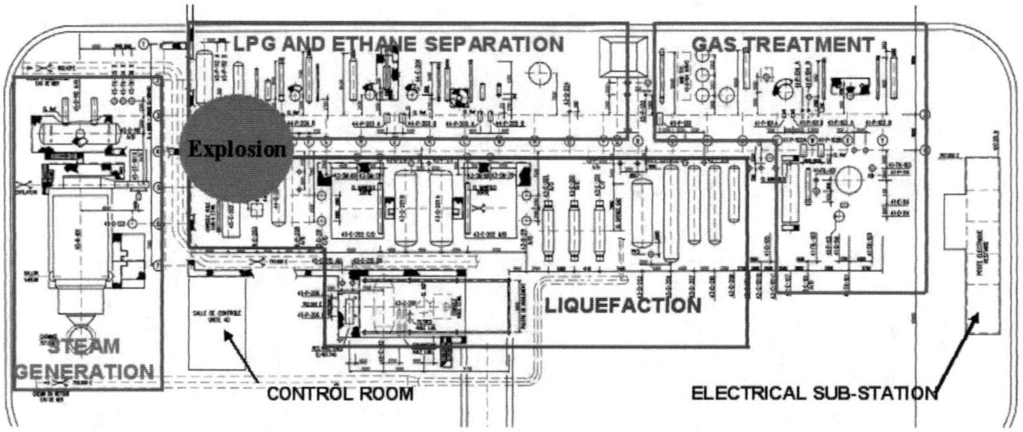

QUEST
CONSULTANTS INC.®

Learn From Experience

# Skikda LNG Accident

7TH CCPS LATIN AMERICAN CONFERENCE ON PROCESS SAFETY

7th LACPS · Swissotel · Lima, Peru · August 22-23, 2016 9

QUEST
CONSULTANTS INC.®

Learn From Experience

# Texas City Refinery

7TH CCPS LATIN AMERICAN CONFERENCE ON PROCESS SAFETY

- March 23, 2005, BP America Refinery, Texas City, USA
- Ignition of a flammable vapor cloud
- 15 employees/contractors dead, 170 injured, severe damage to plant
- A failure in a high level alarm resulted in the overfilling and overpressure of a distillation column. Overflowing liquid was diverted to the blowdown stack where the liquid flashed upon release

➔ Location of temporary buildings (API RP 753)

7th LACPS · Swissotel · Lima, Peru · August 22-23, 2016 10

Learn From Experience

## Texas City Refinery

## Safety - Facility Siting

How do we prevent accidents like these?

- Implementation of process safety culture
- Learn from the past
- Understanding the hazards
- Risk management

How do we evaluate safety impacts to people?

- Consequence analysis
  - Evaluation of the impacts to the public or plant personnel
  - Evaluation of impacts to occupied buildings (API RP 752 and 753)
- Risk Analysis

QUEST CONSULTANTS INC.®

7TH CCPS LATIN AMERICAN CONFERENCE ON PROCESS SAFETY

## Comprehensive Methodology

Safety siting studies are combined into a sequenced, four step process developed in to allow the evaluation to stop at any time once the acceptability criteria is met. The four stages are:

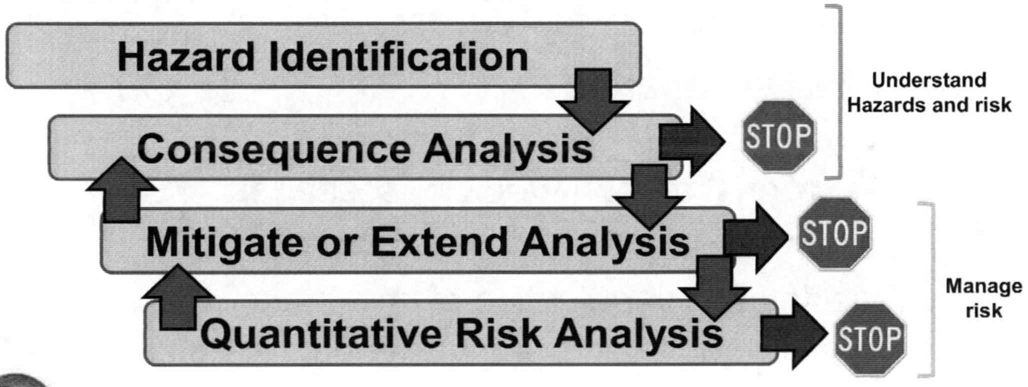






QUEST CONSULTANTS INC.®

7TH CCPS LATIN AMERICAN CONFERENCE ON PROCESS SAFETY

## Hazard Identification

- Flammable materials?
  - Fluid and release properties: momentum jet, flashing
  - Jet fires, pool fires
  - Vapor cloud explosions: potential explosion sites
- Toxic materials?
  - Fluid and release properties
  - Toxicity levels
- People impacts (inside/outside; onsite/offsite)
  - Locations
  - Building characteristics: construction, use, occupancy
  - Vulnerability

# Consequence Analysis

CANARY
by Quest®

- Modeling software
  - Unsteady state calculations
  - Vapor dispersion, infiltration
  - Vapor cloud explosion
  - Fire radiation
- Worst case scenarios
  - Typically full-bore piping ruptures
  - Limitations for "non-credible" scenarios
- MCE scenarios
  - Qualitative determination of 'maximum credible'
  - Typically addressed with maximum hole size (2")





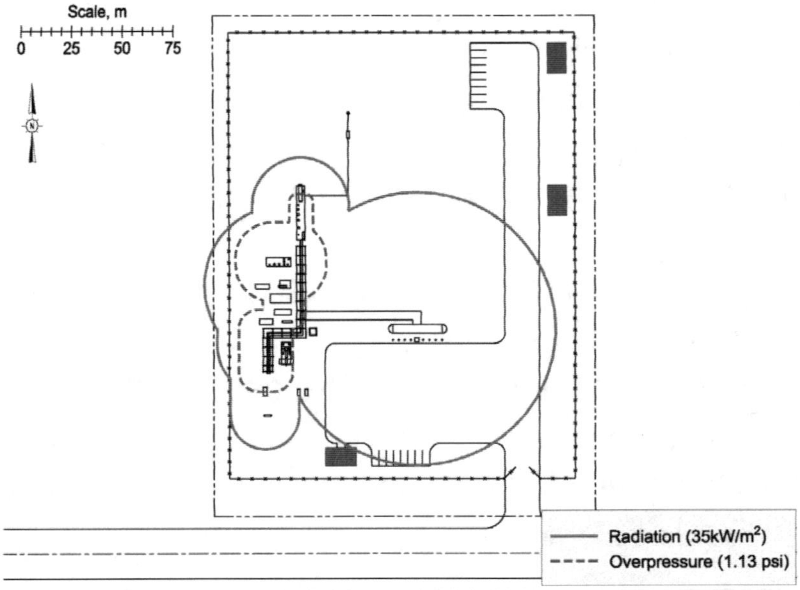

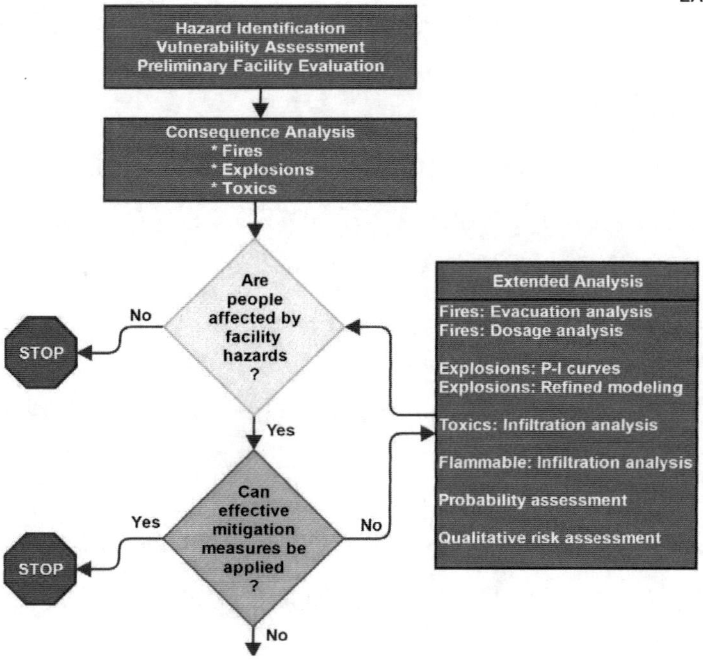






# Mitigation Measures

7TH CCPS
LATIN AMERICAN
CONFERENCE
ON PROCESS SAFETY

- Active, passive, and procedural
- Remove hazard
- Modify impact consequences
  - Separation distances, building upgrades
  - Process system modifications
  - Barriers
  - Emergency response
- Modify event probability
  - Process system modifications (safety-instrumented systems – ESD, isolation)
  - Operating, maintenance procedures

QUEST
CONSULTANTS INC.®

7TH CCPS LATIN AMERICAN CONFERENCE ON PROCESS SAFETY

# Extended Analysis

- Necessary when:
  - Consequence analysis shows impacts persons
  - Practical mitigation measures are insufficient
- Accomplished with:
  - Hazard-specific detailed analysis
    - Infiltration analysis
    - Evacuation or dosage analysis
    - Buildings: P-I curves or building damage level assessment
  - Semi-quantitative/probabilistic analysis
- Complete when risk is acceptably low by company standards



QUEST
CONSULTANTS INC.®

7TH CCPS LATIN AMERICAN CONFERENCE ON PROCESS SAFETY

# P-I curves

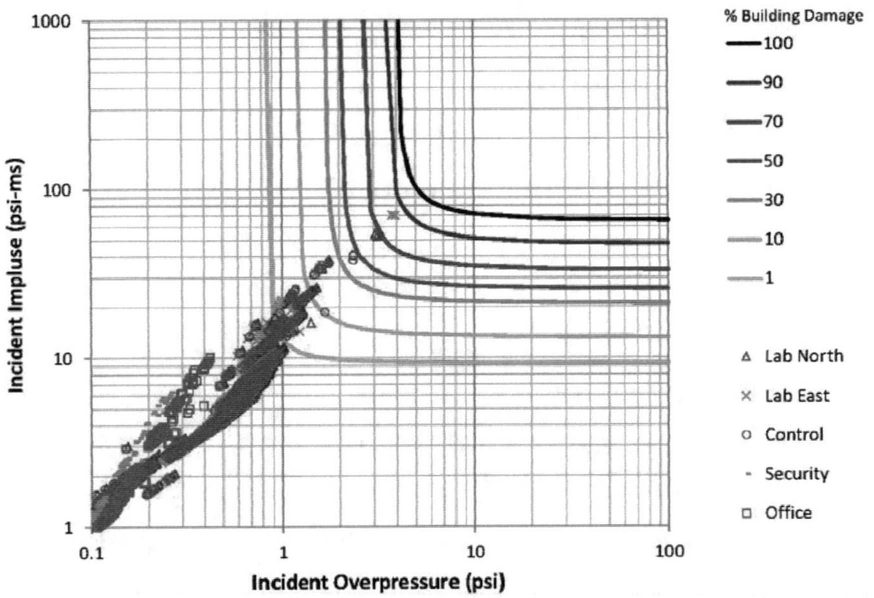

QUEST
CONSULTANTS INC.®

# Infiltration Analysis

7TH CCPS LATIN AMERICAN CONFERENCE ON PROCESS SAFETY

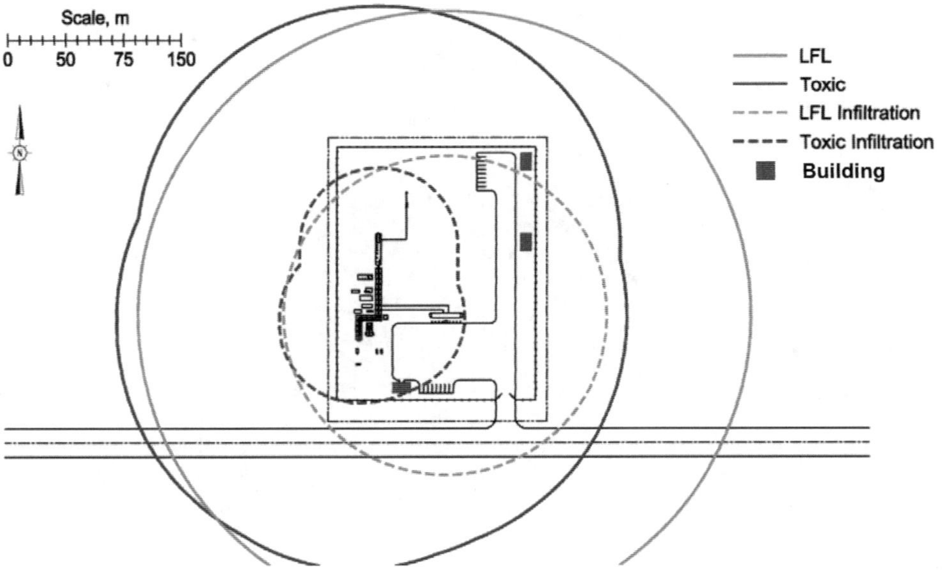


7th LACPS · Swissotel · Lima, Peru · August 22-23, 2016 21

QUEST
CONSULTANTS INC.®

# Semi-Quantitative or Probabilistic Analysis

7TH CCPS LATIN AMERICAN CONFERENCE ON PROCESS SAFETY

- Consequence calculation comparison
  - Example: worst-case vs. MCE
  - Concept: smaller hole sizes are more frequent
- Qualitative approach for quantitative realities
- Consideration of conditional probabilities
  - Wind speed, atmospheric stability
  - Wind direction
  - Orientation
  - Time of use factors

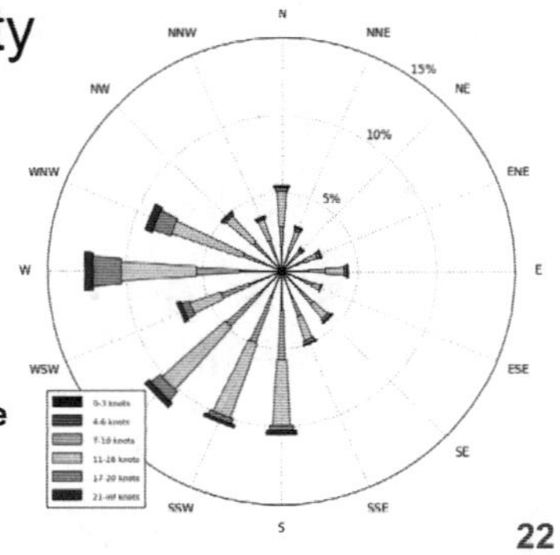


Wind Rose

7th LACPS · Swissotel · Lima, Peru · August 22

QUEST CONSULTANTS INC.®

## Safety - Facility Siting

7TH CCPS LATIN AMERICAN CONFERENCE ON PROCESS SAFETY

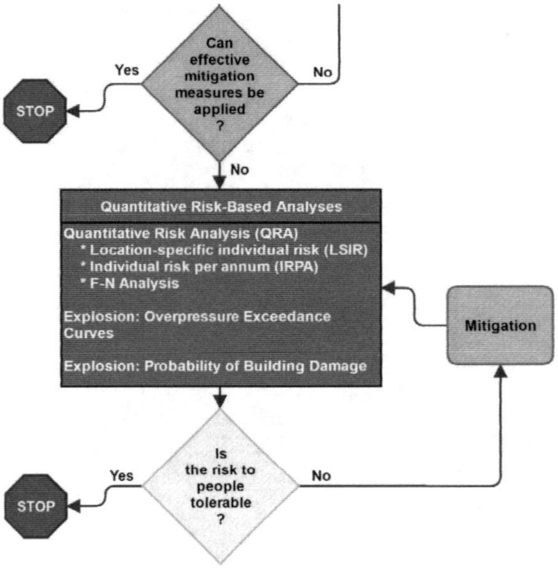


7th LACPS · Swissotel · Lima, Peru · August 22-23, 2016 23

QUEST CONSULTANTS INC.®

## Measures of Risk

7TH CCPS LATIN AMERICAN CONFERENCE ON PROCESS SAFETY

$$R = C \times F$$

Risk Consequence Frequency

$$QRA = \Sigma \{C \times F\}$$

Risk Sum Consequence Frequency

There are different tools that allow to risk measurement:

- Location-specific individual risk (consequence + probability for all hazards)
- F-N curves (societal risk calculation for all hazards)
- Overpressure exceedance curves (P + probability)
- Probability of building damage curves (P-I + probability)

7th LACPS · Swissotel · Lima, Peru · August 22-23, 2016 24

## Quantitative Risk Analysis

- Expanded scope for considered events
  - All portions of the facility
  - Range of hole sizes
  - Range of weather conditions, orientations, etc.
- Consequence analysis for all hazards (flash fire, jet fire, pool fire, VCE, toxic vapor…)
- Each outcome assigned a probability; based on published failure rates and conditional probabilities
- Creation of measures of risk



## Location-specific Individual Risk

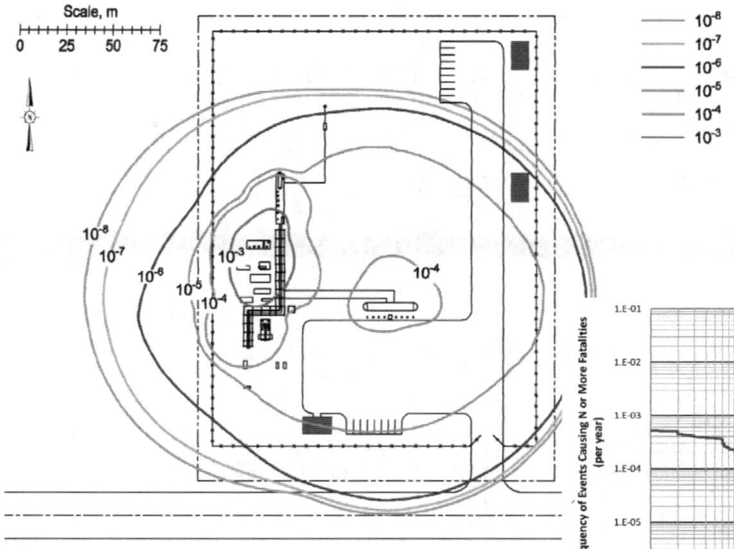


F-N curve

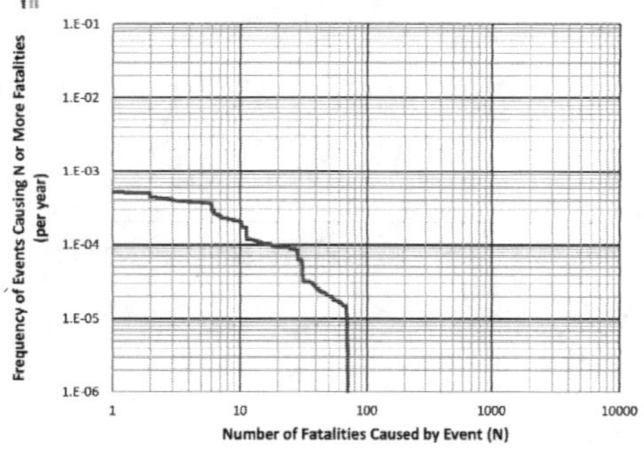

QUEST
CONSULTANTS INC.®

7TH CCPS LATIN AMERICAN CONFERENCE ON PROCESS SAFETY

## Overpressure Exceedance Curves

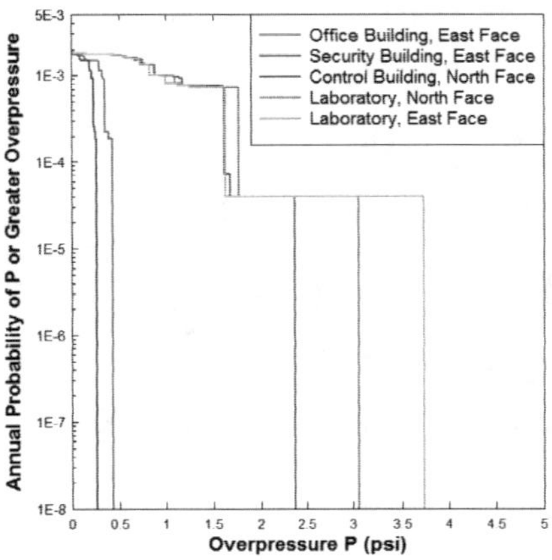


## Probability of Building Damage Curves

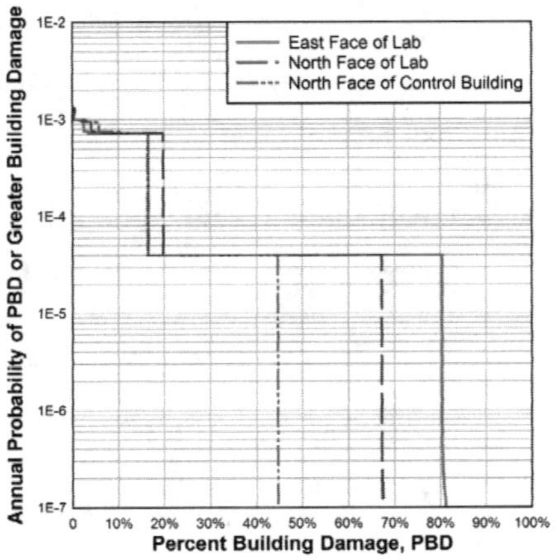




QUEST
CONSULTANTS INC.®

Commitment to Safety

7TH CCPS LATIN AMERICAN CONFERENCE ON PROCESS SAFETY

# Summary

- Comprehensive siting methodology: a more complete evaluation for impacts to people
- Staged process with stopping points
- If consequence-based analysis shows impacts:
  - Mitigation
  - Refined modeling/extended analysis
- If impacts still are predicted
  - Quantitative methods for risk evaluation
  - Possible further mitigation

7TH CCPS
LATIN AMERICAN
CONFERENCE
ON PROCESS SAFETY

# Analysis of the Effects of Starch Silos Explosion in Iron Processing Units

**Vinícius Teixeira Lima**
**GEOKLOCK Consultoria e Engenharia Ambiental Ltda.**
**13797 Nações Unidas Avenue, 14° floor – B2, São Paulo – Brazil**
**vinicius.lima@geoklock.com.br**

All copyrights reserved

Prepared for Presentation at
American Institute of Chemical Engineers
2016 Spring Meeting
7th Latin American Conference on Process Safety
Lima, Peru
August 22-23, 2016

AIChE shall not be responsible for statements or opinions contained
within papers or printed in its publications

# Consequence Analysis of Starch Silos Explosion in Iron Processing Units

**Vinícius Teixeira Lima**
**GEOKLOCK Consultoria e Engenharia Ambiental Ltda.**
**13797 Nações Unidas Avenue, 14° floor – B2**
**vinicius.lima@geoklock.com.br**

**Keywords:** consequence modeling, dust hazards, hazard identification, dust risk analysis

## Abstract

One of the accidents causes in silos is due to dust explosions, generated by airborne dust accumulation in a confined atmosphere, together with the ignition source and enough oxygen concentrations to propagating a flame. The dust explosions can cause property damage and deaths.

The objective of this study is estimate the physical effects of a possible dust explosion in starch storage silos, used in iron beneficiation process, and thus propose preventive and mitigating action for an expansion project.

This article is a Brazilian mining company case of study, privately held. The main product, of this company, is iron ore pellets produced from low-grade minerals, and marketed to the global steel industry.

Following steps carried out an analysis of qualitative and quantitative dangers of possible accidental hypotheses: characterization surrounding the installation, description of the installation, characterization of related substances; Event Tree Analysis and Estimation of Physical Effects.

The analysis performed in this study showed that there is a possibility of a combination of events, which results in a dust explosion in storage silos. It was also found that the higher the pressure buildup inside the silo, the greater the damage from the explosion, however, a pressure relief system would be important to reduce this damage.

# 1 Introduction

This article presents the Consequence Analysis of Starch Silos Explosion in a facility located in the state of Minas Gerais, Brazil.

This is a Brazilian mining company, privately held, the main product is iron ore pellet, it produced from a low-grade minerals. This product is sold to the steel industry world. The nominal production capacity is 22.250 million tons per year.

The industrial unit studied is responsible for the processing. In this process, important raw materials, as corn and cassava starches, are stored in silos.

One of the causes of accidents in silos is due to dust explosions, generated by airborne dust accumulation in a confined atmosphere, together with the ignition source and oxygen concentrations capable of propagating a flame. The dust explosions can cause property damage and loss of life.

The preparation of the Consequence Analysis of Starch Silos Explosion consists of 05 (five) stages, namely:

- Surrounding the facility characterization;
- Description of the installation;
- Characterization of related substances;
- Event Tree Analysis;
- Effects of Estimate.

# 2 Previous Studies Review

This article considered the following previously studies:

- CAMPOS, M. G, Explosive of starch silos generated by inadvertent ignition in unloading equipment from corn starch and cassava or through the particulate matter suspended in the atmosphere for the new input unloading area project. [6]
- SÁ, A; Technical Report concerning the premises of corn and cassava starch, in the facility studied. [7]

# 3 Collection of Information

In this chapter, it present the information about the meteorological conditions and description of facilities.

### *3.1 Climate and Weather*

The climate in the Köppen classification is Cwa, therefore, altitude tropical, with hot summer without dry season of winter, with an average maximum temperature of the warmest month of nearly 30 ° C. The highest temperatures occur from December to March and the lowest in the July and August with an average temperature of approximately 11 ° C. The rainfall is tropical, with two distinct seasons: a period with higher intensity of rainfall from October to March, with little more and a period with less intense rains from April to September. Table 1 shows the weather data.

**Table 1. Weather data**

| **Month** | **Minimum Temperature – Average (° C)** | **Maximum temperature – Average (° C)** | **Rainfall (mm)** |
|---|---|---|---|
| January | 18,56 | 27,11 | 403,40 |
| February | 18,17 | 29,70 | 38,10 |
| March | 18,08 | 28,35 | 106,70 |
| April | 16,96 | 27,58 | 46,70 |
| May | 14,15 | 23,61 | 110,20 |
| June | 14,14 | 24,32 | 8,40 |
| July | 11,01 | 24,83 | 0,40 |
| August | 11,95 | 25,40 | 5,50 |
| September | 13,58 | 27,79 | 46,90 |
| October | 15,98 | 29,57 | 88,90 |
| November | 18,29 | 26,44 | 235,40 |
| December | 19,51 | 30,83 | 199,30 |
| **Average** | **15,86** | **27,13** | **107,49** |

Source: INMET Network Data

http://www.inmet.gov.br/portal/index.php?r=bdmep/bdmep - Accessed: 01/22/2014 14:30

### *3.2 Solar Irradiation*

Table 2 shows the solar irradiation.

**Table 2. Solar irradiation**

| Month | Irradiation (kWh/m²/day) |
|---|---|
| January | 5,72 |
| February | 5,78 |
| March | 5,28 |
| April | 4,39 |
| May | 4,08 |
| June | 3,58 |
| July | 3,94 |
| August | 4,56 |
| September | 4,36 |
| October | 4,75 |
| November | 5,03 |
| December | 5,47 |
| **Average** | **4,745** |

Source: Centro de Referência para Energia Eólica e Solar Sérgio de Salvo Brito (CRESESB)

http://www.cresesb.cepel.br/sundata/index.php#localidade_57 - access 22/01/2014 16:30

Coordinates point: 20.700000 ° S | 42.881944 ° W

### *3.3 Wind Speed*

Table 3 shows wind speed and relative humidity.

**Table 3. Wind speed and relative humidity**

| Month | Wind Speed – Average (m/s) | Wind Speed - Average Maximum (m/s) | Relative humidity (%) |
|---|---|---|---|
| January | 1,401 | 4,60 | 81,65 |
| February | 1,587 | 4,50 | 74,34 |
| March | 1,185 | 3,60 | 78,35 |
| April | 0,974 | 3,30 | 82,53 |
| May | 1,009 | 2,60 | 85,23 |
| June | 0,862 | 3,30 | 86,33 |
| July | 0,863 | 3,80 | 82,06 |
| August | 0,932 | 3,30 | 76,59 |
| September | 1,483 | 3,60 | 67,91 |
| October | 1,528 | 4,60 | 66,33 |
| November | 1,228 | 4,10 | 82,68 |
| December | 1,325 | 5,00 | 76,82 |
| **Average** | **1,198** | **3,858** | **78,40** |

Source: INMET Network Data

http://www.inmet.gov.br/portal/index.php?r=bdmep/bdmep - Accessed: 01/22/2014 14:30

### *3.4 Characteristics of the Installation*

The area under study, receiving and starch storage is comprised of the following processes:

- Reception in the hopper;
- Discharge hopper thread;
- Cups elevator;
- Storage silos;
- Discharge silo.

The surroundings of this area in a radius of 100 m is described below:

- To the north: the processing unit, including office and laboratory;
- To the east: the thickeners, water recovery unit for reuse in the process;
- To the south, southwest and west: the liquid storage unit (amine).

The estimated number of people within 100 m of the study area is about 60, whereas the movement of people on site, and especially the people in the processing unit.

Figure 1 shows the surrounding area of the storage silos.

**Figure 1. Surrounding area of the storage silos**

### *3.5 Description of the Installation*

The corn or cassava starch is needed in the iron beneficiation process, which together with the amine, are used as flotation aids in iron concentration process.

Currently this industrial unit consumes, in the process, a concentration about 130 t / day of starch.

The starch discharge occurs in the existing hopper in the reception hall, the starch is transported through a thread to the bucket elevator, which takes the material to four storage silos, silos 11BN01, 11BN02, 11BN03 and 11BN04, with a volume of 350 m³ storage each one.

For the material to be dosed in the process of concentration there is an intermediate silo 11BN09 32 m³.

# 4 Estimate of Physical Effects

The estimate of the physical effects and vulnerability assessment of accidental scenarios arising were conducted through mathematical modeling, in order to obtain representative of the phenomena studied and its effects on the surrounding regions and caused impacts.

The model used for this study is based on software Phast 7:01, modeling the information necessary to determine the results and scope of the effects caused by maps. This modeling was preceded by the preparation of the Event Tree Analysis (ETA) for the definition of different types accidental.

## *4.1 Event Tree Analysis (ETA)*

This analysis describes the sequence of events that can develop from the accidental case study, anticipating situations of success or failure, according to the existing interference to completion, with the definition of different types accidental.

The interference to be considered shall include actions, situations or existing equipment in the system in question, which are related to the initial event of the tree and which may result in different "paths" for the development of the event, thus generating different kinds of phenomena.

Figure 2 shows the event tree developed for the identification of accident scenarios generated from the initial event "dust cloud". From the initial event, as mentioned above, we observe three intermediate events required to occur critical accidental scenario dust explosion.

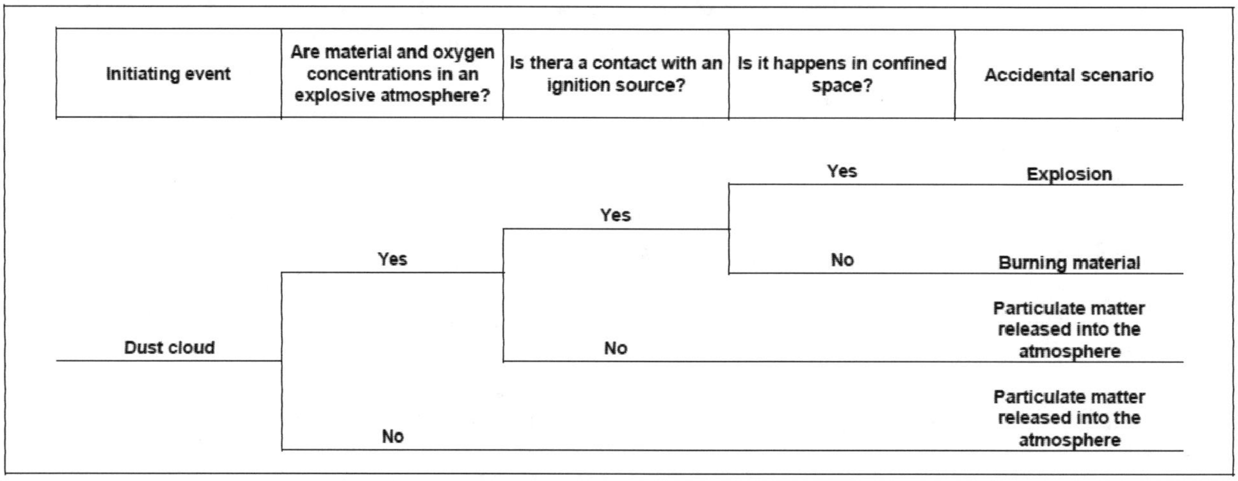


**Figure 2. Event tree analysis (ETA)**

For this study were considered possible accident scenarios that result in dust explosion. These scenarios were the result of combinations of the following factors:

- Dust concentration in the internal atmosphere of the tank;
- Vessel rupture pressure;

- Climate conditions.

### *4.2 Estimated Effects*

For the calculations of the effects of each dust explosion scenario, in addition to intervening events presented in the ETA, the following assumptions were considered:

- Starch storage silo is a closed and rigid vessel;
- Kinetic energy and potential effects are not present and if the work is considered zero to the time of vessel rupture;
- Starch combustion products form a mixture of ideal gases;
- Combustion is complete and whole energy value of the material is released;
- The entire vessel volume is filled by the cloud of dust.

The two types of stored starch (corn and cassava) were treated only as starch, as there is no significant difference in the explosion effects. The difference exists in the probability that this occurs because the smaller the particles, the lower the energy required to initiate the combustion process.

### *4.3 Calculation Methodology*

The calculations described below were used to simulate the starch combustion, thus defined, conditions that occur in the silo blast scenarios.

The chemical reaction for the complete combustion of starch with oxygen is:

$$C_6H_{10}O_5 + 6\ O_2 \rightarrow 5\ H_2O + 6\ CO_2 + 681\ kcal$$

According to the assumptions presented, the energy balance for the closed system takes the following form:

$$U_P - U_R = Q = m \times C_V \times \Delta T$$

At where:

- $U_P$ is the internal energy of the products;
- $U_R$ is the internal energy of the reactants;
- $Q$ is the quantity of heat;
- $m$ is the total mass of products;
- $C_V$ is the average heat capacity of the products to constant volume.

We considered two different starch concentrations in the dust cloud, the minimum explosive limit 40 g / m³ and the maximum concentration of starch, where the combustion consume all available oxygen is concentration is 235 g / m³.

Table 4 presents the mass balances for combustion in different concentrations of starch.

**Table 4. Mass balances**

| **Materials** | | **Minimum starch concentration (kg)** | **Maximum concentration of starch (kg)** |
|---|---|---|---|
| **Reagents** | Amide ($C_6H_{10}O_5$) | 14 | 82 |
| | Oxygen ($O_2$) | 97 | 97 |
| | Nitrogen ($N_2$) | 323 | 323 |
| **Products** | Carbon dioxide ($CO_2$) | 23 | 134 |
| | Water ($H_2O$) | 8 | 46 |
| | Oxygen ($O_2$) | 81 | - |
| | Nitrogen ($N_2$) | 323 | 323 |

Table 5 presents the energy balance of each combustion and temperature variation that occurs in the flue gas.

**Table 5. Energy balance**

| | **Energy released in combustion (kcal)** | **Temperature Range (° C)** | **Maximum temperature during the day (° C)** | **Maximum temperature overnight (° C)** |
|---|---|---|---|---|
| **Minimum starch** | 58.800 | 765 | 792 | 781 |
| **Maximum** | 345.450 | 3.485 | 3.512 | 3.501 |

Whereas both the initial mixing of the gaseous reactants, as the starch products of combustion behave as an ideal gas mixture. Thus for the reactants are:

$$P_1 \times V = n_R \times \bar{R} \times T_1$$

At where:

- $P_1$ is the absolute pressure before combustion;
- $V$ is the volume of the silo;
- $n_R$ is the number of total moles of reactants;

- $R$ is the universal gas constant;
- $T_1$ is the temperature before combustion;

Analogously we have for the products:

$$P_2 \times V = n_P \times \bar{R} \times T_2$$

At where:

- $P_2$ is the absolute pressure after combustion;
- $V$ is the volume of the silo;
- $N_P$ is the total number of moles of product;
- $R$ is the universal gas constant;
- $T_2$ is the temperature after combustion;

Combining these equations are:

$$P_2 = \frac{n_P \times T_2 \times P_1}{n_R \times T_1}$$

By solving this equation obtains the Table 6 data, where the balance between temperature and pressure points are shown. For analysis of the silo explosion impacts were simulated different scenarios and burst pressure, where the pressure is dissipated near the silos.

The observed scenarios, always taking into account the balance between pressure, temperature and energy balance of the system.

**Table 6. Explosive conditions**

| | **Burst pressure (bar)** | **Blast Temperature (° C)** |
|---|---|---|
| **Minimum starch concentration** | 1,1 | 645 |
| | 1,2 | 355 |
| **Maximum concentration of starch** | 4,6 | 3.500 |
| | 5,0 | 1.500 |
| | 6,0 | 558 |
| | 7,0 | 102 |

The explosion simulations were performed thought the software Phast 7:01, each scene input data are presented in the Table 7, scenarios 01-04 were for minimal starch concentration and scenarios 05-12 were for maximum concentration.

**Table 7. Input data in the simulation**

| Scenario | Burst pressure (bar) | Temp. (° C) | Period | Wind speed (m / s) | Class of atm. stability | Temp. (° C) | Relative hum. (%) | Solar rad. (kW / m²) |
|---|---|---|---|---|---|---|---|---|
| **01** | 1,1 | 645 | Day | 3,86 | C | 27,13 | 78,40 | 0,198 |
| **02** | 1,1 | 645 | Night | 1,20 | E | 15,86 | 78,40 | 0,198 |
| **03** | 1,2 | 355 | Day | 3,86 | C | 27,13 | 78,40 | 0,198 |
| **04** | 1,2 | 355 | Night | 1,20 | E | 15,86 | 78,40 | 0,198 |
| **05** | 4,6 | 3.500 | Day | 3,86 | C | 27,13 | 78,40 | 0,198 |
| **06** | 4,6 | 3.500 | Night | 1,20 | E | 15,86 | 78,40 | 0,198 |
| **07** | 5,0 | 1.500 | Day | 3,86 | C | 27,13 | 78,40 | 0,198 |
| **08** | 5,0 | 1.500 | Night | 1,20 | E | 15,86 | 78,40 | 0,198 |
| **09** | 6,0 | 558 | Day | 3,86 | C | 27,13 | 78,40 | 0,198 |
| **10** | 6,0 | 558 | Night | 1,20 | E | 15,86 | 78,40 | 0,198 |
| **11** | 7,0 | 102 | Day | 3,86 | C | 27,13 | 78,40 | 0,198 |
| **12** | 7,0 | 102 | Night | 1,20 | E | 15,86 | 78,40 | 0,198 |

# 5 Results

The simulation results were presented in Table 8, simplified along with the comments related to the effects of explosions.

**Table 8. Explosions effects**

| Scenario | Overpressure (bar) | Propagation distance (m) |
|---|---|---|
| **01** | 0,74 | 13 |
| **02** | 0,75 | 13 |
| **03** | 0,69 | 13 |
| **04** | 0,70 | 13 |
| **05** | 3,82 | 15 |
| **06** | 3,85 | 14 |
| **07** | 3,44 | 14 |
| **08** | 2,90 | 16 |
| **09** | 2,96 | 16 |
| **10** | 2,17 | 15 |
| **11** | 1,91 | 15 |
| **12** | 1,97 | 15 |

Scenarios 3 and 6 are those who represent the smallest and the largest effects respectively, Figure 3 and Figure 4 show the effects of the scenario 3.

**Figure 3. Overpressure rays - Scenario 3**

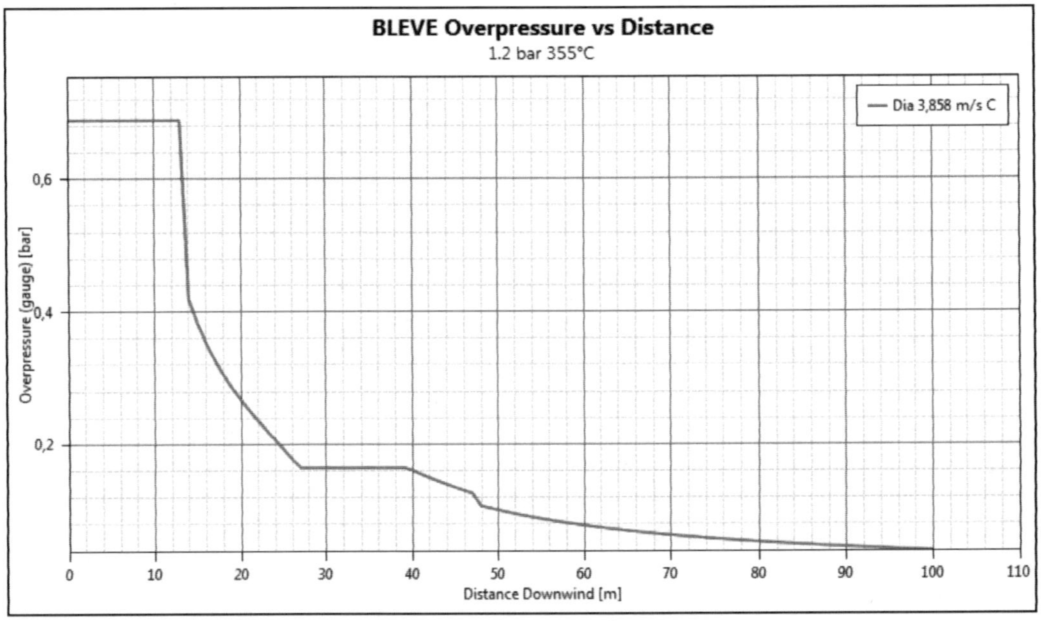


**Figure 4. Profile overpressure - Scenario 3**

The scenario 3 is the one where the explosion effects are kept to a minimum, yet it can be seen that within a radius of 50 m will be overpressure above 0.1 bar, this is repairable damage to structures (walls, doors, roofs ), and danger to life, corresponding to the probability of 1% fatality of exposed persons.

It also appears that within a radius of 18 m, higher overpressures occur than 0.3 bar, which cause serious damage to structures (buildings and equipment) and, therefore, represents a serious danger to life, corresponding to a probability of 50% fatality.

The peak pressure of this scenario is 0.69 bar; this pressure would be enough to cause damage to neighboring silos.

The next two pictures feature the effect of scenario 6.

**Figure 5. Overpressure rays - Scenario 6**

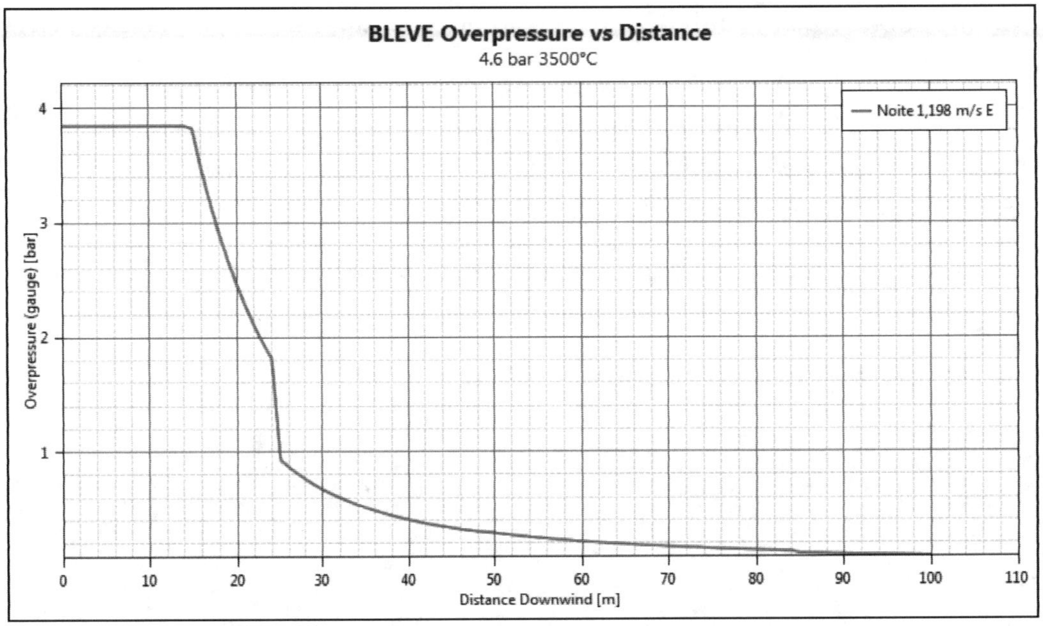


**Figure 6. Profile overpressure - Scenario 6**

The scenario 6 is one in which the effects of the explosion are larger, it can be seen that within a radius of 90 m will be above 0.1 bar overpressure, it is repairable damage to the structures (walls, doors, roofs), and danger to life, corresponding to the probability of 1% fatality of exposed persons.

It also notes that within a radius of 48 m, occur higher overpressure than 0.3 bar, which cause serious damage to the structures (buildings and equipment) and therefore represents a serious danger to life, corresponding to the probability of 50% fatality.

The peak pressure of this scenario is 3.8 bar, within a radius of 14 m, this pressure would be enough to break concrete structures and buildings, and there is a likelihood of disruption of neighboring silos.

## 6 Conclusion

The analysis performed in this study shows that there is a possibility of a combination of events, which results in a dust explosion in storage silos.

This combination is the existence of a cloud of dust in the silo at an explosive concentration, coupled with a source of ignition, combustion providing the starch without the existence of any relief system or deletion.

In the most critical scenario, offices and laboratories are within the radius where the probability of fatalities is 50%; therefore, employees who work in this area will be exposed to this risk.

It was also found that the higher the pressure buildup inside the silo, the greater the damage from the explosion, therefore, a pressure relief system would be important to reduce this damage.

It emphasizes the importance of the installation of fire detection and suppression systems, so that combustion could be interrupted, thus preventing release of all the energy contained in the starch.

In addition to these recommendations, it is important to keep grounded silos because the static electricity can be a source of ignition for the combustion of starch.

These starch storage silos and all associated security systems should be considered critical systems in the unit's Risk Management Program, to be controlled the maintenance and guarantee of integrity.

The vast majority of iron mining facilities of Brazil were built decades ago, and therefore did not have this kind of concern. Now, the companies, regulatory organs and the Brazilian authorities are responsible for the operation of these obsolete facilities, which should be upgraded to the preventing major disasters.

## 7 References

[1] CETESB. Companhia de Tecnologia de Saneamento Ambiental. Norma Técnica: Manual de Orientação para a Elaboração de Estudos de Análise de Riscos. São Paulo, 2003.

[2] TNO. The Purple Book: Guidelines for Quantitative Risk Assessment. Holanda, 2005.

[3] ECKHOFF, R. K. Dust Explosion in the Process Industries. 3rded. New York; Elsevier Science, 2003.

[4] MORAN, M. J. & SHAPIRO H. N. Princípios de Termodinâmica para Engenharia. 4ª ed. Rio de Janeiro; LTC – Livros Técnicos e Científicos Editora S.A., 2002.

[5] CAMPOS M. G. Riscos de Explosão dos Silos de Amido Gerados por Ignição Involuntária nos Equipamentos de Descarregamento dos Amidos de Milho e Mandioca ou Através do Material Particulado em Suspensão na Atmosfera. Mariana / MG; CASTEJON REPRESENTAÇÕES LTDA, 2013.

[6] Sá, A. Laudo Técnico Referente às Instalações de Amidos de Milho e Mandioca na Unidade de Germano MG.

[7] MERRILL, A. L. & WATT, B. K. Energy Value of Foods. Agriculture Handbook Nº 74, 1973.

**Depressurization of $CO_2$ Rich Mixtures: Challenges for the Safe Process Design of CCS Facilities and $CO_2$ EOR Systems**

Cabrera Piguet, C. J., Process Systems Enterprise
Marriott, J., Process Systems Enterprise Ltd
Giovanoglou, A., Process Systems Enterprise
Natarajan, S., Process Systems Enterprise Lts

The design of systems with very high content of $CO_2$ in the process mixture is of increasing importance. This is particularly true for emerging technologies such as Carbon Capture and Storage (CCS); with over twenty CCS installations worldwide (built or under-construction) and many more now progressing through front-end engineering & design and then to final investment decision.

The design of the safety depressurization system for both CCS facilities and $CO_2$ Enhanced Oil Recovery (EOR) installations is of particular importance, due to its impact on project costs. As with Oil & Gas processing facilities, the minimum metal temperatures in process equipment and piping are observed during highly transient depressurisation operations ("blowdown"). The minimum metal temperature usually sets the material of construction: if metal temperatures below -46oC (-50oF) are possible then the usual requirement is to select materials that exhibit ductile behaviour below this point. Such choices have a huge impact on project costs and order times and ultimately project viability.

The design of the safety depressurization system for $CO_2$ rich mixtures is difficult; $CO_2$ introduces complex thermodynamic behavior, for example: physical properties that are not accurately predicted by standard equation of state methods, a narrow phase envelope and the potential formation of solid phases during depressurization. Furthermore, typical depressurization segments consist of multi-vessels and significant amounts of piping with low points where condensate may accumulate. The design of such systems is not handled well using conventional methodologies; which rely on the representation of an actual plant segment as a single pseudo-vessel volume.

In this paper we present a validated methodology for analyzing accurately the depressurization of high pressure gas processing facilities with retrograde condensation. We describe the application of the methodology to the design of a CCS facility for a 500 MWe coal-fired power-plant. The resulting optimized, safe design decreased the stainless steel construction with project savings of hundreds of millions of dollars.

# CATASTROPHIC DOMINO EFFECT DUE TO PROJECTION OF STRUCTURAL FRAGMENTS GENERATED BY INTERNAL EXPLOSIONS OF SPHERICAL VESSELS

**Alejandro Castellanos Vargas**
**Department of Chemical Engineering, Universidad de los Andes**
**Cra. 1 Este Nº 19A – 40, Bogotá, Colombia**
**a.castellanos1630@uniandes.edu.co**

**Felipe Muñoz Giraldo**
**Department of Chemical Engineering, Universidad de los Andes**
**Cra. 1 Este Nº 19A – 40, Bogotá, Colombia**
**f.munoz@uniandes.edu.co**

Prepared for Presentation at
American Institute of Chemical Engineers
2016 Spring Meeting
7th Latin American Conference on Process Safety
Lima, Peru
August 22-23, 2016

AIChE shall not be responsible for statements or opinions contained in papers or printed in its publications

# CATASTROPHIC DOMINO EFFECT DUE TO PROJECTION OF STRUCTURAL FRAGMENTS GENERATED BY INTERNAL EXPLOSIONS OF SPHERICAL VESSELS

**Alejandro Castellanos Vargas**
**Department of Chemical Engineering, Universidad de los Andes**
**Cra. 1 Este N° 19A – 40, Bogotá, Colombia**
**a.castellanos1630@uniandes.edu.co**

**Felipe Muñoz Giraldo,**
**Department of Chemical Engineering, Universidad de Los Andes**

**Key words:** Explosion, Fragmentation, Domino Effect, Low Probability-High Consequence Accident.

## Abstract

The domino effect related to the projection of fragments in an industrial environment occurs when an element of a system, such as a chemical vessel, undergoes catastrophic fragmentation as the result of an explosion. The high-velocity fragments then impact and damage neighboring systems, which then leads to other dangerous scenarios such as loss of containment, fires or even other explosions. Of all industrial accident scenarios, those involving throwing of fragments have the greatest range from the accident point, well over 1 km. This process has been seen in several major accidents worldwide. In this work, this domino effect scenario was studied in three steps: fragment generation, trajectory calculation and impact damage. In the first step, fragmentation patterns were studied using numerical simulations. For this, the inner explosions of 100 stainless steel 304 vessels, whit spherical geometry, diameters between 1 m and 20 m and thickness in a range of 10 mm to 90 mm, were simulated with the software of material dynamics modeling ANSYS-AUTODYN. In this step, the burst pressure of each vessel was estimated with Svenneson's equations, likewise, the explosion energy was calculated using Baum's equations; with this information, the explosion was modeled with an equivalent quantity of TNT. The detonation was simulated using Smoothed-Particles Hydrodynamics (SPH) method and the tank was meshed with a 3D Lagrangian grid. In addition, Mott's stochastic fragmentation model was implemented in order to simulate a material with heterogeneous microstructure. The probability density functions of mass, velocity and number data of the fragments were obtained as a result of this step. These data were used as input in the second step, trajectory calculation. In this step, 3D kinematics equations were employed to calculate the fragments paths during their flight and the feasible impact regions taking into account aerodynamic characteristics such as drag and lift coefficients. Additionally, the impact probability was estimated for different targets (cylindrical and spherical tanks of several sizes) located at multiple points from the source tank. Finally, in the step of fragment impact damage, Monte Carlo simulations were implemented using an analytic penetration model in order to estimate the damage probability due to one or more fragments that impact a target. The results of this work could be used in the inherently safe design (ISD) of plants and industrial areas in order to minimize the effects of this kind of scenarios inside the plant, in surrounding communities and in the environment.

# 1 Introduction

A domino effect involves a primary event that affects a corresponding primary installation, which induces one or more secondary accidents that affect other installations, leading to a major accident. There are mainly three kinds of domino effect scenarios: heat radiation, overpressure and impact of fragments. The first scenario is associated with primary events involved with fire and the last scenarios are related with VCE, mechanical explosion and BLEVE (*Boiling liquid expanding vapor explosion*). Based on the above, Cozzani et al [1] states four elements to characterize a domino effect: (i) A primary accidental scenario, which triggers the domino effect; (ii) A propagation effect following the primary event, due to the effect of escalation vectors caused by the primary event on secondary targets; (iii) One or more than one secondary accidental scenarios, involving the same or different plant units, causing the propagation of the primary event; and (iv) An escalation of the consequences of the primary event, due to the effect of the secondary scenarios.

Some of the major accidents involving domino effect are reviewed in different researches [2], [3], highlighting accidents such as: Feyzin (France, 1966) where 11 storage tanks were destroyed, it caused 18 deaths and injured 84 persons; Mexico City (Mexico, 1984), it caused 550 deaths, 7200 were injured, and almost 200000 were evacuated; Visakhapatnam (India, 1997), a fire and further explosions devastated the terminals and storage tank at the refinery of HPCL causing more than 55 deaths and dozens were injured; and Buncefield (United Kingdom, 2005), a major fire caused by a series of explosions at the Hertfordshire Oil Storage Terminal, it were 43 injured and more than 2000 were evacuated.

This work is focused in a domino effect scenario due to projection of structural fragments, in which a vessel or equipment related with the explosion is divided into many fragments which are projected to different direction with high velocities; these fragments could be impact other equipment or systems causing their failure [4]. Domino effect by impact of fragments is the most interesting escalation scenario taking into account that its affectation range can exceed 1 km; therefore, it corresponding escalation degree is the highest. Also, in this kind of scenarios, the escalation vector is discrete, which for this case is defined as the impact of the fragments generate in the primary event, while in the domino scenarios associated with heat radiation and overpressure the escalation vectors are continuous, which can be defined in units of heat flux density (i.e. $W/m^2$) and pressure (i.e. Pa), respectively. [3]. In general, available researches evaluate this event in three steps: fragmentation process, fragment trajectories and damage due to the impact of one or more than one fragments.

There are analytical, empirical and numerical approaches to address this domino effect scenario; nevertheless, analytical methods are associated with simplified physical models which do not allow representing this phenomenon in a complete real way; on the other hand, experimental approaches required expensive investments for safety protocols, explosive materials and measuring equipment. Thus, numerical approaches represent a good option to study domino events associated with fragments, because it is possible to model different scenarios considering most variables related with it. Also, it is possible to change easily the characteristics and conditions of the event in order to have a more complete and detailed information of it. Given this, the objective of this study is to develop a numerical simulation of the explosion and fragmentation of a spherical vessel and determine the probabilities of impact and damage of different targets due to the projection of fragments generated after inner explosions of a spherical tank.

Given this, the methodology for the assessment of domino due to projection of fragments proposed in this work uses the general analysis described by Nguyen et al [5]; however, in this case the information of the fragments generated after the explosion was obtained by numerical simulations instead of historical data of past accidents. Also, the representation of the source vessel with spherical geometry proposed by Sun et al [6] was used. Additionally, the aerodynamic forces were calculated by models for irregular fragments. Likewise, the probability of damage was defined in function of the operating pressure of the target and their mechanical properties. The data get from this assessment could be taken into account into risk management strategies in order to use the probabilistic information as a tool for the decision making process in the design and modification of storage areas.

## 2 Methodology

Domino scenarios caused by projection and impact of structural fragments is usually studied in three steps (i) Fragmentation process, (ii) Trajectory calculation and (iii) Impact damage. These steps represent the event chain necessary so that a domino event takes place. This methodology of study of domino scenarios allows an individual assessments of each of the steps. Nevertheless, in this work a complete assessment is performed starting with the information from fragmentation process, which is used as input data for trajectory calculation; likewise, the results from the second step are considered for the impact damage step.

The frequency of occurrence ($f_{DE}$) of a domino event due to projection of structural fragments generated by an inner explosion of a tank or vessel may be expressed as [3]:

$$f_{DE} = f_p \cdot P_{DE} \tag{1}$$

Where $f_p$ is the expected frequency of the primary event, in other words, it is the frequency that an inner explosion of a tank or vessel happens. On the other hand, $P_d$ represent the probability of subsequent events chain established as: (i) Generation of fragments, (ii) Projection and impact of one or more than one of the fragments with a specific target, (iii) Irreversible damage of the target [3].

Each of the fragments generated after the tank explosion can potentially trigger a domino event with the following expected frequency:

$$f_{DE,F} = f_p \cdot P_{DE,F} \tag{2}$$

Where $P_{DE,F}$ is the probability of subsequent events chain for each fragment. This probability is defined as:

$$P_{DE,F} = P_{gen,F} \cdot P_{imp,F} \cdot P_{dam,F} \tag{3}$$

Where $P_{gen,F}$ is the probability of *F-th* fragment to be generated, $P_{imp,F}$ is its probability of impact with a given target and $P_{dam,F}$ is the probability that an irreversible damage occurs in the target due to the previous impact of the *F-th* fragment.

Finally, total expected frequency of this kind of domino events can be calculated as sum of the domino probabilities for single fragments as follows:

$$f_{DE} = \sum_F f_{DE,F} = f_p \cdot \sum_F P_{DE,F} = f_p \cdot \sum_F (P_{gen,F} \cdot P_{imp,F} \cdot P_{dam,F}) \quad (4)$$

The International Association of Oil & Gas Producers (OGP) report the storage incidents frequencies from its risk assessment data directory [7], in Table 1 the expected frequencies for explosions of storage tanks are presented.

**Table 1. Storage incidents frequencies**

| Storage | Incident | $f_p$ [per year] |
|---|---|---|
| Atmospheric tank | Internal explosion & full surface fire | 9.00E-05 |
| | Internal explosion without fire | 2.50E-05 |
| Pressurized vessel | BLEVE | 1.00E-06 |

In the following sections the assessment methodology for the three steps in a domino event triggered by projection of fragments (fragmentation process, trajectory calculation and impact damage) is described.

## *2.1 Fragments generation step*

Fragments originate when a tank or vessel is divided in many parts that are detached from it. Fragmentation process involves the formation and propagation of cracks through the material of the tank [3]. In this work the fragmentation of spherical metallic vessels due to inner explosions is studied using numerical simulations based in hydrocode methods.

### 2.1.1 Source tank characteristics

In order to determine the probability density functions of the characteristics of the fragments (mass, velocity, number and size) the numerical simulations of the inner explosion of 100 spherical tanks were performed. The diameters of these tanks were defined between 1 m and 20 m, while thickness were established in a range from 10 mm to 90 mm. Austenitic stainless steel 304 (SS304) was used as material for all tanks, Nara and Miyazaki [8] presented the statistical data for the mechanical properties of this material (Table 2). That information was used in normal distributions with the purpose of generate random values for the material properties of each of the 100 tanks.

**Table 2. Statistical data of SS304**

| Property | Unit | Mean ($\mu$) | Standard deviation ($\sigma$) |
|---|---|---|---|
| Yield stress ($S_Y$) | MPa | 284.7 | 22.94 |
| Ultimate strength ($S_U$) | MPa | 641.58 | 40.713 |
| Plastic strain at fracture ($\delta$) | - | 0.597 | 0.064 |

### 2.1.2 Burst pressure

When the internal pressure of a vessel increase caused by the loss of control of a chemical reaction, unwanted combustion of gases, vapors, dust or anything else, the required pressure to fragment the spherical vessel is known as burst pressure. Svennson [9] developed a model (Equation 5) to calculate the burst pressure of spherical vessels ($P_S$) based in their mechanical properties and geometrical characteristics.

$$P_S = S_Y \psi B \tag{5}$$

Where $\psi$ is a geometric factor and $B$ is a burst factor that depends upon the strength ratio $\beta$ defined as follows:

$$\beta = \frac{S_Y}{S_U} \tag{6}$$

When the spherical tank can be classed as thin walled$\left(\frac{R_i}{T} \geq 10\right)$, Svensson's theory leads to the following equation:

$$P_S = \frac{S_Y}{m} B \tag{7}$$

Where $m$ is defined as the inner radius/thickness ratio:

$$m = \frac{R_i}{T} \tag{8}$$

A relation between the strength ratio ($\beta$) and the burst factor $B$ is presented in the book of Huston and Josephs [10], this relation is defined as:

$$B = 4.18\beta^2 - 9.57\beta + 7.38 \tag{9}$$

Although there are other models to calculate the burst pressure of spherical vessel, Svensson's equation is one of the formulas that present the lowest error range (-9.6, 10.1%) in the estimation of burst pressure as Yihui et al [11] report on their work.

### 2.1.3 Energy of the explosion

The burst pressure is used to calculate the internal energy related with the explosion, for this, the explosion is modeled as the expansion of an ideal gas. There are several equations that allow to model this phenomenon such as Brode's equation [12] and Baker's equation [13]; however, these produce a large overestimation of the energy. For that reason, in this work Baum's model [14] was used, because this equation incorporates the work of air pushed away by expanding gas, this equation is expressed as follows:

$$E = \left[1 - \left(\frac{P_0}{P_S}\right)^{\frac{\gamma-1}{\gamma}} + (\gamma - 1) \cdot \frac{P_0}{P_S}\right] \cdot \frac{P_S}{\gamma - 1} \cdot f \cdot V \tag{10}$$

Where $P_0$ is the atmospheric pressure, $\gamma$ is the ratio of specific heats, $f$ is the degree of filling of the vessel and $V$ is its volume. In this case the worst case was evaluated, which corresponds to $f = 1$.

In order to achieve modeling the inner explosion of the vessel, the energy calculate with Baum's equation is converted to the equivalent mass of TNT using the following expression:

$$m_{TNT} = \frac{E}{E_{TNT}} \tag{11}$$

A typical value for the energy of explosion of TNT ($E_{TNT}$) is 4686 kJ/kg [15].

### 2.1.4 <u>Numerical simulation</u>

The numerical simulations of the inner explosions of the spherical vessels were developed using the software ANSYS AUTODYN. This is a versatile explicit analysis tool for modeling the nonlinear dynamics of solids, fluids, gases and their interactions [16]. Numerical methodology used in this software known as hydrocode. This methodology uses equations of state, constitutive relations and mass, momentum and energy balances to represent dynamic behavior of materials [17]. After develop the numerical simulations of the inner explosions of the spherical vessels the fragment's data such as number, mass, size and velocity are available.

- *Consideration:* Numerical simulation proposed in this work is only focused in the fragmentation process due to formation and propagation of cracks through the material of the tank; in this case, the mechanical and welded joints, valves, pipes, internal corrosion, dust and other characteristics of the tank were not taken into account.

- *Discretization methods:* AUTODYN has mainly three discretization methods: Eulerian mesh, Lagrangian mesh and Smoothed Particles Hydrodynamics. For this work, a coupling between the last two methods was used. In Lagrange method the continuous material is divided into little volumes known as finite elements. In a 3D model, each finite element has 8 nodes, these are connected with nodes of other elements. For each node, the hydrocode equations system is solved considering the information of neighboring nodes [18].On the other hand, Smoothed Particles Hydrodynamics (SPH) is a mesh free technique in which the material is divided into a lot of particles. Hydrocode solution is calculated simultaneously for all particles, for that reason this method generates a high computational cost. However, with SPH method is possible to represent large distortion; thereby, it can model blast, high explosions and gas expansions [19].

- *Simulation model:* Each of the 100 spherical vessels of SS304 are modeled in a 3D environment and a Lagrangian mesh with 60000 elements was used as discretization method. On the other hand, as mentioned above, the explosive load is modeled with TNT, the quantity of explosive was calculated using Baum's model (Equation 10) and TNT equivalent (Equation 11). Because the energy model depends of the material properties and geometric characteristics of the vessel, an equivalent quantity of TNT was calculated for each tank. The equivalent mass of TNT was represented as a sphere with a volume defined as:

$$V_{TNT} = \frac{m_{TNT}}{\rho_{TNT}} \tag{12}$$

The explosive load was modeled with SPH method, for all simulations 80000 particles were used to discretize the volume of TNT. Additionally, the detonation point was located at the coordinates (0,0,0) and the detonation time was defined at 0ms. The previous description is illustrated in Figure 1.

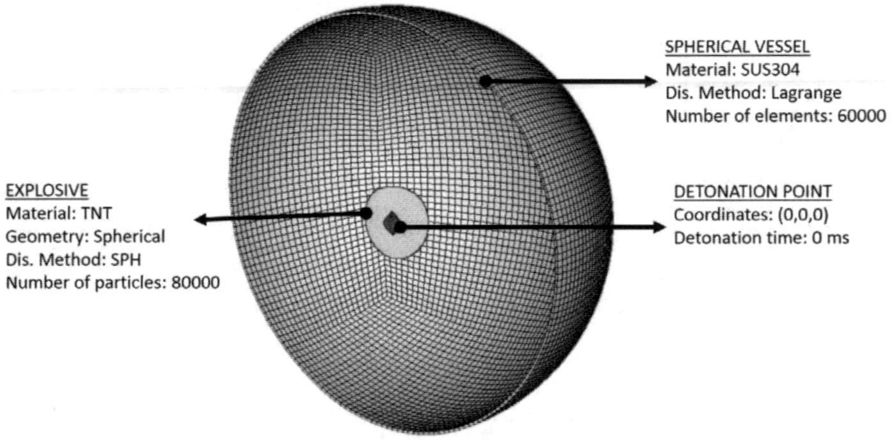


**Figure 1. Simulation model**

## 2.2 *Trajectory calculation step*

After the vessel explosion, fragments are projected in different directions, their paths depend of 3 forces acting on these. The first one, is the weight $(\vec{W})$ which is related with gravitational acceleration. The second one, is the inertia force $(\vec{I})$ due to the fragment acceleration related with its velocity. The last one, is the aerodynamic force which involves 2 components: the drag force $(\vec{D})$ resulting from friction between the projectile and the air, and the lift force $(\vec{L})$ caused by the pressure difference between the projectile intrados and the extrados [20], [21]. From the balance of the forces acting on the projectile is possible to define the general movement equations of a fragment in a three-dimensional system (Figure 2) as follows:

$$(-k_D \cdot \cos(\varphi) \cdot \cos(\theta) - (-1)^q \cdot k_L \cdot \sin(\varphi) \cdot \cos(\theta)) \cdot (\dot{x}^2 + \dot{y}^2 + \dot{z}^2) - \ddot{x} = 0 \quad (13)$$

$$(-k_D \cdot \cos(\varphi) \cdot \sin(\theta) - (-1)^q \cdot k_L \cdot \sin(\varphi) \cdot \sin(\theta)) \cdot (\dot{x}^2 + \dot{y}^2 + \dot{z}^2) - \ddot{y} = 0 \quad (14)$$

$$(-(-1)^q k_D \cdot \sin(\varphi) + k_L \cdot \cos(\varphi)) \cdot (\dot{x}^2 + \dot{y}^2 + \dot{z}^2) - \ddot{x} -= 0 \quad (15)$$

Where $q = 1$ at the descending part and $q = 2$ at the ascending part. $k_D$ and $k_L$ (Equations 16 and 17) are terms related with the drag and lift force, respectively.

$$k_D = \frac{1}{2}\frac{\rho_{air} \cdot C_D \cdot A_D}{m_f} \quad (16)$$

$$k_L = \frac{1}{2}\frac{\rho_{air} \cdot C_L \cdot A_L}{m_f} \quad (17)$$

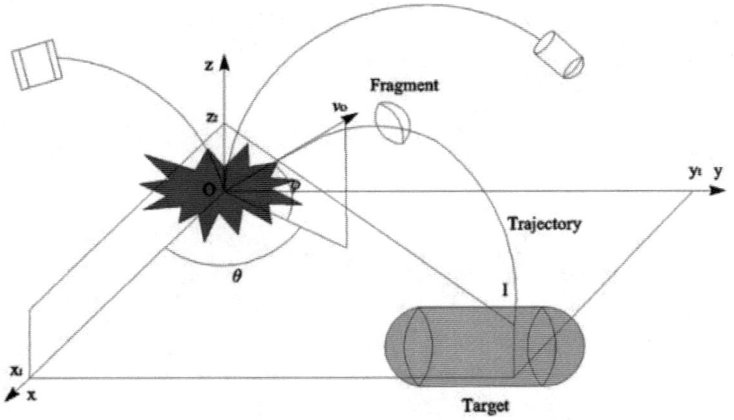


**Figure 2. Description fragment trajectory [22]**

When the drag and lift coefficients do not change their values with the time, Equations 13, 14 and 15 lead to the following expressions:

$$(k_D + (-1)^q \cdot k_L) \cdot \dot{x}^2 + \ddot{x} = 0 \quad (18)$$

$$(k_D + (-1)^q \cdot k_L) \cdot \dot{y}^2 + \ddot{y} = 0 \quad (19)$$

$$((-1)^q \cdot k_D - k_L) \cdot \dot{z}^2 + \ddot{z} + g = 0 \quad (20)$$

The complete solution for above equations are developed by Mébarki et al [20].

## *2.3 Impact damage step*

Damage model is defined from the penetration model proposed by Mébarki et al [23], who related the penetration depth $(h_p)$ with the mass $(m_f)$, the velocity $(v_p)$ and the impact angle $(\alpha)$ of the fragments and the mechanical properties of the target.

Penetration depth for the case $\alpha \neq 0$:

$$h_p = \frac{\left(-d_p \cdot \cos(\alpha) + \sqrt{\left(d_p \cdot \cos(\alpha)\right)^2 + \frac{4}{\pi} \cdot \tan(\alpha) \cdot \left(\frac{E_c}{f_u \cdot \varepsilon_u}\right)^{\frac{2}{3}}}\right)}{2 \cdot \tan(\alpha)} \quad (21)$$

Penetration depth for the case $\alpha = 0$:

$$h_p = \left(\frac{E_c}{f_u \cdot \varepsilon_u}\right)^{\frac{2}{3}} \cdot \frac{1}{\pi \cdot d_p} \quad (22)$$

Where the kinetic energy is defined as $E_c = (m_f \cdot v_p^2)/2$ , $f_u$ and $\varepsilon_u$ are the ultimate strength and ultimate strain of the target's constitutive material, respectively.

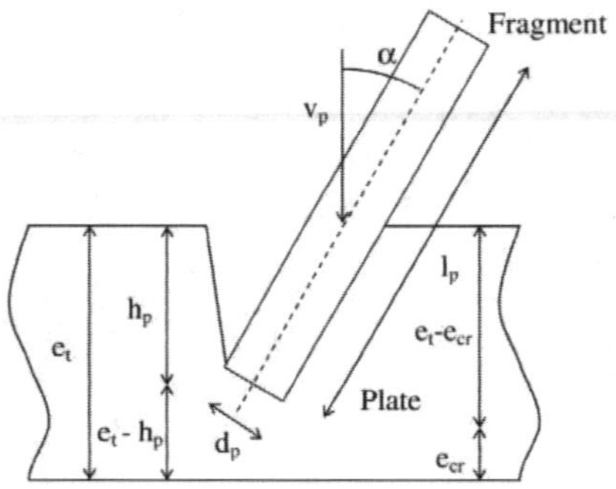


**Figure 3. Fragment penetration scheme [5]**

In the Figure 3 the penetration scheme of a fragment is showed, where $e_t$ is the target's thickness and $e_{cr}$ is its critical thickness. $e_{cr}$ is calculated as the minimum thickness according the code *API 620* for atmospheric tanks and *ASME boiler and pressure vessel code* for pressurized tanks. Based in Figure 3, the target resistance against critical damage after impact corresponds to the following limit sate function:

$$E = e_t - h_p - e_{cr} \quad (23)$$

In this way, a failure of a target tank takes place when $E \leq 0$.

## *2.4 Case study*

A storage area with 9 tanks was defined as case study, in Table 3 the tank information are showed and in Figure 4 the storage area distribution is illustrated.

**Table 3. Tanks information**

| ID | Type | Diameter [m] | Thickness [mm] | Length/Height [m] | Location X [m] | Location Y [m] | Operating Pressure [Pa] | Material |
|---|---|---|---|---|---|---|---|---|
| S | Sphere | 10 | 25 | - | 0 | 0 | 1.5E+06 | SS304 |
| 1 | | 10 | 25 | - | 25 | 0 | 1.5E+06 | SS304 |
| 2 | | 10 | 25 | - | 0 | -25 | 1.5E+06 | SS304 |
| 3 | | 10 | 25 | - | 25 | -25 | 1.5E+06 | SS304 |
| 4 | Vertical cylinder | 15 | 10 | 20 | 100 | 35 | Atmospheric | SS316 |
| 5 | | 15 | 10 | 20 | 100 | 0 | Atmospheric | SS316 |
| 6 | | 15 | 10 | 20 | 100 | -35 | Atmospheric | SS316 |
| 7 | Horizontal cylinder | 2.5 | 30 | 10 | -50 | 0 | 1E+06 | SS316 |
| 8 | | 2.5 | 30 | 10 | -60 | 0 | 1E+06 | SS316 |
| 9 | | 2.5 | 30 | 10 | -70 | 0 | 1E+06 | SS316 |

S: Source tank

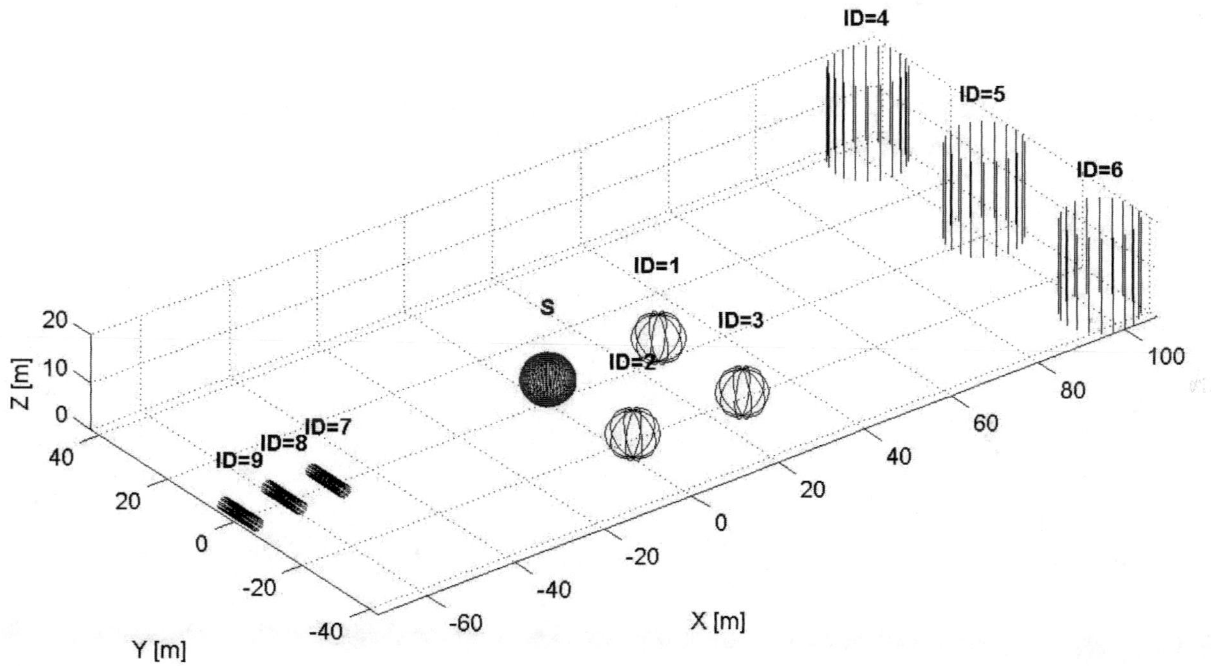


**Figure 4. Storage area distribution**

For the frequency of a domino scenario takes place the frequency of the primary ($f_p$) event was defined as 1E-06.

## *2.5 Monte-Carlo simulations*

Monte-Carlo simulations were developed in order to calculate the probability of a domino scenario takes place. For this work, 5000 simulations were performed, this means that 5000 explosions of the source tank were carried out and the trajectory and impact of all fragments of each simulation was assessed. The methodology for calculating the probability of generation, impact and damage is shown below.

### 2.5.1 Probability of generation

The probability of generation is defined as the probability at least one fragment is generated after the source tank explosion. In this case, in each of the 100 numerical simulations developed on AUTODYN, more than one fragment was generated, because in each simulation the failure and fragmentation process of the source tank takes place. On that basis, the probability of generation is defined as $P_{gen} = 1$.

### 2.5.2 Probability of impact

An impact occurs when the volume of one or more fragments intersect the volume of the target, this is defined in a probabilistic way as:

$$P_{imp} = \frac{1}{N} \cdot \sum_{i=1}^{N} \frac{1}{n_i} \cdot \sum_{j=1}^{n_i} k_{i,j} \quad and \quad k_{i,j} = \begin{cases} 1, & if \ (V_{i,j} \cap V_{target}) \neq \emptyset \\ 0, & otherwise \end{cases} \tag{24}$$

Where $N$ is the number of simulations, $n_i$ is the quantity of fragments of the *i-th* simulation, $V_{target}$ is the volume of the tank and $V_{i,j}$ is the volume of the *j-th* fragment of the *i-th* simulation.

### 2.5.3 Probability of damage

Damage is calculated taking into account the limit sate function presented in Equation 23 as follows:

$$P_{dam} = \frac{1}{N} \cdot \sum_{i=1}^{N} \frac{1}{\left(n_{imp}\right)_i} \cdot \sum_{j=1}^{\left(n_{imp}\right)_i} q_{i,j} \quad and \quad q_{i,j} = \begin{cases} 1, & if \ E_{i,j} \leq 0 \\ 0, & otherwise \end{cases} \tag{25}$$

Where $\left(n_{imp}\right)_i$ is the number of fragments that impacted the target in the *i-th* simulation.

## 3 Results and discussion

In the fragmentation step, when the blast wave reaches the inner wall of the source tank, the expansion of the vessel begins. In the first instants, an elastic deformations occurs causing a slight increase in diameter; however, the blast continues applying pressure and plastic deformation takes place. Finally, the failure of the tank occurs when the strain is equal or greater than the strain at fracture defined for each tank. At this moment, the fracture process starts due to formation and propagation of cracks and the fragments are generated. The above is shown in Figure 5.

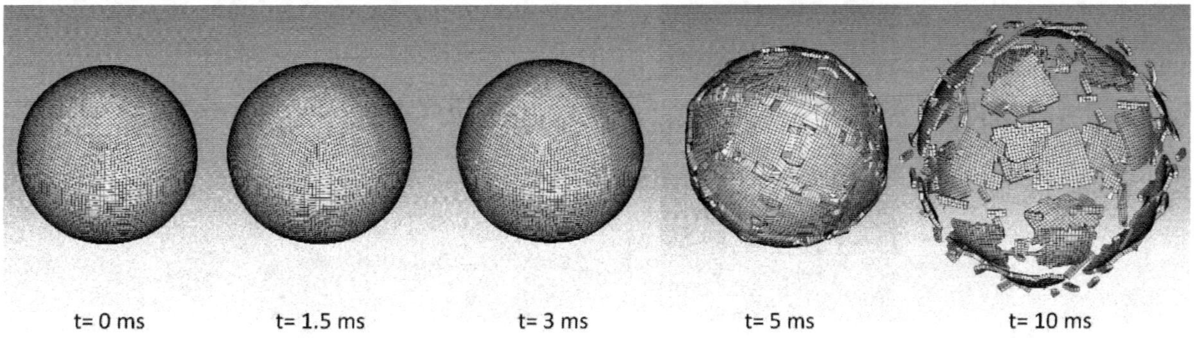


**Figure 5. Fragmentation process of a spherical vessel**

With the information obtained with the numerical simulations (number of fragments, mass, velocity and size data), the trajectory calculation and impact damage steps were developed. In Figure 6 the coordinates of the centers of mass of the fragments that impact each tank are shown (green points), as was to be expected, tanks closer to the source had more impacts than others. On the other hand, in Figure 7, the fragments that caused damage on the different targets due to the impact of them are represented with red points. In this case, it is possible to observe that the amount of red points is less than the green points, because not all fragments that impacted cause damage on the targets. This could be due to the mass, the velocity and the angle of impact of the fragments or the material properties of the target and its critical thickness, which are the variables that determine whether or not the tank fails.

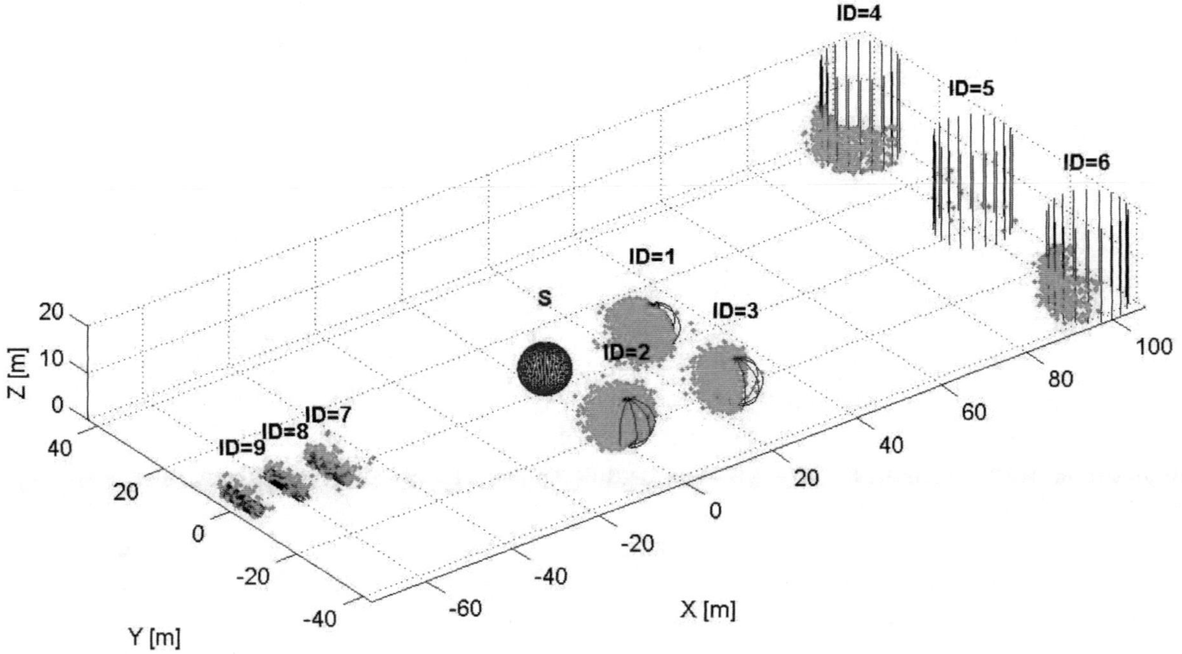


**Figure 6. Impact distribution**

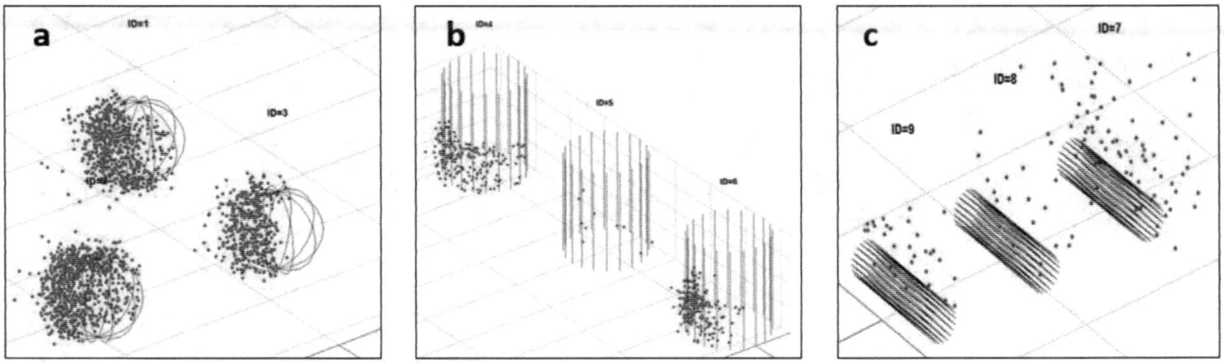


**Figure 7. Fragments that caused damage, a. Spherical tanks, b. vertical cylindrical tanks, c. horizontal cylindrical tanks**

The probabilities of impact and damage related with Monte-Carlo simulations are shown in Figure 8. The probability of generation not was plotted because it takes the value of 1 for any number of simulations.

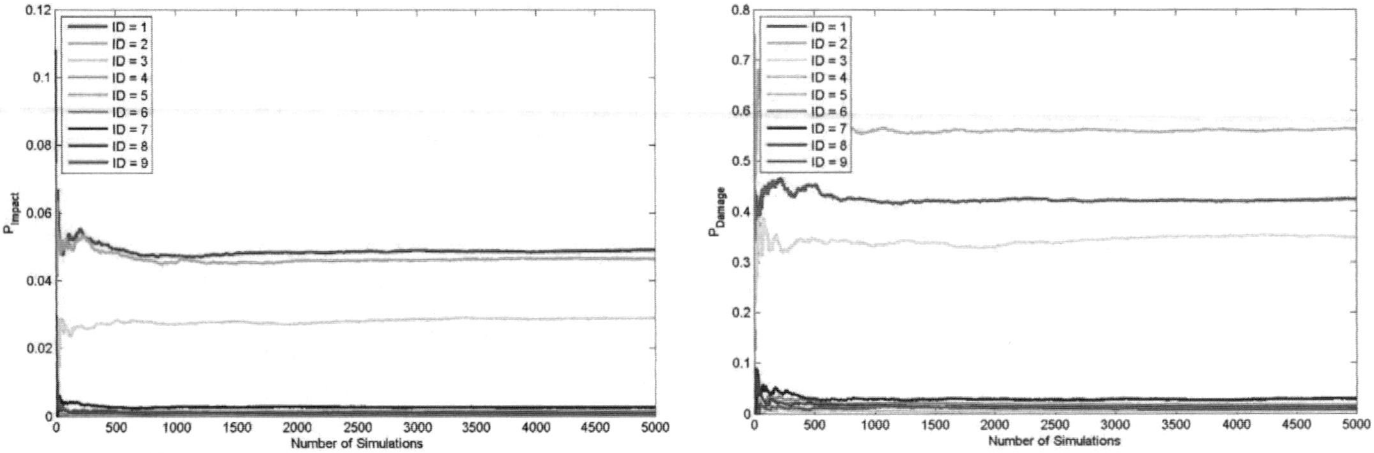


**Figure 8. Probability of impact and damage calculated with Monte-Carlo simulations**

A clear tendency is observed in the above figures, in all cases the probabilities converge to a constant value, this indicates that the model proposed in this work is stable. In the Table 4 the probabilities calculated for each target are shown. The couple of tanks 1-2 have the same or almost the same impact probability, because this couple of tanks is located at the same distance from the source tank. In the case of the probability of damage the values are also very close; however, in this case the probability associated to each target depends of the material properties and the mass, velocity and angle of the fragments that impact them. The tank 5 has the lowest frequency of domino effect, this is due to its value of impact probability; in this case, the tank 1 is located between the source and the tank 5, for that reason, many of the fragments impact the tank 1 instead of the tank 5; in simple words, the tank 5 uses the tank 1 as a shield. A similar case occurs with the horizontal tanks, where the tank 8 uses the tanks 7 and 9 as a shelter, reducing the number of impacts as well as the probability of domino effect.

.

**Table 4. Probabilities for the case study**

| ID | $P_{gen}$ | $P_{imp}$ | $P_{dam}$ | $P_{DE}$ | $f_{DE}$ [per year] |
|---|---|---|---|---|---|
| *1* | 1 | 4.91E-02 | 4.24E-01 | 2.08E-02 | 2.08E-08 |
| *2* | 1 | 4.64E-02 | 5.63E-01 | 2.61E-02 | 2.61E-08 |
| *3* | 1 | 2.89E-02 | 3.48E-01 | 1.00E-02 | 1.00E-08 |
| *4* | 1 | 6.44E-04 | 1.68E-02 | 1.08E-05 | 1.08E-11 |
| *5* | 1 | 1.98E-04 | 5.40E-03 | 1.07E-06 | 1.07E-12 |
| *6* | 1 | 5.45E-04 | 1.50E-02 | 8.18E-06 | 8.18E-12 |
| *7* | 1 | 2.58E-03 | 2.87E-02 | 7.40E-05 | 7.40E-11 |
| *8* | 1 | 1.21E-03 | 9.80E-03 | 1.19E-05 | 1.19E-11 |
| *9* | 1 | 1.15E-03 | 1.14E-02 | 1.31E-05 | 1.31E-11 |

# 4 Conclusions

Numerical simulations of the inner explosions of 100 spherical SS 304 tanks were developed using a Lagrangian discretization for the tank material and SPH discretization for the explosive material. The results obtained by numerical simulations allowed obtaining the fragment data such as number, mass, size and velocity which were used to calculate the impact and damage probabilities of the fragments using kinematic model which takes into account the drag and lift forces. In addition, a penetration model and probabilistic equations defined from Monte-Carlo simulations were used considering the geometric characteristics and material properties of the target tanks.

With this information, the probability of a domino scenario takes place due to the projection of fragments was calculated for a storage area with 9 target tanks with spherical and cylindrical geometries. In general, the calculated probabilities depend of the distances of the targets from the source tank as well as the distribution of them into the storage area.

The methodology proposed in this work could be used with inherently safe design (ISD) as a tool for the decision making process into a company so that plant construction or plant modification can be designed in order to minimize the effects of fragments impact inside the plant.

# 5 Nomenclature

$A_D$: Drag surface [m$^2$]
$A_L$: Lift surface [m$^2$]
$C_D$: Drag coefficient [-]
$C_L$: Lift coefficient [-]
$\vec{g}$: Gravitational acceleration [m/s$^2$]
$m_f$: Fragment mass [kg]
$\rho_{air}$: Density of air [kg/m$^3$]
$\rho_{TNT}$: Density of TNT [kg/m$^3$]
$\varphi$: Vertical departure angle [°]
$\theta$: Horizontal departure angle [°]

## 6 References


[1] V. Cozzani, G. Antonioni, and G. Spadoni, "Quantitative assessment of domino scenarios by a GIS-based software tool," *J. Loss Prev. Process Ind.*, vol. 19, no. 5, pp. 463–477, 2006.

[2] F. Kadri and E. Châtelet, "Domino effect analysis and assessment of industrial sites: A review of methodologies and software tools," *Int. J. Comput. Distrib. Syst.*, vol. 2, no. III, pp. 1–10, 2013.

[3] G. Reniers and V. Cozzani, *Domino Effects in the Process Industries: Modelling, Prevention and Managing*. Newnes, 2013.

[4] J. Casal, *Evaluation of the effects and consequences of major accidents in industrial plants*, vol. 8. Elsevier, 2007.

[5] Q. B. Nguyen, A. Mebarki, R. A. Saada, F. Mercier, and M. Reimeringer, "Integrated probabilistic framework for domino effect and risk analysis," *Adv. Eng. Softw.*, vol. 40, no. 9, pp. 892–901, 2009.

[6] D. Sun, J. Jiang, M. Zhang, and Z. Wang, "Influence of the source size on domino effect risk caused by fragments," *J. Loss Prev. Process Ind.*, vol. 35, pp. 211–223, 2015.

[7] B. Frequencies, "Risk Assessment Data Directory, OGP (International Association of Oil and Gas Producers)," Report, 2010.

[8] S. Nara and Y. Miyazaki, "Influence of Variation in Material Strength on Ultimate Strength of Stainless Steel Plates under In-Plane Bending and Compression."

[9] N. L. Svensson, "The bursting pressure of cylindrical and spherical vessels," *J. Appl. Mech.*, vol. 25, no. 1, pp. 89–96, 1958.

[10] R. Huston and H. Josephs, *Practical stress analysis in engineering design*. CRC Press, 2008.

[11] Y. Yihui, L. Xinfu, S. Yin, T. YUN, M. JUN, L. YUANDONG, and Y. SHAORONG, "Amendment and reconstruction of empirical formulas calculating bursting pressure of special spherical vessels (I)," in *Proceedings of the 10th asia-pacific conference on enginnering plasticity and its applications, Wuhan, China*, 2010.

[12] H. L. Brode, "Numerical solutions of spherical blast waves," *J. Appl. Phys.*, vol. 26, no. 6, pp. 766–775, 1955.

[13] W. E. Baker, *Explosions in air*. University of Texas Press, 1973.

[14] M. R. Baum, "The velocity of missiles generated by the disintegration of gas-pressurized vessels and pipes," *J. Press. Vessel Technol.*, vol. 106, no. 4, pp. 362–368, 1984.

[15] D. A. Crowl and J. F. Louvar, *Chemical process safety: fundamentals with applications*. Pearson Education, 2001.

[16] Engineering Eye, "AUTODYN." [Online]. Available: http://www.engineering-eye.com/AUTODYN/.

[17] C. Y. Tham, "Numerical and empirical approach in predicting the penetration of a concrete target by an ogive-nosed projectile," *Finite Elem. Anal. Des.*, vol. 42, no. 14, pp. 1258–1268, 2006.

[18] J. Zukas, *Introduction to hydrocodes*. Elsevier, 2004.

[19] G. R. Liu and M. B. Liu, *Smoothed Particle Hydrodynamics: A Meshfree Particle Method*. World Scientific, 2003.

[20] A. Mébarki, Q. B. Nguyen, and F. Mercier, "Structural fragments and explosions in industrial facilities: Part II – Projectile trajectory and probability of impact," *J. Loss Prev. Process Ind.*, vol. 22, no. 4, pp. 417–425, Jul. 2009.

[21] L. M. Milne-Thomson, *Theoretical aerodynamic*. Macmillan, 1966.
[22] D. Sun, J. Jiang, M. Zhang, Z. Wang, G. Huang, and J. Qiao, "Parametric approach of the domino effect for structural fragments," *J. Loss Prev. Process Ind.*, vol. 25, no. 1, pp. 114–126, 2012.
[23] A. Mebarki, R. A. Saada, Q. B. Nguyen, F. Mercier, F. Meftah, and M. Reimeringer, "Mechanical behavior of metallic plates under metallic rods impact and industrial risks," in *International Conference on Computational & Experimental Engineering and Sciences (ICCES'05)*, 2005.

# ¿PSM[1] es un Sistema de Gestión paralelo?

**Sylvana Velazco Céspedes**
**svelazco@pluspetrol.net**

Prepared for Presentation at
American Institute of Chemical Engineers
7th Latin American Conference on Process Safety
Lima, Peru
August 22-23, 2016

AIChE shall not be responsible for statements or opinions contained within papers or printed in its publications

[1] PSM: Process Safety Management

# ¿PSM es un Sistema de Gestión paralelo?

**Sylvana Velazco Céspedes**
**Avenida República de Panamá 3055 – Piso 8 San Isidro**
**svelazco@pluspetrol.net**

**Keywords:** Sistema integrado de gestión, seguridad de los procesos, gestión de riesgos, gestión por procesos

## Abstract

Este trabajo muestra el proceso de integración de un sistema de gestión de seguridad de los procesos (basado en las *Guidelines for Risk Based Process Safety* de CCPS y/o el estándar OSHA 1910.119) con un sistema integrado de gestión basado en las Normas Internacionales ISO 9001 (Gestión de la Calidad), ISO 14001 (Gestión Ambiental) y OHSAS 18001(Gestión de la Seguridad y Salud Ocupacional) ya existentes en una organización del sector energético en Perú; cuyos principales factores de integración han sido el enfoque basado en procesos y la gestión de riesgos. Esta integración no será posible sin el liderazgo y compromiso de cada colaborador.

## 1 Introducción

Podemos encontrar una serie de modelos de gestión que vienen asegurado la mejora continua de las compañías, permitiéndoles una respuesta oportuna a las expectativas de los grupos de interés que se encuentran en constantes cambios. Con el tiempo, las compañías han visto la necesidad de ir integrando y simplificando la gestión, buscando permanentemente modelos que las conduzcan hacia la excelencia.

En las dos primeras secciones revisaremos el marco documentario desde el enfoque legal, científico y empírico. Veremos que los diferentes sistemas de gestión exigidos por normativa legal peruana nos pueden llevar a implementar sistemas de gestión en paralelo. Sin embargo, diferentes autores nos convencerán de que existen mecanismos comprobados para la integración de sistemas y que su aplicabilidad dependerá de la naturaleza de la organización.

La tercera sección y posiblemente la que tiene mayor contribución, es el desarrollo de los dos criterios de integración: el enfoque basado en procesos y la gestión de riesgos. Una vez con la estructura definida en un mapa de procesos, se comienza a describir en la siguiente sección los requerimientos y expectativas mínimas que deberán estar desarrollados en cada proceso.

Finalmente, se muestra la evolución del modelo de un sistema integrado de gestión según IOGP (The International Association of Oil and Gas Producers), publicando en el año 2104 el *Operating Management System Framework (OMS)– Report 510* el cual nos sirve como referencia para la agrupación de los procesos, previo análisis de la cultura y complejidad de la organización.

## 2 Revisión del marco legal peruano sobre sistemas de gestión.

A continuación se presenta un breve compendio de normas legales peruanas que abordan el requerimiento de contar con Sistemas de Gestión en nuestras organizaciones.

### *2.1.Ministerio de Trabajo*

La Ley 29783 Ley de Seguridad y Salud en el Trabajo, la que encabeza una serie de normas legales relacionadas a la gestión de la seguridad y salud ocupacional en el Perú, establece la obligación de implementar, mantener y mejorar un Sistema de Gestión de Seguridad y Salud en el Trabajo, a todos los empleadores del sector público y privado del territorio peruano. [1]

### *2.2.Ministerio de Transportes y Comunicaciones*

La Ley del Sistema Portuario Nacional, Ley Nº 27943 establece que los puertos y terminales del Sistema Portuario Nacional, públicos y privados, deben lograr su certificación de un sistema de gestión internacionalmente homologado de calidad [...] [2]

Así mismo, la RAP 139 "Certificación de Aeródromos" de las Regulaciones Aeronáuticas del Perú, especifica la obligación de contar con un Sistema de gestión de seguridad (SMS) del explotador del aeródromo, en el que: *(1) identifique los peligros de seguridad operacional, (2) asegure la aplicación de las medidas correctivas necesarias para mantener un nivel aceptable de seguridad operacional, (3) prevea la supervisión permanente y la evaluación periódica del nivel de seguridad operacional logrado; y (4) tenga como meta mejorar continuamente el nivel global de seguridad operacional.* [3]

Estas normativas no son ajenas al sector energético ya que encontramos estas instalaciones para las actividades de logística y despacho en los diferentes proyectos. Por ejemplo: despacho de hidrocarburos desde terminales marinos, transporte del personal, etc.

### *2.3.Ministerio de Energía y Minas*

El Decreto Supremo N° 081-2007 EM Aprueban el reglamento de transporte de hidrocarburos por ductos señala en sus disposiciones generales del Anexo 2 la obligación de que cada operador implemente un Sistema de Integridad de Ductos, basado en estudios de riesgos (HAZOP). [4]

Por otro lado, el Decreto Supremo 023-2015-EM Modifican el Reglamento de Normas para la Refinación y Procesamiento de Hidrocarburos, aprobado por Decreto Supremo N° 051-93-EM, indica en su artículo 33 la necesidad de que las Refinerías y Plantas de Procesamiento de Hidrocarburos deberán contar con un Sistema de Gestión de Seguridad de Procesos, el mismo que deberá ser elaborado tomando como referencia lo indicado en el estándar OSHA 1910.119. [5]

Antes de continuar, intentemos responder las siguientes preguntas: ¿Cómo integramos estos requerimientos legales en nuestras organizaciones? ¿Tendremos que implementar sistemas de gestión paralelos para cumplir con cada autoridad? ¿Esto es eficiente? ¿Realmente tenemos hoy sistemas integrados de gestión en nuestras organizaciones?

# 3 Revisión de literatura sobre Sistema Integrado de Gestión (SIG)

No podemos describir un único modelo para la integración de sistemas de gestión, ya que resulta previsible pensar que los modelos de sistemas integrados sean diseñados de acuerdo a cada organización; así, la definición del SIG tampoco resultaría única. Esta cuestión se evidencia en la tabla 1 en el que se recoge una compilación de las definiciones y principales aportaciones de la literatura.

**Tabla 1. Investigaciones en integración de sistemas de gestión**

| Autores | Principales definiciones y aportes |
|---|---|
| Weiler et al. (1997) | Modelo de mejora continua: compromiso, planificación, implantación, medida, revisión de la gestión. Objetivos: integración, alineamiento con los objetivos estratégicos, con especial relevancia de la comunicación a todos los niveles. |
| Karapetrovic y Willborn (1998) | Único sistema formado por subsistemas de función específica que pierden completamente sus identidades únicas: "sistema de sistemas". |
| Winder (2000) | Plantea 14 reglas para la integración, destacando importancia del compromiso de gerencia, decisión del tipo de SIG y objetivos comunes. Bases del SIG: política, programas, procedimientos y planificación, comunes para toda la organización. |
| Wilkinson y Dale (2000) | Cinco elementos claves: diferente comprensión al concepto "integración", simplificación de terminología, diferencias en objetivos dificulta proceso, integración basada en la calidad total para la mejora los resultados, importancia de la cultura. |
| Karapetrovic (2002) | Dos categorías: sistemas de gestión y auditorias, con el objetivo de aumentar el rendimiento de la empresa. Tres niveles de integración: documentación (alineación de procesos clave), objetivos y recursos, y sistema "todo en uno". |
| Beckmerhagen et al. (2003) | Proceso de unificar las diferentes funciones específicas de los sistemas de gestión en un único sistema de gestión integrado más efectivo. |
| Karapetrovic (2003) | Procesos interconectados que comparten los mismos recursos para lograr los objetivos relacionados con la satisfacción de una amplia variedad de grupos de interés. |

| | |
|---|---|
| Karapetrovic y Jonker (2003) | La integración proporciona sinergias y ahorros para la organización. Dos niveles: alineación de estándares e integración en un único sistema. Tres modelos de integración: por procesos, PHVA (Planificar, Hacer, Verificar y Actuar) y armonizando, alineando e integrando los diferentes sistemas de gestión. |
| McDonald et al. (2003) | Tres procesos: revisión de la gestión, control operacional y auditorias internas. Único sistema para cada organización, diferentes sistemas para todos. |
| Fresner y Engelhardt (2004) | Combinación de sistemas de gestión basado en análisis de los procesos claves y definición de elementos comunes: comprensión de las actividades productivas, planificación sistemática, implementación, control, auditoria y mejora. |
| Zutshi y Sohal (2005) | Condicionantes: complejidad de la organización, relación de aspectos medioambientales con procesos claves, integración de la documentación de sistemas de calidad y medioambiental. Cultura, naturaleza y tamaño de la empresa condicionan el proceso. |
| Jørgensen et al. (2006) Jørgensen (2007) | Tres niveles de integración: correspondencia (entre referencias y coordinación interna), comprensión (procesos y tareas genéricas) e integración (creación de cultura de aprendizaje, participación de los partes interesadas y mejora continua). |
| Zeng et al. (2006) | Factores internos y externos condicionan la implantación. Internos: recursos humanos, estructura y cultura de la organización. Externos: grupos de interés, organismos certificadores y entorno institucional. Modelo de sinergias en tres niveles: estratégico, estructura organizativa y documentación. |

Fuente: Heras et al [5]

El concepto propuesto por Karapetrovic y Willborn (1998) y Karapetrovic (2003), tomado del trabajo de Carmona y Rivas (2010), se ve reflejado en el desarrollo del presente trabajo. Ellos indican que un sistema integrado de gestión es un conjunto de *proceso[2]s interconectados que comparten los mismos recursos (humanos, materiales, infraestructura, información, y recursos financieros) para lograr los objetivos relacionados con la satisfacción de una amplia variedad de grupos de interés*; podemos concluir que un sistema integrado de gestión queda caracterizado por la pérdida de identidad de los subsistemas. [7]

Partiendo de este concepto, se relevan los principales factores de integración descritos por los diferentes autores, identificando: el enfoque basado en procesos y la gestión de riesgos.

---

[2] Proceso: Conjunto de actividades mutuamente relacionadas o que interactúan, las cuales transforman elementos de entrada en resultados [11]

CCPS, en su Guideline for Integrating Process Safety Management, Environment, Safety, Health, and Quality propone la utilización de un Sistema de Gestión de Calidad, basado en la familia ISO 9001 y TQM (Total Quality Management), para diseñar el marco de integración entre PSM y EHS (Environment, Health and Safety). [8]

Así mismo, la norma UNE 66177:2005 (apartado 5.3.1) considera la gestión por procesos como el mejor método para la integración de los sistemas de gestión [9]. Unos años antes, Ferguson Amores et al. (2002) ya concluían, que la integración sobre la base de los procesos es el modo más eficaz, frente a otras estrategias de integración, como la integración por políticas o la integración cultural. [7]

Por otro lado, el enfoque metodológico para la integración aportado por Labodová (2004), señala que el *análisis de riesgos es el pilar para la integración* [...]. *Son los procesos la fuente de los riesgos relacionados con las diferentes partes interesadas con las que interactúan. Por este motivo, parece claro y obvio que es necesario centrar la atención en los procesos como vía para llevar a cabo el análisis y la gestión de los riesgos, y la integración de sistemas.* [7]

Para A. Badreddine *et al* (2009), la *gestión del riesgo es el factor común entre cada sistema de gestión* en el que se identifica cada fuente de riesgo, el sistema de destino para su control y conduce al logro de los objetivos asignado a cada sistema. [10]

# 4 Integración basada en el enfoque de procesos y riesgos

Al hablar sobre el enfoque basado en procesos, debemos plantear a nuestras organizaciones, la necesidad de una *gestión transversal, cruzando las barreras entre diferentes unidades funcionales y unificando sus enfoques hacia las metas principales de la organización* [12]. Posiblemente, esta sea una de las principales barreras que encontremos durante la implementación de un sistema de gestión basado en procesos.

La figura N°1 grafica lo descrito por Beltran *et al* [11] referente a un sistema de gestión basado en procesos, el cual ayuda a establecer las *metodologías, las responsabilidades, los recursos, las actividades*, etc. que permitan a las organizaciones a estar *orientadas a la obtención de sus objetivos*.

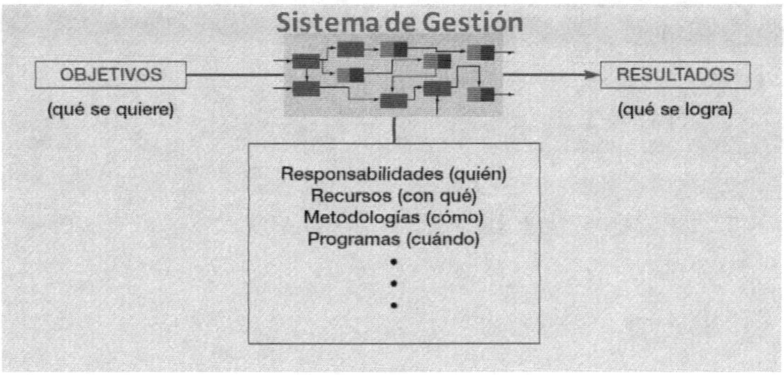


Figura N° 1. El Sistema de Gestión basado en procesos para la obtención de resultados

Elaborador por: J. Beltran *et al* [11]

¿Cuántos procesos identificar? Esta suele ser la primera pregunta con la que nos encontramos al querer adoptar el enfoque de gestión por procesos. Ante esta duda, es necesario recordar que los procesos ya existen dentro de una organización, de manera que el esfuerzo se debería centrar en identificarlos y gestionarlos de manera apropiada. Habría que plantearse, por tanto, *cuáles de los procesos son los suficientemente significativos como para que deban formar parte de la estructura de procesos y en qué nivel de detalle.* [11]

Durante la identificación de procesos, se utilizaron como principales factores para la selección de los procesos:

- La visión y misión de la organización, y
- La gestión de los riesgos, entendiendo riesgo como el *efecto de la incertidumbre en la consecución de los objetivos* (Norma ISO 31000:2009) [13]

La figura N° 2 muestra el resultado de esta identificación.

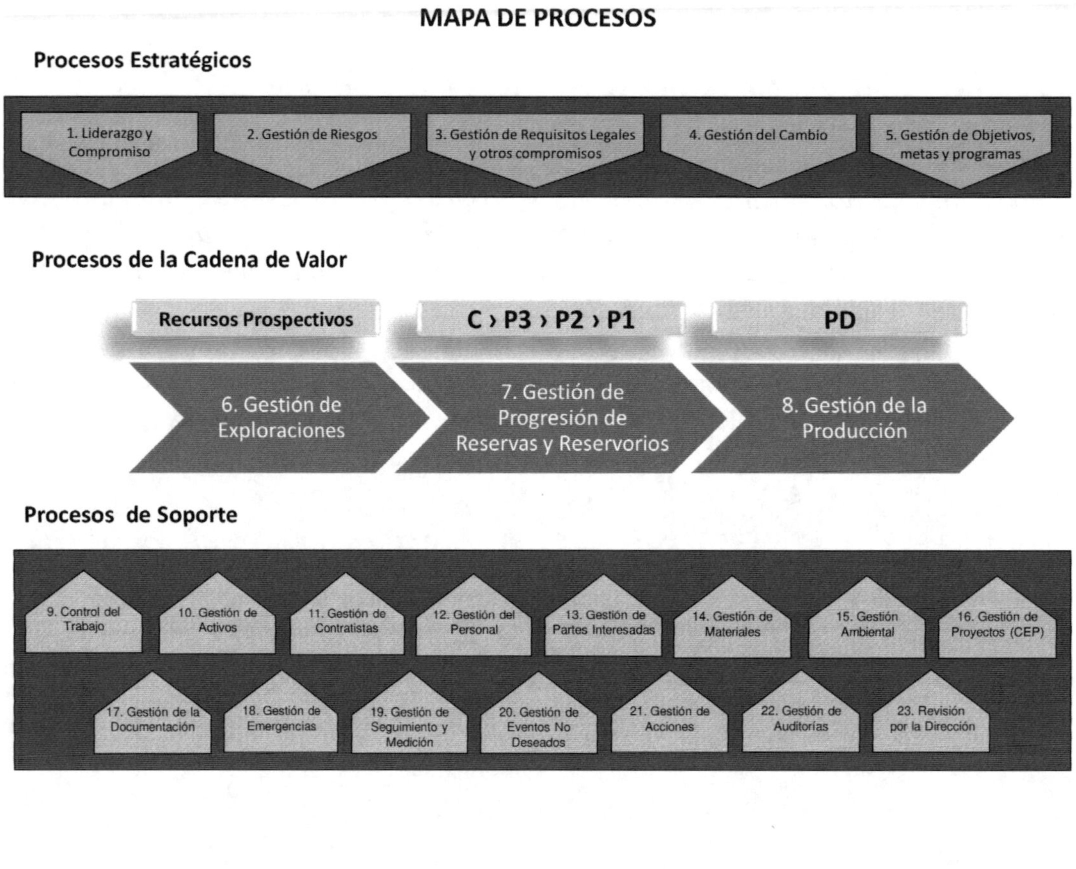

Figura N° 2. Mapa de Proceso[3] propuesto

# 5 Requisitos y expectativas en cada proceso

En la Tabla 2 se describen las normas y estándares internacionales incluidos en el alcance de este documento:

**Tabla 2. Normas y estándares involucrados en este trabajo**

| Norma/ Estándar Internacional | Requisito legal y otros | Enfoque | Objetivo |
|---|---|---|---|
| ISO 9001:2015 | [2] | Gestión de la Calidad | Satisfacer al cliente |
| ISO 14001:2015 | Exigencia del acreedor | Gestión Ambiental | Prevenir la contaminación |
| OHSAS 18001:2007 | [1] | Gestión de Seguridad y Salud en el Trabajo | Prevenir incidentes de seguridad y salud en el trabajo |
| PSM RB - CCPS | No precisa | Gestión de Seguridad de los Procesos basado en riesgos | Prevenir eventos catastróficos |
| OSHA 1910.119 | [4] | Gesión de Seguridad de los Procesos | Prevenir eventos catastróficos |

La Tabla 3: Correspondencia de los requisitos y expectativas con los procesos de la organización, muestra la ubicación de cada requisito y expectativa de las diferentes normas y estándares, en los procesos enlistados como elementos en la columna ubicada en el extremo derecho. Estos elementos son como una pieza del "gran rompecabeza" graficado en el Mapa de procesos (Grafico 1). Por lo tanto, cuando mencionamos elementos[4] del sistema de gestión, estamos hablando de los procesos de la organización identificados y descritos en la sección anterior.

La propuesta de diseñar y desarrollar un sistema integrado de gestión basado en el enfoque de procesos y gestión de riesgos; asegura la flexibilidad de responder a diferentes partes interesadas combinando los diferentes elementos (piezas del rompecabezas) según el requerimiento.

## *5.1. Designación de un patrocinador*[5]

---

[3] *Un Mapa de Proceso es la representación gráfica de la estructura de procesos que conforman el sistema de gestión.* [11]

[4] Concepto de "Elemento", de acuerdo a CCPS: División básica de un sistema de gestión de seguridad de los procesos que correlaciona al tipo de trabajo que debe ser hecho. [14]

[5] Patrocinador = "Dueño del Elemento" de acuerdo a CCPS: Persona designada para realizar la supervisión general de un elemento en particular. Este papel es normalmente se asignado a alguien que tiene la gestión o supervisión

Para continuar con el diagnóstico, diseño y desarrollo de cada elemento, la Gerencia General (Alta Dirección del Sistema de Gestión) asigna un patrocinador para cada elemento y le pide periodicamente el reporte de desempeño de los objetivos y resultados asignados, el que es revisado en las reuniones de Revisión por la Dirección.

Este patrocinador, quien suele ser un gerente senior, tiene como principales responsabilidades, adicionales a su puesto de trabajo: asegurar la pertinencia de los procesos y subprocesos a lo largo del elemento asignado, mediar en caso de conflicto, referente para la organización sobre su elemento, analizar los resultados del proceso y establecer mejoras en el mismo.

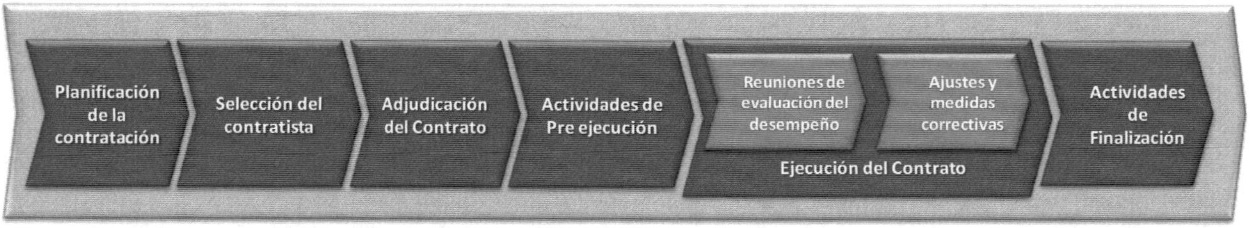


Figura N° 3. Elemento 11: Gestión de Contratistas

Por ejemplo, uno de los elementos a priorizar para una implementación es el elemento 11: Gestión de Contratistas (Ver figura N°3), debido a la naturaleza de las organizaciones del sector extractivo, donde un alto porcentaje de sus actividades son realizadas por empresas contratistas. Para este elemento, el patrocinador designado es el Gerente de Compras y Contrataciones, pero quienes deben hacer realidad el proceso son los administradores de contrato y los equipos de apoyo. Por lo tanto, el patrocinador mencionado se asegura de realizar auditorias al proceso, conversar con los diferentes roles y responsables, analizar los resultados de desempeño de los contratistas críticos (criticidad dada por la gestión de riegos) y proponer las mejoras pertinentes; con el fin de asegurar los resultados esperados de este proceso.

## 6 La proyección de los sistemas de gestión

Previo análisis de las características de la cultura organizacional, el liderazgo y compromiso de cada nivel jerárquico; así como la madurez de los principales procesos de la organización (incluyendo sus expectativas y requisitos mínimos para cada uno, los recursos y el patrocinador), se podrá definir el incio de la reagrupación de los procesos en un menor número de elementos, tal como lo describe esta sección.

En 1994, OGP publica su reporte 210 *Guidelines for the Development and Application of Health, Safety and Environmental Management System*, el cual provee una base para la gestión sistemática de los temas de EHS (Environmental, Health and Safety).

---

técnica de la mayor parte de las actividades de trabajo asociado con el elemento, no necesariamente alguien que realiza las actividades diariamente" [14]

20 años después, IOGP (The International Association of Oil and Gas Producers) e IPIECA publican *Operating Management System Framework (OMS)– Report 510* [15], documento que consolida el progreso en los sistemas de gestión, convirtiendose en una referencia para cualquier compañía de gas y petróleo. Este marco (ver figura N°4) tiene 4 principios: Liderazgo, gestión de riesgos, mejora continua e implementación, para una estructura de 10 elementos. Cabe resaltar que el término "*Operating*" se refiere a todo el ciclo de vida de las actividades de la compañía.

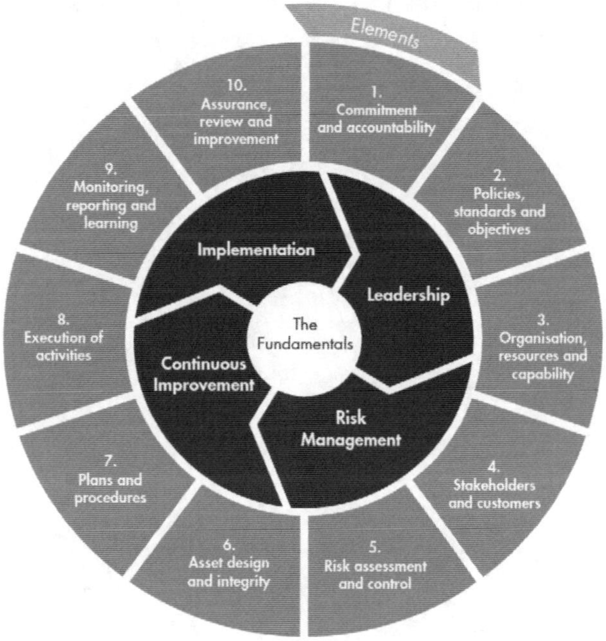


Figura N° 4: The Operational Management System Framework

Fuente: Report 510 - OGP and IPIECA.

# 7 Conclusión

Un sistema integrado de gestión está conformado por procesos interconectados que comparten los mismos recursos humanos, materiales, infraestructura, información, y recursos financieros, con el fin de lograr los objetivos relacionados con la satisfacción de una amplia variedad de grupos de interés. [7]

Los factores más relevantes para la integración de sistemas de gestión, son:

- Gestión de riesgos, y
- Enfoque basado en procesos

Por lo tanto, la integración de un sistema de gestión de seguridad de los procesos (PSM) basado en la *Guidelines for Risk Based Process Safety* de CCPS y/o en el estándar OSHA 1910.119; es totalmente integrable a cualquier sistema, estándar o norma de gestión, ya que está fundamentado en la gestión de riesgos y el cumplimiento de las expectativas y requisitos se describen a través de los procesos de la organización.

Esta integración no será posible sin el liderazgo y compromiso de los colaboradores, en una cultura organizacional generativa.

**Tabla 3: Correspondencia de los requisitos y expectativas con los procesos de la organización**

| Gestión de la Calidad | Gestión Ambiental | Gestión de Seguridad y Salud Ocupacional | Sistema de Gestión de Seguridad de los Procesos basada en riesgos | Gestión de la Seguridad de los Procesos | Procesos del SIG |
|---|---|---|---|---|---|
| ISO 9001:2015 | ISO 14001:2015 | OHSAS 18001 | CCPS | OSHA 1910.119 | |
| 4.3. Determinación del alcance del SGC<br>4.4. Sistema de gestión de la calidad y sus procesos<br>5 Liderazgo/ 7.1 Recursos | 4.3. Determinación del alcance del SGA<br>5.1. Liderazgo y compromiso/<br>5.2. Política Ambiental/ 7.1. Recursos | 4.2. Política | 1. Process Safety Culture<br>4. Workforce Involvement<br>15. Conduct of Operations | c) Employee Participation | **Elemento 1: Liderazgo y Compromiso** |
| 4.1. Comprensión de la Organización y de su contexto<br>6.1. Acciones para abordar riesgos y oportunidades | 4.1. Comprensión de las necesidades y expectativas de las partes interesadas<br>6.1.2. Aspectos Ambientales | 4.3.1. Identificación peligros, evaluación de riesgos y determinación de controles | 7. Hazard Identification and Risk Analysis | e) Process Hazard Analysis | **Elemento 2: Gestión de Riesgos** |
| 8.2 Requisitos paras los productos y servicios | 6.1.3. Requisitos legales y otros requisitos<br>9.1.2. Evaluación del cumplimiento | 4.3.2. Requerimientos legales y otros<br>4.5.2. Evaluación de cumplimiento | 2. Compliance with Standards | o) Compliance Audits | **Elemento 3: Gestión de los Requisitos Legales y otros** |
| 6.3. Planificación de los cambios | 6.1.2. Aspectos Ambientales | 4.3.1. Identificación peligros, evaluación de riesgos y determinación de controles | 13. Management of change | l) Management of Change | **Elemento 4: Gestión del Cambio MoC.** |
| 6.2. Objetivos para la calidad y planificación para lograrlos | 6.2. Objetivos ambientales y planificación para lograrlos (6.2.1. Objetivos/ 6.2.2. Planificación) | 4.3.3. Objetivos, metas y programas | 1. Process Safety Culture | c) Employee Participation | **Elemento 5: Gestión de Objetivos, Metas y Programas** |
| 8.1 Planificación y Control Operacional<br>8.2 Requisitos para los productos y servicios<br>8.3 Diseño y desarrollo de los productos y servicios<br>8.5 Producción y provisión del servicio<br>8.6 Liberación de los productos y servicios | 8.1. Planificación y control operacional | 4.4.6. Control Operacional | No refiere | No refiere | **Elemento 6: Gestión de Exploraciones** |
| 8.1 Planificación y Control Operacional<br>8.2 Requisitos para los productos y servicios<br>8.3 Diseño y desarrollo de los productos y servicios<br>8.5 Producción y provisión del servicio<br>8.6 Liberación de los productos y servicios | 8.1. Planificación y control operacional | 4.4.6. Control Operacional | No refiere | No refiere | **Elemento 7: Gestión de Progresión de Reservas y Reservorios** |
| 8.1 Planificación y Control Operacional<br>8.2 Requisitos para los productos y servicios<br>8.3 Diseño y desarrollo de los productos y servicios<br>8.5 Producción y provisión del servicio<br>8.6 Liberación de los productos y servicios | 8.1. Planificación y control operacional | 4.4.6. Control Operacional | 8. Operating Procedures<br>14. Operational Readiness | f) Operating Procedures<br>i) Pre -Startup Safety Review | **Elemento 8: Gestión de la Producción** |
| No refiere | No refiere | 4.4.6. Control Operacional | 9. Safe work Practices | k) Hot Work Permit | **Elemento 9: Control del Trabajo** |
| 8.1 Planificación y Control Operacional | 8.1. Planificación y control operacional | 4.4.6. Control Operacional | 10. Asset Integrity and Reliability | j) Mechanical Integrity | **Elemento 10: Gestión de Integridad de Activos** |
| 8.4 Control de los procesos, productos y servicios suministrados externamente | 8.1. Planificación y control operacional | 4.4.6. Control Operacional | 11. Contractor Management | h) Contractors | **Elemento 11: Gestión de Contratistas** |
| 5.3. Roles, responsabilidades y autoridades en la organización<br>7.2. Competencia<br>7.3. Toma de Conciencia | 5.3. Roles, responsabilidades y autoridades en la organización<br>7.2. Competencia<br>7.3. Toma de Conciencia | 4.4.1. Recursos, funciones, responsabilidad, responsabilidad laboral y autoridad/ 4.4.2. Entrenamiento, competencia y concientización | 3. Process Safety Competency<br>6. Process Knowledge Management<br>12. Training and Performance Assurance | g) Training | **Elemento 12: Gestión del Personal** |
| 4.2. Compresnión de las necesidades y expectativas de las partes interesadas<br>7.4. Comunicación | 4.2. Comprensión de las necesidades y expectativas de las partes interesadas<br>7.4. Comunicación (7.4.1. Generalidades/ 7.4.2. Comunicación interna/ 7.4.3. Comunicación externa) | 4.4.3. Comunicación, participación y consulta | 5. Stakeholder Outreach | d) Process Safety Information | **Elemento 13: Gestión de Partes Interesadas** |
| 4.2. Compresnión de las necesidades y expectativas de las partes interesadas | 8.1. Planificación y control operacional | 4.4.6. Control Operacional | 8. Operating Procedures<br>15. Conduct of Operations | f) Operating Procedures | **Elemento 14: Gestión de Materiales** |
| No refiere | 8.1. Planificación y control operacional | No refiere | No refiere | No refiere | **Elemento 15: Gestión Ambiental** |
| 8.1 Planificación y Control Operacional | 8.1. Planificación y control operacional | 4.4.6. Control Operacional | 14. Operational Readiness | i) Pre -Startup Safety Review | **Elemento 16: Gestión de Proyectos** |
| 7.5. Información Documentada | 7.5. Información documentada (7.5.1. Generalidades/ 7.5.2. Creación y actualización/ 7.5.3. Control de la información documentada) | 4.4.4. Documentación/ 4.4.5. Control de Documentos/ 4.5.4.Control de Registros | 2. Compliance with Standards<br>6. Process Knowledge Management<br>8. Operating Procedures | d) Process Safety Information<br>p) Trade Secrets | **Elemento 17: Gestión de la Documentación** |
| No refiere | 8.2. Preparación y respuesta ante emergencias | 4.4.7. Preparación y respuesta a emergencias | 16. Emergency Management | n) Emergency Planning and Response | **Elemento 18: Gestión Emergencias** |
| 9.1. Seguimiento, medición, análisis y evaluación<br>10. 1 Mejora. Generalidades/ 10.3 Mejoea Continua | 9.1. Seguimiento, medición, análisis y evaluación (9.1.1. Generalidades) | 4.5.1. Medición de desempeño y monitoreo | 18. Measurement and Metrics | o) Compliance Audits | **Elemento 19: Gestión del Seguimiento y Medición** |
| 8.7 Control de las Salidas no Conformes | 10.2. No conformidades y acción correctiva | 4.5.3.1. Investigación Incidentes | 17. Incident Investigation | m) Incident Investigation | **Elemento 20: Gestión de Eventos No Deseados** |
| 10.2 No Conformidad y acción correctiva | 10.2. No conformidades y acción correctiva | 4.5.3.2. No Conformidad, acción correctiva, acción preventiva | 17. Incident Investigation | m) Incident Investigation | **Elemento 21: Gestión de Acciones Correctivas/ Preventivas** |
| 9.2. Auditoría Interna | 9.2. Auditoría interna (9.2.1. Generalidades, 9.2.2. Programa de auditoría interna) | 4.5.5. Auditoría Interna | 19. Auditing | o) Compliance Audits | **Elemento 22: Gestión de Auditorias** |
| 9.3 Revisión por la Dirección | 9.3. Revisión por la dirección | 4.6.Revisión por la dirección | 20. Management Review and Continuous Improvement | o) Compliance Audits | **Elemento 23: Revisión por la Direccion** |

Fuente: Elaboración propia

# 8 Referencias

**[1] Ministerio de Trabajo, Ley 29783 Ley de Seguridad y Salud en el Trabajo, 2011, Lima**

**[2] Ministerio de Transporte y Comunicaciones, Autoridad Portuaria Nacional, Ley N° 27943 Ley del Sistema Portuario Nacional, 2003, Lima**

**[3] Ministerio de Transportes y Comunicaciones, RAP 139 "Certificación de Aeródromos" de las Regulaciones Aeronáuticas del Perú, Lima**

**[4] Ministerio de Energía y Minas, Decreto Supremo 023-2015-EM Modifican el Reglamento de Normas para la Refinación y Procesamiento de Hidrocarburos, aprobado por Decreto Supremo N° 051-93-EM, 2015, Lima**

**[5] Ministerio de Energía y Minas, Decreto Supremo N° 081-2007 EM Aprueban el reglamento de transporte de hidrocarburos por ductos, 2007, Lima**

**[6] I. Heras Saizarbitoria, M. Bernardo and M. Casadesús, La integración de sistemas de gestión basados en estándares internacionales: Resultados de un estudio empírico realizado en la Comunidad Autónoma del País Vasco, Revista de Dirección y Administración de Empresas, Número 14, 2007, págs. 155-174.**

**[7] M.A. Carmona y M.A. Rivas, Desarrollo de un modelo de sistema integrado de gestión mediante un enfoque basado en procesos, 4th Conferencia Internacional en Ingeniería Industrial y Gestión Industrial. XIV Congreso de Ingeniería de Organización Donostia-San Sebastián, (2010), 1555-1564.**

**[8] CCPS. Guidelines for Integrating Process Safety Management, Environment, Safety, Health and Quality, Center for Chemical Process Safety, American Institute of Chemical Engineers, New York, 1996**

**[9] AENOR. UNE 66177:2005. *Guía para la integración de los sistemas de gestión*, Asociación Española de Normalización y Certificación, Madrid, 2005.**

**[10] A. Badreddine, T. Ben Romdhane, N. Ben Amor, A New Process-Based Approach for Implementing an Integrated Management System: Quality, Security, Environment, International MultiConference of Engineers and Computer Scientists Vol II IMECS, Hong Kong, 2009**

**[11] J. Beltran, M. Carmona, R. Carrasco, M. Rivas and F. Tejedor, Guía para una gestión basada en procesos, Instituto Andaluz de Tecnología, en: http://www.centrosdeexcelencia.com/dotnetnuke/portals/0/guiagestionprocesos.pdf cuyo acceso fue el 01 de Julio, 2016**

**[12] AENOR, Secretaría del ISO/TC 176/SC 2 Orientación sobre el Concepto y Uso del Enfoque basado en procesos para los sistemas de gestión, en:**

http://www.aenor.es/aenor/especial/iso9000/documentacion/ISO_TC%20176_SC%202_N%20544R3.pdf **cuyo acceso fue el 01 de Julio, 2016**

**[13] ISO, ISO 31000:2009 Norma de Gestión de Riesgos – principios y directrices.**

**[14] CCPS of AIChE, Guidelines for Risk Based Process Safety. Center for Chemical Process Safety of American Institute of Chemical Engineers, New Jersey, 2007**

**[15] IOGP e IPIECA, Report 510 - Operating Management System, the International Association of Oil and Gas Producers, 2014**

**[16] ISO, ISO 14001:2004, Sistemas de Gestión Medioambiental. Especificaciones y directrices para su utilización.**

**[17] ISO, ISO 9001:2015 Sistemas de Gestión de la Calidad. Requisitos.**

**[18] AENOR, Sistemas de Gestión de la Seguridad y Saluden el Trabajo. Especificación. OSHAS 18001:2007. Madrid, AENOR, 2007.**

7TH CCPS LATIN AMERICAN CONFERENCE ON PROCESS SAFETY

# Consistencia entre las estadísticas de falla en el campo y las predicciones de falla de los análisis FMEDA para los SIS

**Alejandro Esparza**
**exida**
**Giorgione 6, Colonia Mixcoac, México, D.F. 03910**
**aesparza@exida.com**

**Jonathan De Los Santos**
**exida**
**Giorgione 6, Colonia Mixcoac, México, D.F. 03910**
**jdlsantos@exida.com**

Copyright © 2016 exida Consulting LLC

Prepared for Presentation at
American Institute of Chemical Engineers
2016 Spring Meeting
7th Latin American Conference on Process Safety
Lima, Peru
August 22-23, 2016

AIChE shall not be responsible for statements or opinions contained
within papers or printed in its publications

# Consistencia entre las estadísticas de falla en el campo y las predicciones de falla de los análisis FMEDA para los SIS

**Alejandro Esparza**
**exida**
**Giorgione 6, Colonia Mixcoac, México, D.F. 03910**
**aesparza@exida.com**

**Jonathan De Los Santos**
**exida**
**Giorgione 6, Colonia Mixcoac, México, D.F. 03910**
**jdlsantos@exida.com**

**Keywords:** SIS, SIF, SIL Verification, Reliability Data, Failure Rates, FMEDA

## Abstracto

La optimización en el diseño de los sistemas instrumentados de seguridad (SIS) es una de las muchas ventajas de los estándares de seguridad funcional IEC 61511 e ISA 84. Estos estándares se basan en el desempeño (por ejemplo, en la confiabilidad), no en la prescripción de soluciones pre-definidas (por ejemplo, redundancia), dando a los diseñadores del SIS la oportunidad de utilizar una gran variedad de diferentes tecnologías, así como de combinaciones de esquemas de redundancia, para proteger adecuadamente contra algún peligro del proceso que haya sido identificado, y cuyo riesgo haya sido valorado como no tolerable. Sin embargo, para que los cálculos de desempeño sean válidos, es indispensable contar con muy buenos datos de confiabilidad (por ejemplo, tasas de falla) de los instrumentos que sean usados como capas de protección. Existe una técnica de análisis predictivo llamada Análisis de Modos, Efectos y Diagnósticos de Fallas (FMEDA), que en conjunto con una buena base de datos de falla de componentes, puede predecir las tasas de falla de instrumentos, considerando tanto la fortaleza de su diseño, como las características de la aplicación en el cual será utilizado. Pero esta técnica FMEDA no es sólo un análisis de laboratorio que esté alejada de la realidad del usuario final, este método ha sido calibrado con el historial de fallas en campo (datos de fallas reales) a lo largo de más de 150,000 millones de horas acumuladas de operación, durante los últimos 15 años.

## 1 Introducción

Las normas de seguridad funcional [1,2] han proporcionado un marco lógico para la administración del ciclo de vida de protecciones automáticas, también llamadas funciones instrumentadas de seguridad (SIF), en las industrias de proceso. Desde el documento pionero realizado por ISA [3] en 1996, a través de las actualizaciones más recientes de las normas IEC, estos métodos han crecido hasta convertirse en práctica común global. Uno de los conceptos esenciales de estas normas es el uso del análisis probabilístico para proporcionar una medida del desempeño para cualquier diseño específico. Un diseñador de Sistemas Instrumentados de Seguridad (SIS) crea un diseño de instrumentación y obtiene las tasas de falla para todos los dispositivos en un SIF. El análisis probabilístico de fallas, utilizando esos datos, va a determinar si el diseño en cuestión cumple con los objetivos de reducción de riesgo, los cuales normalmente son determinados mediante algún tipo de análisis de procesos y riesgos del proceso (por ejemplo, un HAZOP).

## 2 Fuentes de Tasas de Fallas

Los datos de tasas de falla que sean utilizados en el análisis probabilístico de falla (análisis de confiabilidad) deben ser realistas, ya que:

- Si los datos de tasas de falla utilizados para el análisis de confiabilidad son demasiado optimistas, podría darse como resultado que el diseño del sistema de seguridad no cubra los requisitos de reducción del riesgo del proceso, ocasionando una menor seguridad en la operación del proceso.

- Por otro lado, si los datos de tasas de falla utilizados son demasiado conservadores, podría darse como resultado un sistema de seguridad sobredimensionado, conduciendo a una mayor predisposición a disparos en falso (tiempo de inactividad de la planta) y por supuesto, a un mayor costo de operación.

Hay dos técnicas fundamentales para obtener datos de fallas, tal y como se menciona a continuación.

### 2.1 Técnicas de estimación de la tasa de fallas basándose en datos de fallas en campo

Los datos de falla se pueden obtener de varias fuentes: bases de datos de la industria, estimaciones de comités, análisis de garantía del fabricante, y bases de datos de fallas propias de cada compañía. Las bases de datos de la industria reúnen datos de fallas de campo y publican los resultados obtenidos. Una de las más útiles para las industrias de proceso es la Offshore Reliability Data (OREDA) [4]. Los datos de falla son obtenidos de compañías miembro que operan en el Mar del Norte, analizados por SINTEF en Noruega y publicados. SINTEF publica el PDS Data Handbook [5], basado en un número de fuentes, incluyendo los datos de OREDA. El manual de datos PDS presenta datos genéricos que no son específicos de algún producto en particular, y que incluye la tasa de fallas seguras, tasa de fallas peligrosas, cobertura de diagnóstico, factores y estimaciones de causa común. El proceso de recolección de datos es muy completo con todas las fallas registradas, tanto las relacionadas con los productos (fallas del equipo en sí), como las relacionadas con el sitio (por ejemplo, errores de mantenimiento) [6].

Muchas organizaciones / compañías han creado su propia lista de tasas de fallas. En algunos ejemplos, un comité se reúne y calcula las tasas de fallas, basándose en la experiencia de los miembros de dicho comité. Los métodos utilizados son rara vez publicados, pero esos números son útiles para propósitos de comparación, ya que representan una opinión de gente con experiencia en el tema.

Algunos fabricantes analizan sus datos de reclamos de garantía por parte de sus clientes y publican las tasas de falla. Esta información puede ser útil para algunos propósitos, pero las definiciones y limitaciones causan problemas. Los fabricantes suelen utilizar una definición estrecha de "falla" que excluye a muchos de los equipos devueltos. Por lo tanto, una revisión a detalle muestra muchas devoluciones clasificadas como "no falla" o "no problema encontrado" o "mal uso por el cliente". Dadas las limitaciones de no saber qué porcentaje de unidades se regresan al fabricante (no todos los clientes notifican al fabricante de fallas en sus equipos) y la imposibilidad de conocer las horas de funcionamiento en campo, las tasas de fallas tienden a ser bastante optimistas y, por lo tanto, no convenientes para la verificación de alguna SIF (análisis probabilístico de fallas). Sin embargo, los datos pueden utilizarse para generar números de límite superior y límite inferior, que son útiles para propósitos de comparación.

Las bases de datos de fallas, creadas por las mismas compañías operadoras, representan un gran potencial para proporcionar datos realistas de fallas. Aunque auditorías al proceso de recolección de datos [7] han demostrado diferencias sustanciales en los métodos utilizados en esta actividad, el mayor problema es la definición de "falla". La definición de falla varía considerablemente de un sitio a otro, con diferencias resultantes en las tasas de falla de dos a veinte veces (2X a 20X). Dado buenas definiciones de fallas, según lo utilizado por SINTEF, y definiciones claras de lo que está incluido en los datos, los resultados del análisis pueden ser la más valiosa fuente de datos. DOW publicó un estudio de su sistema de recolección de datos de fallas en campo [8]. Los métodos utilizados fueron revisaron con EXIDA, durante una serie de reuniones con DOW en los Países Bajos, y se describieron los detalles de los dispositivos incluidos. En opinión del autor, este estudio representa los datos de falla claramente definidos y realistas.

## 2.2 Análisis de Modos, Efectos y Diagnósticos de Falla (FMEDA)

Un problema significativo con todas las técnicas de recolección de datos de campo, es que a menudo un producto se vuelve obsoleto antes de que se hayan recolectado datos suficientes como para obtener una tasa de falla estadísticamente válida. Era evidente que cuando se debatían las normas actuales de seguridad funcional, un método predictivo de fallas era necesario tanto para nuevos productos, como para productos donde se habían reunidos pocos datos en campo.

La técnica FMEDA fue desarrollada por ingenieros de EXIDA, como un medio para predecir, no sólo las tasas de falla, sino también los modos de falla, efectividad de los autodiagnósticos y la vida útil del equipo en cuestión. El método se basa en la complejidad y la resistencia del diseño de un producto. El método FMEDA considera al diagnóstico automático que se estaba desarrollando en el tiempo en que dicho método fue desarrollado. La técnica fue publicada por primera vez en 1992 como "Coverage Analysis" en el Capítulo 6 de [9] y posteriormente llamada FMEDA [10, 11].

El método FMEDA examina cada componente en el diseño de un producto. Para cada componente, se enumeran todos los modos de falla y se realiza un análisis para determinar el impacto de ese modo de falla del componente específico en el producto global. Un FMEDA es verificado por un sistema de pruebas de simulación / inyección de fallas, que se hace para simular el modo de falla del componente en el producto real.

Se requieren datos de falla para cada componente. Los datos de este componente provienen de una base de datos de componentes que debe incluir tanto las tasas de falla, como las distribuciones de modos de falla de cada componente. Muy importante es que dicha distribución de modos de falla debe estar en función del perfil ambiental de operación (condiciones de estrés esperado) [12]. La vida útil de cada componente debe figurar también en función del perfil de operación. Tanto los componentes electrónicos, como los mecánicos, deben ser incluidos [13]. Un FMEDA puede proporcionar predicciones realistas de las tasas de fallas para cada modo de falla y durante toda la vida útil del equipo. Sin embargo, el método FMEDA puede generar resultados absurdos si el analista que realice el FMEDA no utilice una buena base de datos de fallas de componentes. Por lo tanto, es esencial que estas tasas de falla de componentes estén siendo comparada constantemente con datos reales de fallas en campo.

## 3 Comparación de los resultados del FMEDA de EXIDA con los datos de fallas en campo

Aunque son deseables más datos, las comparaciones con los resultados actuales pueden ser esclarecedoras. Consideremos un transmisor de presión. La figura 1 muestra varios números de tasas totales de falla total de FMEDA de EXIDA, comparados con respecto a los datos de campo de DOW [8]. El promedio de los resultados FMEDA de varios diseños diferentes de transmisores es igual a 5.02E-07/hr, en comparación con el número de DOW de 4.96E-07/hr. Esta diferencia es extremadamente estrecha, dada la incertidumbre de los resultados, siempre presente en cualquier análisis probabilístico.

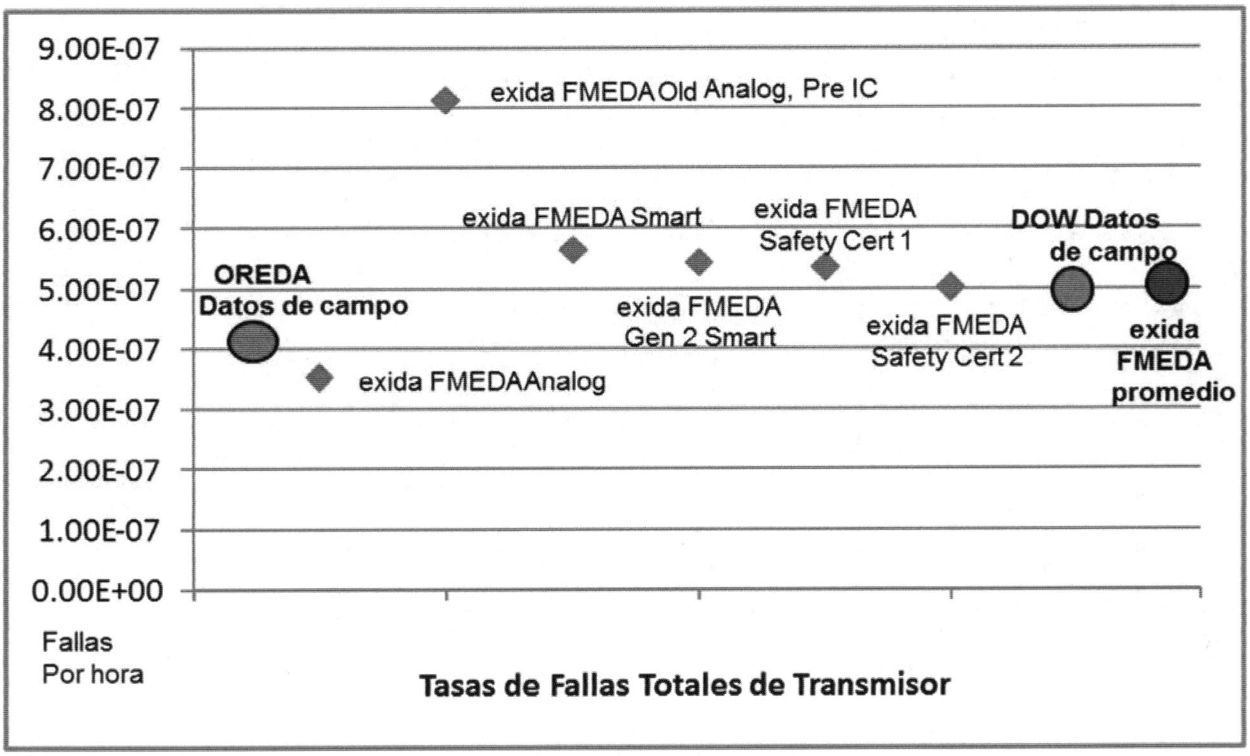


**Figura 1: Comparación de las Tasas de Falla Totales de Transmisor de Presión**

El PDS Handbook basado en OREDA establece claramente que sus números de transmisor de presión incluyen "al elemento sensor, electrónica local y válvulas de aislamiento de proceso / conexiones de proceso." Por lo tanto, estos números no puedes proporcionar ninguna comparación útil, ya que ninguno de los anteriores números incluye a las válvulas de aislamiento o conexiones de proceso. OREDA Volume 1 [4] afirma que la tasa de fallas media para transmisores de presión (taxonomía 4.2.3) es 4.2E-07 fallas por hora. Está también muy cerca de los resultados del FMEDA, pero puede indicar que los números de tasas de falla del FMEDA son ligera y conservadoramente altos.

La técnica FMEDA puede utilizarse también para dispositivos mecánicos [13, 14]. Una comparación de números de tasas totales de falla para válvulas de solenoide se muestra en la figura 2. Los resultados del FMEDA distinguen la diferencia entre diseños de válvula solenoide. La diferencia de complejidad entre los diseños (tipo spool y poppet) es significativa y se muestra en las tasas de falla prevista. Los ingenieros de DOW confirmaron que sus datos consideran ambos tipos de válvulas solenoide. El promedio de los FMEDA de dos válvulas de cada tipo (cuatro en total) es mayor que el número de DOW, pero bien dentro de un rango razonable. El libro de datos de OREDA proporciona datos de tasas de falla sólo para ensambles de elemento final. Por lo tanto, no se encontró información aplicable a una válvula solenoide.

Es importante comparar las tasas de fallas publicadas contra estudios realistas de fallas en campo. Algunos han publicado datos de confiabilidad que parecen ser poco realistas. Dos puntos de datos, un punto de datos obtenido de la garantía del fabricante [15], y otros números publicados basados en "FMEA" para una válvula de solenoide [16], están muy por debajo de todos los puntos de datos.

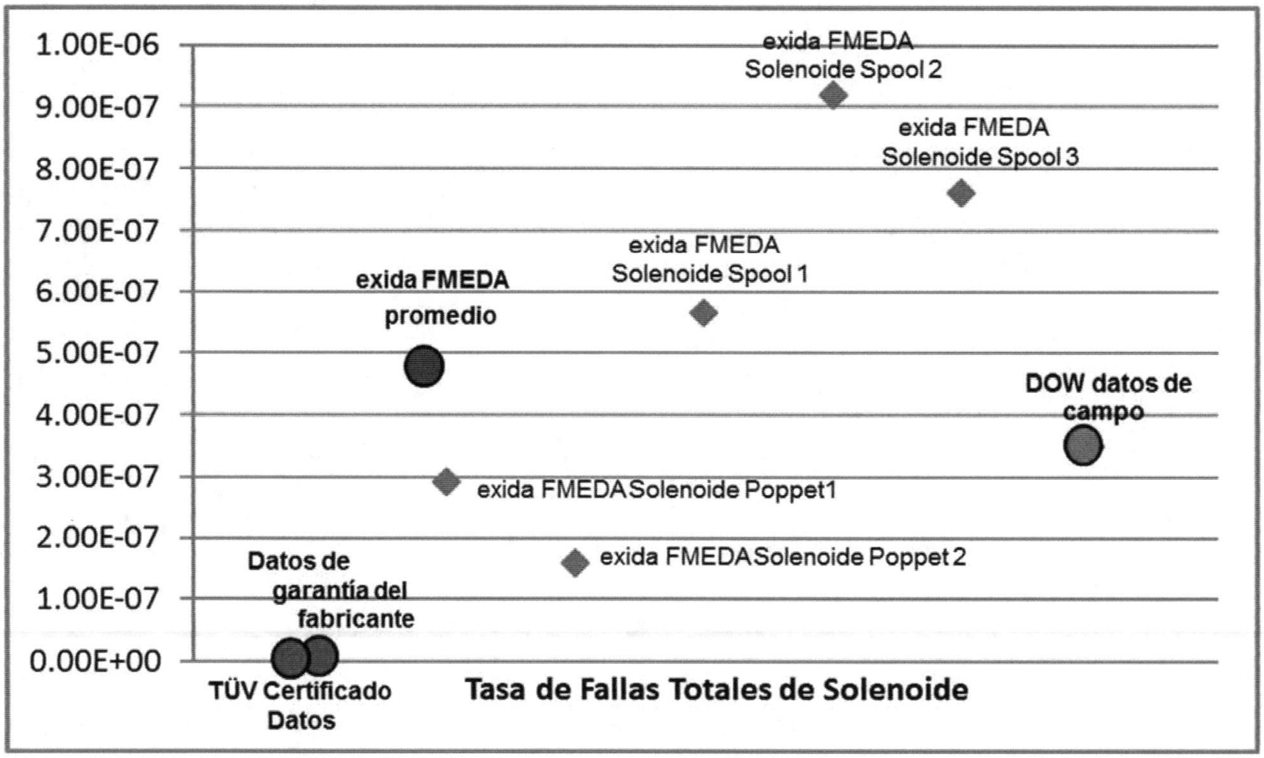


**Figura 2: Comparación de las Tasas de Falla Totales de Válvula Solenoide**

## 4 Conclusión

Aunque se necesitan más datos, ya hay indicios de que un FMEDA predictivo, en conjunto con una buena base de datos de fiabilidad de componentes [12], genera datos realistas de falla para cualquier tipo de producto, siempre tomando en cuenta tanto el análisis del diseño en cuestión, como las condiciones de estrés operacional (aplicación) al que estará sometido una vez que se ponga en operación dicho producto.

## 5 Referencias

[1] IEC 61508, Functional Safety of electrical / electronic / programmable electronic safety-related systems, Geneva, Switzerland, 2000.

[2] IEC 61511, Application of Safety Instrumented Systems for the Process Industries, Geneva, Switzerland, 2003.

[3] *ISA 84.01-1996* (now called ANSI / ISA 84.00.01-2004 (IEC 61511)), International Society of Automation, Research Triangle Park, NC, 1996.

[4] OREDA, Offshore Reliability Data, 5th Edition, Volume 1 - Topside Equipment, Det Norske Veritas, Trondheim, Norway, 2009.

[5] *Reliability Data for Safety Instrumented Systems, PDS Data Handbook*, 2014 Edition, SINTEF Technology and Society, Trondheim, Norway, 2010.

[6] Aarø, Ragnar, *Use of failure data from analysis and operational experience*, IFEA Seminar on IEC 61508/61511, Sandefjord, Norway, 7th – 8th March, 2012.

[7] Goble, W. M., *Field Failure Data – the Good, the Bad and the Ugly*, exida, Sellersville, PA, www.exida.com/resources/whitepapers.

[8] Skweres, Patrick and Thibodeaux, John, *Establishing a Instrument and Analyzer Reliability Program in Support of Independent Protection Layers*, Proceedings of the 63rd Annual Instrument Symposium for the Process Industries, Texas A&M, January 29-31, 2008.

[9] Goble, W. M., *Evaluating Control Systems Reliability, Techniques and Applications*, NC: Research Triangle Park, Instrument Society of America, 1992.

[10] Goble, W.M., *The Use and Development of Quantitative Reliability and Safety Analysis in New Product Design*, University Press, Eindhoven University of Technology, Netherlands: Eindhoven, 1998.

[11] W. M. Goble and A. C. Brombacher, Using a Failure Modes, Effects and Diagnostic Analysis (FMEDA) to Measure Diagnostic Coverage in Programmable Electronic Systems, Reliability Engineering and System Safety, Vol. 66, No. 2, November 1999.

[12] *Electrical & Mechanical Component Reliability Handbook*, 4th Edition, exida, Sellersville, PA, 2014. See www.exida.com

[13] W.M. Goble and J.V. Bukowski, *Development of a Mechanical Component Failure Database*, 2007 Proceedings of the Annual Reliability and Maintainability Symposium, NY: NY, IEEE, 2007.

[14] Bukowski, J. V., Goble, W. M., "Validation of a Mechanical Component Constant Failure Rate Database," Proceedings Annual Reliability and Maintainability Symposium, January 2009, Fort Worth, TX, pp. 338-343.

[15] IEC 61508 Component Assessment, FP10, AEAT/61508/LRSB/10738/A03, AEA Technology, 28 June 2005.

[16] Report No. V372 2010 S1, TÜV Rheinland Energie and Umwelt GmbH, 2011.

www.fda.gov/oc/guidance/gmp (accessed Oct. 16, 2003)

Universidad de los Andes ecopetrol

7TH CCPS LATIN AMERICAN CONFERENCE ON PROCESS SAFETY

# Enseñanza de seguridad de procesos en Colombia: enseñanza en pregrado

R. Amaya[1], N. Villalba[1], M. Sánchez-Silva[2], R. Romero[3], C. Arbeláez[3], **F. Muñoz[1*]**

Departamento Ingeniería Química[1]
Departamento Ingeniería Civil & Ambiental[2]
Empresa Colombiana de Petróleos - Ecopetrol S.A.[3]



Universidad de los Andes ecopetrol

7TH CCPS LATIN AMERICAN CONFERENCE ON PROCESS SAFETY

# Agenda

1. Contexto
2. Propuesta para integrar seguridad de procesos en pregrado
3. Implementación en Colombia
4. Conclusiones

7th LACPS · Swissotel · Lima, Peru · August 22-23, 2016

# 1. CONTEXTO





# Contexto

## Uniandes en números

| | 2001 | 2005 | 2011 | 2014 | 2015 |
|---|---|---|---|---|---|
| **Undergraduate** Pregrado | 26 *(7,902)* | 28 *(10,489)* | 31 *(12,497)* | 32 *(13,445)* | 39 *(17,243)* |
| **Master** Maestría | 22 *(988)* | 22 *(1,521)* | 38 *(2,515)* | 51 *(3,149)* | 51 *(3,536)* |
| **PhD** Doctorado | 7 *(4)* | 7 *(63)* | 14 *(276)* | 15 *(420)* | 15 *(435)* |
| **Titular Professors** Profesores de planta | 389 | 476 | 581 | 629 | 644 |
| **Facilities** Infraestructura ($m^2$) | 63,458 | 75,955 | 156,694 | 163,981 | 177,021 |

# Contexto

## Uniandes en números

| # RANK | | UNIVERSITY | LOCATION | COMPARE |
|---|---|---|---|---|
| Overall Score | | Search for universities... | Filter | |
| 1 | 100.0 | Universidade de São Paulo | | |
| 2 | 99.5 | Universidade Estadual de Campinas (Unicamp) | | |
| 3 | 99.4 | Pontificia Universidad Católica de Chile (UC) | | |
| 4 | 96.5 | Universidad Nacional Autónoma de México (UNAM) | | |
| 5 | 95.4 | Universidade Federal do Rio de Janeiro | | |
| 6 | 94.6 | Universidad de Chile | | |
| 7 | 93.7 | Instituto Tecnológico y de Estudios Superiores de Monterrey | | |
| 8 | 93.3 | Universidad de los Andes | | |
| 9 | 88.7 | Universidade de Brasília | | |

QS UNIVERSITY RANKINGS LATIN AMERICA™

Fuente: http://www.topuniversities.com/

Universidad de los Andes · ecopetrol
7TH CCPS LATIN AMERICAN CONFERENCE ON PROCESS SAFETY

# Contexto

## Uniandes en números

**CHEMICAL ENGINEERING, B.S.**
Accredited, 10/01/2010-Present

Accredited Locations:
**Main Campus**

Date of Next Comprehensive Review:
**2017-2018**

Accredited By:
**Engineering Accreditation Commission**

Criteria:
**Chemical Engineering**

ABET

AIChE The Global Home of Chemical Engineers

Fuente: http://www.abet.org/

Universidad de los Andes — ecopetrol

7TH CCPS LATIN AMERICAN CONFERENCE ON PROCESS SAFETY

# Contexto

## Ecopetrol S.A.

*"Con 64 años de historia, Ecopetrol es la empresa **más grande de Colombia** y es una **compañía integrada** del sector de petróleo y gas, que participa en todos los eslabones de la cadena de hidrocarburos: **exploración, producción, comercialización** y **transformación** en combustibles y productos de mayor valor agregado como petroquímicos."*

Exploración y producción:

Transporte:

Refinación y petroquímica

Biocombustibles:

7th LACPS · Swissotel · Lima, Peru · August 22-23, 2016

Universidad de los Andes — ecopetrol

7TH CCPS LATIN AMERICAN CONFERENCE ON PROCESS SAFETY

# Contexto

## Ecopetrol S.A.

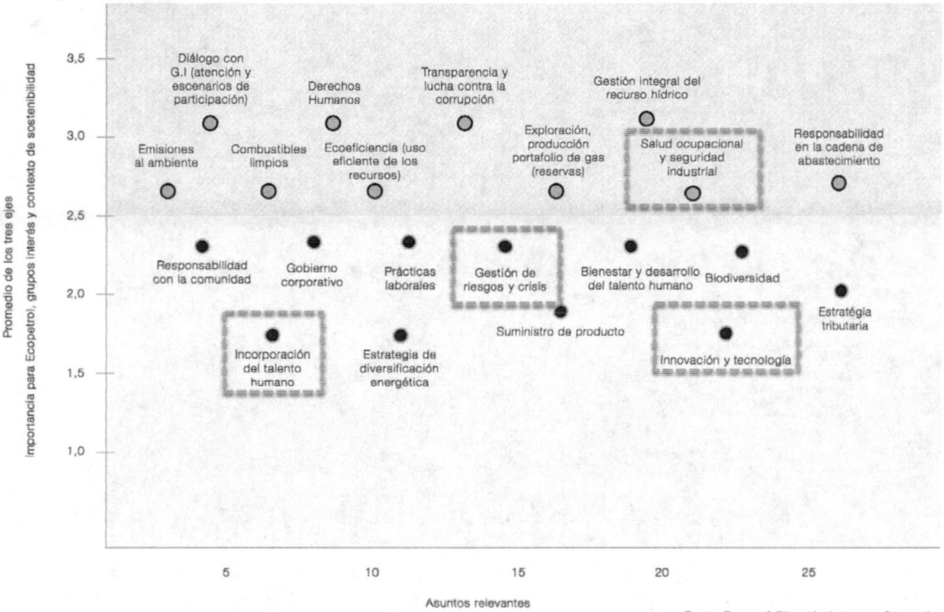


Fuente: Ecopetrol, Dirección de Asuntos Corporativos

Oportunidad:
Incluir los principios, conceptos y métodos de seguridad de procesos en los programas de pregrado de ingeniería del país, con miras a incrementar la seguridad y la sostenibilidad de las operaciones y los territorios.

¿Cómo promover la enseñanza y la generación de conocimiento nacional en seguridad de procesos?

Universidad de los Andes

ecopetrol

7TH CCPS LATIN AMERICAN CONFERENCE ON PROCESS SAFETY

# 2. Propuesta para integrar seguridad de procesos en pregrado

7th LACPS · Swissotel · Lima, Peru · August 22-23, 2016

Alternativas:

1. Incluir materias obligatorias en seguridad de procesos.
2. Incluir materias electivas en seguridad de proceso.
3. Incluir la seguridad de procesos en las materias obligatorias del programa.
4. Todas las anteriores.

## Propuesta para integrar seguridad de procesos en pregrado

### Código de Ética Profesional para los Ingenieros en Colombia

Ley 842 de 2003

- ***El ejercicio de la ingeniería genera un riesgo social.***
- *Custodiar los bienes que se le haya entregado con ocasión del ejercicio profesional* ***(Deber general).***
- *Cuidar el medio ambiente* ***(Deber con la sociedad).***
- *Rechazar trabajos que dañen el entorno humano* ***(Deber con la sociedad).***
- *Proteger la vida y salud de la comunidad, evitando riesgos innecesarios* ***(Deber con la sociedad).***
- *Velar por el buen prestigio de la Ingeniería* ***(Deber con la dignidad de la profesión).***

## Propuesta para integrar seguridad de procesos en pregrado

AIChE

IChemE

SAChE
AIChE Alliance
Safety and Chemical Engineering Education

An AIChE Technology Alliance
CCPS
Center for Chemical Process Safety

IChemE Safety Centre

Universidad de los Andes

ecopetrol

7TH CCPS LATIN AMERICAN CONFERENCE ON PROCESS SAFETY

## Propuesta para integrar seguridad de procesos en pregrado

**CHEMICAL ENGINEERING, B.S.**
Accredited, 10/01/2010-Present

Accredited Locations:
**Main Campus**

Date of Next Comprehensive Review:
**2017-2018**

Accredited By:
**Engineering Accreditation Commission**

Criteria:
**Chemical Engineering**

ABET

AIChE The Global Home of Chemical Engineers

Fuente: http://www.abet.org/

7th LACPS · Swissotel · Lima, Peru · August 22-23, 2016

Universidad de los Andes ecopetrol

7TH CCPS LATIN AMERICAN CONFERENCE ON PROCESS SAFETY

## Propuesta para integrar seguridad de procesos en pregrado

*ABET Curriculum Statement approved in October 2011:*

ABET

*"The curriculum must provide a thorough grounding in the basic sciences including chemistry, physics, and biology, with some content at an advanced level, as appropriate to the objectives of the program. The curriculum must include the engineering application of these basic sciences to the design, analysis, and control of chemical, physical, and/ or biological processes,* ***including the hazards associated with these processes.****"*

AIChE SAChE CCPS

7th LACPS · Swissotel · Lima, Peru · August 22-23, 2016

Universidad de los Andes ecopetrol

7TH CCPS LATIN AMERICAN CONFERENCE ON PROCESS SAFETY

## Propuesta para integrar seguridad de procesos en pregrado

*SAChE Recommendations for*

*ABET Safety Content in Chemical Engineering*

SAChE Safety and Chemical Engineering Education

1. *The graduate must understand* ***the importance of process safety*** *and the resources and commitment required. This should include the important incidents that* ***define process safety****, and how these incidents affected the practice of chemical engineering.*
2. *The graduate must be able to* ***characterize the hazards*** *associated with chemicals and other agents. This must include* ***toxic, flammable, and reactive hazards****.*
3. *The graduate must understand and be able to apply concepts of* ***inherently safer design****.*

AIChE SAChE CCPS

7th LACPS · Swissotel · Lima, Peru · August 22-23, 2016

Universidad de los Andes ecopetrol

7TH CCPS LATIN AMERICAN CONFERENCE ON PROCESS SAFETY

## Propuesta para integrar seguridad de procesos en pregrado

4. *The graduate must understand how to* ***control and mitigate hazards*** *to prevent accidents. This should include generally accepted* ***management systems, plant procedures and designs*** *to prevent accidents.*
5. *The graduate should be familiar with the* ***major regulations*** *that impact the safety of chemical plants.*
6. *The graduate should understand the* ***consequences of chemical plant incidents*** *due to* ***acute and chronic chemical releases*** *and exposures.*
7. *The graduate should be reasonably proficient with at least one* ***hazard identification procedure****.*
8. *The graduate should have an* ***introduction to the process of hazard evaluation and risk assessment****.*

AIChE SACHE CCPS

7th LACPS · Swissotel · Lima, Peru · August 22-23, 2016

## Propuesta para integrar seguridad de procesos en pregrado

*Importance*

*Characterize the hazards*

*Introduction to the process of hazard evaluation and risk assessment*

*Define*

*Toxic, flammable, and reactive hazards*

**Process Safety**

*Hazard identification procedure*

*Inherently safer design*

*Major regulations*

*Control and mitigate hazards*

*Cconsequences of chemical plant incidents*

*Management systems, plant procedures and designs*

Universidad de los Andes ecopetrol

7TH CCPS LATIN AMERICAN CONFERENCE ON PROCESS SAFETY

# 3. Implementación en Colombia

7th LACPS · Swissotel · Lima, Peru · August 22-23, 2016

*Sinergia:*

*Ecopetrol + Uniandes*

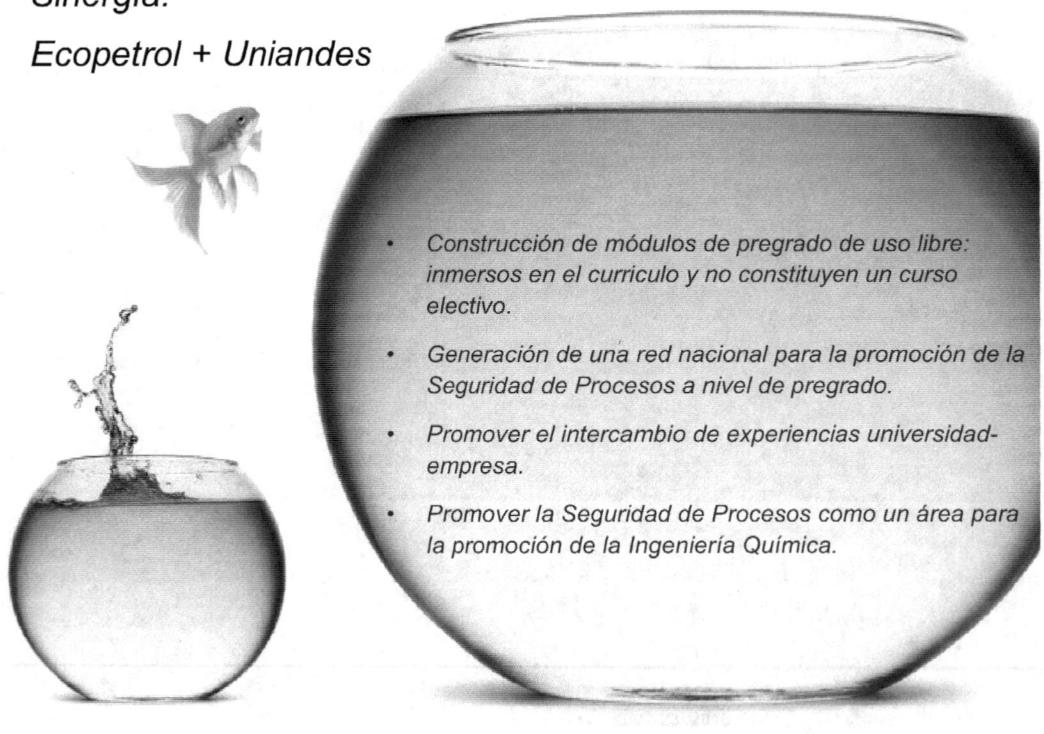

- *Construcción de módulos de pregrado de uso libre: inmersos en el curriculo y no constituyen un curso electivo.*
- *Generación de una red nacional para la promoción de la Seguridad de Procesos a nivel de pregrado.*
- *Promover el intercambio de experiencias universidad-empresa.*
- *Promover la Seguridad de Procesos como un área para la promoción de la Ingeniería Química.*

7TH CCPS LATIN AMERICAN CONFERENCE ON PROCESS SAFETY

# Implementación en Colombia

## *Módulos de Pregrado*

***Se han diseñado cuatro (4) módulos:***

- *Módulo 1: Conceptos generales de Seguridad de Procesos.*
- *Módulo 2: Integridad mecánica.*
- *Módulo 3: Técnicas para la evaluación de peligros y riesgos.*
- *Módulo 4: Reacciones fuera de control (efecto térmico)*

***Cada módulo está contituido por:***

- *Notas de clase.*
- *Presentaciones pptx.*
- *Ejercicios resueltos y sugeridos para la evaluación del módulo.*
- *Métricas de evaluación (matrices).*

7th LACPS · Swissotel · Lima, Peru · August 22-23, 2016

Universidad de los Andes ecopetrol

7TH CCPS LATIN AMERICAN CONFERENCE ON PROCESS SAFETY

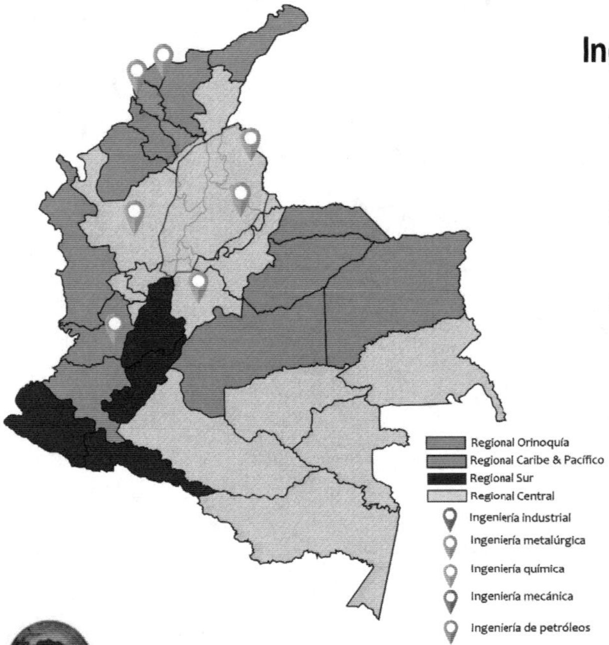


## Ingeniería química

1. Introducción a la ingeniería química (1er semestre, ciclo básico).
2. Ingeniería de reacciones (4to-5to semestre, ciclo básico).
3. Diseño de plantas de proceso (7mo-8vo semestre, ciclo básico).

| Módulo | Materia |
|---|---|
| Módulo 1 | Introducción y diseño |
| Módulo 3 | Diseño de plantas de proceso |
| Módulo 4 | Ingeniería de reacciones. |

$7^{th}$ LACPS · Swissotel · Lima, Peru · August 22-23, 2016

Universidad de los Andes ecopetrol

7TH CCPS LATIN AMERICAN CONFERENCE ON PROCESS SAFETY

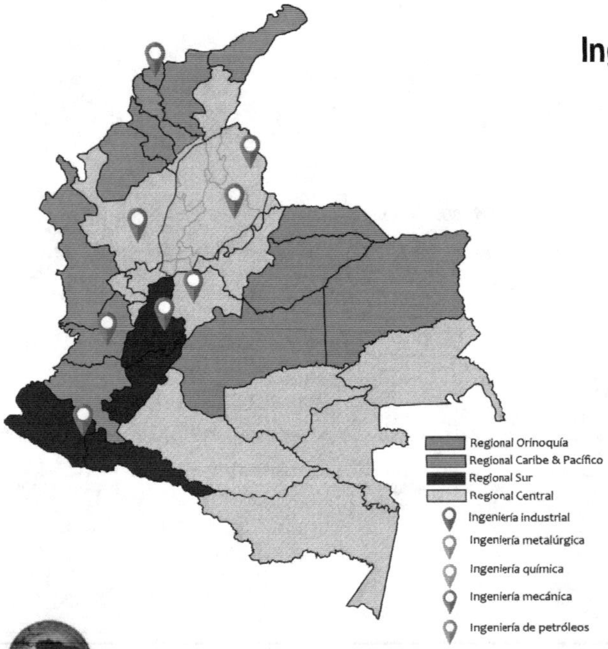


## Ingeniería mecánica

1. Introducción a la mecánica (1er semestre, ciclo básico).
2. Ciencia de materiales (4to-5to semestre, ciclo básico)
3. Gestión de activos (7mo-8vo semestre, ciclo básico)

Para estas materias se puede implementar el **Módulo 2** (Integridad mecánica).

$7^{th}$ LACPS · Swissotel · Lima, Peru · August 22-23, 2016

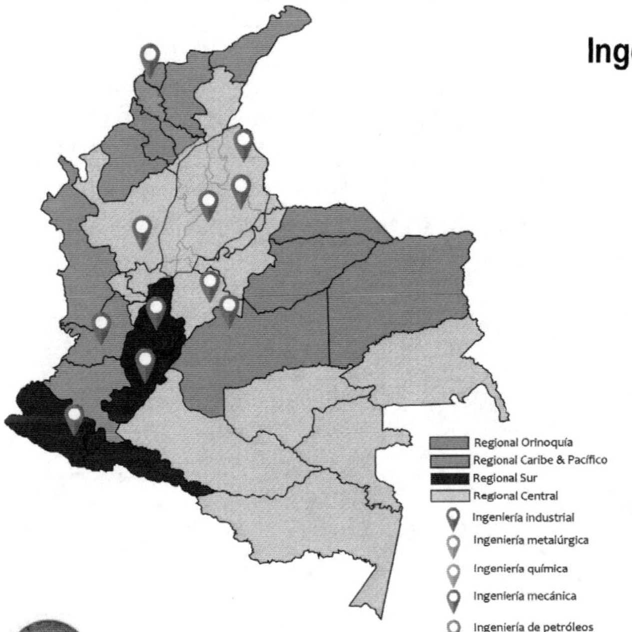


## Ingeniería industrial

1. Procesos industriales (4to-5to semestre, ciclo básico)
2. Fundamentos de producción (4to semestre, ciclo básico)

Con las cuales se puede implementar el **Módulo 1** (Conceptos generales de Seguridad de Procesos) y el **Módulo 3** (Técnicas PHA), respectivamente.



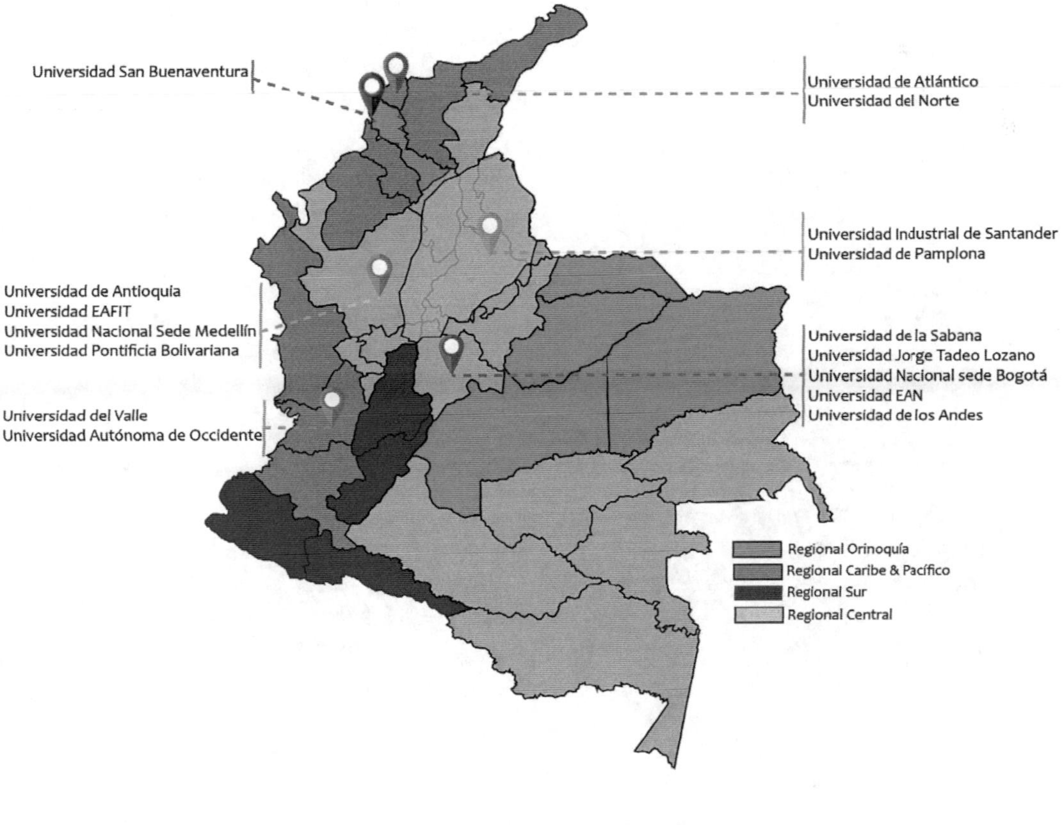

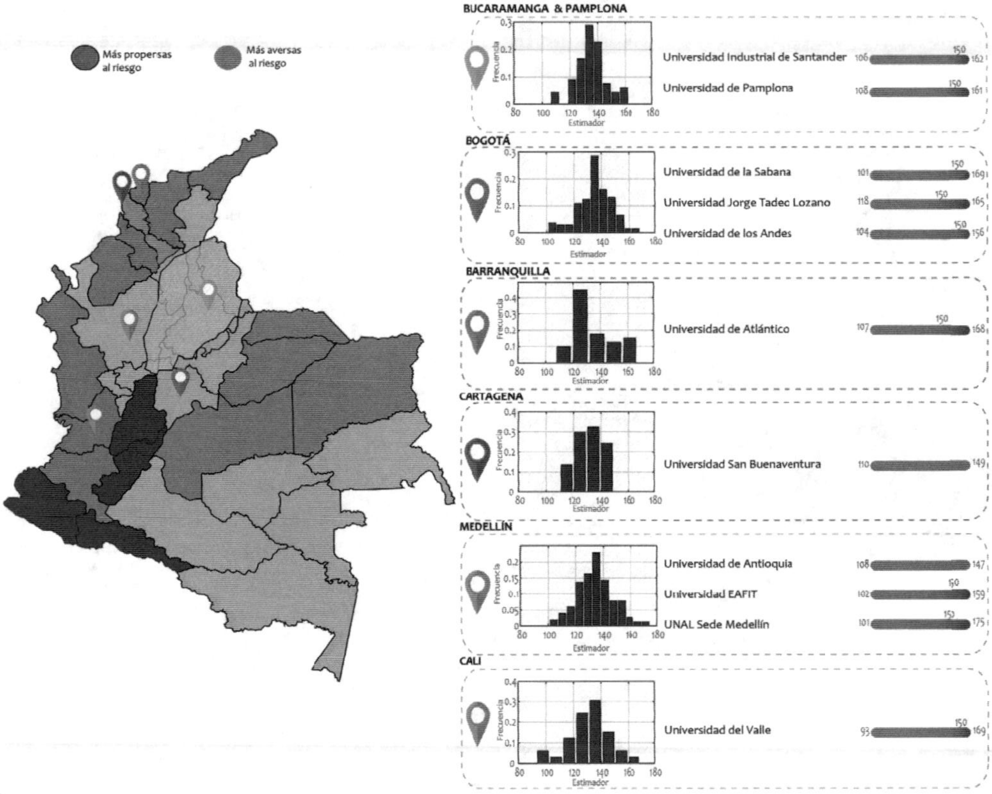

Más propersas al riesgo
Más aversas al riesgo
BUCARAMANGA & PAMPLONA
Universidad Industrial de Santander 106 150 162
Universidad de Pamplona 108 150 161
BOGOTÁ
Universidad de la Sabana 101 150 169
Universidad Jorge Tadec Lozano 118 150 165
Universidad de los Andes 104 150 156
BARRANQUILLA
Universidad de Atlántico 107 150 168
CARTAGENA
Universidad San Buenaventura 110 149
MEDELLÍN
Universidad de Antioquia 108 147
Universidad EAFIT 102 150 159
UNAL Sede Medellín 101 150 175
CALI
Universidad del Valle 93 150 169
Frecuencia
Estimador


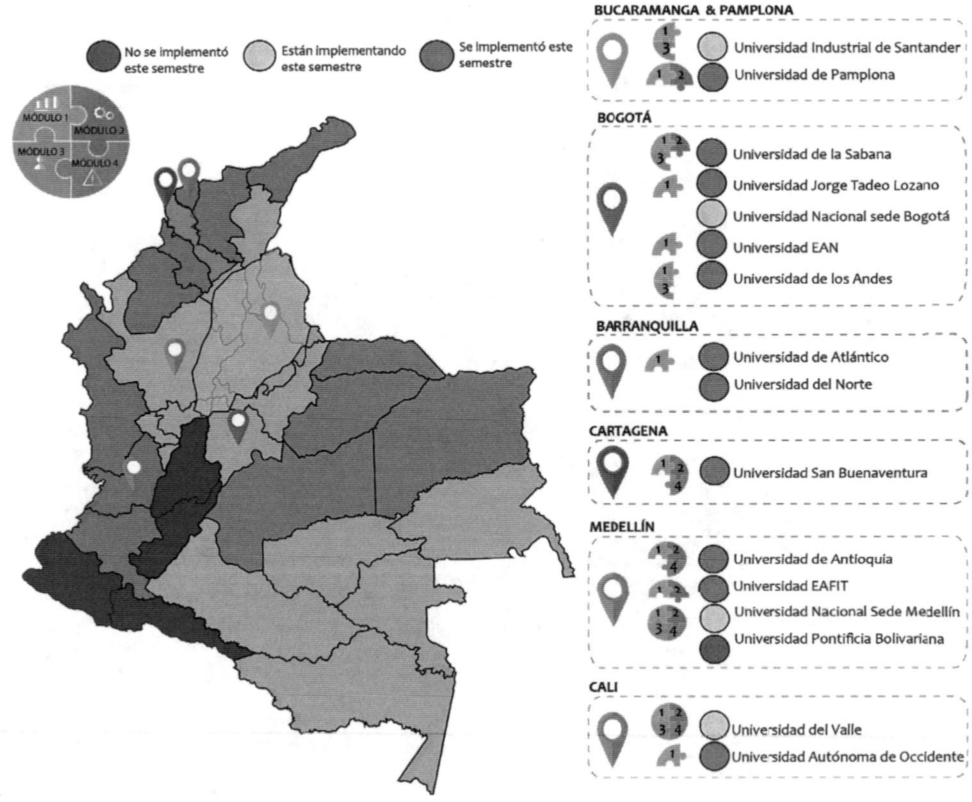

No se implementó este semestre
Están implementando este semestre
Se implementó este semestre
MÓDULO 1
MÓDULO 2
MÓDULO 3
MÓDULO 4
BUCARAMANGA & PAMPLONA
Universidad Industrial de Santander
Universidad de Pamplona
BOGOTÁ
Universidad de la Sabana
Universidad Jorge Tadeo Lozano
Universidad Nacional sede Bogotá
Universidad EAN
Universidad de los Andes
BARRANQUILLA
Universidad de Atlántico
Universidad del Norte
CARTAGENA
Universidad San Buenaventura
MEDELLÍN
Universidad de Antioquia
Universidad EAFIT
Universidad Nacional Sede Medellín
Universidad Pontificia Bolivariana
CALI
Universidad del Valle
Universidad Autónoma de Occidente

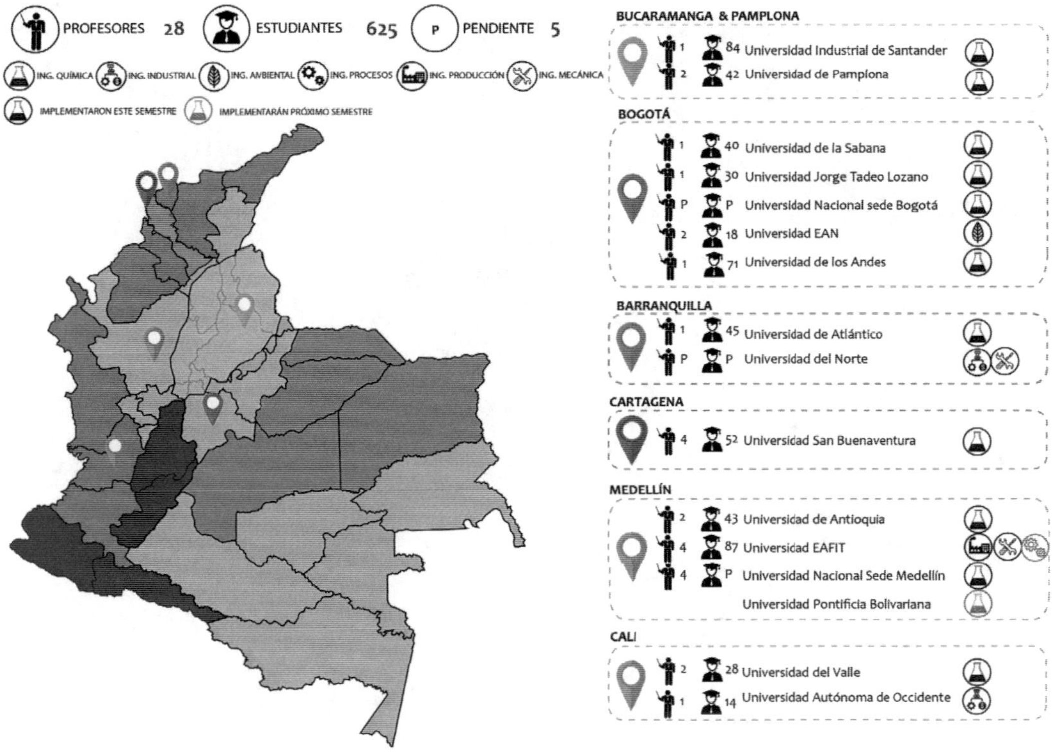
PROFESORES 28
ESTUDIANTES 625
P PENDIENTE 5
ING. QUÍMICA
ING. INDUSTRIAL
ING. AMBIENTAL
ING. PROCESOS
ING. PRODUCCIÓN
ING. MECÁNICA
IMPLEMENTARON ESTE SEMESTRE
IMPLEMENTARÁN PRÓXIMO SEMESTRE
BUCARAMANGA & PAMPLONA
1 84 Universidad Industrial de Santander
2 42 Universidad de Pamplona
BOGOTÁ
1 40 Universidad de la Sabana
1 30 Universidad Jorge Tadeo Lozano
P P Universidad Nacional sede Bogotá
2 18 Universidad EAN
1 71 Universidad de los Andes
BARRANQUILLA
1 45 Universidad de Atlántico
P P Universidad del Norte
CARTAGENA
4 52 Universidad San Buenaventura
MEDELLÍN
2 43 Universidad de Antioquia
4 87 Universidad EAFIT
4 P Universidad Nacional Sede Medellín
Universidad Pontificia Bolivariana
CALI
2 28 Universidad del Valle
1 14 Universidad Autónoma de Occidente

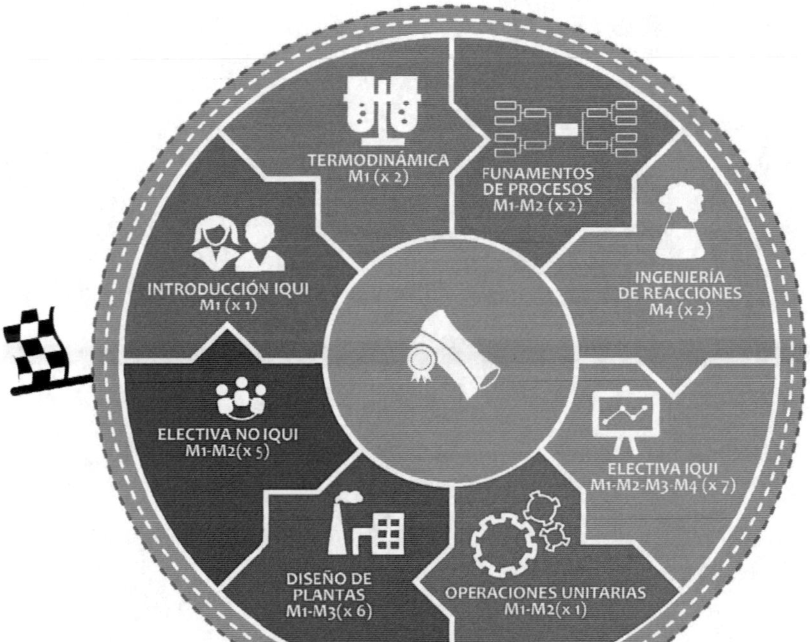
TERMODINÁMICA
M1 (x 2)
FUNAMENTOS
DE PROCESOS
M1-M2 (x 2)
INGENIERÍA
DE REACCIONES
M4 (x 2)
ELECTIVA IQUI
M1-M2-M3-M4 (x 7)
OPERACIONES UNITARIAS
M1-M2(x 1)
DISEÑO DE
PLANTAS
M1-M3(x 6)
ELECTIVA NO IQUI
M1-M2(x 5)
INTRODUCCIÓN IQUI
M1 (x 1)

## Implementación en Colombia

**Cultura de seguridad:**

El producto individual y grupal de valores, actitudes, competencias y patrones que determinan el compromiso para una organización en programas de salud y seguridad de proceso.

*(UK Health and Safety Executive, HSE)*

## Implementación en Colombia

**Atributos de la cultura de seguridad de procesos:**

- Exponer la seguridad como un valor esencial (M1).
- Establecer / reforzar los estándares de rendimiento (M2).
- Mantener un sentido de vulnerabilidad (M1 + M3).
- Promover el desempeño individual en responsabilidades de seguridad (M1 + M3 + M4).
- Proveer el respeto a la experiencia (M1).

Universidad de los Andes ecopetrol

7TH CCPS LATIN AMERICAN CONFERENCE ON PROCESS SAFETY

# 4. Conclusiones

7th LACPS · Swissotel · Lima, Peru · August 22-23, 2016

Universidad de los Andes
ECOPETROL

7TH CCPS LATIN AMERICAN CONFERENCE ON PROCESS SAFETY

## Conclusiones

- La propuesta dentro de las materias del núcleo básico de ingeniería facilita la inclusión de la Seguridad de Procesos en los programas de pregrado en ingeniería.
- Los módulos fueron implementados por 15 universidades para un total de 623 estudiantes de 5 programas diferentes de pregrado.
- El desarrollo de material abierto mediante un proceso de cooperación entre industria-academia es bien recibido y genera vínculos regionales (academia-universidad).
- Este tipo de iniciativas requiere de un esfuerzo a largo plazo, por lo que se debe soportar a las universidades en su implementación.

7th LACPS · Swissotel · Lima, Peru · August 22-23, 2016

Universidad de los Andes
ECOPETROL

7TH CCPS LATIN AMERICAN CONFERENCE ON PROCESS SAFETY

## Agradecimientos

Ecopetrol S.A.
Universidad Industrial de Santander
Universidad de Pamplona
Universidad de la Sabana
Universidad Jorge Tadeo Lozano
Universidad Nacional sede Bogotá
Universidad EAN
Universidad del Atlántico
Universidad del Norte
Universidad San Buenaventura sede Cartagena
Universidad de Antioquia
Universidad EAFIT
Universidad Nacional sede Medellín
Universidad del Valle
Universidad Autónoma de Occidente

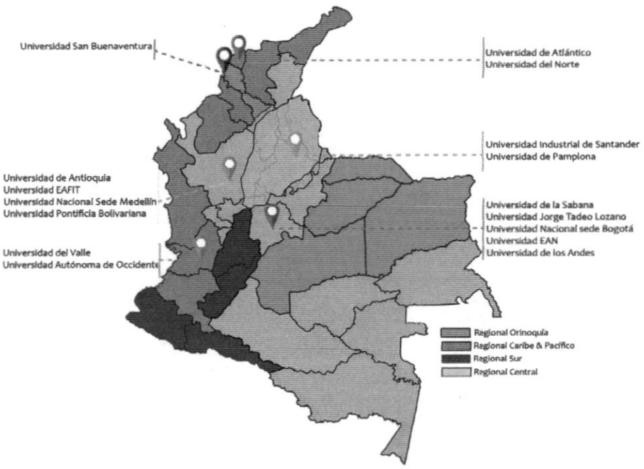


7th LACPS · Swissotel · Lima, Peru · August 22-23, 2016

Universidad de los Andes ecopetrol

7TH CCPS LATIN AMERICAN CONFERENCE ON PROCESS SAFETY

# Enseñanza de seguridad de procesos en Colombia: enseñanza en pregrado

R. Amaya[1], N. Villalba[1], M. Sánchez-Silva[2], R. Romero[3], C. Arbeláez[3], **F. Muñoz**[1*]

**Departamento Ingeniería Química**[1]
**Departamento Ingeniería Civil & Ambiental**[2]
**Empresa Colombiana de Petróleos - Ecopetrol S.A.**[3]

**7th LACPS · Swissotel · Lima, Peru · August 22-23, 2016**

7TH CCPS
LATIN AMERICAN
CONFERENCE
ON PROCESS SAFETY

# Corporate Governance, Leadership, Major Risk Scenarios Is a Leader's Responsibility


Américo Diniz Carvalho Neto
RSE Risk Engineering and Sustainability
americodcn@gmail.com
americodcn@rsem.com.br


7th LACPS · Swissotel · Lima, Peru · August 22-23, 2016


7TH CCPS
LATIN AMERICAN
CONFERENCE
ON PROCESS SAFETY


## Agenda

- Introduction
- Communication across the organization
- Improving Personal Accountability
- Acceptance of Personal Accountability
- Project Phases
- Conclusion and Highlights

7th LACPS · Swissotel · Lima, Peru · August 22-23, 2016

## Introduction

7TH CCPS LATIN AMERICAN CONFERENCE ON PROCESS SAFETY

✓ EHS leaders in manufacturing continue to focus on operational performance and regulatory compliance

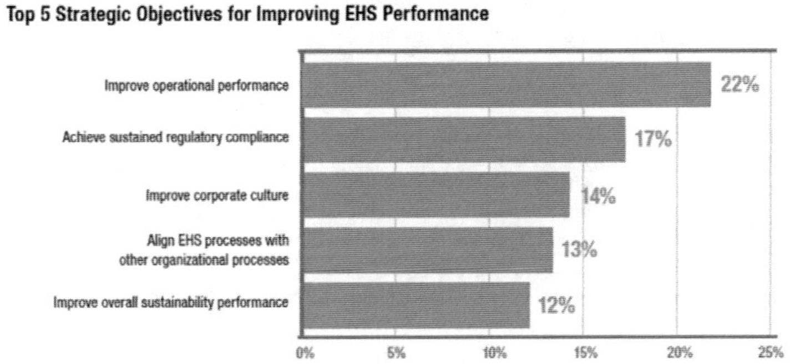


# EHS leaders in manufacturing continue to focus on operational performance and regulatory compliance

7th LACPS · Swissotel · Lima, Peru · August 22-23, 2016


## Introduction

7TH CCPS LATIN AMERICAN CONFERENCE ON PROCESS SAFETY


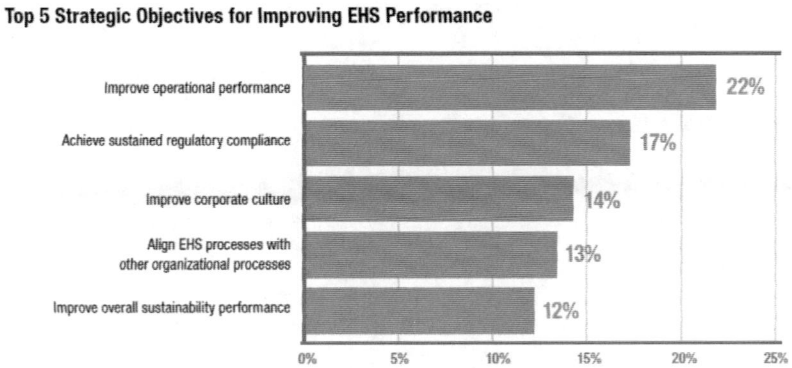


**# Industry Challenges to Improving EHS Performance**


7th LACPS · Swissotel · Lima, Peru · August 22-23, 2016

RSE
Gerenciamento de Risco e Sustentabilidade Empresarial

7TH CCPS LATIN AMERICAN CONFERENCE ON PROCESS SAFETY

# Actions that leaders can contribute to process safety culture

**BUILD YOUR CREW:** We cannot achieve success in EHS and Operational Excellence improvements without the right *people* and *roles*. Define cultural objectives and get the right people involved that will enable your organization to achieve its Operational Excellence objectives on a continually improving basis. A cross-functional team that links all areas of business activities to the same goals helps fuel EHS performance improvements and meet Operational Excellence objectives.

**ESTABLISH A TECHNOLOGY STRATEGY:** In your journey to Operational Excellence, the right software will play an essential role. Determine your needs, expectations and desired results. Relate EHS performance metrics to OEE in order to establish the best ROI for the solutions you assess.

**ALIGN METRICS WITH GOALS:** Metrics can be valuable in and of themselves, but they tell us little when they are not connected to overall objectives. Establish broader objectives first, then build out the set of metrics they will be linked to in order to achieve Operational Excellence. For example, OEE is a strong benchmark of how EHS performance is linked to overall Operational Excellence.

**FIND AN OPERATIONAL EXCELLENCE CHAMPION:** This executive role should be charged with ensuring efforts to coordinate EHS capabilities in the name of boosting overall Operational Excellence are coordinated and designed to achieve continual improvement. The role can be a Performance Development Coordinator, a VP of Operations, or a COO, but the mandate to manage the Operational Excellence journey ought to be clear.

**DEFINE PROCESSES:** Investments in metrics, objectives, people, and culture are all wasted endeavors if the organization hasn't established how it is going to get to its destination. As you determine where you want to go, clearly define the set of processes that will enable you to achieve objectives and realize success. Whether you leverage a standard framework like ISO 14001, OHSAS 18001, or the upcoming ISO 45001 for health and safety, commit to a process framework and continual improvement objectives and stick to them.

7th LACPS · Swissotel · Lima, Peru · August 22-23, 2016

RSE
Gerenciamento de Risco e Sustentabilidade Empresarial

7TH CCPS LATIN AMERICAN CONFERENCE ON PROCESS SAFETY

# Communication across the organization

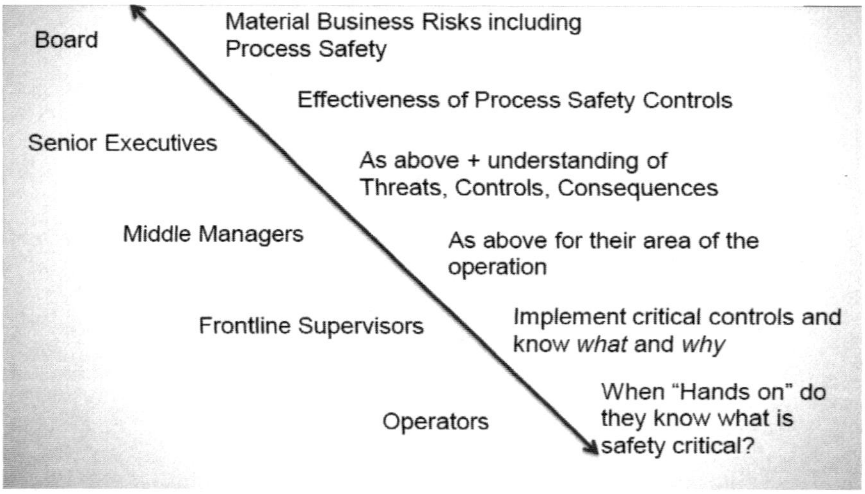


7th LACPS · Swissotel · Lima, Peru · August 22-23, 2016

RSE
Gerenciamento de Risco e Sustentabilidade Empresarial

7TH CCPS LATIN AMERICAN CONFERENCE ON PROCESS SAFETY

## Active Monitoring of Critical Controls

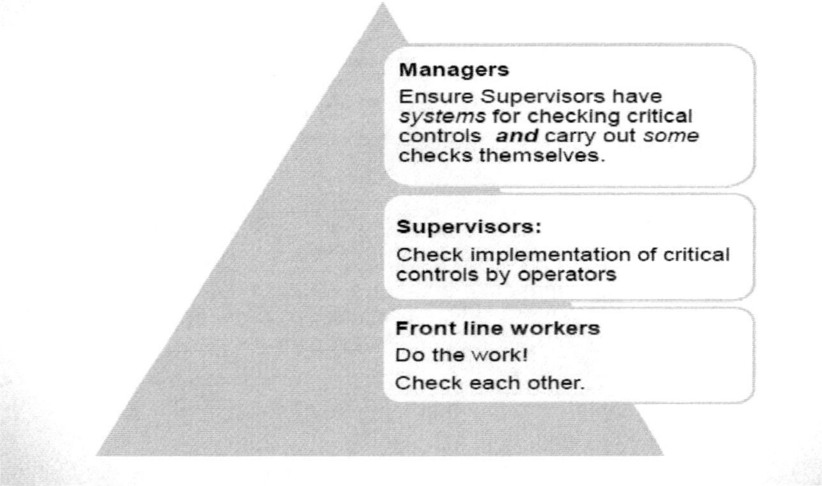


Simple and objective controls that will assure better results for leaders, workers and environmental.

**7th LACPS · Swissotel · Lima, Peru · August 22-23, 2016**

RSE
Gerenciamento de Risco e Sustentabilidade Empresarial

7TH CCPS LATIN AMERICAN CONFERENCE ON PROCESS SAFETY

## Real Case - Improving Personal Accountability

Critical Components:

- Beliefs and Values;
- Clarity of Purpose;
- Defined Roles & Responsibilities;
- Empowerment & Ownership;
- Measurement;
- Communication;
- Consistency

Improving Personal Accountability:

- Procedures and Programs Alone are not Sufficient;
- Employees must Possess the Skills to Safeguard Themselves and Fellow Employees;
- Each Employee must Continuously Challenge and Test Work and the Work Environment.

**7th LACPS · Swissotel · Lima, Peru · August 22-23, 2016**

RSE
Gerenciamento de Risco e Sustentabilidade Empresarial

7TH CCPS LATIN AMERICAN CONFERENCE ON PROCESS SAFETY

## Real Case - Improving Personal Accountability

Critical Components:

- Beliefs and Values;
- Clarity of Purpose;
- Defined Roles & Responsibilities;
- Empowerment & Ownership;
- Measurement;
- Communication;
- Consistency

Improving Personal Accountability:

- Procedures and Programs Alone are not Sufficient;
- Employees must Possess the Skills to Safeguard Themselves and Fellow Employees;
- Each Employee must Continuously Challenge and Test Work and the Work Environment.

7th LACPS · Swissotel · Lima, Peru · August 22-23, 2016

RSE
Gerenciamento de Risco e Sustentabilidade Empresarial

## Real Case - Improving Personal Accountability

7TH CCPS LATIN AMERICAN CONFERENCE ON PROCESS SAFETY

Accountability Problems:

- Inconsistent Actions and Message;
- Value Placed on Safety Fluctuates;
- Limited Involvement "Only a few rowing the boat";
- Performance Evaluation is not Aligned to Desired Outcomes;
- Fear and/or Incentives;
- Excessive Reliance on HSE, Committees and Employee Task Forces;
- Limited or Non-existent Measurement;
- Roles and Responsibilities are not Clearly Defined;
- Limited Coaching and Mentoring;
- Poor MOC of Personnel.

7th LACPS · Swissotel · Lima, Peru · August 22-23, 2016

## Real Case - Improving Personal Accountability

**Positive:**

- Positive reinforcement, acknowledgement of a job well done, etc.

**Negative:**

- With holding of positive, lack of acknowledgement, etc.

**Punitive/Punishment:**

- Progressive discipline process, seldom learning specific, etc.

7th LACPS · Swissotel · Lima, Peru · August 22-23, 2016

## Project Phases

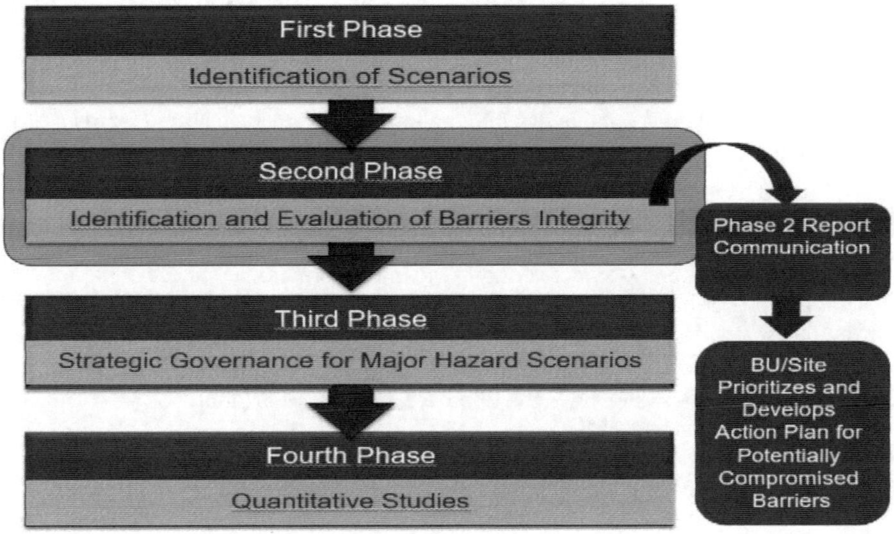


7th LACPS · Swissotel · Lima, Peru · August 22-23, 2016

RSE
Gerenciamento de Risco e Sustentabilidade Empresarial

7TH CCPS LATIN AMERICAN CONFERENCE ON PROCESS SAFETY

## Phase 1, Following main information from each site:

- Risk Studies (qualitative and quantitative) in the units in the last 5 years
- If there are no studies in the last 5 years, previous studies
- Process flow diagram of the plant
- Inventory list of products
- Layout of the units
- Aerial photos with the region around the unit
- PMP scenario

7th LACPS · Swissotel · Lima, Peru · August 22-23, 2016

RSE
Gerenciamento de Risco e Sustentabilidade Empresarial

7TH CCPS LATIN AMERICAN CONFERENCE ON PROCESS SAFETY

## In Second Phase- Identification and Evaluation of Barriers Integrity

- For each scenario defined previously, the protection and mitigation barriers will be identified, through studies of risk information and validation with the teams of the plants involved;
- The Audit of Barriers methodology applied will be used for monitoring the condition of each barrier, proposing recommendations to improve the barrier integrity condition, if necessary;
- It will set a frequency for monitoring of these barriers, for keeping the integrity of them. If necessary LOPA and SIL studies can be applied to better support these settings;
- In the monitoring phase, the recommendations generated in risk studies will also be evaluated, regarding the status of implementation;
- For the scenarios which have their barriers audited in less than one year, only the status of recommendations will be evaluated.

7th LACPS · Swissotel · Lima, Peru · August 22-23, 2016

RSE
Gerenciamento de Risco e Sustentabilidade Empresarial

7TH CCPS LATIN AMERICAN CONFERENCE ON PROCESS SAFETY

## In Third Phase- Strategic Governance for Major Hazard Scenarios

- Information and indicators will be established to be used for monitoring the condition of the scenarios, considering the different processes of governance, defined in the element 02, the organizational synergy (plant, the industrial unit and the Executive Committee);

- The frequency of monitoring, form of governance and information flow will be set.

7th LACPS · Swissotel · Lima, Peru · August 22-23, 2016

RSE
Gerenciamento de Risco e Sustentabilidade Empresarial

7TH CCPS LATIN AMERICAN CONFERENCE ON PROCESS SAFETY

## In Fourth Phase– Quantitative Studies

- Prepare, or complement, quantitative studies of the unit

- Initially the LOPA study must be applied for all PHRs (Potential High Risk)

7th LACPS · Swissotel · Lima, Peru · August 22-23, 2016

RSE
Gerenciamento de Risco e Sustentabilidade Empresarial

7TH CCPS LATIN AMERICAN CONFERENCE ON PROCESS SAFETY

## Conclusion and Highlights

- Leadership and all other people directly involved with clear focus on Process Safety;
- Emergency system well maintained with clear routines;
- Identified clear routines and procedures to develop risk assessment studies, considering the use of LOPA, but quantitative studies are not developed and risk matrix used is not aligned with Corporate;
- Implementation of MGMC system will help the units to prioritize activities and systems;
- Special attention to be given, regarding possible effects outside limits, to storage areas and railcars

7th LACPS · Swissotel · Lima, Peru · August 22-23, 2016

RSE
Gerenciamento de Risco e Sustentabilidade Empresarial

7TH CCPS LATIN AMERICAN CONFERENCE ON PROCESS SAFETY

## Corporate Governance, Leadership, Major Risk Scenarios Is a Leader's Responsibility

Américo Diniz Carvalho Neto
RSE Risk Engineering and Sustainability
americodcn@gmail.com
americodcn@rsem.com.br

7th LACPS · Swissotel · Lima, Peru · August 22-23, 2016

# Implementación de Elementos de Seguridad de Procesos Basado en el Compromiso y Liderazgo

Jose Villarreal
STORK
Jose.Villarreal@stork.com





# Agenda

- Introducción
- Cultura
- Compromiso y liderazgo
- Líderes naturales
- Caso de implementación
- Conclusiones
- Preguntas

STORK
A Fluor Company

7TH CCPS LATIN AMERICAN CONFERENCE ON PROCESS SAFETY

# Introducción

El artículo fue desarrollado teniendo en cuenta:

- Lineamientos del CCPS
- Experiencia
- Conocimiento

7th LACPS · Swissotel · Lima, Peru · August 22-23, 2016

STORK
A Fluor Company

7TH CCPS LATIN AMERICAN CONFERENCE ON PROCESS SAFETY

# Introducción

7th LACPS · Swissotel · Lima, Peru · August 22-23, 2016

# Introducción

¿Por qué se realizó el trabajo?

- Compartir una manera favorable de implementación de elementos de SP.
- Evidenciar aspectos que a veces no tenemos en cuenta.
- Resaltar importancia de la gerencia, liderazgo y cultura.



STORK
A Fluor Company
7TH CCPS LATIN AMERICAN CONFERENCE ON PROCESS SAFETY

# Introducción

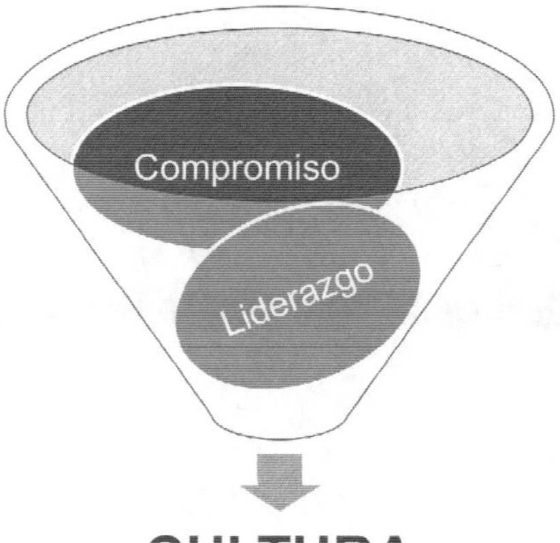


**CULTURA**

7th LACPS · Swissotel · Lima, Peru · August 22-23, 2016

STORK
A Fluor Company

7TH CCPS LATIN AMERICAN CONFERENCE ON PROCESS SAFETY

# Introducción

CULTURA

7th LACPS · Swissotel · Lima, Peru · August 22-23, 2016

STORK
A Fluor Company

7TH CCPS LATIN AMERICAN CONFERENCE ON PROCESS SAFETY

# Cultura

7th LACPS · Swissotel · Lima, Peru · August 22-23, 2016

STORK
A Fluor Company

7TH CCPS LATIN AMERICAN CONFERENCE ON PROCESS SAFETY

# Cultura

- ¿Cómo hacemos las cosas?
- ¿Cómo deberíamos hacerlas?
- ¿Cómo hacemos las cosas cuando **nadie** nos está viendo?
- ¿Cómo actuamos en una situación operacional totalmente desconocida?

7th LACPS · Swissotel · Lima, Peru · August 22-23, 2016

STORK
A Fluor Company

7TH CCPS LATIN AMERICAN CONFERENCE ON PROCESS SAFETY

# ¿Qué piensan de...?

- *"Debemos reducir los costos un 40%".*

  - Sesgo
    - Desenfoca el objetivo de gestión de riesgos
      - **Puede dar lugar a Evento de Seguridad de Procesos**

7th LACPS · Swissotel · Lima, Peru · August 22-23, 2016

STORK
A Fluor Company

7TH CCPS LATIN AMERICAN CONFERENCE ON PROCESS SAFETY

# Compromiso y liderazgo

Seguridad de Procesos pilar de nuestro trabajo

- Compromiso de la dirección
- Ejemplo de los lideres organizacionales

**Promueve la Cultura**

7th LACPS · Swissotel · Lima, Peru · August 22-23, 2016

STORK
A Fluor Company

7TH CCPS LATIN AMERICAN CONFERENCE ON PROCESS SAFETY

# Lideres Naturales: ¿Quien es?

- Líder mas eficaz que transmite a través de su motivación [4].

- Expresión usada para identificar a una persona que ***hace lo correcto de la manera correcta [2]*** e **influencia** a los demás sin necesidad de imponerse.

**Formar e identificar Lideres Naturales en nuestras operaciones**

7th LACPS · Swissotel · Lima, Peru · August 22-23, 2016

STORK
A Fluor Company

7TH CCPS LATIN AMERICAN CONFERENCE ON PROCESS SAFETY

# Lideres Naturales: comportamiento

- Basado en riesgos
- Importancia de elementos de SP
- Evita complacencia
- Tiene sentido de vulnerabilidad
- Cultura enfocada en la prevención, entre otras.

7th LACPS · Swissotel · Lima, Peru · August 22-23, 2016

STORK
A Fluor Company

7TH CCPS LATIN AMERICAN CONFERENCE ON PROCESS SAFETY

# Lideres Naturales: Gestión

Desarrollo del Capital Humano

Identificar
- Pensamientos
- Acciones

Reconocer
- Ejemplificar

Identificar cambios
- Analizar los comportamientos de los influenciados

Reconocer nuevos lideres
- Ejemplificar

7th LACPS · Swissotel · Lima, Peru · August 22-23, 2016

STORK
A Fluor Company

7TH CCPS LATIN AMERICAN CONFERENCE ON PROCESS SAFETY

# Lideres Naturales

¿Qué mejor que sembrar una idea sin imponer?

Es la apuesta para **fortalecer la cultura**: son las personas idóneas para transmitir la cultura esperada de seguridad



STORK
A Fluor Company

7TH CCPS LATIN AMERICAN CONFERENCE ON PROCESS SAFETY

# Caso de implementación: Planta de tratamiento y procesamiento de gas

7th LACPS · Swissotel · Lima, Peru · August 22-23, 2016

# Caso de implementación: Planta de tratamiento y procesamiento de gas

Fortalecimiento de cultura:

- Capacitaciones
- Comunicación de lecciones aprendidas.
- Participación constante en el desarrollo de las actividades.
- Desarrollo de herramientas.
- Apertura de espacios de discusión frente a temas del proceso, entre otras.



STORK
A Fluor Company
7TH CCPS LATIN AMERICAN CONFERENCE ON PROCESS SAFETY

# Caso de implementación: Planta de tratamiento y procesamiento de gas

- Elementos con mayor impacto:

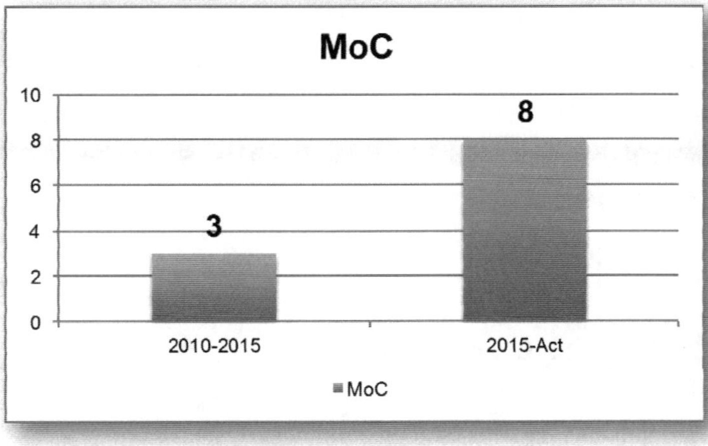


7th LACPS · Swissotel · Lima, Peru · August 22-23, 2016

STORK
A Fluor Company

7TH CCPS LATIN AMERICAN CONFERENCE ON PROCESS SAFETY

## Caso de implementación: Planta de tratamiento y procesamiento de gas

- Elementos con mayor impacto:

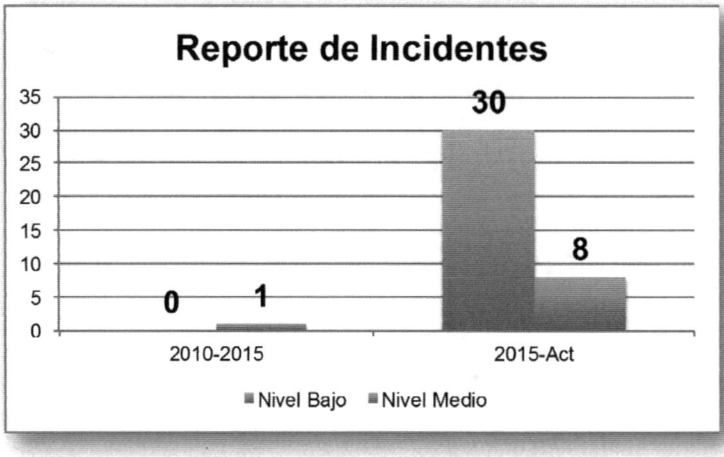




STORK
A Fluor Company

7TH CCPS LATIN AMERICAN CONFERENCE ON PROCESS SAFETY

## Conclusiones

- *"Si piensas que la seguridad es costosa, trata los accidentes".*

  Dr. Trevor Kletz
- Compromiso de la dirección, líderes organizacionales y líderes naturales son la base para el fortalecimiento de la cultura.
- Cultura de seguridad es el medio que propicia la implementación de elementos de SP.

7th LACPS · Swissotel · Lima, Peru · August 22-23, 2016

STORK
A Fluor Company

7TH CCPS LATIN AMERICAN CONFERENCE ON PROCESS SAFETY

## Conclusiones

Compromiso de la dirección:

- Reconocer necesidad de seguridad de procesos para cumplir con los objetivos de la compañía.
- Comprensión de los riesgos asociados al proceso.
- Coherencia de comportamientos y directrices con los lineamientos de SP.
- Compromiso con fortalecer la **CULTURA**

7th LACPS · Swissotel · Lima, Peru · August 22-23, 2016

STORK
A Fluor Company

7TH CCPS LATIN AMERICAN CONFERENCE ON PROCESS SAFETY

## Conclusiones

- Fortalecer la cultura, evitar la complacencia:

  *"...**siempre** es el momento oportuno para hacer las cosas bien".*

  Nelson Mandela

  El pasado no garantiza el futuro, el **presente sí**.

- Conservar el sentido de vulnerabilidad.

7th LACPS · Swissotel · Lima, Peru · August 22-23, 2016

STORK
A Fluor Company

7TH CCPS LATIN AMERICAN CONFERENCE ON PROCESS SAFETY

## Conclusiones

- Formar, identificar y ejemplificar los lideres naturales, de tal forma que los empleados reconozcan la cultura alineada con la compañía.
- Líderes naturales punta de lanza para transmitir la cultura en SP:

  **Hacer lo correcto de la manera correcta [2].**
- Desarrollo de capital humano mecanismo para gestionar los lideres naturales.

7th LACPS · Swissotel · Lima, Peru · August 22-23, 2016

STORK
A Fluor Company

7TH CCPS LATIN AMERICAN CONFERENCE ON PROCESS SAFETY

## Conclusiones

El compromiso y liderazgo de la organización, considerando los lideres naturales, promueven la cultura de seguridad de procesos, generando de esta forma un ambiente propicio para el reconocimiento de la importancia, el objetivo y el fin de los elementos de seguridad de procesos, por lo tanto, facilitando la implementación de los mismos.

7th LACPS · Swissotel · Lima, Peru · August 22-23, 2016

STORK
A Fluor Company

7TH CCPS LATIN AMERICAN CONFERENCE ON PROCESS SAFETY

# Referencias


[1] CCPS. Vision20/20, Center for Chemical Process Safety, American Institute of Chemical Engineers, 2015.

[2] CCPS. Guidelines for Risk Based Process Safety, Center for Chemical Process Safety, American Institute of Chemical Engineers, 2007.

[3] D. Jones. "Turning the titanic – Three Case Histories in Cultural Change," CCPS International Conference and Workshop, Toronto, 2001.

[4] C. Levicki. "El gen del liderazgo: el código genético para una carrera de liderazgo de toda la vida", Panorama Editorial S.A. De C.V., 1998.


7th LACPS · Swissotel · Lima, Peru · August 22-23, 2016

STORK
A Fluor Company

7TH CCPS LATIN AMERICAN CONFERENCE ON PROCESS SAFETY

# Muchas gracias!

# Sección de preguntas

7th LACPS · Swissotel · Lima, Peru · August 22-23, 2016

STORK A Fluor Company

GRUPO ACIMUT

7TH CCPS LATIN AMERICAN CONFERENCE ON PROCESS SAFETY

# USO DE DOS TÉCNICAS PHA COMPLEMENTARIAS PARA TRATAR EL RIESGO DE INCENDIO, EXPLOSIÓN Y BLEVE EN UNA VASIJA DE ALMACENAMIENTO DE PROPANO

J. Hammilton Ramirez P.
Consultor en Procesos Industriales
STORK and AMS Group S.A.S.
john.ramirez@stork.com

Jaime E. Cadena G.
Líder de Seguridad de Procesos
Grupo Acimut SAS
jaime.cadena@acimut.co

7th LACPS · Swissotel · Lima, Peru · August 22-23, 2016

STORK A Fluor Company

GRUPO ACIMUT

7TH CCPS LATIN AMERICAN CONFERENCE ON PROCESS SAFETY

# Contenido

- Introducción
- Metodología propuesta
- Caso de estudio
- Conclusiones y perspectivas

7th LACPS · Swissotel · Lima, Peru · August 22-23, 2016

STORK A Fluor Company · GRUPO ACIMUT · 7TH CCPS LATIN AMERICAN CONFERENCE ON PROCESS SAFETY

# Introducción

Video Presentation in Original e-media

7th LACPS · Swissotel · Lima, Peru · August 22-23, 2016

STORK A Fluor Company · GRUPO ACIMUT · 7TH CCPS LATIN AMERICAN CONFERENCE ON PROCESS SAFETY

# Introducción

- Análisis de la operación
- Información básica de peligrosidad (MSDS, FDS)
- Uso de técnicas PHA
- Listado de peligros
- Identificación de escenarios accidentales
- Listado de peligros/escenarios prioritarios

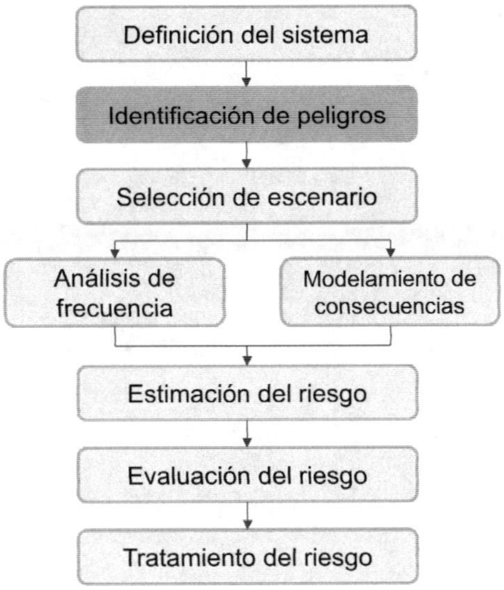

7th LACPS · Swissotel · Lima, Peru · August 22-23, 2016

STORK A Fluor Company GRUPO ACIMUT

7TH CCPS LATIN AMERICAN CONFERENCE ON PROCESS SAFETY

# Introducción

- Incluye riesgos por fuera del control de la organización.
- Tiene en cuenta efectos dominó.
- Considera diferentes consecuencias, así como causas y escenarios posibles.
- **Este nivel de complejidad hace necesaria una aproximación estructurada y sistemática → PHAs**

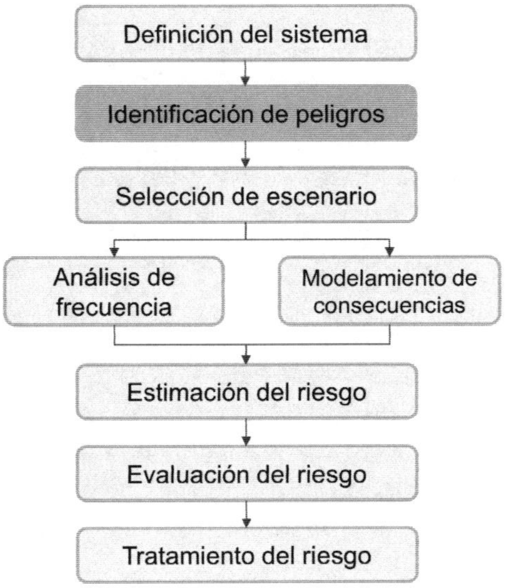


7th LACPS · Swissotel · Lima, Peru · August 22-23, 2016

STORK A Fluor Company GRUPO ACIMUT

7TH CCPS LATIN AMERICAN CONFERENCE ON PROCESS SAFETY

# Introducción: PHAs

- Las técnicas PHA ayudan a priorizar los peligros y por ende a filtrar los escenarios.
- Cada técnica PHA tiene una estructura, equipo de trabajo, objeto de estudio y resultados.
- Las técnicas a usar se seleccionan con base a diversas variables.

Revisión de seguridad
Listas de chequeo
¿Qué pasa si?
Listas de chequeo est.
FMEA

Árbol de eventos (ETA)
Árbol de falla (FTA)
Corbatín (Bow-Tie)
HAZOP

7th LACPS · Swissotel · Lima, Peru · August 22-23, 2016

STORK A Fluor Company GRUPO ACIMUT

7TH CCPS LATIN AMERICAN CONFERENCE ON PROCESS SAFETY

# Introducción: Selección PHAs

| Proceso | Sistema de gestión de seguridad | Externos |
|---|---|---|
| • Físicos (presión, temperatura)<br>• Químicos (concentración tóxica, incompatibilidad, reactividad)<br>• Integridad mecánica<br>• Biológicos<br>• Radiológicos<br>• Mecánicos | Deficiencias en:<br>• Procedimientos<br>• Entrenamiento<br>• Integridad mecánica<br>• Manejo del cambio<br>• Respuesta a emergencias<br>• Valoración de riesgos<br>• Gestión documental<br>• Evaluación y seguimiento<br>• Auditorías | • Actividades de contratistas<br>• Actividades de terceros<br>• Seguridad física |

7th LACPS · Swissotel · Lima, Peru · August 22-23, 2016

STORK A Fluor Company GRUPO ACIMUT

7TH CCPS LATIN AMERICAN CONFERENCE ON PROCESS SAFETY

# Introducción: Selección PHAs

| Técnica | Fase del ciclo de vida A: adecuado, AA: muy adecuado, NA: N/A | | | |
|---|---|---|---|---|
| | Diseño temprano | Diseño | Operacional | Cambios |
| Listas de chequeo | A | A | AA | A |
| Revisión de seguridad | NA | NA | AA | A |
| ¿Qué pasa si? | AA | A | A | AA |
| HAZOP (Análisis de peligros y operabilidad) | A | AA | A | AA |
| FMEA (Análisis de modos de falla y efectos) | NA | A | AA | A |

7th LACPS · Swissotel · Lima, Peru · August 22-23, 2016

# Introducción: Equipo de trabajo PHAs

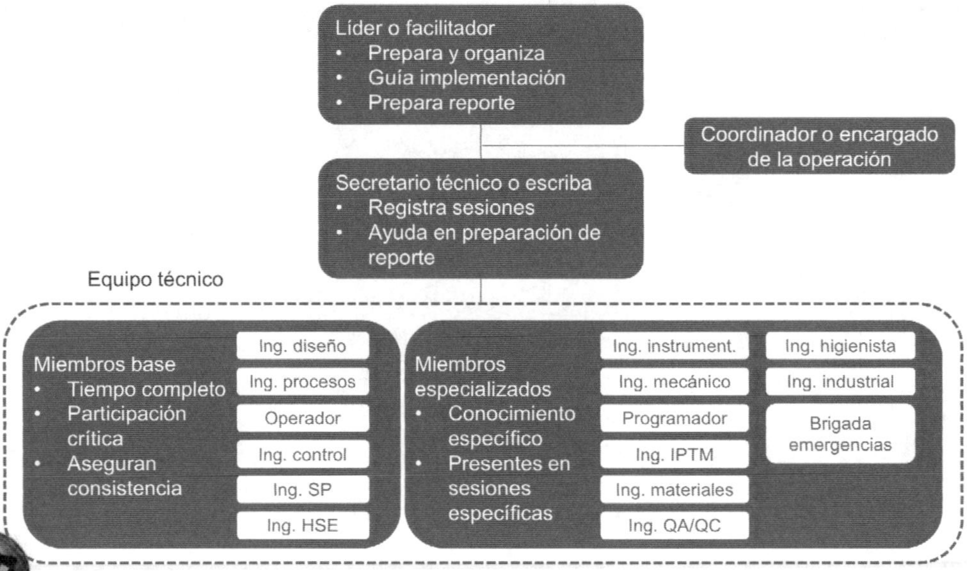






# Introducción: FMEA

Objetivo: identificar todos los peligros potenciales asociados a una sección de un proceso o un equipo específico. Todos los equipos de la sección del proceso o los componentes del equipo analizado son caracterizados mediante los posibles modos de falla o de error.

Resultados a obtener:

- Amenazas presentes.
- Modos de falla o error esperados.
- Peores escenarios creíbles.
- Estimado (cualitativo) del riesgo residual 1.

STORK A Fluor Company | GRUPO ACIMUT | 7TH CCPS LATIN AMERICAN CONFERENCE ON PROCESS SAFETY

# Introducción: FMEA

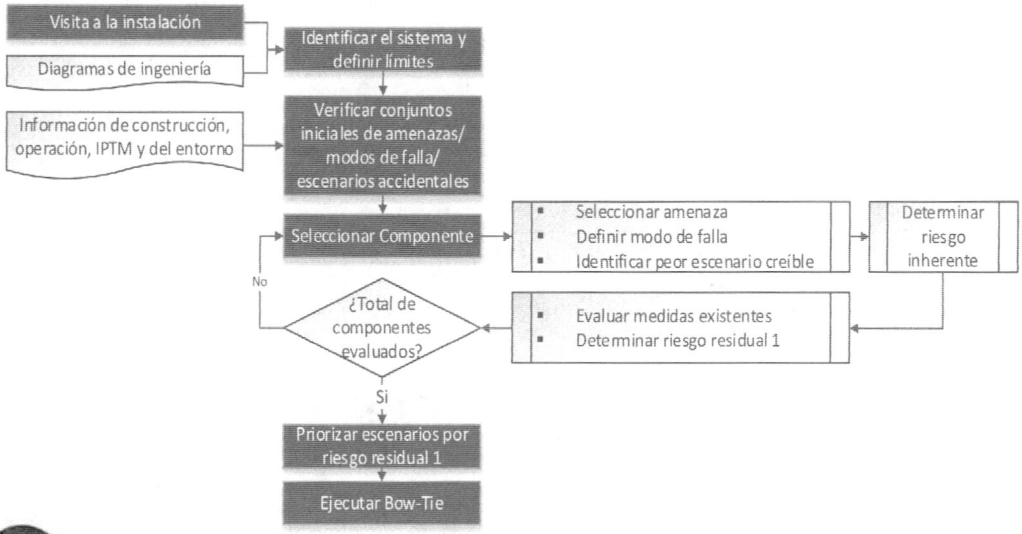


7th LACPS · Swissotel · Lima, Peru · August 22-23, 2016

STORK A Fluor Company | GRUPO ACIMUT | 7TH CCPS LATIN AMERICAN CONFERENCE ON PROCESS SAFETY

# Introducción: Bow-Tie

Objetivo: identificar mejoras para las barreras de seguridad existentes y barreras nuevas requeridas para alcanzar un riesgo residual 2 tolerable.

Incluye análisis cualitativo del costo-beneficio de las mejoras a las barreras y de las barreras nuevas, con el fin de soportar la toma de decisiones de su implementación.

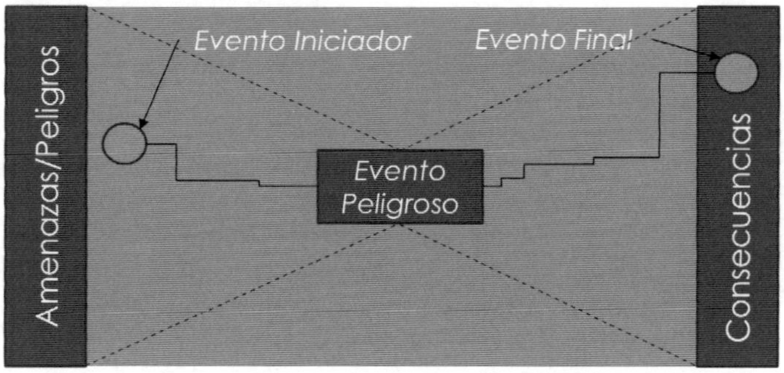


Fuente: Guidelines for Chemical Quantitative Risk Analysis, CCPS.

STORK A Fluor Company | GRUPO ACIMUT | 7TH CCPS LATIN AMERICAN CONFERENCE ON PROCESS SAFETY

## Introducción: Bow-Tie

7th LACPS · Swissotel · Lima, Peru · August 22-23, 2016

STORK A Fluor Company | GRUPO ACIMUT | 7TH CCPS LATIN AMERICAN CONFERENCE ON PROCESS SAFETY

## Metodología propuesta

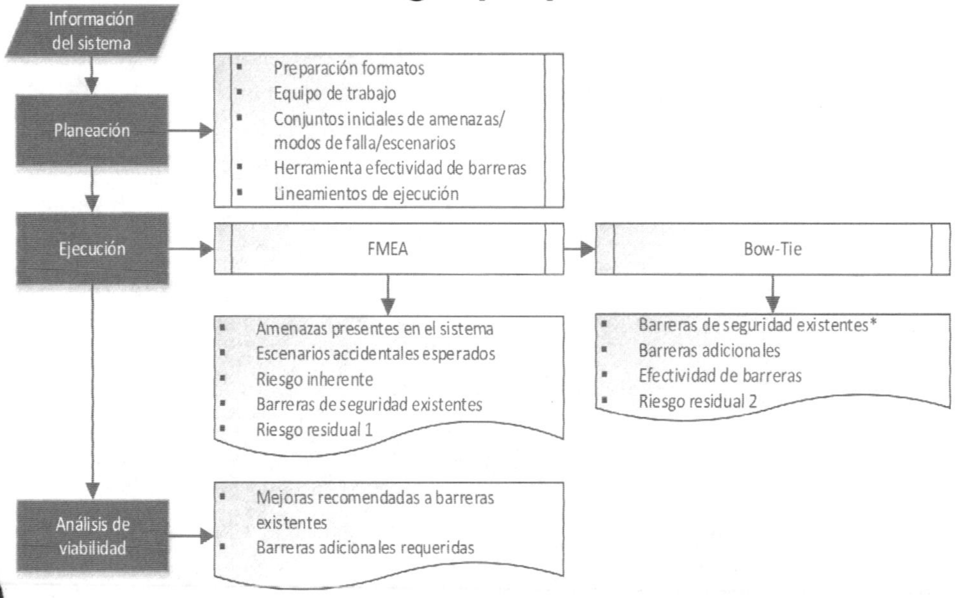


7th LACPS · Swissotel · Lima, Peru · August 22-23, 2016

STORK A Fluor Company GRUPO ACIMUT

7TH CCPS LATIN AMERICAN CONFERENCE ON PROCESS SAFETY

# Caso de estudio

| | |
|---|---|
| ¿Por qué? | • Stork fue encargada por la planta de gas para realizar una evaluación a las recomendaciones hechas por diversas aseguradoras, sobre los diferentes escenarios accidentales en el V-1450 y que para el concepto de las ellas no se encontraban controladas. |
| ¿Cómo? | • Stork en la compañía de Acimut, valora las recomendaciones hechas por las aseguradoras y plantea a la planta de gas un estudio PHA basado en la unión de la técnica FMEA y HAZID. |
| ¿Para qué? | • Conocer en detalle los escenarios accidentales, sus potenciales consecuencias y si cuentan o no con las medidas de control suficientes para evitarlos o reducir las consecuencias. |

7th LACPS · Swissotel · Lima, Peru · August 22-23, 2016

STORK A Fluor Company GRUPO ACIMUT

7TH CCPS LATIN AMERICAN CONFERENCE ON PROCESS SAFETY

# Caso de estudio

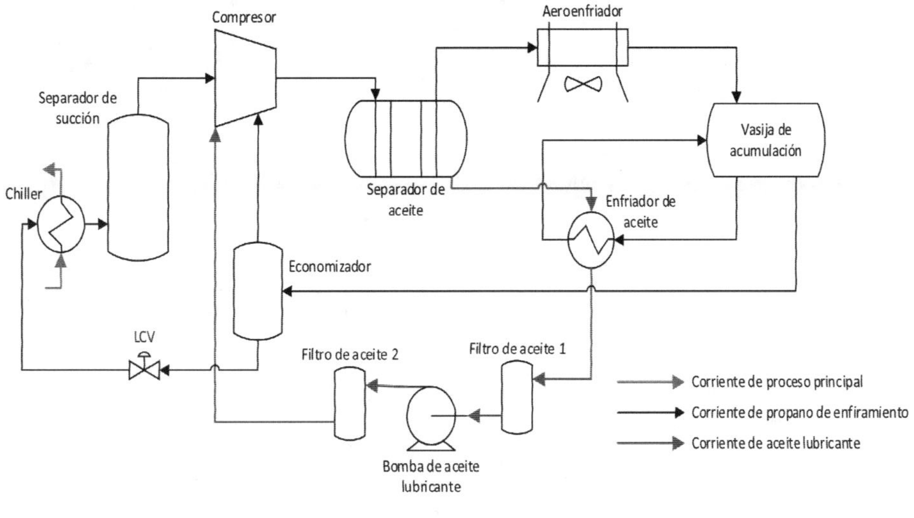


7th LACPS · Swissotel · Lima, Peru · August 22-23, 2016

STORK A Fluor Company · GRUPO ACIMUT · 7TH CCPS LATIN AMERICAN CONFERENCE ON PROCESS SAFETY

# Caso de estudio

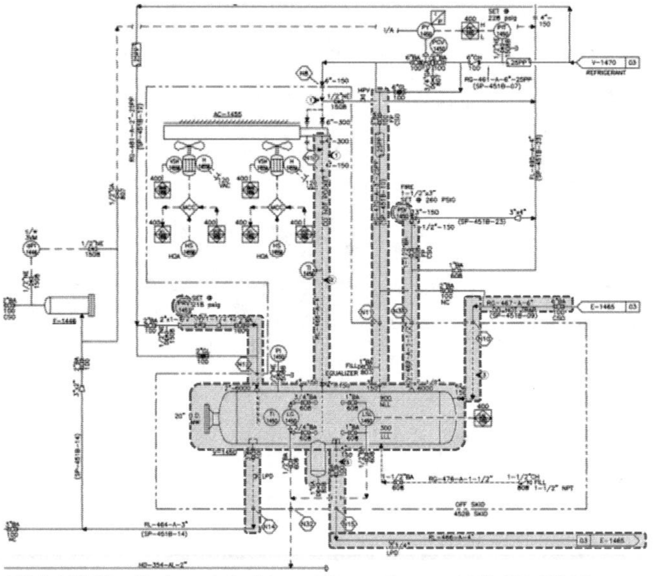

7th LACPS · Swissotel · Lima, Peru · August 22-23, 2016

STORK A Fluor Company · GRUPO ACIMUT · 7TH CCPS LATIN AMERICAN CONFERENCE ON PROCESS SAFETY

# Caso de estudio

- Implementación de la metodología: FMEA

| Amenazas |
|---|
| Corrosión interna |
| Corrosión externa |
| Agrietamiento por corrosión y esfuerzos |
| Fatiga |
| Daños por contratistas |
| Erosión |
| Operación incorrecta |
| Daño externo |
| Falla en suministro externo |
| Lectura incorrecta |
| Efectos de Presión |

| Modos de falla |
|---|
| Fuga leve Orificio (D<2mm) |
| Fuga moderada orificio (2mm<D<20mm) |
| Fuga grande orificio (20mm<D<100mm) |
| Ruptura total (D=Deq) |
| Atascamiento |
| Afectación a IM |

| Escenarios accidentales | |
|---|---|
| Incendio | De chorro (jet fire) |
| | De piscina (pool fire) |
| | Llamarada (flash fire) |
| Explosión | Deflagración |
| | Detonación |
| | Explosión mecánica |
| | BLEVE |
| Dispersión | Inflamable |
| | Tóxica |
| Exposición al trabajador | |

7th LACPS · Swissotel · Lima, Peru · August 22-23, 2016

STORK A Fluor Company · GRUPO ACIMUT · 7TH CCPS LATIN AMERICAN CONFERENCE ON PROCESS SAFETY

# Caso de estudio

- Implementación de la metodología: FMEA

| Sección 1: Definición información base | | | | | | |
|---|---|---|---|---|---|---|
| Tag | Componente | Amenaza | Antecedentes / Comentarios | Modo de Falla | Peor escenario creíble | |
| | | | | | Tipo de Escenario | Específico |
| V-000 | Tubería roscada (Entrada de PRV)<br>Tubería roscada (Salida a PSV) | Corrosión externa | 1) Los soportes no están dentro del programa de mantenimiento | Ruptura total (D=Deq) | Dispersión | Dispersión inflamable |

| Sección 2: Calificación riesgo inherente | | | | | | |
|---|---|---|---|---|---|---|
| PoF | CoF | | | | | R |
| | Seguridad/Salud | Daño de Activos/Producción | Afectación de Imagen | Incumplimiento de requisitos internos /legales / cliente | | |
| Moderada (Ha ocurrido previamente) | Moderada (Tratamiento médico sin incapacidad | Baja (C<US$100k) | Baja (Afectación interna/Impacto ambiental menor) | Baja (Nivel local) | Significativa (No conformidad menor | Medio |

7th LACPS · Swissotel · Lima, Peru · August 22-23, 2016

STORK A Fluor Company · GRUPO ACIMUT · 7TH CCPS LATIN AMERICAN CONFERENCE ON PROCESS SAFETY

# Caso de estudio

- Implementación de la metodología: FMEA

| Sección 3: Identificación barreras de seguridad existentes | |
|---|---|
| Protección PoF | Protección CoF |
| 1) programa de reporte de actos y condiciones inseguras.<br>2) COPASST<br>3) Diseño | 1) shutdown.<br>2) programa de respuesta a emergencias.<br>3) minimización del inventario por desplazamiento a otro equipo.<br>4) aislamiento de la línea<br>3) programa de inspección fugas semanal.<br>4) recorrido del operador 3 veces al día. |

| Sección 4: Calificación riesgo residual 1 | | | | | | |
|---|---|---|---|---|---|---|
| PoF | CoF | | | | | R Res |
| | Seguridad/Salud | Daño de Activos/Producción | Medio Ambiente/Grupos de Interés | Afectación de Imagen | Incumplimiento de requisitos internos /legales / cliente | |
| Moderada (Ha ocurrido previamente) | Baja (Primeros Auxilios/Casi Incidente) | Baja (C<US$100k) | Baja (Afectación interna/Impacto ambiental menor) | Baja (Nivel local) | Significativa (No conformidad menor) | Medio |

7th LACPS · Swissotel · Lima, Peru · August 22-23, 2016

# Caso de estudio

- Implementación de la metodología: Bow-Tie

Amenazas y barreras

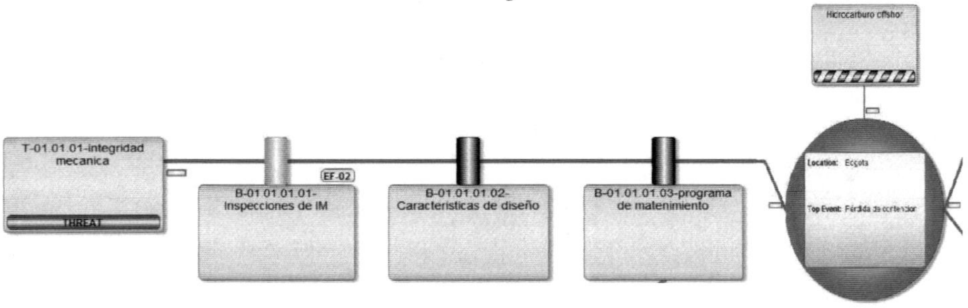






# Caso de estudio

- Implementación de la metodología: Bow-Tie

Consecuencias y Mitigación

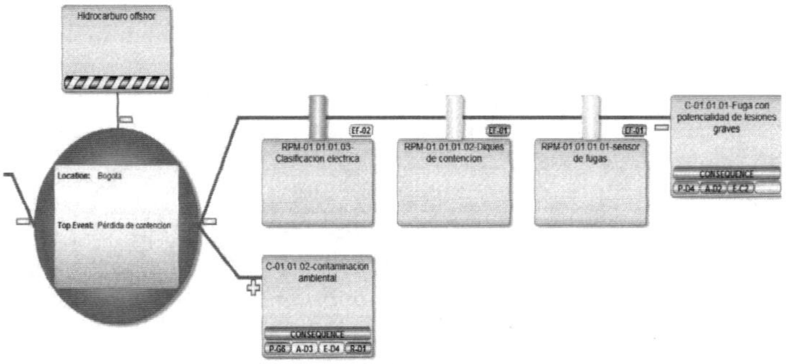

STORK
A Fluor Company
GRUPO ACIMUT
7TH CCPS LATIN AMERICAN CONFERENCE ON PROCESS SAFETY

# Caso de estudio

- Resultados. FMEA

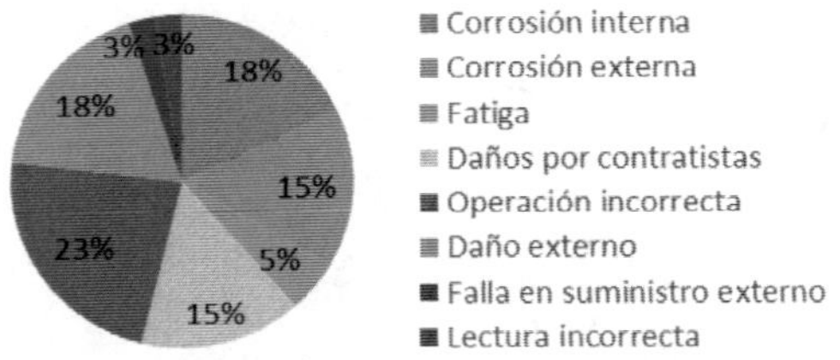


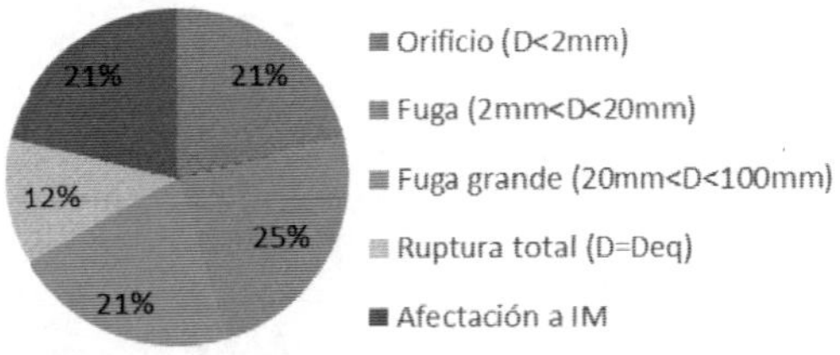


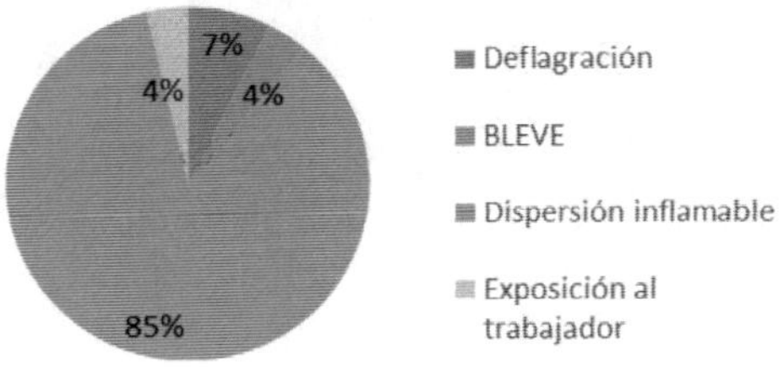


7th LACPS · Swissotel · Lima, Peru · August 22-23, 2016

STORK
A Fluor Company
GRUPO ACIMUT
7TH CCPS LATIN AMERICAN CONFERENCE ON PROCESS SAFETY

# Caso de estudio

- Resultados. HAZID

**BOW TIE**

7th LACPS · Swissotel · Lima, Peru · August 22-23, 2016

STORK A Fluor Company · GRUPO ACIMUT · 7TH CCPS LATIN AMERICAN CONFERENCE ON PROCESS SAFETY

# Caso de estudio

- Resultados. Riesgo

**Riesgo Inherente**

| PoF \ CoF | Baja | Moderada | Significativa | Alta |
|---|---|---|---|---|
| Alta (Sucede varias veces al año) | 3 | | | |
| Significativa (Ha ocurrido en el último año) | | | 2 | |
| Moderada (Ha ocurrido previamente) | | 1 | 24 | 3 |
| Baja (No ha ocurrido en la industria) | | | | |

**Riesgo Residual 1**

| PoF \ CoF | Baja | Moderada | Significativa | Alta |
|---|---|---|---|---|
| Alta (Sucede varias veces al año) | | | | |
| Significativa (Ha ocurrido en el último año) | | | 2 | |
| Moderada (Ha ocurrido previamente) | 3 | 4 | 19 | |
| Baja (No ha ocurrido en la industria) | | 3 | 2 | |

7th LACPS · Swissotel · Lima, Peru · August 22-23, 2016

STORK A Fluor Company · GRUPO ACIMUT · 7TH CCPS LATIN AMERICAN CONFERENCE ON PROCESS SAFETY

# Caso de estudio

- Resultados.

**Riesgo Residual 2**

| PoF \ CoF | Baja | Media Baja | Media Alta | Alta |
|---|---|---|---|---|
| Alta (Sucede varias veces al año) | | | | |
| Significativa (Ha ocurrido en el último año) | | | | |
| Moderada (Ha ocurrido previamente) | 8 | | 4 | |
| Baja (No ha ocurrido en la industria) | 6 | 5 | 10 | |

7th LACPS · Swissotel · Lima, Peru · August 22-23, 2016

STORK A Fluor Company GRUPO ACIMUT 7TH CCPS LATIN AMERICAN CONFERENCE ON PROCESS SAFETY

# Conclusiones y perspectivas

1. El estudio realizado cumplió con los objetivos propuestos, permitiendo ver el cambio de los niveles de riesgo para los escenarios determinados en el FMEA sin ningún tipo de barrera de seguridad (riesgo inherente), con las barreras existentes (riesgo residual 1) y con el efecto esperado de las barreras adicionales propuestas (riesgo residual 2). Esta evolución de los niveles de riesgo: riesgo inherente, riesgo residual y 1 riesgo residual 2, junto con el análisis de viabilidad, constituyen los elementos que permitirán la toma de decisiones con riesgo informado por parte del personal a cargo de la operación.

2. Los peligros identificados mediante la técnica FMEA son consistentes con la experiencia operativa de la planta y con aquellos expresados como prioritarios por parte de las aseguradoras. De los peligros identificados (representados en 39 modos de falla), sólo 2 (5%) se ubicaron en un nivel de riesgo residual 1 "alto".

7th LACPS · Swissotel · Lima, Peru · August 22-23, 2016

STORK A Fluor Company GRUPO ACIMUT 7TH CCPS LATIN AMERICAN CONFERENCE ON PROCESS SAFETY

# Conclusiones y perspectivas

3. A partir de este estudio, se evidenció que la probabilidad de ocurrencia de un escenario tipo BLEVE o una nube inflamable que pudiera afectar las instalaciones administrativas es baja y se cuenta con controles necesarios para prevenirlos o mitigarlos. Sin embargo, también se evidenció la necesidad de mejora de algunas barreras existentes y la implementación de algunas adicionales para gestionar el riesgo de estos escenarios específicos y que denotan preocupación para las aseguradoras.

4. El presente estudio deja en evidencia el avance en el conocimiento y compromiso de los peligros presentes en el negocio por parte de la operación y la gerencia de planta de gas, esto resalta la necesidad de avanzar al siguiente nivel del estudio, correspondiente a la evaluación y determinación de los factores de escalamiento responsables del deterioro de las barreras y medidas de recuperación/mitigación, determinación de los controles para los factores escalamiento y determinación de tareas específicas con responsables para asegurar la efectividad de los controles y barreras.

7th LACPS · Swissotel · Lima, Peru · August 22-23, 2016

STORK
A Fluor Company
GRUPO ACIMUT

7TH CCPS LATIN AMERICAN CONFERENCE ON PROCESS SAFETY

# Conclusiones y perspectivas

3. Se recomienda implementar un proceso de mejoramiento continuo de la efectividad de las barreras y medidas de mitigación, con indicadores de gestión para asegurar su efectividad y disponibilidad en caso de demanda.

7th LACPS · Swissotel · Lima, Peru · August 22-23, 2016

STORK
A Fluor Company
GRUPO ACIMUT

7TH CCPS LATIN AMERICAN CONFERENCE ON PROCESS SAFETY

MUCHAS GRACIAS

7th LACPS · Swissotel · Lima, Peru · August 22-23, 2016

# Detailed Analysis of Hazards Identified During a PHA

Jatin Shah; Peter Hereña; David Powell;
Taha Syed; and Ernesto Gasulla
JShah@BakerRisk.Com

BAKER ENGINEERING AND RISK CONSULTANTS, INC.®

BAKERRISK.

©2016 Baker Engineering and Risk Consultants, Inc.

BAKERRISK.

7TH CCPS LATIN AMERICAN CONFERENCE ON PROCESS SAFETY

## Agenda

- PHA and Uncertainties
- Case Studies

7th LACPS · Swissotel · Lima, Peru · August 22-23, 2016

BAKERRISK

7TH CCPS
LATIN AMERICAN
CONFERENCE
ON PROCESS SAFETY

# Process Hazards Analysis

- Are highly effective for Hazard Identification
  - What-If brainstorming
  - Job Safety Analysis (JSA)
  - Audits
  - Checklists
  - HAZOPs
  - FMEA
  - Others
- Serve as the foundation basis for risk management

***You can't manage what you don't know***

7th LACPS · Swissotel · Lima, Peru · August 22-23, 2016

BAKERRISK

# Hazard vs Risk

7TH CCPS
LATIN AMERICAN
CONFERENCE
ON PROCESS SAFETY

7th LACPS · Swissotel · Lima, Peru · August 22-23, 2016

BAKERRISK

7TH CCPS LATIN AMERICAN CONFERENCE ON PROCESS SAFETY

# Process Hazards Analysis

- Risk Categorization
  - Determine Likelihood
  - Determine Consequence
  - Determine Risk
- Risk Screening
  - Identify issues requiring additional analysis
  - Resolve issues that can be addressed directly
- Sometimes there is uncertainty around severity of the scenario, requiring further study

Risk Categories

| | |
|---|---|
| 20 to 25 | High |
| 10 to 16 | Significant |
| 5 to 9 | Medium |
| 1 to 4 | Low |

Risk Matrix

| Likelihood: Frequency \ Severity | | Negligible | Minor | Significant | Major | Catastrophic |
|---|---|---|---|---|---|---|
| Frequent | 5 | 5 | 10 | 15 | 20 | 25 |
| Probable | 4 | 4 | 8 | 12 | 16 | 20 |
| Rare | 3 | 3 | 6 | 9 | 12 | 15 |
| Remote | 2 | 2 | 4 | 6 | 8 | 10 |
| Improbable | 1 | 1 | 2 | 3 | 4 | 5 |
| | Consequence | 1 | 2 | 3 | 4 | 5 |



BAKERRISK

7TH CCPS LATIN AMERICAN CONFERENCE ON PROCESS SAFETY

# Dealing with Uncertainty

- Make conservative assumptions
- A detailed analysis can help provide information to allow the team to verify:
  1. The practicality of the scenario (e.g. is it realistic).
  2. The magnitude of potential severity
  3. That there are no gaps in the safe guards

Making conservative assumptions can be costly

BAKERRISK

7TH CCPS LATIN AMERICAN CONFERENCE ON PROCESS SAFETY

# Case Study 1

| Cause | Consequence | Safeguards | Recommendations |
|---|---|---|---|
| Blast Event on Critical Process Vessel | Toxic Release impacting offsite population | Detection and Isolation, Water Mitigation | Upgrade Vessel Structure and Supports |

Are there Scenarios that could cause a toxic release and defeat the mitigation systems?



BAKERRISK

7TH CCPS LATIN AMERICAN CONFERENCE ON PROCESS SAFETY

# Evaluate Potential for Knock-on

- HF alky unit subjected to more than 300 potential explosion scenarios from within and neighboring units
- Apply blast loads to critical HF containing components
  - Process equipment
  - Mitigation equipment
- Use Finite Element Analysis to determine if equipment is damaged enough to cause a release or become inoperable

## FEA Analysis

- Identify the extent and magnitude of any plastic deformations
- Use displacements at key points to evaluate the response of some attached piping and equipment.

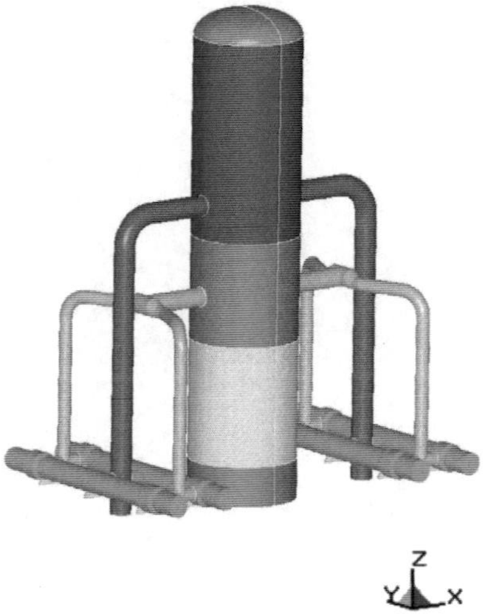




## Highlights of Analysis

- Settler/Reactor/Coolers do not lose integrity
- Some equipment compromised
  - Piping connections to coolers
  - Horizontal Drum supports
- Weak link of mitigation system was control system
  - Upgrade building containing controls
- Simple upgrade to support mitigation equipment
  - Tie down water pipes to the pipe rack for water mitigation system
  - Provide support for back up air supply to critical EIVs

BAKERRISK

7TH CCPS LATIN AMERICAN CONFERENCE ON PROCESS SAFETY

# Case Study 2

| Cause | Consequence | Safeguards | Recommendations |
|---|---|---|---|
| Seismic/Blast Event on Critical Process Vessel | Loss of Vessel resulting in toxic release | Post release mitigation (detection, isolation, and water mitigation) | Upgrade Vessel Structure and Supports |

**Can the vessel survive external event?**



BAKERRISK

# Analysis of Potential Hazards

7TH CCPS LATIN AMERICAN CONFERENCE ON PROCESS SAFETY

- Seismic
  - Ground motion from El Centro (1940)
  - Applied at ground level, parallel to long axis

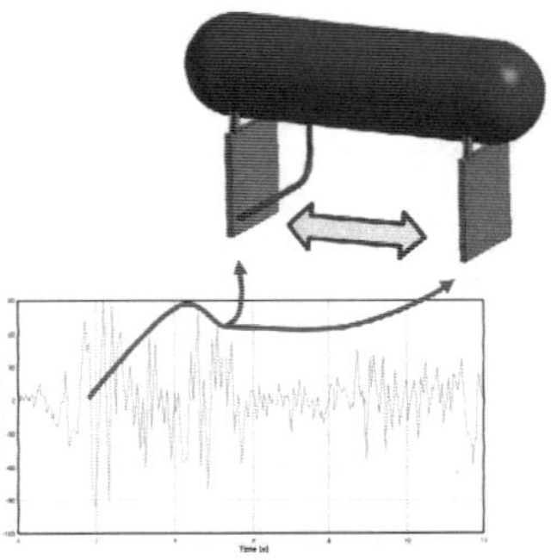

- Blast (explosion)
  - Typical VCE loading
    - Peak 8 psi pressure, free field
    - 100 ms duration
  - Blast direction normal to walls
  - Load applied to tank and walls

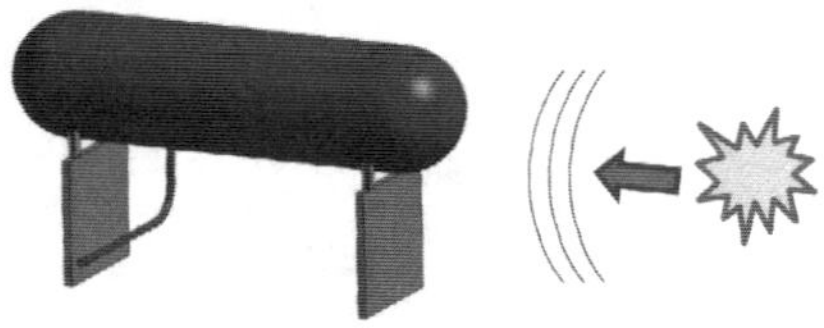

BAKERRISK

7TH CCPS LATIN AMERICAN CONFERENCE ON PROCESS SAFETY

# Response to Seismic Loading

- LS-DYNA simulation
  - Deformation exaggerated by factor of 3
  - Animation is in real time
- Result
  - Severe damage to piers
  - Significant permanent deformation
  - No catastrophic failure

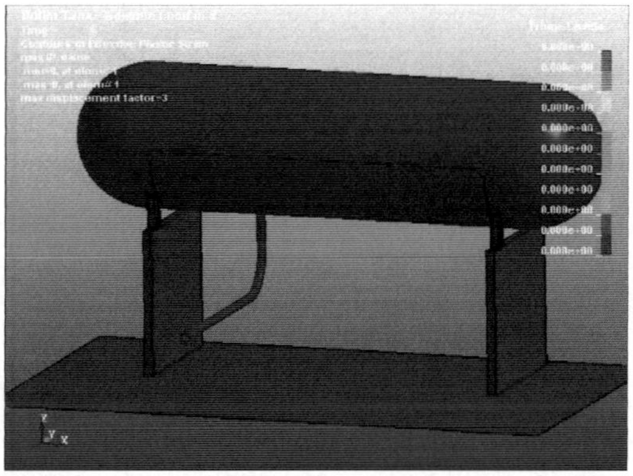



BAKERRISK

7TH CCPS LATIN AMERICAN CONFERENCE ON PROCESS SAFETY

# Example Response to Blast Loading

- FEA simulation
  - Simulation spans 3 seconds
  - No exaggeration on deformations
- Result
  - Large lateral deflection of piers
  - Loss of concrete strength in region of supports
  - Catastrophic failure and collapse of tank

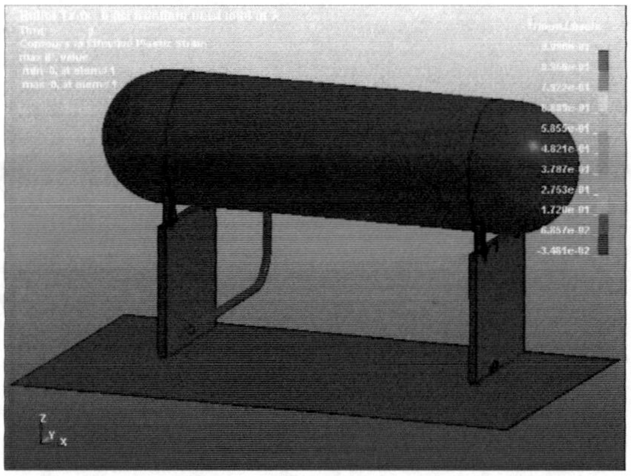

BAKERRISK

7TH CCPS LATIN AMERICAN CONFERENCE ON PROCESS SAFETY

# Blast Response, After Retrofit

- Retrofit piers with orthogonal supporting walls

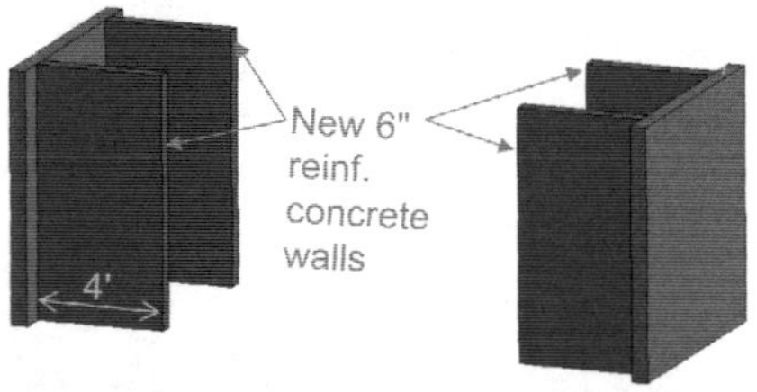


- FEA simulation
  - Spans 0.8 seconds
  - No exaggerations
- Result
  - Retrofitted piers experience light damage (cracking)
  - No catastrophic failure

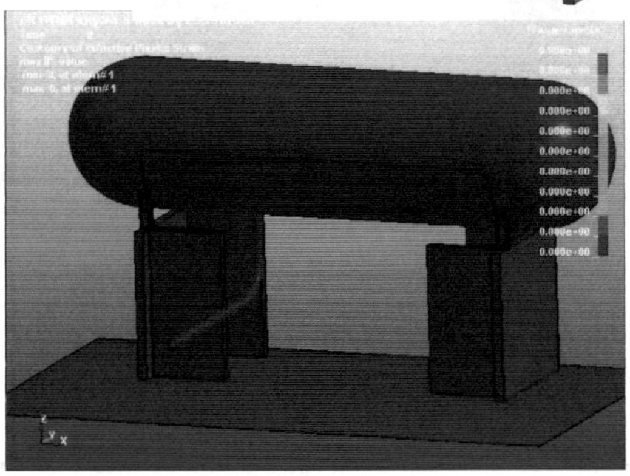



BAKERRISK

7TH CCPS LATIN AMERICAN CONFERENCE ON PROCESS SAFETY

# Case Study 3

| Cause | Consequence | Safeguards | Recommendations |
|---|---|---|---|
| Release of Toxic material from circulation pump | Potential for numerous onsite fatalities and possible offsite fatalities | Several point detectors in the unit and at building HVAC intakes for early detection and release isolation | Use detectors to alarm and actuate HVAC shutdown for SIP |

**Is existing detector coverage adequate to detect potential releases and meet voting requirements?**

BAKERRISK.

7TH CCPS LATIN AMERICAN CONFERENCE ON PROCESS SAFETY

# Indoor Toxic Exposure

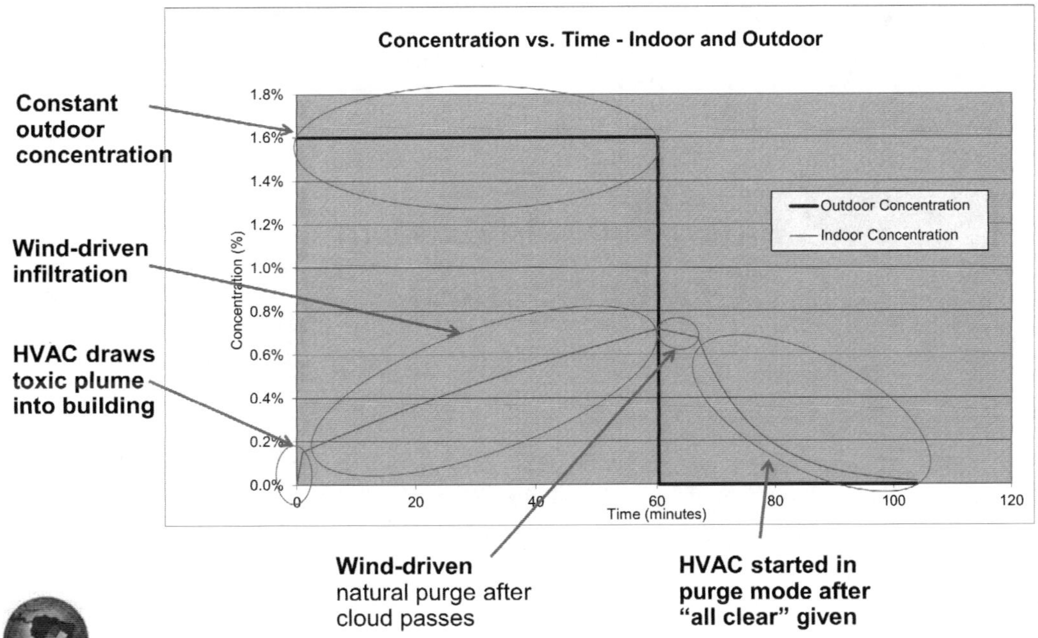


17

7th LACPS · Swissotel · Lima, Peru · August 22-23, 2016

BAKERRISK.

7TH CCPS LATIN AMERICAN CONFERENCE ON PROCESS SAFETY

# Probability of Detecting Release

- Probability of detector being in the path of the cloud
  - Do I need more than one
- Probability of detector working
  - Testing interval
  - Path blockage by obstruction
- Not dependent on wind direction

7th LACPS · Swissotel · Lima, Peru · August 22-23, 2016

18

# Detector Placement

Video Presentation in Original e-media





# Evaluation for Each Direction

| Node | Wind Direction | Number of Detectors | At least one detector | Detection Probability |
|---|---|---|---|---|
| 3 | 0 | 3 | Y | |
| | 22.5 | 1 | Y | |
| | 45 | 1 | Y | |
| | 67.5 | 0 | N | |
| | 90 | 0 | N | |
| | 112.5 | 0 | N | |
| | 135 | 0 | N | |
| | 157.5 | 3 | Y | |
| | 180 | 4 | Y | |
| | 202.5 | 2 | Y | |
| | 225 | 0 | N | |
| | 247.5 | 0 | N | |
| | 270 | 0 | N | |
| | 292.5 | 0 | N | |
| | 315 | 0 | N | |
| | 337.5 | 2 | Y | 0.4375 |

7TH CCPS LATIN AMERICAN CONFERENCE ON PROCESS SAFETY

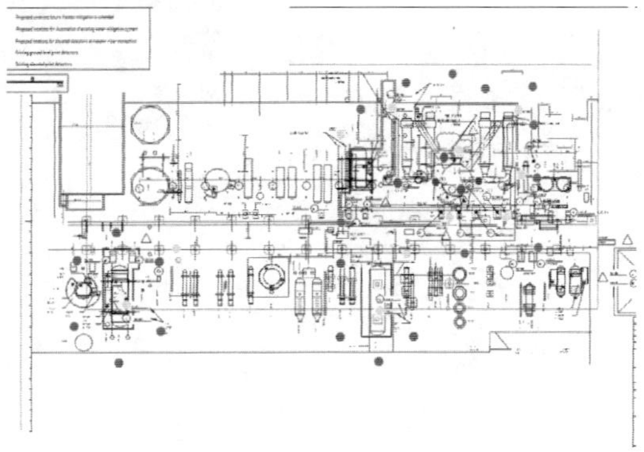

7th LACPS · Swissotel · Lima, Peru · August 22-23, 2016

21

## Summary

7TH CCPS LATIN AMERICAN CONFERENCE ON PROCESS SAFETY

- PHA studies are an important step in identifying potential hazards
- For some hazards there is considerable uncertainty where additional insight is valuable
- To provide additional insight, use more detailed analytical tools:
  - Detector placement Analysis
  - Finite Element Analysis
  - Fault Tree Analysis
  - CFD Modeling
  - Consequence and Quantitative Risk Analysis
- Conservative Assumptions Can be Expensive

7th LACPS · Swissotel · Lima, Peru · August 22-23, 2016

22

# Questions?

**Jatin Shah**
BakerRisk Inc.
Jshah@bakerrisk.com
210-721-7521

BAKER ENGINEERING AND RISK CONSULTANTS, INC.®

BAKERRISK®

©2016 Baker Engineering and Risk Consultants, Inc.

# Princípios Básicos para Evaluar los Peligros del Proceso


Eduardo Francisco

Seshu Dharmavaran

E&I DuPont de Nemours & Co.

eduardo.m.francisco@dupont.com

Seshu.dharmavaran@dupont.com


7th LACPS · Swissotel · Lima, Peru · August 22-23, 2016

# Eduardo Francisco

*HSE Corporate Manager – DuPont Process Safety Management Leader Latin America*

DuPont Center of Excellence in Safety, Health and Environment

- Experiencia:
  - 15+ anos en DuPont en seguridad de procesos, salud ocupacional, seguridad y ambiente
  - Liderazgo Corporativo en DuPont Latino America para PSM
  - Diversas publicaciones y presentaciones
- Registro:
  - P.G. Safety Engineering, Universidade de Guarulhos, Conselho Regional de Engenharia, Rio Grande do Sul, Brasil
- Educación:
  - Ph.D. Universidade Federal do Rio Grande do Sul, RS, Brazil
  - M.S. University of Manchester, Manchester, Lancashire, UK
  - B.Eng. Universidade Federal do Rio Grande do Sul, RS, Brazil

7th LACPS · Swissotel · Lima, Peru · August 22-23, 2016

DUPONT

7TH CCPS
LATIN AMERICAN
CONFERENCE
ON PROCESS SAFETY

# Seshu Dharmavaram

*DuPont Corporate Process Safety & Risk Analysis Leader*

DuPont Center of Excellence in Safety, Health and Environment

- Experiencia:
  - **26+ anos en DuPont en seguridad de proceso y ingineria**
  - **Lider Corporativo en PSM, Analise de Consecuencias y Reactividad Quimica**
  - **Diversas publicaciones y presentaciones**
- Registro:
  - **P.E. Chemical Engineering, State of Delaware, Delaware Association of Professional Engineers**
- Educación:
  - **Ph.D. University of Illinois at Urbana-Champaign, IL, USA**
  - **M.S. University of Oklahoma, Norman, OK, USA**
  - **B.Tech. Indian Institute of Technology, Kanpur, India**

**7th LACPS · Swissotel · Lima, Peru · August 22-23, 2016**

DUPONT

7TH CCPS
LATIN AMERICAN
CONFERENCE
ON PROCESS SAFETY

# Agenda

- Presentar una evaluación básica de los Peligros del Proceso, ***que siempre están presentes***, considerando:
  - La comprensión de la naturaleza y el nivel del peligro
  - Tecnología de Procesos Industriales (PSI)
  - Minimizando el riesgo de proceso (PHA)
  - Garantizar la adecuada aplicación del PSM

**7th LACPS · Swissotel · Lima, Peru · August 22-23, 2016**

7TH CCPS LATIN AMERICAN CONFERENCE ON PROCESS SAFETY

# Peligros del Proceso

Un peligro de proceso es como una "montana" o un "animal selvage", donde las consecuencias de una malo paso o fuga accidental pueden ser devastadores ...

**Naturaleza del Peligro**

Cual tipo?

**Nivel del Peligro**

Cuan peligroso?

7th LACPS · Swissotel · Lima, Peru · August 22-23, 2016

7TH CCPS LATIN AMERICAN CONFERENCE ON PROCESS SAFETY

# Definición

- **Peligro de Proceso**: una condición (contenida) que tiene el potencial para dar lugar a una liberación y exposición a una sustancia peligrosa o liberación de energía (mecánica, potencial o química) que podría causar graves lesiones al personal o daños ambientales significativos.

7th LACPS · Swissotel · Lima, Peru · August 22-23, 2016

# Características

## Dependen de:

– **Condiciones de Proceso**
  - Temperatura, pressión, concentración, etc.

– **Químicos y Materiales involucrados**
  - Materiales de construcción (i.e., tubería, tanques,...)
  - Químicos (i.e., toxicos, materiales inflamables, reactivos, polvos)
  - Utilidades (i.e., ar, água, azeites)



DUPONT
7TH CCPS LATIN AMERICAN CONFERENCE ON PROCESS SAFETY

# Naturaleza / Tipos

Peligros de Processo (con foco en efectos agudos):

» Toxicidad Aguda
» Inflamabilidad
» Explosividad
» Polvos
» Reactividad Química
» Otro (i.e. energia almacenada)

Peligros en General (que no san Peligros de Proceso):

» Resbalones / tropiezos / caídas
» Seguridad de las máquinas
» Superficies calientes / frías
» Elevación

7th LACPS · Swissotel · Lima, Peru · August 22-23, 2016

7TH CCPS LATIN AMERICAN CONFERENCE ON PROCESS SAFETY

# Peligros del Proceso

**Evaluar los peligros ayudan a minimizar los riesgos**



7TH CCPS LATIN AMERICAN CONFERENCE ON PROCESS SAFETY

# Evaluación Intrinsica de Peligros (IHA)

## IHA → PHA

- Define los límites del proceso
- Lista los materiales, intermédios, etc.
  - Cuantidades, tajas, estado físico, composiciones
- Documenta las condiciones de proceso
  - Temperatura, pressión, concentración, etc.
- Evalua los peligros en base a el tipo de peligro
  - Toxicidad, Inflamabilidad, Reactividad Química, Polvos, explosividad

- **Uso de la MSDS no és suficiente para evaluación de los peligros**

7th LACPS · Swissotel · Lima, Peru · August 22-23, 2016

DU PONT

7TH CCPS LATIN AMERICAN CONFERENCE ON PROCESS SAFETY

# Evaluación Intrinsica de Peligros (IHA)

– **Para cada límite de proceso**:
  - Desarollar documentación en detalle (incluyendo evaluciones y testeos, donde apropriado)
  - Sumariza los peligros de proceso, por ejemplo:

| *Tipo* / *Nivel* | *Toxicidade* | *Flamabilidad/ Explosividad* | *Reactividad Quimica* | *Polvo* | *Otro* |
|---|---|---|---|---|---|
| 4 – Muy alto | | X | | | |
| 3 – Alto | X | | | | |
| 2 – Mediano | | | | X | |
| 1 – Bajo | | | X | | X |
| 0 – Ningun | | | | | |

7th LACPS · Swissotel · Lima, Peru · August 22-23, 2016

DU PONT

7TH CCPS LATIN AMERICAN CONFERENCE ON PROCESS SAFETY

# Toxicidad

– **Foco en la toxicidad aguda**
  - Impacto: Lesiones y Efectos que Amenazan a la Vida

– **Niveles de Atención de Concentración**
  - Acute Exposure Guideline Level (AEGL)
  - Emergency Response Planning Guideline (ERPG)
  - “Equivalentes”

**Concentraciones que no san utilizadas:**
  - Niveles cronicos de exposión (i.e., TLV)

7th LACPS · Swissotel · Lima, Peru · August 22-23, 2016

DUPONT

7TH CCPS LATIN AMERICAN CONFERENCE ON PROCESS SAFETY

# Toxicidad

- Fatores Importantes de Evaluación/ Documentación
  - Niveles de atención de toxicidad aguda
    - Productos Químicos Puros o Mescla de Vapores
    - ERPG-3 o AEGL-3 (1 hr) o "equivalent"
  - NFPA Health Score [0 to 4]
  - Substance Hazards Index (SHI)

SHI = [Pressión de Vapor (in atm @ mayor temp creeíbile deg C) x 1E+06] / [ERPG-3 or AEGL-3 (in ppm)]

  - Nivel de Peligro: Bajo, Mediano, Alto, Muy Alto

7th LACPS · Swissotel · Lima, Peru · August 22-23, 2016

DUPONT

7TH CCPS LATIN AMERICAN CONFERENCE ON PROCESS SAFETY

# Inflamabilidad

- **Combustible vs. Inflamable** (considerar condiciones de proceso)
  - En base a el Flash Point y Temperatura de Proceso
  - Impacto: Quemaduras del fuego y radiación térmica
    - Quemaduras de 2nd to 3rd grados
- **Niveles de Atención de Concentración**
  - Lower Flammability Limit (LFL)
  - Upper Flammability Limit (UFL)
- **Niveles de Atención de Radiación**
  - 9.5 $kW/m^2$
  - 37.5 $kW/m^2$

7th LACPS · Swissotel · Lima, Peru · August 22-23, 2016

DUPONT

7TH CCPS LATIN AMERICAN CONFERENCE ON PROCESS SAFETY

# Inflamabilidad

– **Fatores Importantes de Evaluación / Documentación**

- Flash Point
  - Manejo de inflamables o combustibles por arriba del flash point
- Niveles de Atención de Inflamabilidad para Químicos Puros o Mescla de Vapores
  - UFL and LFL
- NFPA Flammability Score [0 to 4]

- Nivel de Peligro: Bajo, Mediano, Alto, Muy Alto

7th LACPS · Swissotel · Lima, Peru · August 22-23, 2016

DUPONT

7TH CCPS LATIN AMERICAN CONFERENCE ON PROCESS SAFETY

# Explosividad

– **Productos químicos, polvos, y las reacciones químicas inflamables**

- Rápido aumento de la presión dentro de los vasos (estallido del recipiente)
- Deflagración dentro del vaso
- Explosiones de polvo combustible primario y secundario Las explosiones de nubes de vapor (VCE) en el interior y exterior de edificios
- BLEVE
- Las reacciones químicas no controladas dentro de los vasos

Impacto: efectos de explosión (es decir, la sobrepresión y de impulso) a la gente y los edificios

7th LACPS · Swissotel · Lima, Peru · August 22-23, 2016

DU PONT

7TH CCPS
LATIN AMERICAN
CONFERENCE
ON PROCESS SAFETY

# Explosividad

- **Fatores Importantes de Evaluación / Documentation: Deflagraciones Internas**
  - Manejo de inflamables, polvos combustibles (conc. > MEC)

  - Nivel de Peligro: Ningún o Alto/Muy Alto

7th LACPS · Swissotel · Lima, Peru · August 22-23, 2016

DU PONT

7TH CCPS
LATIN AMERICAN
CONFERENCE
ON PROCESS SAFETY

# Explosividad

- **Fatores Importantes de Evaluación / Documentación: VCE o Explosiones de Polvos**
  - Las condiciones dentro y fuera de equipo
  - Velocidad de combustión laminar
  - Tamaño de las partículas, los índices de deflagración de polvos combustibles
  - La acumulación de polvo fuera del equipo
  - Los niveles de confinamiento y la congestión

  - Nivel de Peligro: Bajo, Mediano, Alto, Muy Alto

7th LACPS · Swissotel · Lima, Peru · August 22-23, 2016

DUPONT

7TH CCPS LATIN AMERICAN CONFERENCE ON PROCESS SAFETY

# Reactividad Química

- **Reaciones Químicas no Controladas**
  - Reacciones Exotermicas y Endotermicas
  - Aumento rápido de temperatura y pressión adentro de tanques y reactores
  - Impacto: Toxico, inflamable, y/o effectos de explosiones
- **Evaluación**
  - Por nombre: auto-reactivos (i.e. piroforicos, oxidantes)
  - Por estructura: -nitro, -peroxyl, etc.
  - Desarollo de la Matrix de Interacción Química
    - Uso de hierramientas como NOAA Chemical Reactivity Worksheet, RMR Reactivity Tool, Cole-Parmer Database, etc
    - Incluen notas detalladas

7th LACPS · Swissotel · Lima, Peru · August 22-23, 2016

DUPONT

7TH CCPS LATIN AMERICAN CONFERENCE ON PROCESS SAFETY

# Reactividad Química

- **Fatores Importantes de Evaluación / Documentación**
  - Tipo de reacción (i.g. polimerización, oxidación, etc.)
  - NFPA Instability Score [0 to 4]
  - Calor de Reacción
  - Taja de auto calientamiento
  - Temperatura onset Exotérmica
  - Nivel de Peligro: Bajo, Mediano, Alto, Muy Alto

7th LACPS · Swissotel · Lima, Peru · August 22-23, 2016

# Ejemplos



7TH CCPS
LATIN AMERICAN
CONFERENCE
ON PROCESS SAFETY

# Evaluación de Peligros:
## Tanques de Amoníaco

- Límites de Proceso
  - Tanques a el aire libre
  - Amoníaco Anhidro a pressión y refrigerado
- Categoria de Peligros
  - Toxicidad
  - Inflamabilidad
- Concentración/Parametros de Preocupación & Factores Importantes
  - ERPG-3: 750 ppm; SHI = 13153
  - LFL: 16% ; UFL: 25%
  - Sin confinamiento o congestion
- Identificación del Nivel de Peligro
  - Nivel de Peligro de Toxicidad: Alto
  - Nivel de Peligro de Inflamabilidad: Bajo
  - Nivel de Peligro de Explosividad: Ningún

7th LACPS · Swissotel · Lima, Peru · August 22-23, 2016

DUPONT

7TH CCPS LATIN AMERICAN CONFERENCE ON PROCESS SAFETY

# Evaluación de Peligros:
## Manejo Polvos

- Límites de Proceso
  - Descarga de bigbags de polímero combustible en polvo en un tanque de mescla en un prédio. Acumulación de polvo (> 1 mm) en las superfícies
- Categoria de Peligros
  - Inflamabilidad y explosividad de polvos
  - Inflamabilidad/Explosividad
- Concentración/Parametros de Preocupación & Factores Importantes
  - Tamano de partícula: 10 µm; Kst: 140 bar-m/s; Pmax: 8 bar; MIE: 20 mJ
  - MEC: 90 g/m3
  - Confinamiento alto
- Identificación del Nivel de Peligro
  - Nivel de Peligro de Toxicidad: Ningún
  - Nivel de Peligro de Reactividad Química: Muy alto
  - Nivel de Peligro de Inflamabilidad/Explosividad: Muy alto (explosiones primárias e secundárias)

7th LACPS · Swissotel · Lima, Peru · August 22-23, 2016

DUPONT

7TH CCPS LATIN AMERICAN CONFERENCE ON PROCESS SAFETY

# Evaluación de Peligros:
## Columnas de Destilación

- Límites de Proceso
  - Destilación de aminas; posible acumulación de compuestos nitro orgánicos
- Categoria de Peligros
  - Reactividad Química
  - Inflamabilidad/Explosividad
- Concentración/Parametros de Preocupación & Factores Importantes
  - AEGL-3 < 500 ppm; SHI < 100; Flash Point > 100 oF; LFL < 2 v%
  - Decomposición térmica del los compuestos di- o tri-nitro compounds ($\Delta Hr$= 180–390 kcal/mole); dados Calorimetric data on $\Delta Tad$, dT/dt, To, etc.
- Identificación del Nivel de Peligro
  - Nivel de Peligro de Toxicidad: Mediano
  - Nivel de Peligro de Reactividad Química: Muy alto
  - Nivel de Peligro de Inflamabilidad/Explosividad: Muy alto

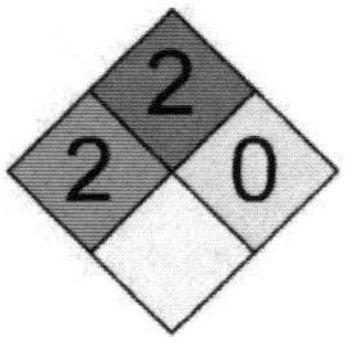


7th LACPS · Swissotel · Lima, Peru · August 22-23, 2016

DU PONT

7TH CCPS LATIN AMERICAN CONFERENCE ON PROCESS SAFETY

# Sumário

- La evaluación sistemática y exhaustiva de los peligros del proceso (frente a los productos químicos / materiales y condiciones de operación), ayudará a prevenir / mitigar lesiones graves e incidentes de proceso.
- Mejora de la comprensión y la comunicación de todos los peligros de procesos relevantes de la parte de Ingeniería de procesos (PSI)
- Aumenta la efectividad de los equipos de PHA en el análisis y proceso de minimización de riesgos (es decir, haciendo una IHA antes de que el PHA)
- La aplicación efectiva del PSM

7th LACPS · Swissotel · Lima, Peru · August 22-23, 2016

DU PONT

7TH CCPS LATIN AMERICAN CONFERENCE ON PROCESS SAFETY

**Gracias!**

7th LACPS · Swissotel · Lima, Peru · August 22-23, 2016

SOLTECHING

7TH CCPS LATIN AMERICAN CONFERENCE ON PROCESS SAFETY

# Aplicación de Estudios de Peligros y Problemas de Operabilidad – HAZOP, en Instalaciones de Explotación de Hidrocarburos

Ing. Oswaldo L. Mata M.
Especialista HSE, Consultor en Seguridad de los Procesos
Oswaldo.mata@solteching.com

7th LACPS · Swissotel · Lima, Peru · August 22-23, 2016

SOLTECHING

7TH CCPS LATIN AMERICAN CONFERENCE ON PROCESS SAFETY

# Agenda

- Antecedentes
- ¿Que es un HAZOP? Y sus Objetivos
- Metodología de aplicación
- Conclusiones

7th LACPS · Swissotel · Lima, Peru · August 22-23, 2016

SOLTECHING

7TH CCPS LATIN AMERICAN CONFERENCE ON PROCESS SAFETY

# Antecedentes en el Perú

- Requerimientos legales y estudios de Riesgos:
  - DS-032-2004-EM
  - DS-043-2007-EM
  - DS-052-93-EM
  - DS 081-2007-EM
  - RO-240-2010-OS/CD

7th LACPS · Swissotel · Lima, Peru · August 22-23, 2016

SOLTECHING

7TH CCPS LATIN AMERICAN CONFERENCE ON PROCESS SAFETY

# Accidentes y cambio de visión

Uso suplementario de técnicas y metodologías que faciliten la reflexión y el análisis en profundidad y que puedan prever situaciones mas allá de lo obvio o situaciones "estándar" basadas en la interacción de un equipo multidisciplinario

7th LACPS · Swissotel · Lima, Peru · August 22-23, 2016

SOLTECHING

7TH CCPS LATIN AMERICAN CONFERENCE ON PROCESS SAFETY

# Gestión basada en Riesgo

SOLTECHING

7TH CCPS LATIN AMERICAN CONFERENCE ON PROCESS SAFETY

# ¿Qué es un HAZOP?

ACCIDENTE

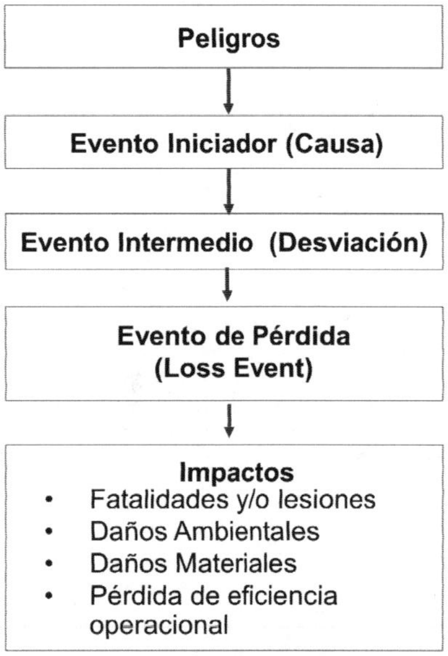


Técnica estructurada y sistemática de identificación de peligros

SOLTECHING

7TH CCPS LATIN AMERICAN CONFERENCE ON PROCESS SAFETY

# ¿Qué es un HAZOP?

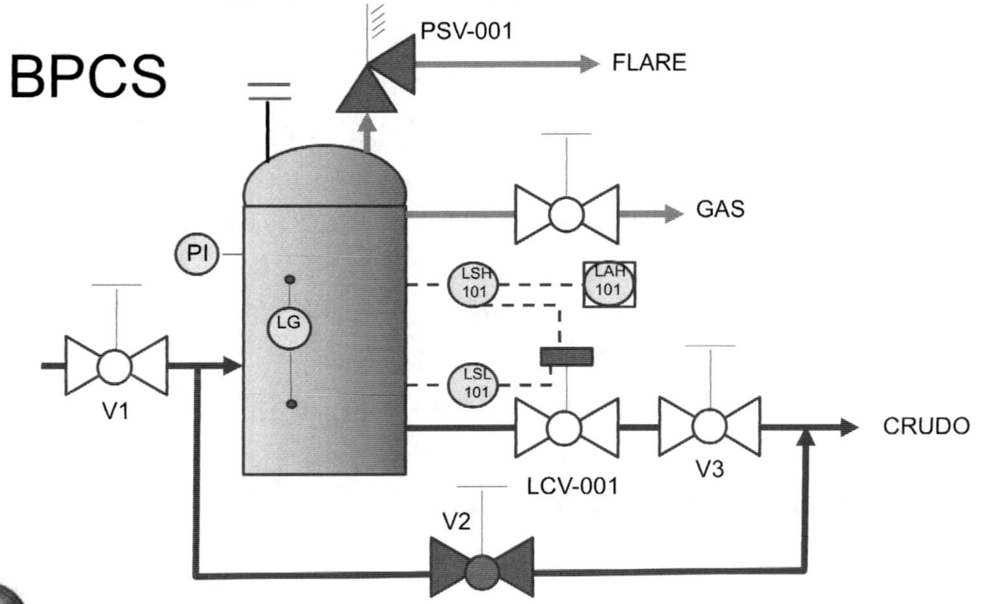


**7th LACPS · Swissotel · Lima, Peru · August 22-23, 2016**

SOLTECHING

7TH CCPS LATIN AMERICAN CONFERENCE ON PROCESS SAFETY

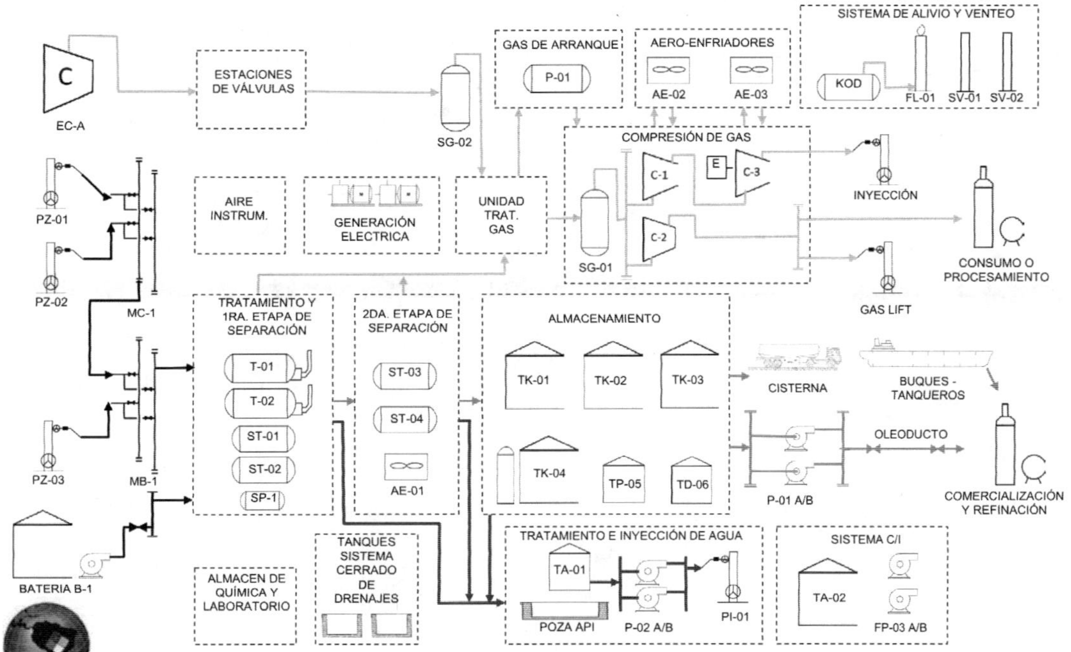


**7th LACPS · Swissotel · Lima, Peru · August 22-23, 2016**

SOLTECHING

7TH CCPS LATIN AMERICAN CONFERENCE ON PROCESS SAFETY

# Objetivos de un HAZOP

- Reducción y control de las desviaciones
- Reducción del tiempo y severidad de los estados de operación "anormal" y llevar a la planta, tan rápido como sea posible, a un estado de operación "normal"
- Mitigar la severidad y la duración de los eventos de pérdida y sus consecuencias.
- Mejorar las protecciones o salvaguardas
- Mantener un proceso en óptimas condiciones y elevar la "operabilidad"

7th LACPS · Swissotel · Lima, Peru · August 22-23, 2016

SOLTECHING

7TH CCPS LATIN AMERICAN CONFERENCE ON PROCESS SAFETY

# Aplicación de un HAZOP

**Organización**

- Definir el proceso y/o sistema a ser estudiado
- Recolectar información
- Seleccionar el equipo de estudio
- Establecer Plan de estudio
- Selección de Nodos

Seleccionar un parámetro

Mediante las "palabras guías" determinar las desviaciones en el NODO

Identificar todas las causas posibles

Identificar todas las consecuencias para las causas

Identificar todas las protecciones

Emitir recomendaciones

7th LACPS · Swissotel · Lima, Peru · August 22-23, 2016

SOLTECHING

7TH CCPS LATIN AMERICAN CONFERENCE ON PROCESS SAFETY

# Información necesaria

- Planos de tuberías e instrumentación (P&ID)
- Plot Plan o lay-out de la instalación
- Diagramas de flujo de proceso (PFD)
- Diagramas Causa-Efecto
- Límites de diseño
- Balances de materia y calor
- Materiales de construcción y especificaciones de tubería
- Procedimientos de operación y mantenimiento
- Filosofía de operación, control y de seguridad
- Substancias químicas peligrosas que se manejan (hojas MSDS)
- Descripción del sistema de gestión de seguridad de la empresa

7th LACPS · Swissotel · Lima, Peru · August 22-23, 2016

SOLTECHING

7TH CCPS LATIN AMERICAN CONFERENCE ON PROCESS SAFETY

# Equipo de Estudio

- Líder del Estudio
- Escribiente
- Especialista de operaciones
- Especialista de procesos
- Especialista en mantenimiento
- Instrumentista
- Especialista en HSE
- Otros

7th LACPS · Swissotel · Lima, Peru · August 22-23, 2016

SOLTECHING

7TH CCPS LATIN AMERICAN CONFERENCE ON PROCESS SAFETY

# Plan de estudio

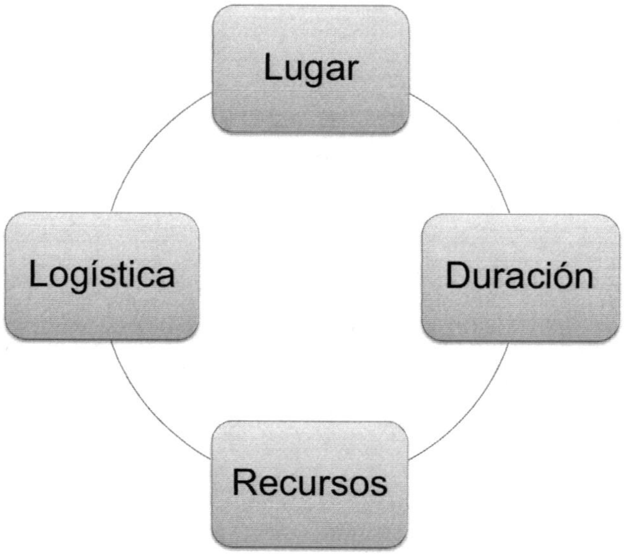


7th LACPS · Swissotel · Lima, Peru · August 22-23, 2016

SOLTECHING

7TH CCPS LATIN AMERICAN CONFERENCE ON PROCESS SAFETY

# Nodos de estudio

- Pasos discretos o etapas en un procedimiento (arranque, parada, etc.)
- Por intenciones de diseño (Separación, calentamiento, etc.)
- Un “nodo” debe tener un inicio y final bien definidos
- Evitar cambios fuertes de composición, fases, etc. Hacer análisis por fases (líquida, gas o vapor)
- La división debe ser “natural”, en forma secuencial y sin interrupciones (a menos que sea un proceso por “baches” o discontinuo). No deben haber elementos o dispositivos intermedios

7th LACPS · Swissotel · Lima, Peru · August 22-23, 2016

SOLTECHING

7TH CCPS LATIN AMERICAN CONFERENCE ON PROCESS SAFETY

# Nodos de estudio

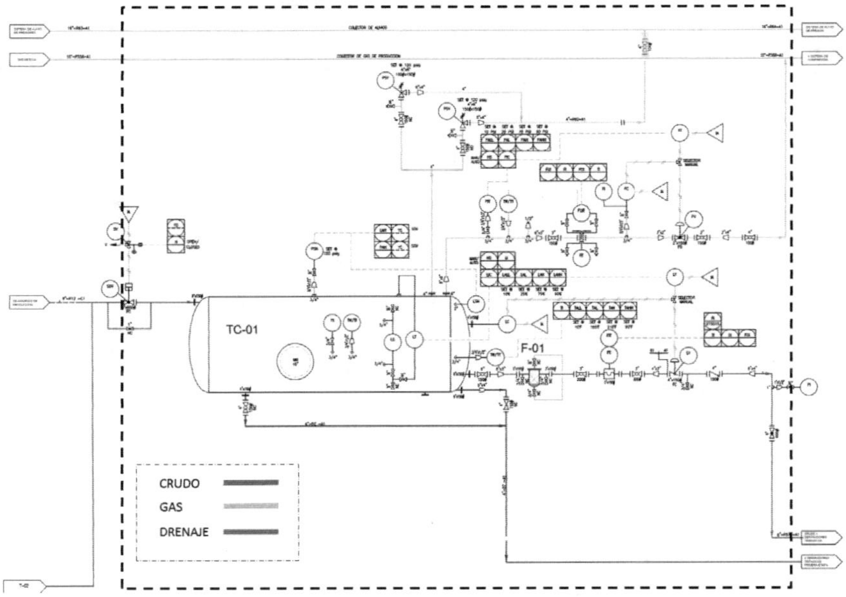


7th LACPS · Swissotel · Lima, Peru · August 22-23, 2016

SOLTECHING

7TH CCPS LATIN AMERICAN CONFERENCE ON PROCESS SAFETY

# Nodos de estudio

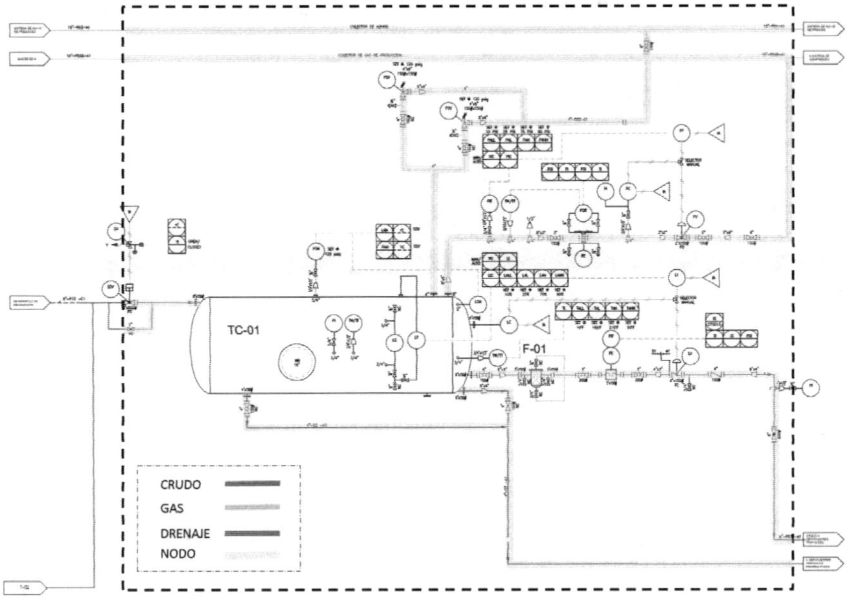


7th LACPS · Swissotel · Lima, Peru · August 22-23, 2016

SOLTECHING

7TH CCPS LATIN AMERICAN CONFERENCE ON PROCESS SAFETY

# Nodos de estudio

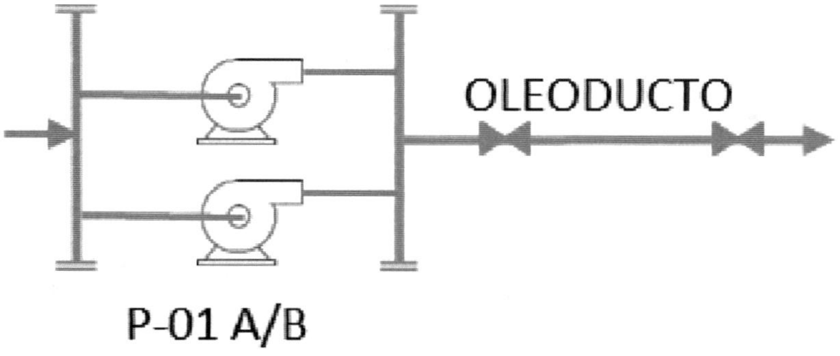


7th LACPS · Swissotel · Lima, Peru · August 22-23, 2016

SOLTECHING

7TH CCPS LATIN AMERICAN CONFERENCE ON PROCESS SAFETY

# Nodos de estudio

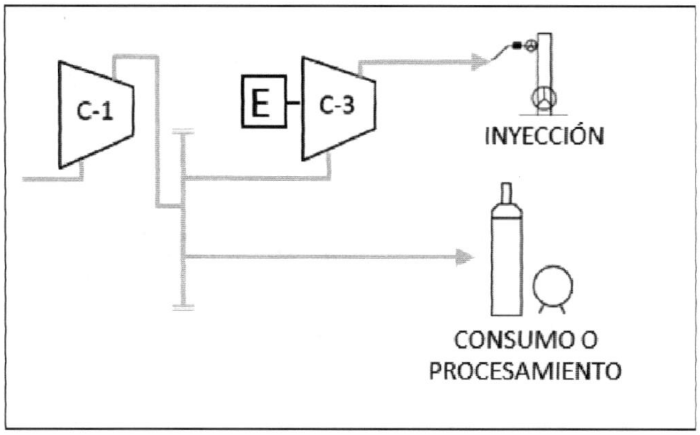


7th LACPS · Swissotel · Lima, Peru · August 22-23, 2016

SOLTECHING

7TH CCPS LATIN AMERICAN CONFERENCE ON PROCESS SAFETY

# Palabras "guías"

- NO
- MENOS
- MAS
- INVERSO
- ADEMAS DE
- PARTE DE
- DIFERENTE DE

7th LACPS · Swissotel · Lima, Peru · August 22-23, 2016

SOLTECHING

7TH CCPS LATIN AMERICAN CONFERENCE ON PROCESS SAFETY

# Identificación de causas

- Las causas de la desviación analizada tienen que ser identificadas dentro del nodo o sección siguiendo el diagrama de tubería e instrumentación (P&ID)
- Podrán ubicarse fallas dentro del nodo, no asociadas al BCPS, que el equipo de trabajo determine como razonables o posibles
- Las fallas en los equipos pueden ser en el elemento principal o en cualquier parte de este. No es objeto del estudio definir todos y cada uno de los modos de falla

7th LACPS · Swissotel · Lima, Peru · August 22-23, 2016

SOLTECHING

7TH CCPS LATIN AMERICAN CONFERENCE ON PROCESS SAFETY

# Identificación de causas

- Error humano
- Máquinas rotativas
- Uso de químicas y otras sustancias
- Válvulas de retención
- Separadores de prueba
- By-pass
- Expansión térmica de líneas
- Almacenamiento de combustibles
- Golpe de Ariete

7th LACPS · Swissotel · Lima, Peru · August 22-23, 2016

SOLTECHING

7TH CCPS LATIN AMERICAN CONFERENCE ON PROCESS SAFETY

# Identificación de causas

- Medio ambiente
- Sistemas de alivio

Válvulas de bloqueo o by-pass

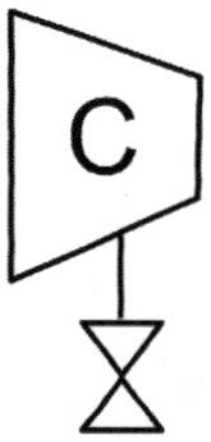


Válvulas de desfogue

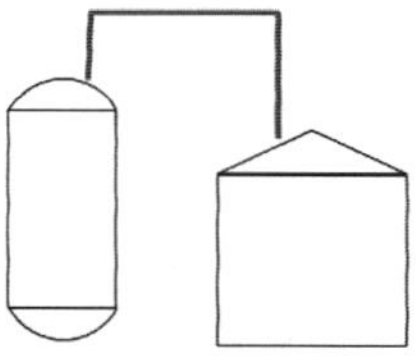

Sistemas de alta / baja presión

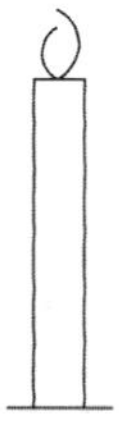

Posición de dispositivos de seguridad

7th LACPS · Swissotel · Lima, Peru · August 22-23, 2016

SOLTECHING

7TH CCPS LATIN AMERICAN CONFERENCE ON PROCESS SAFETY

# Consecuencias

- Las consecuencias o efectos a identificar, pueden ser analizadas dentro del nodo o sección y fuera de este
- En el Diagrama de tubería e instrumentación (P&ID), en general se deben expresar las consecuencias "aguas arriba" y "aguas abajo"
- Deberán desarrollarse en forma lógica y secuencial, comenzando desde la menor de las consecuencias
- Las consecuencias pueden derivarse en otras desviaciones

7th LACPS · Swissotel · Lima, Peru · August 22-23, 2016

SOLTECHING

7TH CCPS LATIN AMERICAN CONFERENCE ON PROCESS SAFETY

# Protecciones

- Es menester recordar el principio de "capas de independientes de protección – IPL"
- Se debe evitar confundir BCPS con protección
- En la mayoría de los casos las protecciones NO SE PONEN A FALLAR
- Los efectos se desencadenan, presumiendo la inexistencia de las protecciones

7th LACPS · Swissotel · Lima, Peru · August 22-23, 2016

SOLTECHING

7TH CCPS LATIN AMERICAN CONFERENCE ON PROCESS SAFETY

# Protecciones

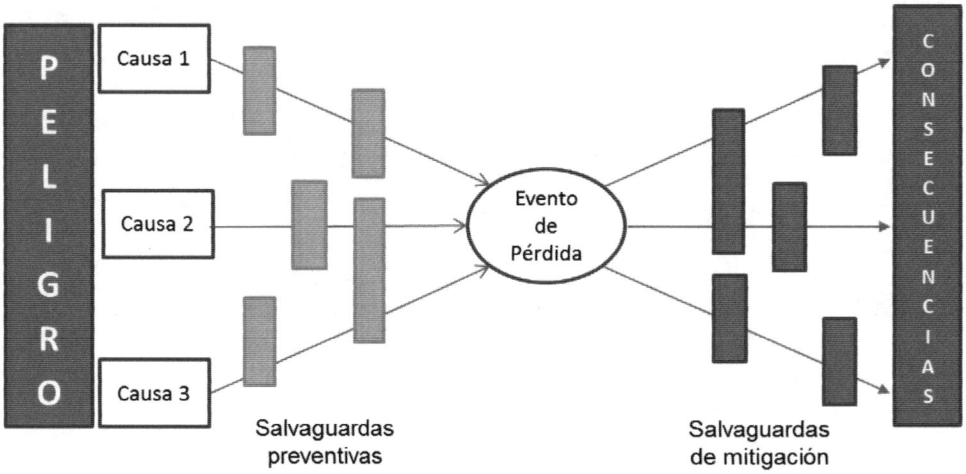


7th LACPS · Swissotel · Lima, Peru · August 22-23, 2016

SOLTECHING

7TH CCPS LATIN AMERICAN CONFERENCE ON PROCESS SAFETY

# Recomendaciones

- Las medidas propuestas deberán ser concretas pero suficientemente detalladas
- Preferiblemente acompañada del Responsable directo
- Dirigidas en primera instancia a eliminar o reducir la posibilidad de la causa de la desviación o los peligros, luego a; mejorar las protecciones y por último a mitigar las consecuencias
- Si se desea establecer prioridades, deberá antes que todo basarse en riesgo
- Principios de diseños “inherentemente” seguros
- Incluir mantenimientos

7th LACPS · Swissotel · Lima, Peru · August 22-23, 2016

SOLTECHING

7TH CCPS LATIN AMERICAN CONFERENCE ON PROCESS SAFETY

# Conclusiones

- Información (planos, documentos, etc.)
- Aplicación disciplinada y sistemática de la técnica (paso a paso)
- Equipo multidisciplinario con experiencia
- Interacción del equipo; "brainstorming"; Liderazgo; creatividad e imaginación
- Actitud

7th LACPS · Swissotel · Lima, Peru · August 22-23, 2016

SOLTECHING

7TH CCPS LATIN AMERICAN CONFERENCE ON PROCESS SAFETY

Ing. Oswaldo L. Mata M.
Especialista HSE, Consultor en Seguridad de los Procesos
Oswaldo.mata@solteching.com

Muchas gracias por su atención

7th LACPS · Swissotel · Lima, Peru · August 22-23, 2016

PSRG LATIN AMERICA LTDA.

7TH CCPS LATIN AMERICAN CONFERENCE ON PROCESS SAFETY

# Introducción a Integridad Mecánica

Ing. Fernando Ontaneda, CFSE, PMP
PSRG
fontaneda@psrg.com

7th LACPS · Swissotel · Lima, Peru · August 22-23, 2016

PSRG LATIN AMERICA LTDA.

7TH CCPS LATIN AMERICAN CONFERENCE ON PROCESS SAFETY

# Introducción para Desarrollo de Programa de Integridad Mecánica

1. Definiciones
2. Elementos
3. Requisitos
4. Fases
5. Metodologías, Códigos y Estándares
6. Control de Calidad

7th LACPS · Swissotel · Lima, Peru · August 22-23, 2016

PSRG LATIN AMERICA LTDA.

7TH CCPS LATIN AMERICAN CONFERENCE ON PROCESS SAFETY

# OSHA, 29 CFR 1910.119

Integridad Mecánica es uno de los 14 elementos del estándar de Gerenciamiento de Procesos de Seguridad, PSM por sus siglas en inglés.

7th LACPS · Swissotel · Lima, Peru · August 22-23, 2016

PSRG LATIN AMERICA LTDA.

7TH CCPS LATIN AMERICAN CONFERENCE ON PROCESS SAFETY

# OSHA, 29 CFR 1910.119

Integridad Mecánica es uno de los requerimientos de las Reconocidas y Generalmente Aceptadas Buenas Prácticas de Ingeniería, RAGAGEP por sus siglas en inglés.

7th LACPS · Swissotel · Lima, Peru · August 22-23, 2016

PSRG LATIN AMERICA LTDA.

7TH CCPS LATIN AMERICAN CONFERENCE ON PROCESS SAFETY

# Elementos de un Programa de Integridad Mecánica

1. Identificación y categorización de las inspecciones de equipos e instrumentación
2. Pruebas y sus frecuencias
3. Desarrollo de mantenimiento procedimientos
4. Adiestramiento de personal de mantenimiento

7th LACPS · Swissotel · Lima, Peru · August 22-23, 2016

PSRG LATIN AMERICA LTDA.

7TH CCPS LATIN AMERICAN CONFERENCE ON PROCESS SAFETY

# Elementos de un Programa de Integridad Mecánica

5. Establecimiento de criterios para resultados aceptables
6. Documentación de los resultados de pruebas e inspecciones
7. Documentación de recomendaciones del fabricante como tiempo medio entre fallas para equipos e instrumentos

7th LACPS · Swissotel · Lima, Peru · August 22-23, 2016

PSRG LATIN AMERICA LTDA.

7TH CCPS LATIN AMERICAN CONFERENCE ON PROCESS SAFETY

# ¿Cuáles son Algunos de los Requisitos de Integridad Mecánica?

Integridad Mecánica requiere que todas las actividades del programa sean completadas de manera estandarizada.

También requiere personal de mantenimiento debidamente entrenado y certificado para llevar a cabo actividades de manera eficaz.

7th LACPS · Swissotel · Lima, Peru · August 22-23, 2016

PSRG LATIN AMERICA LTDA.

7TH CCPS LATIN AMERICAN CONFERENCE ON PROCESS SAFETY

# ¿Qué Abarca un Programa de Integridad Mecánica?

Integridad Mecánica abarca las actividades necesarias para garantizar que equipos y activos sean diseñados, fabricados, instalados, operados y mantenidos para proporcionar el rendimiento deseado de una manera ambientalmente segura, protegida y confiable.

7th LACPS · Swissotel · Lima, Peru · August 22-23, 2016

PSRG LATIN AMERICA LTDA.

7TH CCPS LATIN AMERICAN CONFERENCE ON PROCESS SAFETY

# ¿Qué incluye Integridad Mecánica?

Integridad Mecánica incluye todos los equipos y activos utilizados para producir productos de cantidades específicas de materiales peligrosos definidos en la lista del estándar de Gerenciamiento de Procesos de Seguridad, PSM por sus siglas en inglés.

7th LACPS · Swissotel · Lima, Peru · August 22-23, 2016

PSRG LATIN AMERICA LTDA.

7TH CCPS LATIN AMERICAN CONFERENCE ON PROCESS SAFETY

# ¿Qué son Equipos fijos?

Equipos fijos son equipos y activos tales como recipientes a presión y tanques de almacenamiento, tuberías de sistemas y equipos asociados (válvulas, conexiones, etc.), equipos de ventilación, dispositivos de alivio, etc.

7th LACPS · Swissotel · Lima, Peru · August 22-23, 2016

PSRG LATIN AMERICA LTDA.

7TH CCPS LATIN AMERICAN CONFERENCE ON PROCESS SAFETY

# ¿Qué son Equipos Rotativos?

Equipos rotativos son equipos y activos tales como bombas, sopladores, ventiladores, compresores, centrifugadoras, desaireadores, mezcladores, etc.

7th LACPS · Swissotel · Lima, Peru · August 22-23, 2016

PSRG LATIN AMERICA LTDA.

7TH CCPS LATIN AMERICAN CONFERENCE ON PROCESS SAFETY

# Cuatro Fases del Desarrollo de un Programa de Integridad Mecánica

1. Responsabilidades de Gerencia
2. Selección de equipos
3. Inspecciones, pruebas y mantenimiento proactivo
4. Cualificación del personal de mantenimiento

7th LACPS · Swissotel · Lima, Peru · August 22-23, 2016

PSRG LATIN AMERICA LTDA.

7TH CCPS LATIN AMERICAN CONFERENCE ON PROCESS SAFETY

# Fase 1 del Programa Responsabilidades de Gerencia

- Roles y responsabilidades de la Gerencia
- Roles y responsabilidades de la organización de mantenimiento
- Reportes puntuales y actualización de actividades
- Auditoría de implementación y resultados

7th LACPS · Swissotel · Lima, Peru · August 22-23, 2016

PSRG LATIN AMERICA LTDA.

7TH CCPS LATIN AMERICAN CONFERENCE ON PROCESS SAFETY

# Fase 2 del Programa Selección de Equipos

- Criterios de selección de equipos de proceso e instrumentación
- Listas de compilaciones y clasificaciones
- Niveles de datos y detalles apropiados
- Requerimientos de documentación

7th LACPS · Swissotel · Lima, Peru · August 22-23, 2016

PSRG LATIN AMERICA LTDA.

7TH CCPS LATIN AMERICAN CONFERENCE ON PROCESS SAFETY

## Fase 3 del Programa - Inspecciones, Pruebas y Mantenimiento Proactivo

- Planeamiento de tareas
- Selección de tareas
- Programación de tareas
- Ejecución y monitoreo de tareas
- Establecimiento de criterios para resultados aceptables
- Documentación de resultados de pruebas e inspecciones

7th LACPS · Swissotel · Lima, Peru · August 22-23, 2016

PSRG LATIN AMERICA LTDA.

7TH CCPS LATIN AMERICAN CONFERENCE ON PROCESS SAFETY

## Fase 4 del Programa - Cualificación del Personal de Mantenimiento

- Evaluación de conocimientos y habilidades
- Adiestramiento requerido
- Verificación de adiestramiento y documentación
- Requerimientos de certificación
- Adiestramiento de revisión y actualización de conocimientos
- Requerimientos de adiestramiento de contratistas

7th LACPS · Swissotel · Lima, Peru · August 22-23, 2016

PSRG LATIN AMERICA LTDA.

7TH CCPS LATIN AMERICAN CONFERENCE ON PROCESS SAFETY

# Metodologías, códigos y estándares de Integridad Mecánica

- American Society for Testing and Material
- American Petroleum Institute
- National Fire Protection Association
- American National Standards Institute
- American Society of Mechanical Engineers

7th LACPS · Swissotel · Lima, Peru · August 22-23, 2016

PSRG LATIN AMERICA LTDA.

7TH CCPS LATIN AMERICAN CONFERENCE ON PROCESS SAFETY

# Control de Calidad como Parte de Integridad Mecánica

- Uso de materiales de construcción adecuados, procedimientos de fabricación apropiados, y pruebas e inspecciones correctas
- El programa de control de calidad es una parte esencial de ayuda para mantener líneas de defensa contra fugas

7th LACPS · Swissotel · Lima, Peru · August 22-23, 2016

PSRG LATIN AMERICA LTDA.

7TH CCPS LATIN AMERICAN CONFERENCE ON PROCESS SAFETY

# ¡Muchas gracias!

**PSRG LATIN AMERICA LTDA.**

**Calle 100# 8A-55 Torre C**
**Piso 10 World Trade Center**
**Bogota, Colombia**
**Tel: +57 1 638 6264 Fax: +57 1 621 1565**
**Email: psrgcolombia@psrg.com Web: www.psrg.com**

ING. FERNANDO ONTANEDA, CFSE PMP

FONTANEDA@PSRG.COM

**7th LACPS · Swissotel · Lima, Peru · August 22-23, 2016**

7TH CCPS LATIN AMERICAN CONFERENCE ON PROCESS SAFETY

# *Process Safety*
# *Leadership in Action*

*Louisa A. Nara, CCPSP, CCEP*
Technical Director
Center for Chemical Process Safety (CCPS)
120 Wall Street
New York, New York 10005
louna@aiche.org

7th LACPS · Swissotel · Lima, Peru · August 22-23, 2016

7TH CCPS LATIN AMERICAN CONFERENCE ON PROCESS SAFETY

Look at adversity and obstacles as opportunity!

**Obstacles do not block the path, they are the path.**

7th LACPS · Swissotel · Lima, Peru · August 22-23, 2016

7TH CCPS LATIN AMERICAN CONFERENCE ON PROCESS SAFETY

# Louisa A. Nara, CCEP, CCPSP
# Vision and Mission Statement

***VISION***

I will be a leader who will Guide, Protect and Serve (GPS).

***MISSION***

I will strive to improve safety, reduce risk, enhance security, support ethics and provide for a cleaner and healthier environment for the industries I serve, my community, my country and my world.

7th LACPS · Swissotel · Lima, Peru · August 22-23, 2016

7TH CCPS LATIN AMERICAN CONFERENCE ON PROCESS SAFETY

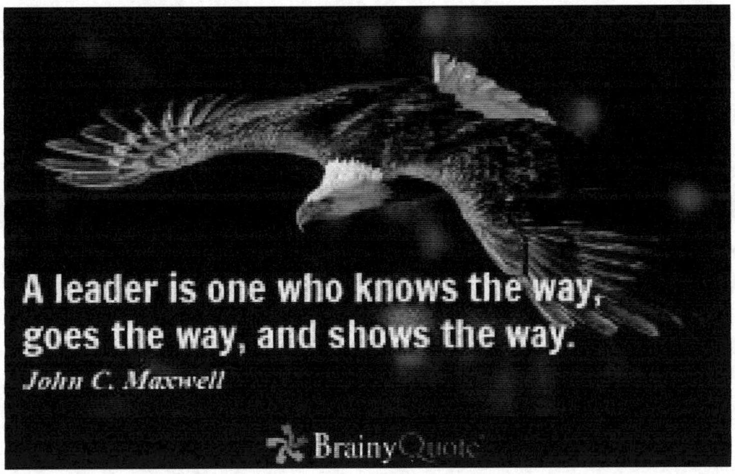


7th LACPS · Swissotel · Lima, Peru · August 22-23, 2016

7TH CCPS LATIN AMERICAN CONFERENCE ON PROCESS SAFETY

# Begin with the End in Mind! Stephen R Covey

1. *Keep it in the pipes / equipment!*

2. *Keep a sense of Vulnerability!*

3. *Make a positive impact everyday!*

7th LACPS · Swissotel · Lima, Peru · August 22-23, 2016

CCPS An AIChE Technology Alliance Center for Chemical Process Safety

7TH CCPS LATIN AMERICAN CONFERENCE ON PROCESS SAFETY

# THANK YOU FOR YOUR COMMITMENT TO PROCESS SAFETY AND YOUR SUPPORT OF CCPS!

*Louisa A. Nara, CCPSP, CCEP*
Technical Director
Center for Chemical Process Safety (CCPS)
120 Wall Street
New York, New York 10005
louna@aiche.org

7th LACPS · Swissotel · Lima, Peru · August 22-23, 2016

7TH CCPS
LATIN AMERICAN
CONFERENCE
ON PROCESS SAFETY

# Integracion de KPI´s de PSM en Balanced Scorecard-BSC para mejorar estratégicamente el rendimiento de la gestión de riesgos de los activos en una Planta de Gas Natural: Panorama del futuro PSM-BSC

César Puma
cpuma@pluspetrol.net

7th LACPS · Swissotel · Lima, Peru · August 22-23, 2016

7TH CCPS
LATIN AMERICAN
CONFERENCE
ON PROCESS SAFETY

# Agenda

- Introducción
- Desafíos Globales
- Estrategias
- Soluciones Integrales
- Panorama Futuro

7th LACPS · Swissotel · Lima, Peru · August 22-23, 2016

# Introducción

7TH CCPS LATIN AMERICAN CONFERENCE ON PROCESS SAFETY

- Se establece un enfoque para adoptar tecnologías innovadoras, estrategias de PSM y estrategias de generación de valor en los negocios.
- Con éstos nuevos procesos de negocio, se gana una mejor perspectiva de la mayoría de mejoras que necesitan los activos.
- Se logra identificar fuentes primarias de costos excesivos y erosión de beneficios por fallas repetitivas de equipos y mantenimiento reactivo, se obtienen del analisis de KPI's proactivos de PSM(Tier 3 y Tier 4).

7th LACPS · Swissotel · Lima, Peru · August 22-23, 2016

# Desafíos Globales

7TH CCPS LATIN AMERICAN CONFERENCE ON PROCESS SAFETY

- 2014, caída de indicadores económicos del mercado de hidrocarburos condujeron a la necesidad de mejorar el rendimiento de los activos y elevar estándares de Seguridad de procesos con la tendencia al alza de los costos operativos en toda la industria.
- Incertidumbre económica del mercado mundial resultaron en incremento de precios de materias primas, la competencia y un nuevo aumento de la presión sobre los márgenes operativos.

7th LACPS · Swissotel · Lima, Peru · August 22-23, 2016

# Desafíos Globales

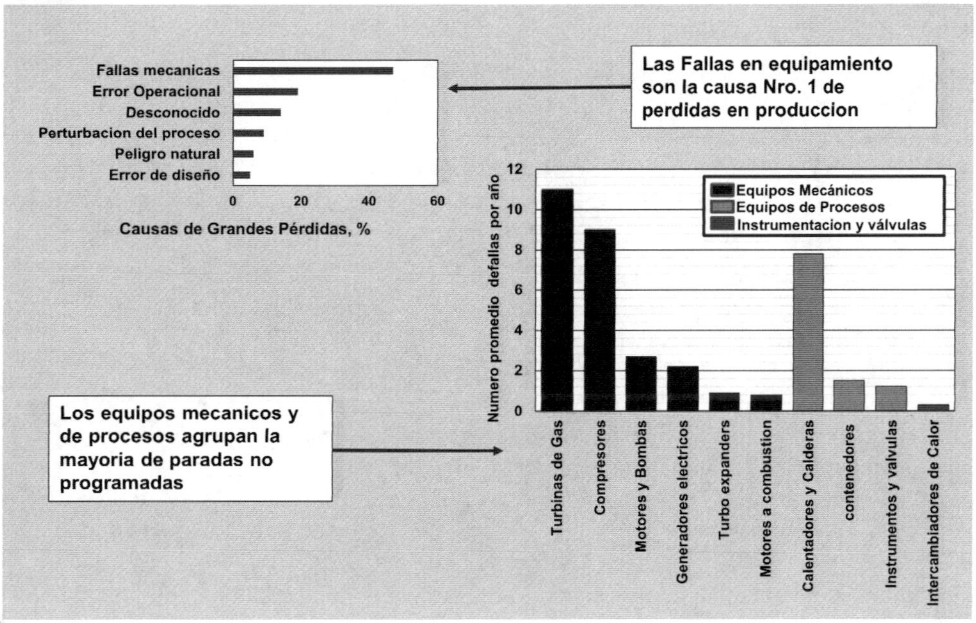


7th LACPS · Swissotel · Lima, Peru · August 22-23, 2016

# Desafíos Globales:
## Problemática Especifica

- Se reconoció necesidad de obtener comprensión más profunda de modos de fallos de equipos, que incluye definido proceso para calificación de modos de fallos y eventos no deseados originados por las fallas.
- Reporte y registro de eventos no deseados de seguridad de procesos fueron esenciales para identificar áreas con problemas en la planta, las causas de esos problemas y realizar investigaciones para determinar qué acción correctiva se necesitaría dar.
- Se pudo determinar la calidad de datos de mantenimiento y operaciones como Factor critico para mejorar la capacidad de gestionar la efectividad de activos. Esto incluyó inconsistencias en documentación de órdenes de trabajo, debilidades en diagnóstico de fallas e inadecuado Clasificación de la actividad de mantenimiento, desde la perspectiva del error humano (Human factor).

7th LACPS · Swissotel · Lima, Peru · August 22-23, 2016

# Estrategias

7TH CCPS LATIN AMERICAN CONFERENCE ON PROCESS SAFETY

- Mejorar rendimiento de activos críticos Integrando datos de fuentes locales de la empresa tales como ERP, SAP, y otros sistemas;
- Identificar oportunidades de mejora o Análisis de fiabilidad automatizada para identificar y predecir la ocurrencia de un fallo y la causa de la raíz de este.
- Soportar la mejora continua de las maniobras operativas de la planta, inspección, el mantenimiento y diseñar estrategias basadas en las mejores prácticas, la historia operativa como fundamento para la toma de decisiones.
- Se elaboran estrategias de Integridad y seguridad de procesos para cerrar el ciclo y mejorar continuamente el rendimiento de los activos, la planta y la empresa.

7th LACPS · Swissotel · Lima, Peru · August 22-23, 2016

# Estrategias

7TH CCPS LATIN AMERICAN CONFERENCE ON PROCESS SAFETY

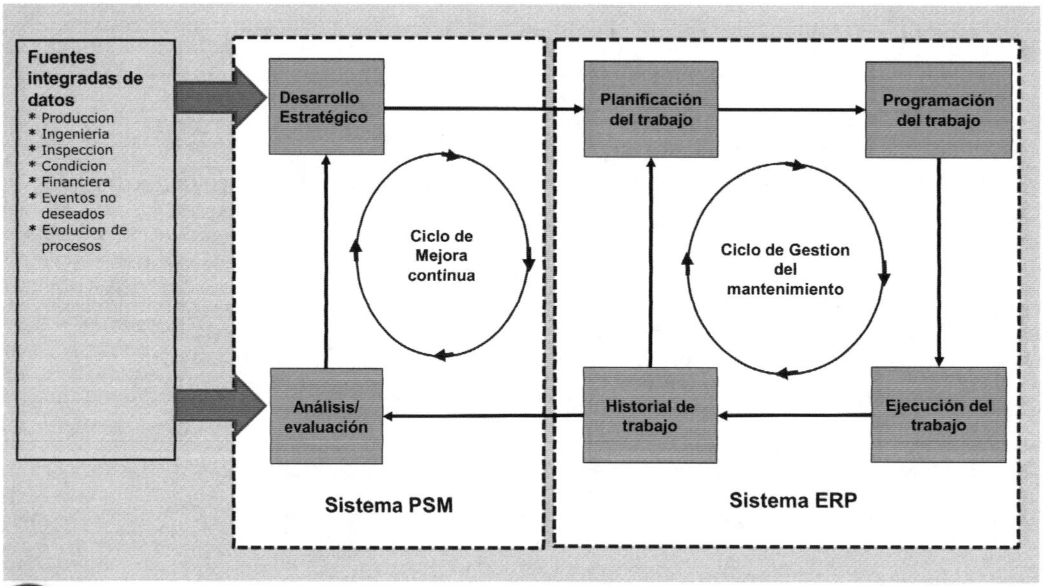


7th LACPS · Swissotel · Lima, Peru · August 22-23, 2016

# Estrategias

7TH CCPS LATIN AMERICAN CONFERENCE ON PROCESS SAFETY

- Mediante la implementación de este proceso de negocio BSC, la empresa es capaz de establecer estrategias y evaluar la eficiencia de estrategias, garantizando una operación dentro de los limites seguros para la operación, el mantenimiento, las instalaciones y las áreas de soporte logístico.
- Este proceso consiste en: crear estrategias, ejecutar y evaluar (EEE) desde el enfoque de la gestión de activos atravezando las pespectivas de recursos, procesos internos y generacion de valor.



# Estrategias

7TH CCPS LATIN AMERICAN CONFERENCE ON PROCESS SAFETY

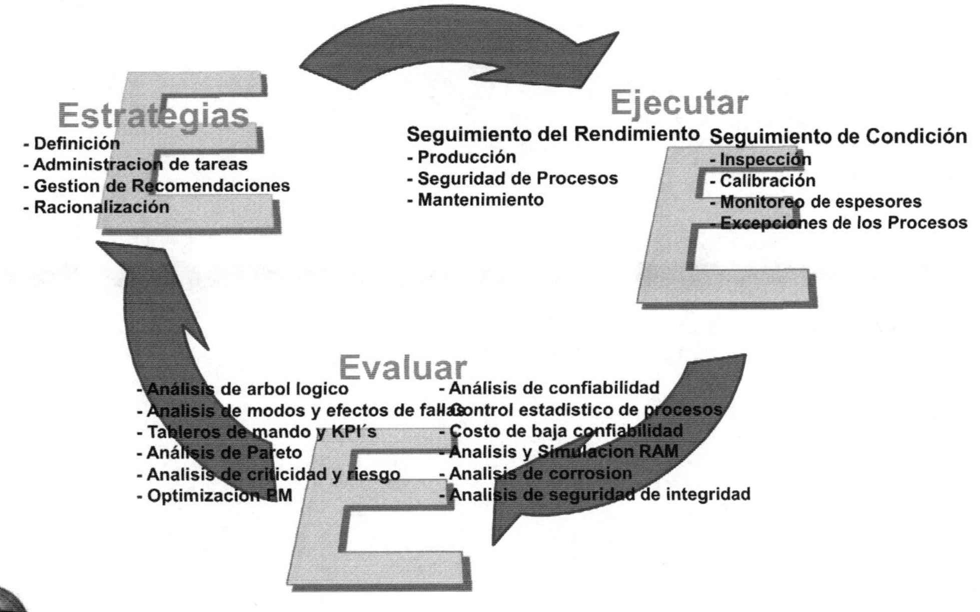


7th LACPS · Swissotel · Lima, Peru · August 22-23, 2016

## Soluciones Integrales

7TH CCPS LATIN AMERICAN CONFERENCE ON PROCESS SAFETY

- La empresa, ha establecido objetivos corporativos estratégicos, desarrollando cuatro perspectivas del BSC para apoyar su visión de Excelencia operacional. Estas perspectivas fueron clasificadas como:
  - ✓ operacionales;
  - ✓ confiabilidad;
  - ✓ Control del trabajo; y
  - ✓ Disciplina operativa.

7th LACPS · Swissotel · Lima, Peru · August 22-23, 2016

## Soluciones Integrales

7TH CCPS LATIN AMERICAN CONFERENCE ON PROCESS SAFETY

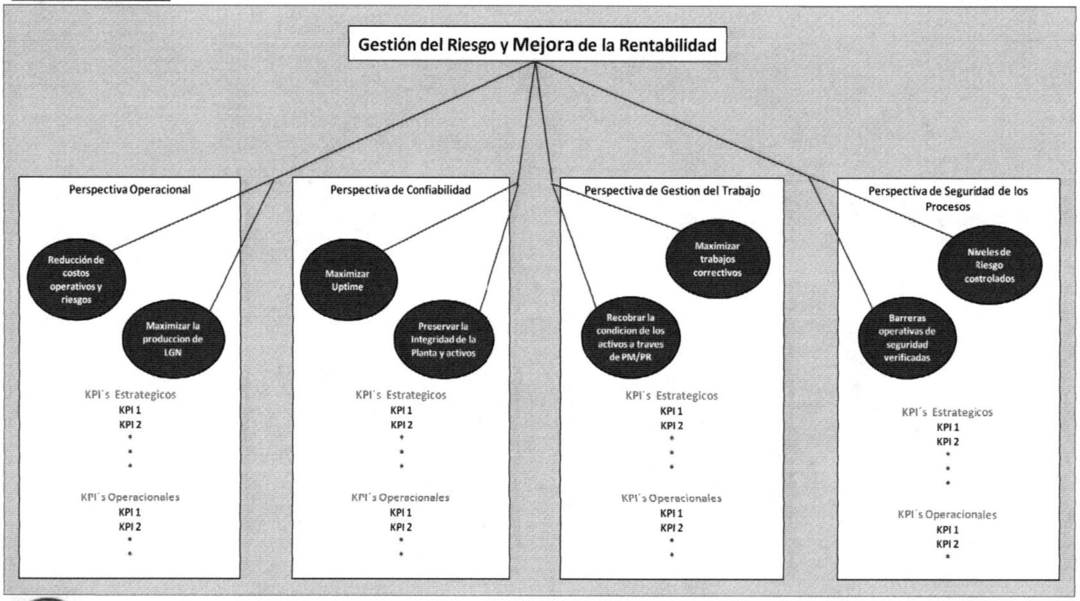


7th LACPS · Swissotel · Lima, Peru · August 22-23, 2016

# Soluciones Integrales

7TH CCPS LATIN AMERICAN CONFERENCE ON PROCESS SAFETY

La empresa utiliza KPI's operativos para adoptar nuevos procesos de trabajo que se centraron en acciones de seguridad de procesos altamente críticos y estableció una clara relación de causa-efecto con los resultados. Los líderes del proyecto también incorporaron un conjunto de habilidades y capacidades que fueron desarrollados internamente como parte de la iniciativa "Desarrollo Intencional de Competencias"

7th LACPS · Swissotel · Lima, Peru · August 22-23, 2016

7TH CCPS LATIN AMERICAN CONFERENCE ON PROCESS SAFETY

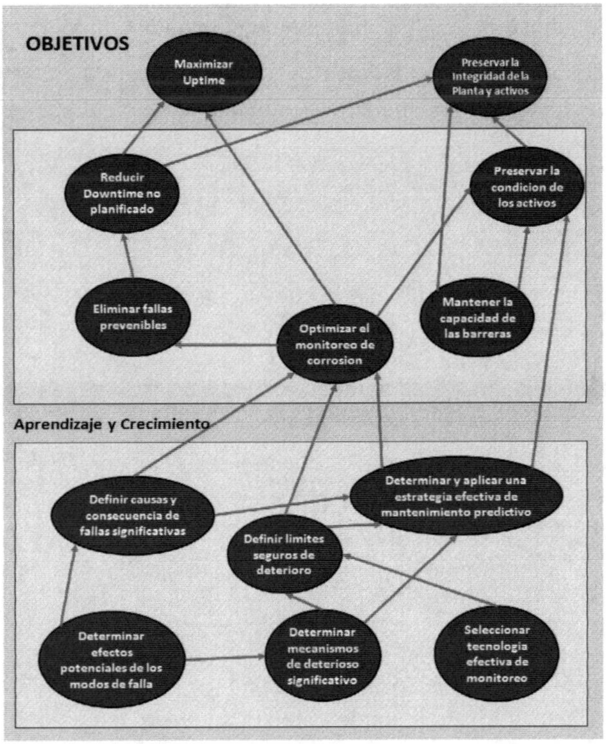


Soluciones Integrales

7th LACPS · Swissotel · Lima, Peru · August 22-23, 2016

## Soluciones Integrales:
### Fases de la adopción

7TH CCPS LATIN AMERICAN CONFERENCE ON PROCESS SAFETY

Los líderes del proyecto decidieron implementar la iniciativa en dos fases.

- Fase 1, se centró en confiabilidad y perspectiva de control del trabajo y de gestión de seguridad de procesos, estableciendo un sistema de medición del rendimiento para cada uno.
- Fase 2, se iniciará en el Q1 de 2017, se centra en el perfeccionamiento de procesos y habilidades y competencias de empleados y mantener el rendimiento objetivo. La dirección también ha identificado potenciales barreras que impiden lograr cada uno de los objetivos, para garantizar que todas las áreas están consciente de los peligros potenciales (sentido de vulnerabilidad).

7th LACPS · Swissotel · Lima, Peru · August 22-23, 2016

## Soluciones Integrales:
### Compromiso de la Alta Dirección

7TH CCPS LATIN AMERICAN CONFERENCE ON PROCESS SAFETY

- El proceso de Gestión del Cambio (MoC), es una de las claves de su éxito. Para efectuar la gestión del cambio, los líderes corporativos podrán gestionar cambios en la organización más rápido y con mayor eficacia.
- La Administración también tuvo que proporcionar un conjunto definido de metas concretas para cada objetivo y la importancia de la medición de los avances en la ruta para alcanzarlos.
- Estas acciones se enmarcan dentro del proyecto de desarrollo de Cultura Generativa en Seguridad, que viene desarrollando la organización en todas sus Unidades de Negocio.

7th LACPS · Swissotel · Lima, Peru · August 22-23, 2016

# Soluciones Integrales

7TH CCPS LATIN AMERICAN CONFERENCE ON PROCESS SAFETY

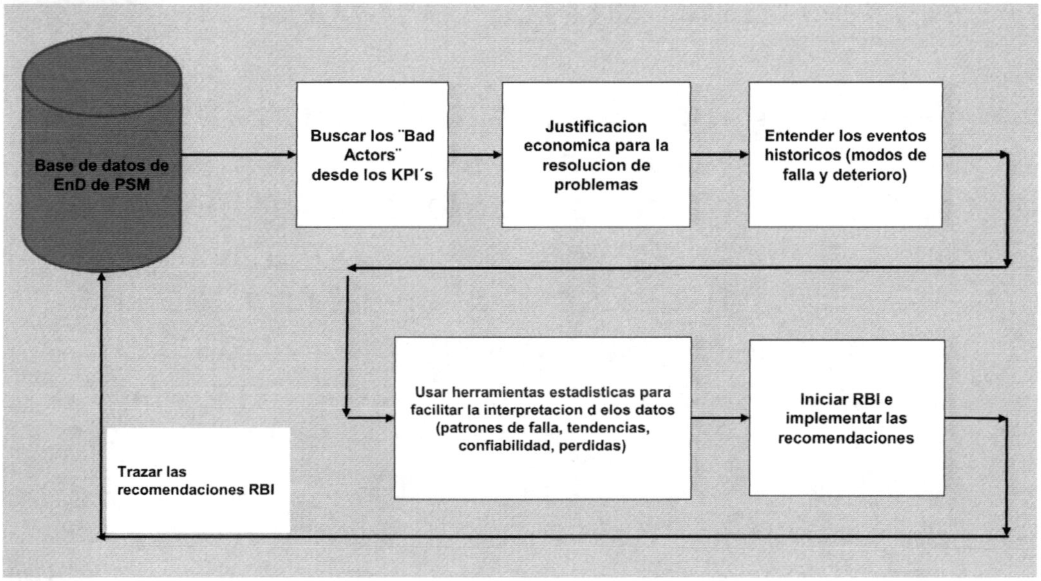


7th LACPS · Swissotel · Lima, Peru · August 22-23, 2016

# Soluciones Integrales:
## Beneficios inmediatos

7TH CCPS LATIN AMERICAN CONFERENCE ON PROCESS SAFETY

- Buscar oportunidades de mejora, mediante el análisis de datos del sistema de mantenimiento actual dentro de la APM.
- Resolver o recomendar una solución, basada en evidencias.
- El nuevo proceso de trabajo ayudó a construir un enfoque preventivo y refuerza el valor de desarrollar habilidades y competencias en los empleados.

7th LACPS · Swissotel · Lima, Peru · August 22-23, 2016

# Panorama Futuro

7TH CCPS LATIN AMERICAN CONFERENCE ON PROCESS SAFETY

- Veamos un ejemplo inicial del análisis que se ha realizado a partir de datos de confiabilidad de los activos de la Empresa. El primer paso en el flujo de trabajo de la confiabilidad fue aislar los activos con el peor desempeño (bad actors) con respecto al control del trabajo, En la siguiente lamina, se observa una grafica muy simple. Se encontró que los activos referidos a la Turbo compresión, habían acumulado el mayor número de órdenes de trabajo en 2015.

7th LACPS · Swissotel · Lima, Peru · August 22-23, 2016

# Soluciones Integrales:

Beneficios inmediatos

7TH CCPS LATIN AMERICAN CONFERENCE ON PROCESS SAFETY

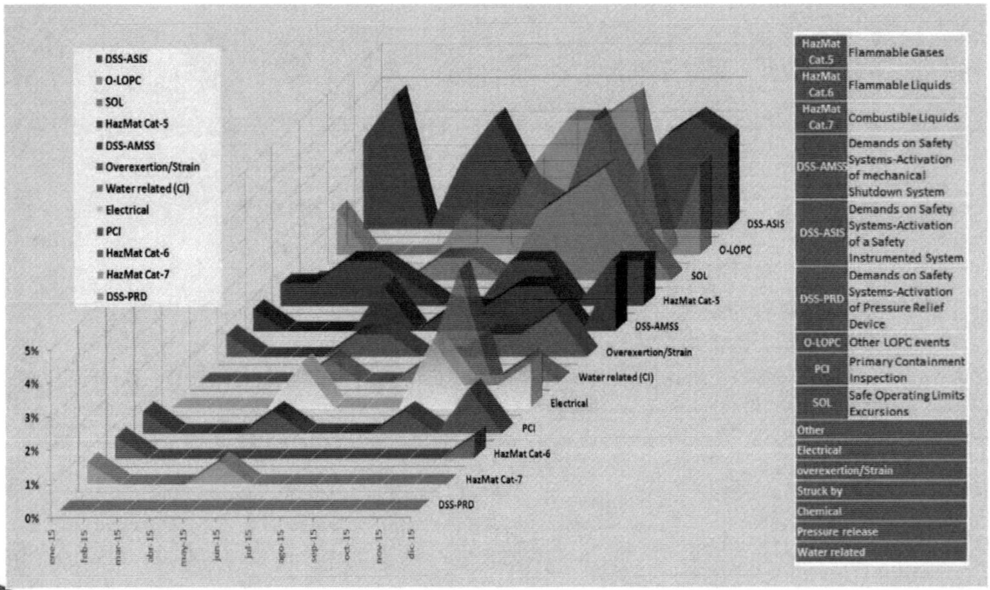


7th LACPS · Swissotel · Lima, Peru · August 22-23, 2016

# Soluciones Integrales:

## Beneficios inmediatos

7TH CCPS LATIN AMERICAN CONFERENCE ON PROCESS SAFETY

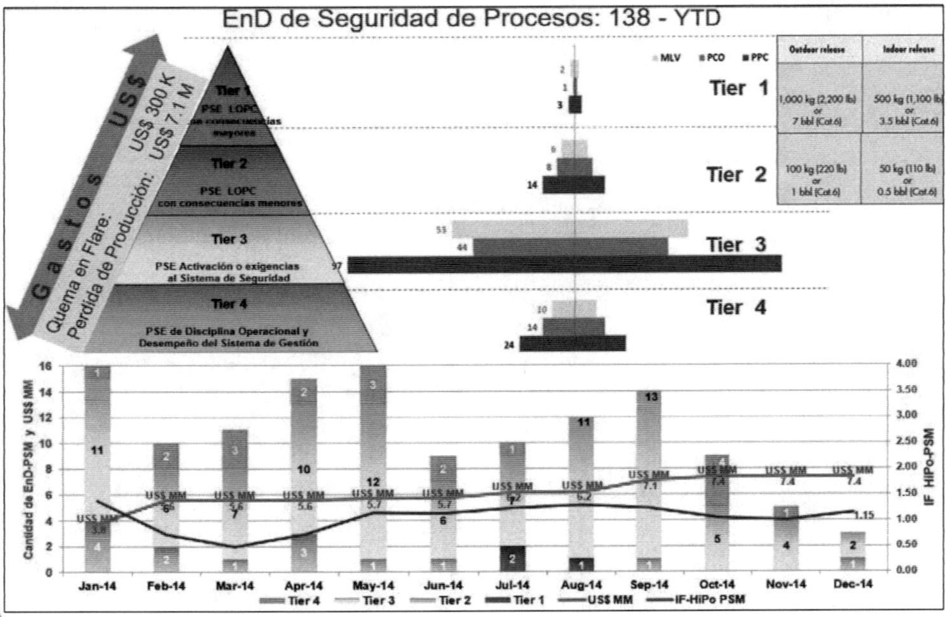


7th LACPS · Swissotel · Lima, Peru · August 22-23, 2016

# Panorama Futuro

7TH CCPS LATIN AMERICAN CONFERENCE ON PROCESS SAFETY

- En este ejemplo, la empresa analizó el activo, F1201. Hay seis turbocompresores más en la planta que podrían analizarse usando el mismo proceso.
- Como una de las mayores instalaciones de producción de gas natural en Latinoamérica, la empresa tiene 20.000 activos en su base de datos (SAP). En este ejemplo, por el costo, solo se ha analizado el tercer "bad actor". ¿Imaginemos si solo se analizaría los activos involucrados en los 10 top risk? ¿Si se pudiera hacer una investigación proactiva una vez al mes?
- Con la primera fase completa. La empresa puede ahora avanzar a implementar la segunda fase de la iniciativa PSM-BSC.
- En su búsqueda por lograr un nivel de operación de clase mundial y mejora continua en la gestión del mantenimiento y confiabilidad, la Empresa ha logrado beneficios concretos y mejoras en su sistema de operación y en su seguridad de procesos (PSM).

7th LACPS · Swissotel · Lima, Peru · August 22-23, 2016

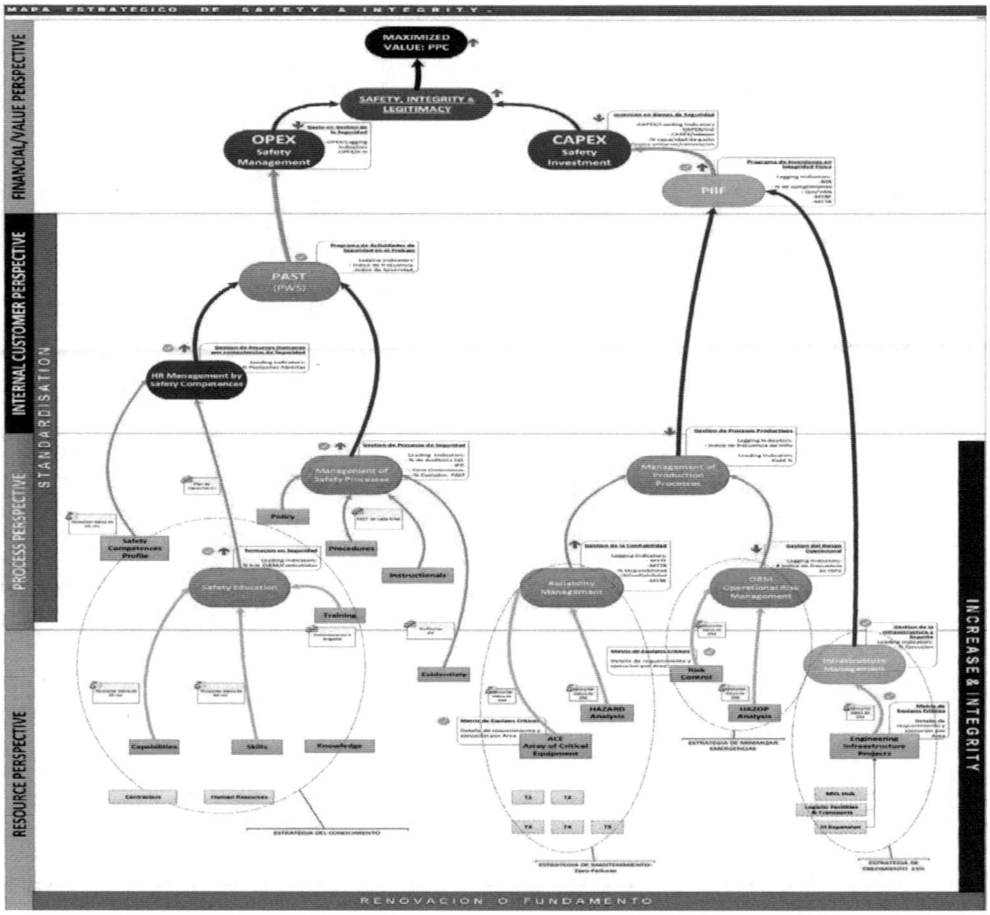
MAPA ESTRATEGICO DE SAFETY & INTEGRITY
FINANCIAL/VALUE PERSPECTIVE
INTERNAL CUSTOMER PERSPECTIVE
STANDARDISATION
PROCESS PERSPECTIVE
RESOURCE PERSPECTIVE
INCREASE & INTEGRITY
MAXIMIZED VALUE: PPC
SAFETY, INTEGRITY & LEGITIMACY
OPEX Safety Management
CAPEX Safety Investment
PIIF
PAST (PWS)
HR Management by Safety Competences
Management of Safety Processes
Management of Production Processes
Policy
Procedures
Instructionals
Safety Competences Profile
Safety Education
Training
Reliability Management
ORM Operational Risk Management
Infrastructure Management
Risk Control
HAZARD Analysis
HAZOP Analysis
ACE Array of Critical Equipment
Engineering Infrastructure Projects
Capabilities
Skills
Knowledge
Contractors
Human Resources
ESTRATEGIA DEL CONOCIMIENTO
RENOVACION O FUNDAMENTO

YPF

7TH CCPS LATIN AMERICAN CONFERENCE ON PROCESS SAFETY

# SIFO – Sistema Integral de Formación Operativa

Luis Saavedra – Leonel Saez

YPF S.A.

luis.saavedra@ypf.com

leonel.saez@ypf.com

7th LACPS · Swissotel · Lima, Peru · August 22-23, 2016

YPF

7TH CCPS LATIN AMERICAN CONFERENCE ON PROCESS SAFETY

# Agenda

- Objetivo
- Grupo de Interés
- Alcance
- Características del Sistema
- Pilares y Detalles del Sistema
- Equipo de Trabajo

7th LACPS · Swissotel · Lima, Peru · August 22-23, 2016

YPF

7TH CCPS LATIN AMERICAN CONFERENCE ON PROCESS SAFETY

# Objetivo:

- Cubrir necesidades y requerimientos de Formación para operar Plantas en forma segura.
- Optimizar la transferencia del Conocimiento.

7th LACPS · Swissotel · Lima, Peru · August 22-23, 2016

YPF

7TH CCPS LATIN AMERICAN CONFERENCE ON PROCESS SAFETY

# Grupo de Interés

- *Operador de Planta:* El programa de formación tiene como objetivo que un operador ingresante, incorpore la información necesaria para entender los procesos de plantas/unidades, a través de la lectura de manuales y procedimientos, la experiencia personal, la de sus compañeros y superiores.
- *Panelistas:* El sistema sostiene la información adecuada para su formación, las actividades/instructivos que debe realizar para el funcionamiento adecuado de las unidades o áreas que tienen bajo su responsabilidad.
- *Supervisores:* Disponen de documentación necesaria para una correcta administración de personal y áreas bajo su responsabilidad.

7th LACPS · Swissotel · Lima, Peru · August 22-23, 2016

YPF

7TH CCPS LATIN AMERICAN CONFERENCE ON PROCESS SAFETY

# Alcance

- El sistema esta implementado bajo formato digital auditable.
- El Sistema esta contemplado para todo el personal operativo.
- Está basado en la auto capacitación asistida, a través de la lectura y la guía de un superior.
- La lectura y comprensión, se realiza en función de que el contexto laboral lo permita. (El sistema admite interrupciones).
- Permite obtener indicadores por persona, por planta o por grupo de empleados.

7th LACPS · Swissotel · Lima, Peru · August 22-23, 2016

YPF

7TH CCPS LATIN AMERICAN CONFERENCE ON PROCESS SAFETY

# Características del Sistema

- Cada operador tiene su ficha de lectura personalizada en base al conocimiento que deba desarrollar.
- Ingresa con Clave y Usuario/ Admite ingresar Administradores del Sistema.
- Lleva un histórico de lecturas realizadas.
- El lector tiene información disponible al momento de la lectura. (Biblioteca).
- Se registra preguntas y respuestas , como evidencia de lecturas y test realizados.

7th LACPS · Swissotel · Lima, Peru · August 22-23, 2016

YPF

7TH CCPS LATIN AMERICAN CONFERENCE ON PROCESS SAFETY

# Características del Sistema

- El sistema permite homogeneizar y auditar la formación en todas las Unidades de la Cía.
- Se Mantiene/Retiene el Know How.
- Permite llevar un histórico de lectura y nivel de competencias en "campo".
- Es flexible, ya que permite modificaciones para cambiar preguntas y respuestas o modificación de grupos.
- Permite llevar KPI´s por unidades o por persona.

7th LACPS · Swissotel · Lima, Peru · August 22-23, 2016

YPF

7TH CCPS LATIN AMERICAN CONFERENCE ON PROCESS SAFETY

# Pilares de l Sistema

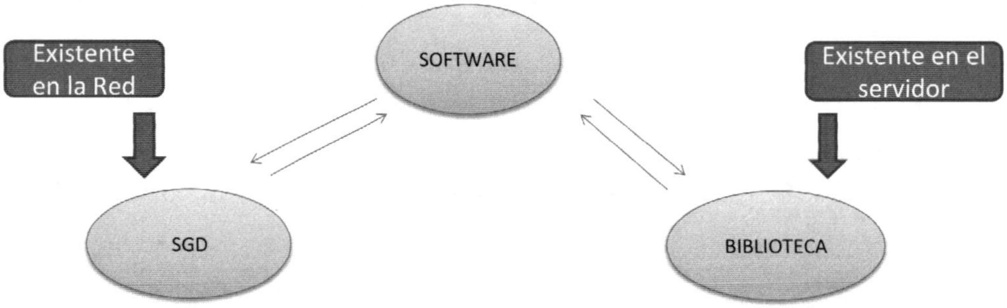


7th LACPS · Swissotel · Lima, Peru · August 22-23, 2016

YPF

7TH CCPS LATIN AMERICAN CONFERENCE ON PROCESS SAFETY

# Detalle del Sistema

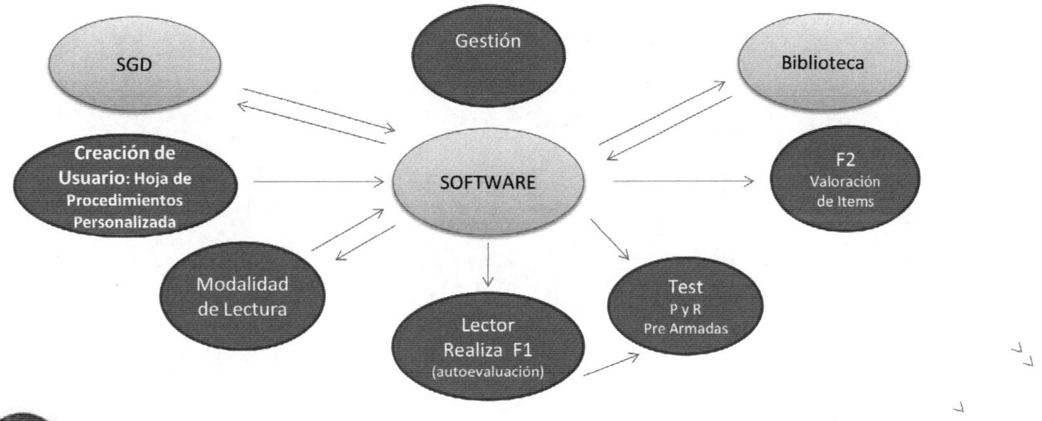


7th LACPS · Swissotel · Lima, Peru · August 22-23, 2016

YPF

7TH CCPS LATIN AMERICAN CONFERENCE ON PROCESS SAFETY

# Creación del Usuario

- Capítulos de Manuales Operativos de cada Planta.
- Instructivos y Procedimientos, que estarán agrupado de acuerdo a como están agrupadas las Plantas para su operatividad.
- Temas de Biblioteca.

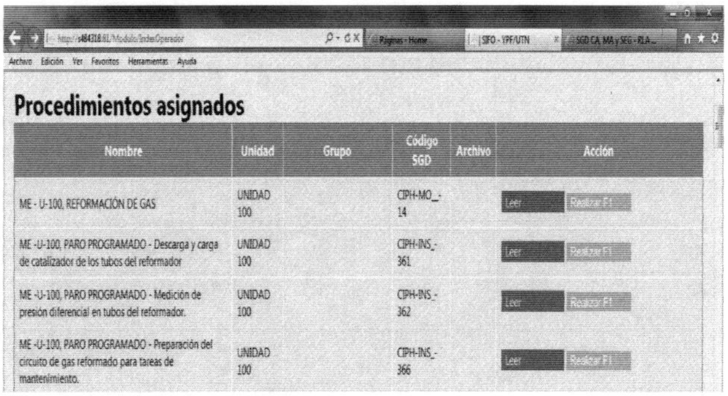

**Procedimientos asignados**

| Nombre | Unidad | Grupo | Código SGD | Archivo | Acción |
|---|---|---|---|---|---|
| ME - U-100, REFORMACIÓN DE GAS | UNIDAD 100 | | CIPH-MO_-14 | | Leer Realizar F1 |
| ME -U-100, PARO PROGRAMADO - Descarga y carga de catalizador de los tubos del reformador | UNIDAD 100 | | CIPH-INS_-361 | | Leer Realizar F1 |
| ME -U-100, PARO PROGRAMADO - Medición de presión diferencial en tubos del reformador. | UNIDAD 100 | | CIPH-INS_-362 | | Leer Realizar F1 |
| ME -U-100, PARO PROGRAMADO - Preparación del circuito de gas reformado para tareas de mantenimiento. | UNIDAD 100 | | CIPH-INS_-366 | | Leer Realizar F1 |

7th LACPS · Swissotel · Lima, Peru · August 22-23, 2016

YPF

7TH CCPS
LATIN AMERICAN
CONFERENCE
ON PROCESS SAFETY

# Preguntas y Respuestas

- Consiste en la lectura de manuales, instructivos y temas de biblioteca disponibles en la hoja de procedimientos. Finalizada la lectura cada operador presentará una serie de preguntas y respuestas de puntos que Él considere importante de la lectura realizada, formulario 1 (F-1).
- Estas preguntas y respuestas, son revisadas por el Supervisor quien tiene la opción de aprobar y dejar comentarios.

7th LACPS · Swissotel · Lima, Peru · August 22-23, 2016

YPF

7TH CCPS
LATIN AMERICAN
CONFERENCE
ON PROCESS SAFETY

# Preguntas y Respuestas

- Las preguntas y respuestas realizadas por el Lector, quedan en la base de datos como evidencia objetiva de las lecturas realizadas.

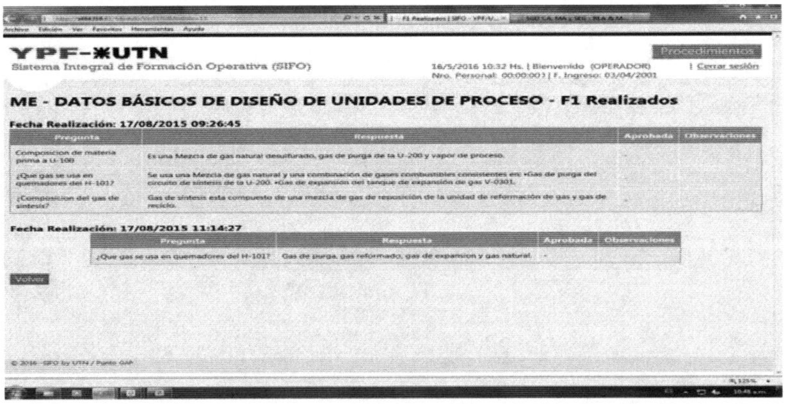

YPF-✱UTN

Sistema Integral de Formación Operativa (SIFO)

Procedimientos

16/5/2016 10:32 Hs. | Bienvenido (OPERADOR) | Cerrar sesión
Nro. Personal: 00:00:001 | F. Ingreso: 03/04/2001

**ME - DATOS BÁSICOS DE DISEÑO DE UNIDADES DE PROCESO - F1 Realizados**

**Fecha Realización: 17/08/2015 09:26:45**

| Pregunta | Respuesta | Aprobada | Observaciones |
|---|---|---|---|
| Composicion de materia prima a U-100 | Es una Mezcla de gas natural desulfurado, gas de purga de la U-200 y vapor de proceso. | - | |
| ¿Que gas se usa en quemadores del H-101? | Se usa una Mezcla de gas natural y una combinacion de gases combustibles consistentes en: •Gas de purga del circuito de sintesis de la U-200. •Gas de expansion del tanque de expansión de gas V-0301. | | |
| ¿Composicion del gas de sintesis? | Gas de sintesis esta compuesto de una mezcla de gas de reposición de la unidad de reformación de gas y gas de reciclo. | - | |

**Fecha Realización: 17/08/2015 11:14:27**

| Pregunta | Respuesta | Aprobada | Observaciones |
|---|---|---|---|
| ¿Que gas se usa en quemadores del H-101? | Gas de purga, gas reformado, gas de expansion y gas natural. | - | |

Volver

© 2016 - SIFO by UTN / Punto GAP

7th LACPS · Swissotel · Lima, Peru · August 22-23, 2016

# Incorporación del Conocimiento

- Se conformó una base de datos de preguntas y respuesta realizada por Jefes de Planta, Supervisores, Panelistas y Operadores experimentados sobre Manuales de Planta, Instructivos y Procedimientos.
- Las respuestas no satisfactorias, son informadas por el sistema y emite las correctas. El lector adquiere ese conocimiento y serán consideradas como aprendidas.

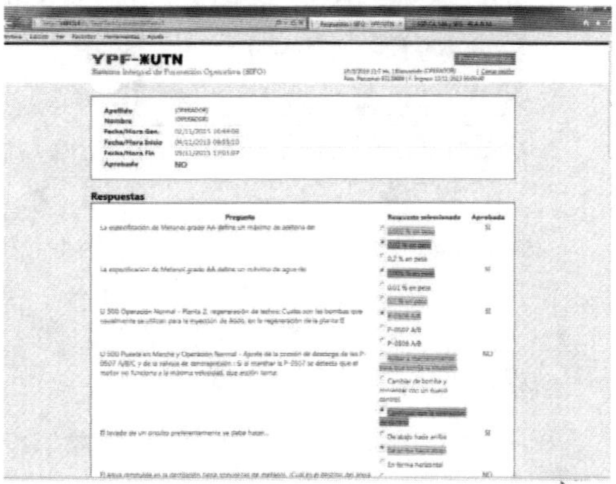




YPF

7TH CCPS LATIN AMERICAN CONFERENCE ON PROCESS SAFETY

# Competencias en "Campo" (Comportamiento)

- Este formulario consta de 19 ítems y es completado por el superior, en forma periódica.
- Cada ítem esta enlazado con las competencias del orden, la seguridad, el trabajo en equipo y conocimientos de la función.
- Los comportamientos fueron realizados por Jefatura/Supervición, en base a los requerimientos de perfil y competencias que un Operador debe sostener para lograr una operación segura de las Unidades.
- El objetivo del formulario es unificar criterios, detectar desvíos y corregirlos.

7th LACPS · Swissotel · Lima, Peru · August 22-23, 2016

YPF

7TH CCPS LATIN AMERICAN CONFERENCE ON PROCESS SAFETY

# Comportamientos en "Campo"

1-Se anticipa a los problemas, proponiendo soluciones.

2-Eleva a tiempo a su Supervisor, dificultades o riesgos observados en planta.

3-Expresa sus ideas de manera clara y comprensible.

4-Escucha las directivas y las aplica en tiempo y forma.

5-Realiza el seguimiento de sus tareas.

6-Realiza el seguimiento de sus trabajos entregado a mantenimiento.

7-Comparte experiencia y transfiere conocimientos.

8-Mantiene su rendimiento en condiciones adversas.

9-Conoce las variables de planta y establece relaciones entre ellas.

10-Identifica amenazas y oportunidades en su entorno.

7th LACPS · Swissotel · Lima, Peru · August 22-23, 2016

YPF

7TH CCPS LATIN AMERICAN CONFERENCE ON PROCESS SAFETY

# Comportamientos en "Campo"

11-Orden y limpieza.

12-Cumplimiento y calidad de planillas de campo.

13-Cumplimiento y calidad de recorridas de planta.

14-Aplica eficientemente los conocimiento en el desempeño de sus funciones.

15-Asume la responsabilidad de las decisiones que toma.

16-Respeta el uso de los equipos de protección personal.

17-Cuestina constructivamente, métodos y procesos proponiendo mejoras y nuevas formas.

18-Maneja la operación protegiendo la integridad física de personal propio y contratista.

19-Se interesa por los problemas de las plantas, tratando de conocer las causas que lo motivaron.

7th LACPS · Swissotel · Lima, Peru · August 22-23, 2016

# Dimensiones para las Competencias

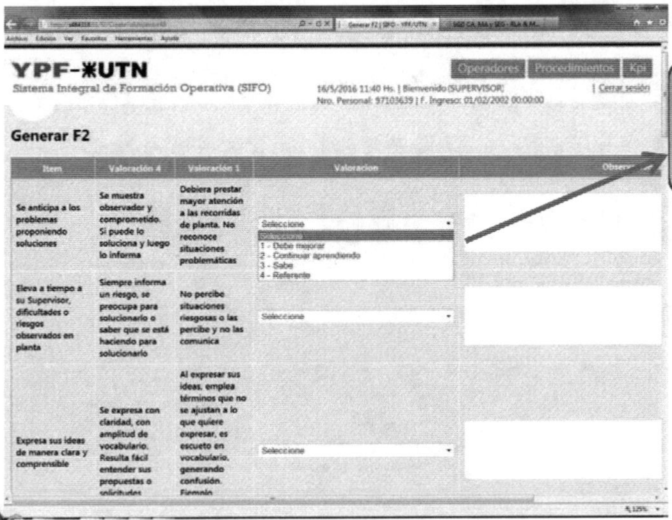


- Debe Mejorar
- Continuar Aprendiendo
- Sabe
- Referente





# Equipo de Trabajo

- Universidad +Sistemas + Producción + RRHH.
- Incorporación de un ex empleado (Jubilado).
- Fue muy importante la colaboración de Supervisores y operadores calificados para armado de Preguntas y respuestas como así también el formulario de valoración.
- El Sistema fue presentado al gremio.

7TH CCPS
LATIN AMERICAN
CONFERENCE
ON PROCESS SAFETY

# THE USE OF FAMILIAR TOOL TO DIFFUSE THE FEELING OF UNEASE IN RELATION TO POSSIBLE FAILURE OF BARRIERS OF PROTECTION

CONFIDENTIAL

7th LACPS · Swissotel · Lima, Peru · August 22-23, 2016

Copyright ©2016 E. I. du Pont de Nemours and Company. All rights reserved. The DuPont Oval Logo, DuPont™, and The miracles of science™ are registered trademarks or trademarks of DuPont or its affiliates.

7TH CCPS
LATIN AMERICAN
CONFERENCE
ON PROCESS SAFETY

# Hertfordshire Oil Storage Terminal Buncefield, UK (2005)

CONFIDENTIAL

7th LACPS · Swissotel · Lima, Peru · August 22-23, 2016

Copyright ©2016 E. I. du Pont de Nemours and Company. All rights reserved. The DuPont Oval Logo, DuPont™, and The miracles of science™ are registered trademarks or trademarks of DuPont or its affiliates.

7TH CCPS LATIN AMERICAN CONFERENCE ON PROCESS SAFETY

# Operational Risks

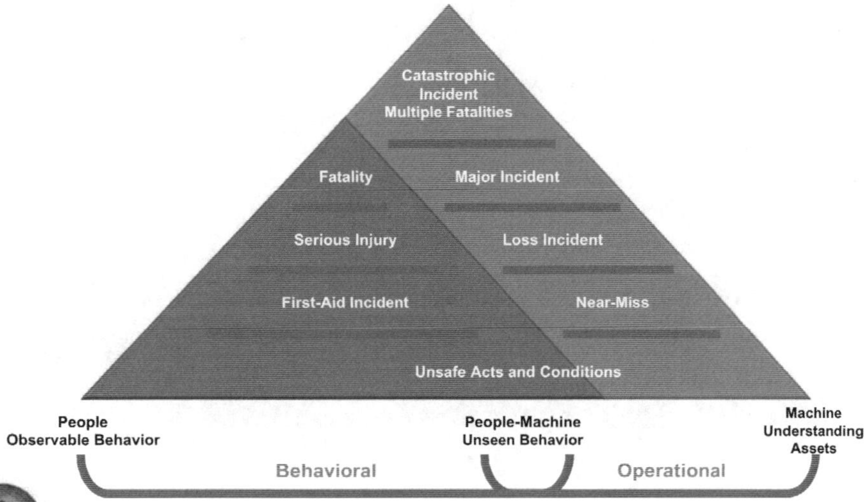


CONFIDENTIAL

7th LACPS · Swissotel · Lima, Peru · August 22-23, 2016

Copyright ©2016 E. I. du Pont de Nemours and Company. All rights reserved. The DuPont Oval Logo, DuPont™, and The miracles of science™ are registered trademarks or trademarks of DuPont or its affiliates.

7TH CCPS LATIN AMERICAN CONFERENCE ON PROCESS SAFETY

# Understanding Risks

**Source:** http://www.startribune.com/april-2014-gm-recall-reopens-wounds-for-family-of-a-teen-killed-in-crash/254469641/

CONFIDENTIAL

7th LACPS · Swissotel · Lima, Peru · August 22-23, 2016

Copyright ©2016 E. I. du Pont de Nemours and Company. All rights reserved. The DuPont Oval Logo, DuPont™, and The miracles of science™ are registered trademarks or trademarks of DuPont or its affiliates.

Copyright ©2016 E. I. du Pont de Nemours and Company. All rights reserved. The DuPont Oval Logo, DuPont™, and The miracles of science™ are registered trademarks or trademarks of DuPont or its affiliates.

# Barriers of Protection

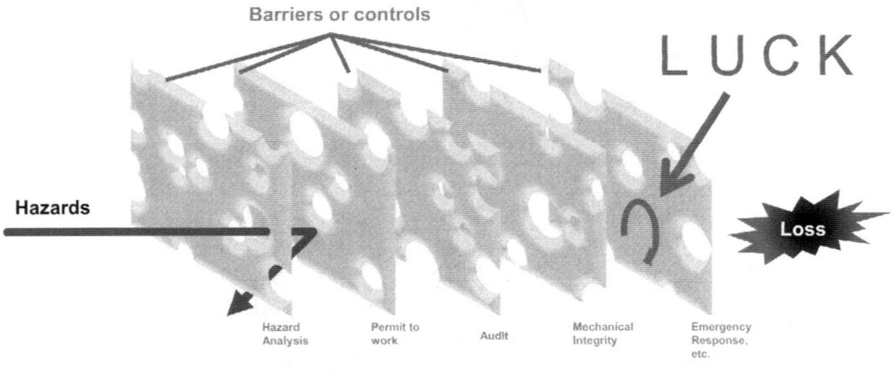



Copyright ©2016 E. I. du Pont de Nemours and Company. All rights reserved. The DuPont Oval Logo, DuPont™, and The miracles of science™ are registered trademarks or trademarks of DuPont or its affiliates.

7TH CCPS LATIN AMERICAN CONFERENCE ON PROCESS SAFETY

## Effective Implementation

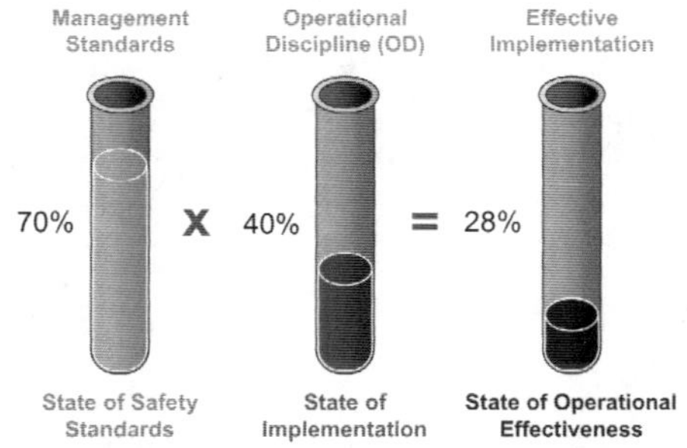


Our client experience indicates that most companies have reasonably good systems in place. The challenge is making it work to achieve Incident Free Operations.

CONFIDENTIAL

7th LACPS · Swissotel · Lima, Peru · August 22-23, 2016

Copyright ©2016 E. I. du Pont de Nemours and Company. All rights reserved. The DuPont Oval Logo, DuPont™, and The miracles of science™ are registered trademarks or trademarks of DuPont or its affiliates.

7TH CCPS LATIN AMERICAN CONFERENCE ON PROCESS SAFETY

CONFIDENTIAL

7th LACPS · Swissotel · Lima, Peru · August 22-23, 2016

Copyright ©2016 E. I. du Pont de Nemours and Company. All rights reserved. The DuPont Oval Logo, DuPont™, and The miracles of science™ are registered trademarks or trademarks of DuPont or its affiliates.

7TH CCPS
LATIN AMERICAN
CONFERENCE
ON PROCESS SAFETY

CONFIDENTIAL

7th LACPS · Swissotel · Lima, Peru · August 22-23, 2016

Copyright ©2016 E. I. du Pont de Nemours and Company. All rights reserved. The DuPont Oval Logo, DuPont™, and The miracles of science™ are registered trademarks or trademarks of DuPont or its affiliates.

7TH CCPS
LATIN AMERICAN
CONFERENCE
ON PROCESS SAFETY

# The Idea

Extending the application of safety observation to identify deviations of process safety controls from design intent, thereby ensuring that barriers of protections are dependable upon demand

Personnel — Technology — Facilities

CONFIDENTIAL

7th LACPS · Swissotel · Lima, Peru · August 22-23, 2016

Copyright ©2016 E. I. du Pont de Nemours and Company. All rights reserved. The DuPont Oval Logo, DuPont™, and The miracles of science™ are registered trademarks or trademarks of DuPont or its affiliates.

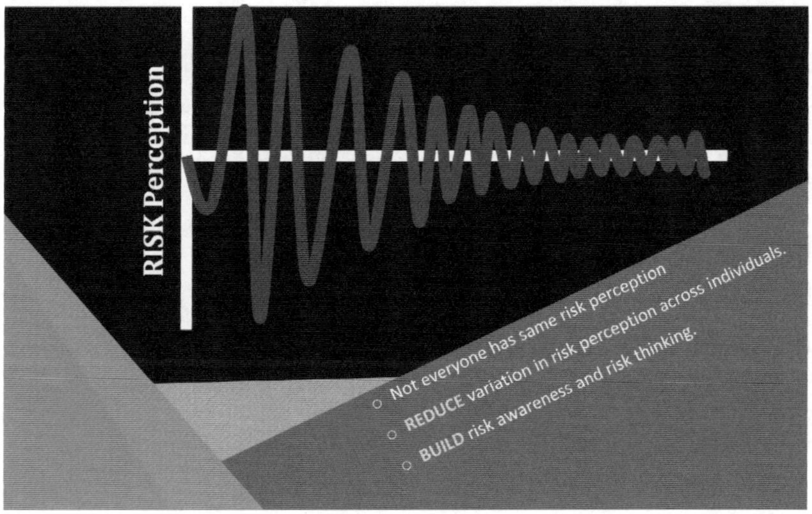



Copyright ©2016 E. I. du Pont de Nemours and Company. All rights reserved. The DuPont Oval Logo, DuPont™, and The miracles of science™ are registered trademarks or trademarks of DuPont or its affiliates.

7TH CCPS
LATIN AMERICAN
CONFERENCE
ON PROCESS SAFETY

## Employee Engagement

- *Risk Awareness*
- *Risk Thinking*
- *Risk Communication*
- *Risk Ownership*
- *Risk Assurance*

CONFIDENTIAL
7th LACPS · Swissotel · Lima, Peru · August 22-23, 2016
Copyright ©2016 E. I. du Pont de Nemours and Company. All rights reserved. The DuPont Oval Logo, DuPont™, and The miracles of science™ are registered trademarks or trademarks of DuPont or its affiliates.

# Benefits

- Proactive identification of deviations of controls from design intent
- Stronger 1st party audit process
- Increased worker engagement: a two-way learning opportunity
- Increased risk awareness and operational discipline
- Reduction in variability of risk perception


Copyright ©2016 E. I. du Pont de Nemours and Company. All rights reserved. The DuPont Oval Logo, DuPont™, and The miracles of science™ are registered trademarks or trademarks of DuPont or its affiliates.

7TH CCPS
LATIN AMERICAN
CONFERENCE
ON PROCESS SAFETY

# Summary

- Process safety hazards are not as visible as personnel safety hazards
- Over time, process safety barriers of protection tend to deviate from design intent. It takes efforts to ensure that they continue to be functional
- By extending the application of safety observation to process safety, we can help to proactively identify and address deviations of controls, to ensure that they function as intended upon demand
- In the process, we will also increase overall engagement, risk awareness and operational discipline

CONFIDENTIAL
7th LACPS · Swissotel · Lima, Peru · August 22-23, 2016
Copyright ©2016 E. I. du Pont de Nemours and Company. All rights reserved. The DuPont Oval Logo, DuPont™, and The miracles of science™ are registered trademarks or trademarks of DuPont or its affiliates.

7TH CCPS LATIN AMERICAN CONFERENCE ON PROCESS SAFETY

**"Everything that we see is a shadow cast by that which we do not see."**

*Dr. Martin Luther King, Jr.*


Copyright ©2016 E. I. du Pont de Nemours and Company. All rights reserved. The DuPont Oval Logo, DuPont™, and The miracles of science™ are registered trademarks or trademarks of DuPont or its affiliates.

7TH CCPS LATIN AMERICAN CONFERENCE ON PROCESS SAFETY

# THANK YOU


Copyright ©2016 E. I. du Pont de Nemours and Company. All rights reserved. The DuPont Oval Logo, DuPont™, and The miracles of science™ are registered trademarks or trademarks of DuPont or its affiliates.

# DuPont Sustainable Solutions

Copyright ©2016 E. I. du Pont de Nemours and Company. All rights reserved. The DuPont Oval Logo, DuPont™
are registered trademarks or trademarks of DuPont or its affiliates.

CONFIDENTIAL

7th LACPS · Swissotel · Lima, Peru · August 22-23, 2016

7TH CCPS LATIN AMERICAN CONFERENCE ON PROCESS SAFETY

# Using Analytics to Strengthen Risk Capability and Improve Process Safety Performance

Joe Stough

OE&RM



7TH CCPS LATIN AMERICAN CONFERENCE ON PROCESS SAFETY

# Overview and Timeline

| Mid-90"s | 2005 | 2008 | 2010 | 2013 | 2016 |
|---|---|---|---|---|---|
| Founded Software & Analytics Co. | Risk Process Software > 100 Countries | Global Data set | Actionable Index | High-maturity Index | Benchmarking Index |

**Risk Process Execution Data** → **Global Data Set / Predictive Analytics** → **Predictive Index / Benchmarking**

Millions of records from execution of Reactive and Proactive Risk processes

Predictive analytics reveals actionable index predictive of Safety performance – routinely measurable leading indicators

Continuous measurement, improvement of actionable leading indicators – to drive Safety / Process Safety event rate reduction

Annual Benchmarking & Management KPI's

# Analytics and Research

7TH CCPS LATIN AMERICAN CONFERENCE ON PROCESS SAFETY

- Based on results of 8 years of multi-company analytics studies
- Data set ➔ millions of assessments, observations, surveys, audits, near misses, investigations, action items…

## Analytics Research: Answers the Question…

**What are the actionable, measurable factors that LEAD to below results?**

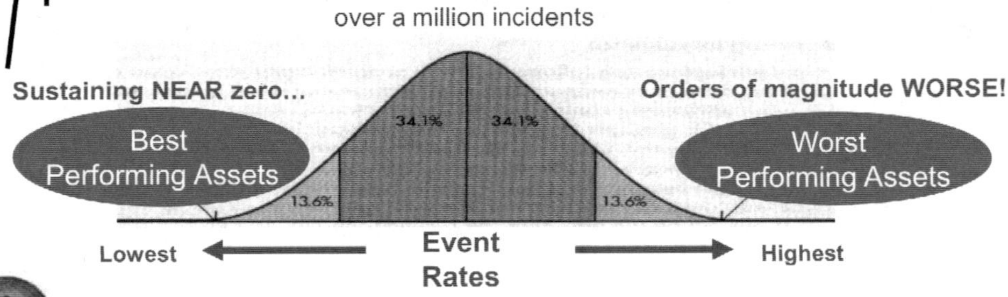


Slide # 3



# Building the Hypothesis

7TH CCPS LATIN AMERICAN CONFERENCE ON PROCESS SAFETY

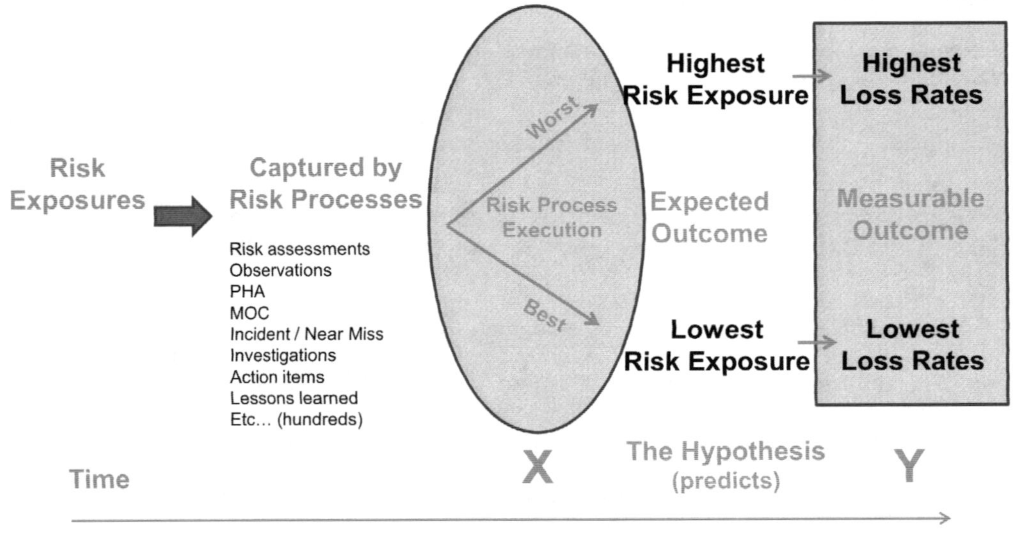


f(X) = factors of risk process execution BOTH most predictive of Y AND most practically actionable by operating units

## Predictive Index to Improve Risk Process Capability

7TH CCPS LATIN AMERICAN CONFERENCE ON PROCESS SAFETY

**Strong** — **Weak**

Maturity

### Learning & Optimizing

| Strong | Weak |
|---|---|
| Team competency, root cause quality<br>Proactive learning with accountability | Minimum investigation effort / quality<br>Reactive learning – severity-based |

### Risk-driven Mitigation

| Strong | Weak |
|---|---|
| Discipline, resources to reduce greatest exposures (risk-driven) | Focus on fixing the "easy" things<br>Actual-severity driven |

### Process-disciplined

| Strong | Weak |
|---|---|
| Leadership engaged, timely<br>Disciplined proactive investigations | Long lag times in leader response<br>Few investigations, high-severity only |

### Reporting Engagement

| Strong | Weak |
|---|---|
| Process actors directly engaged, measurable<br>Reporting of low consequence events | Viewed as administrative burden centrally managed by admin |

**$R^2$ ~ .8 for assets with highest risk process capability (maturity).**

7th LACPS · Swissotel · Lima, Peru · August 22-23, 2016

5

## Example Benchmarking View

7TH CCPS LATIN AMERICAN CONFERENCE ON PROCESS SAFETY

| Process Executio n Maturity | Index | Reporting & Engagement | Process Discipline | Risk Mitigation | Learning & Optimization |
|---|---|---|---|---|---|
| Corp | 690 | 600 | 575 | 710 | 690 |
| Baytown | 771 | 750 | 782 | 750 | 790 |
| Paris | 523 | 550 | 560 | 500 | 500 |
| Boston | 698 | 590 | 500 | 690 | 680 |
| Chicago | 571 | 590 | 516 | 500 | 500 |
| Bangkok | 623 | 590 | 690 | 645 | 500 |
| London | 709 | 690 | 745 | 720 | 680 |
| Dubai | 618 | 620 | 643 | 500 | 500 |
| Perth | 694 | 650 | 703 | 696 | 680 |

7th LACPS · Swissotel · Lima, Peru · August 22-23, 2016

## Process Improvement Capability

7TH CCPS LATIN AMERICAN CONFERENCE ON PROCESS SAFETY

Process Maturity

Complete process definition NOT using process execution Information system and Validated measurements (manual - annual auditing)

Executing a holistic process with Strong predictive indicators To focus attention on factors Critical to high performance (optimizing)

Low process maturity NOT using process execution Information system to Drive improvement (low potential improve)

Low process maturity But following a roadmap with Validated measurements to To evolve maturity and Continuously improve execution (investing in improvement)

Process Execution Measurability

After IBIS

7th LACPS · Swissotel · Lima, Peru · August 22-23, 2016

## Modes of Performance Improvement

7TH CCPS LATIN AMERICAN CONFERENCE ON PROCESS SAFETY

Safety Performance

High performing asset Strong leader behavior, NOT Driven by Predictive indicators (not sustainable)

High performance is systemic Sustained across leaders with Predictive measurements (optimizing)

Low performing asset Relying on manual human Effort to improve (slow improvement)

Low performing asset But improving with roadmap Driven by predictive analytics (accelerating)

Predictive Measurability

7th LACPS · Swissotel · Lima, Peru · August 22-23, 2016

## Roadmap to Improve Risk Process Capability + Outcome Performance

7TH CCPS LATIN AMERICAN CONFERENCE ON PROCESS SAFETY

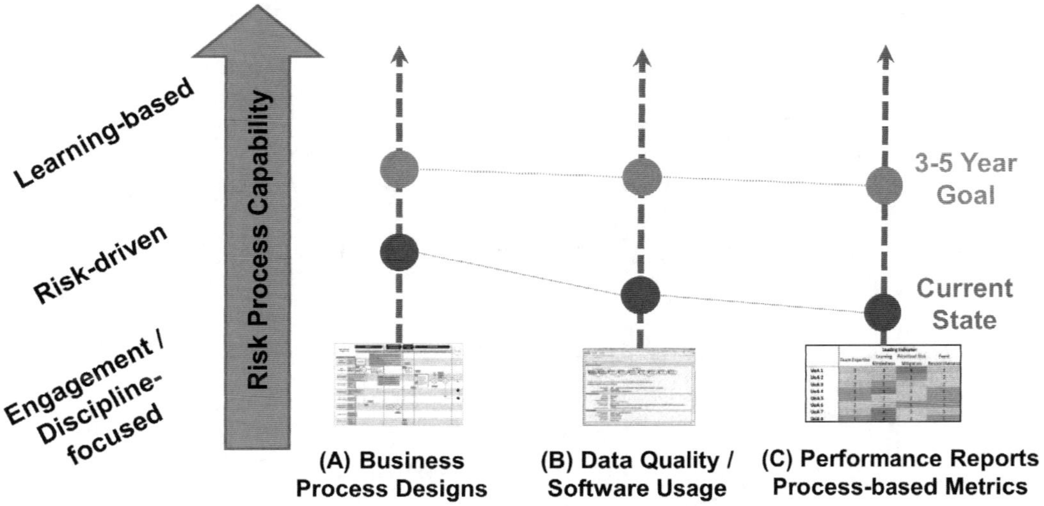


1. Assess Current State / ID Improvement Opportunities
2. Define 3-5 year Goal and Shaping Plan

7th LACPS · Swissotel · Lima, Peru · August 22-23, 2016

# Summary

7TH CCPS LATIN AMERICAN CONFERENCE ON PROCESS SAFETY

- Identify measurable, repeatable traits of top performing organization using data and analytics
- If highest maturity
  - Scorecard predictive factors to improve lagging results
- If not highest maturity
  - Improve risk process definition / governance / implementation
  - Measure engagement, consistency
  - Scorecard relevant, measurable predictive factors

7th LACPS · Swissotel · Lima, Peru · August 22-23, 2016

NFPA

7TH CCPS
LATIN AMERICAN
CONFERENCE
ON PROCESS SAFETY

# NFPA Experience – Reliability and Mechanical Integrity

Guy R. Colonna, PE
NFPA
gcolonna@nfpa.org



7TH CCPS
LATIN AMERICAN
CONFERENCE
ON PROCESS SAFETY

# Agenda

- Risk-based process safety:
  - Reliability and mechanical integrity
- Lessons learned
  - Causal factors
  - Key recommendations
- NFPA standards activity
- Closing comments and questions

7th LACPS · Swissotel · Lima, Peru · August 22-23, 2016

7TH CCPS
LATIN AMERICAN
CONFERENCE
ON PROCESS SAFETY

# Management System

- *A formally established and documented set of activities designed to produce specific results in a consistent manner on a sustainable basis.*



7TH CCPS
LATIN AMERICAN
CONFERENCE
ON PROCESS SAFETY

# How Do I Understand Risk

- Understanding the risk associated with an activity requires answering the following questions:
  - What can go wrong? (Hazard)
  - How bad could it be? (Consequence)
  - How often might it happen? (Likelihood)

7th LACPS · Swissotel · Lima, Peru · August 22-23, 2016

7TH CCPS
LATIN AMERICAN
CONFERENCE
ON PROCESS SAFETY

# RBPS Foundation – Managing Risk

1. Preventing a catastrophic release of a hazardous material or a sudden release of energy
2. Ensuring high availability (or dependability) of critical safety or utility systems that prevent or mitigate the effects of these types of events.

7th LACPS · Swissotel · Lima, Peru · August 22-23, 2016

7TH CCPS
LATIN AMERICAN
CONFERENCE
ON PROCESS SAFETY

# Incident Investigations Show Mixed Results – WHY?

- Complacency
  - Always been like this and never had a problem
- Human factor
- Changing hazards
  - Management of change
- Process hazard analysis deficient
  - PHA not updated

7th LACPS · Swissotel · Lima, Peru · August 22-23, 2016

7TH CCPS LATIN AMERICAN CONFERENCE ON PROCESS SAFETY

# CAPECO Tank Overfill and Explosion, Puerto Rico

7TH CCPS LATIN AMERICAN CONFERENCE ON PROCESS SAFETY

# CAPECO – CSB Investigation

- Causal factors
  - Lack of effective monitoring system
  - Failure to effectively integrate human and mechanical components of level monitoring system
  - No redundant monitoring measures
  - Inadequate maintenance
- Recommendations

7th LACPS · Swissotel · Lima, Peru · August 22-23, 2016

7TH CCPS LATIN AMERICAN CONFERENCE ON PROCESS SAFETY

# Model for Failure

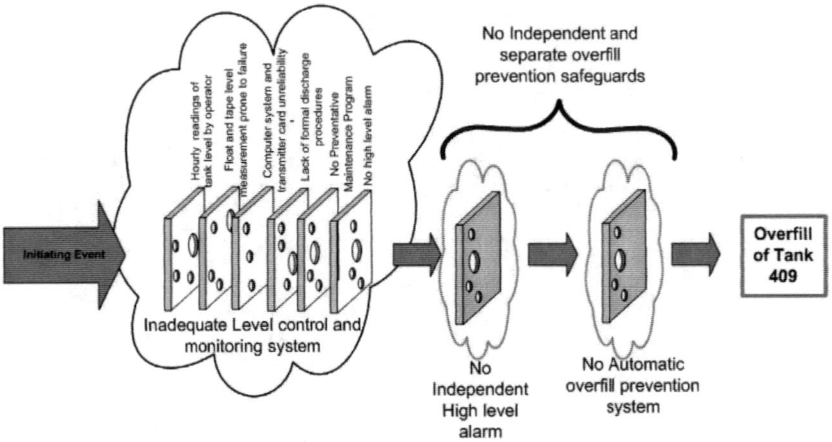


Source: CSB report

7th LACPS · Swissotel · Lima, Peru · August 22-23, 2016

7TH CCPS LATIN AMERICAN CONFERENCE ON PROCESS SAFETY

# Noted Failures

- Reliance on manual gauging system
  - Float and tape
  - Side gauge
  - Electronic transmitter cards prone to failure
- No redundant high or high high level alarms

7th LACPS · Swissotel · Lima, Peru · August 22-23, 2016

# Chevron Refinery, Richmond, CA

August 6, 2012



7TH CCPS
LATIN AMERICAN
CONFERENCE
ON PROCESS SAFETY

# Chevron Refinery – Pipeline Rupture

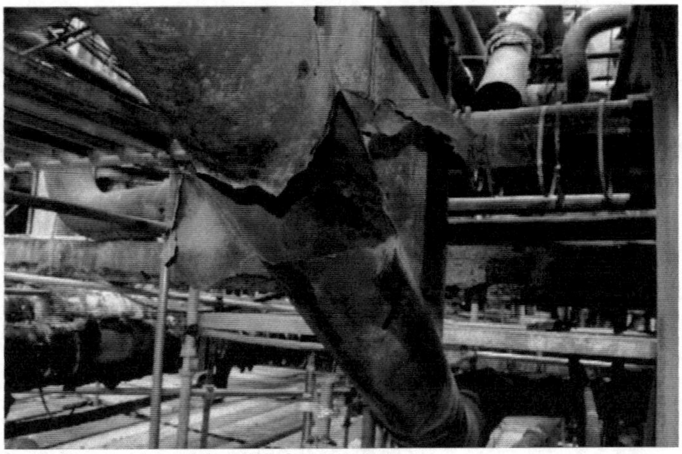

Figure 5. Photo of rupture on 4-sidecut 52-inch component.

7th LACPS · Swissotel · Lima, Peru · August 22-23, 2016

7TH CCPS LATIN AMERICAN CONFERENCE ON PROCESS SAFETY

# Chevron Refinery – CSB Investigation

- Causal factors
  - Incomplete understanding of sulfidation corrosion of carbon steel piping
  - Failure to implement inspection program
  - Culture that promotes decision making to continue operating despite leaks and reluctance to exercise "stop work" authority
- Recommendations



7TH CCPS LATIN AMERICAN CONFERENCE ON PROCESS SAFETY

# Hoeganaes, Gallatin, TN, USA

- May 27, 2010
- Hydrogen line used for annealing furnace
- Iron powder
  - Combustible dust flash fires
- Third incident in 5 months contributing to significant flash fires and 5 fatalities

# Hoeganaes – CSB Investigation

- Causal factors
  - Hazard awareness – assumed leak was nitrogen rather than hydrogen
  - Iron dust accumulations
  - Mechanical integrity questions surrounding pipe and overall housekeeping of iron dust accumulations
- Recommendations





# Hydrogen Pipe - Failure

7TH CCPS LATIN AMERICAN CONFERENCE ON PROCESS SAFETY

## Lessons Learned for NFPA and Standards Development

- Recommendations from CSB to standards developers
  - CAPECO to NFPA 30, Flammable and Combustible Liquids Code and to API 2350, Overfill Protection
  - Chevron to API and ASME regarding pipe inspection and corrosion awareness
  - Hoeganaes to International Code Council, reference NFPA combustible dust standards in International Fire Code

7th LACPS · Swissotel · Lima, Peru · August 22-23, 2016

7TH CCPS LATIN AMERICAN CONFERENCE ON PROCESS SAFETY

## So What Happens Next?

- Committees receive investigation findings
- Research conducted
- Revisions incorporate lessons learned into changes
- BUT, when are changes incorporated into practice?
  - Risk-Based Process Safety demands more timely action

7th LACPS · Swissotel · Lima, Peru · August 22-23, 2016

# Risk Based Systems Research

- Incorporating Risk Concepts in NFPA Codes and Standards, 2007
- Separation Distances in NFPA Codes and Standards, 2014
- Guidance Document for Incorporating Resiliency Concepts into NFPA Codes and Standards, December 2015



7TH CCPS
LATIN AMERICAN
CONFERENCE
ON PROCESS SAFETY

# Learn from Experience

- Global sharing of incidents and losses essential to loss prevention
- Global participation in hazard identification and development of risk standards
- Inclusion of those industrial facilities not engaged in core "chemical process safety"
- Sharing with community leaders leads to effective pre-planning for incidents

7th LACPS · Swissotel · Lima, Peru · August 22-23, 2016

7TH CCPS LATIN AMERICAN CONFERENCE ON PROCESS SAFETY

## National and Global Impact of Standards

- RAGAGEP – Recognized and Generally Accepted Good Engineering Practice
  - Permitted in lieu of specific regulatory or standards requirements
  - Encourages safety culture with proactive industry norms rather than reactive approaches

7th LACPS · Swissotel · Lima, Peru · August 22-23, 2016

7TH CCPS LATIN AMERICAN CONFERENCE ON PROCESS SAFETY

## Takeaways – Today and Beyond

- Mechanical integrity programs are people-intensive
  - Human factor challenges
- Reliability is dependent on strong mechanical integrity program
- Normalization of deviance

7th LACPS · Swissotel · Lima, Peru · August 22-23, 2016

NFPA

7TH CCPS LATIN AMERICAN CONFERENCE ON PROCESS SAFETY

# Thank you!

7th LACPS · Swissotel · Lima, Peru · August 22-23, 2016

7TH CCPS LATIN AMERICAN CONFERENCE ON PROCESS SAFETY

# The House of Integrity: Modern Asset Integrity Management A Process Safety approach

**Alejandro C. Torres-Echeverria**
**Risktec Solutions, Inc.**
**15810 Park Ten Place, Suite 100, Houston, TX 77084, USA**
**Alejandro.Torres@risktec.com**

**Lisa Willnauer**
**TÜV International GmbH**
**Am Grauen Stein, 51105 Cologne, Germany**
**Lisa.Willnauer@de.tuv.com**

**Steven Saunders**
**Risktec Solutions, Ltd**
**Office 3006, Liwa Heights, Jumeirah Towers,**
**PO Box 450113, Dubai, United Arab Emirates**
**Steven.Saunders@risktec.com**

Prepared for Presentation at
American Institute of Chemical Engineers
7th Latin American Conference on Process Safety
Lima, Peru
August 22-23, 2016

AIChE shall not be responsible for statements or opinions contained within papers or printed in its publications

# The House of Integrity: Modern Asset Integrity Management A Process Safety approach

**Alejandro Torres-Echeverria**
**Risktec Solutions, Inc.**
**15810 Park Ten Place, Suite 100, Houston, TX 77084, USA**
**Alejandro.Torres@risktec.com**

**Lisa Willnauer**
**TÜV International GmbH**
**Am Grauen Stein, 51105 Cologne, Germany**
**Lisa.Willnauer@de.tuv.com**

**Steven Saunders**
**Risktec Solutions, Ltd**
**Office 3006, Liwa Heights, Jumeirah Towers,**
**PO Box 450113, Dubai, United Arab Emirates**
**Steven.Saunders@risktec.com**

**Keywords:** Asset integrity, integrity management, process safety management, reliability, maintenance, inspection.

## Abstract

Physical Asset Integrity Management (AIM) is a widely known and well-defined process that, if applied in the correct way, can offer asset owners and operators the ability to manage risk and assure the integrity of assets throughout their life cycle. The purpose of physical AIM is for an organization to be able to assert, with confidence and based on the evidence, that their assets are safe and reliable.

The foundation required to build a robust approach to AIM starts with using recognized international standards. ISO 55000 series of standards (formerly PAS 55) sets out good practice requirements for managing physical assets and ensures that consistent terminology is applied. From this foundation an AIM "house" can be built.

This paper introduces a model called the "Asset Integrity Management House". The approach presented here intends to bring together under one roof the disciplines of process safety and physical asset integrity management, supported on reliability foundations, to facilitate the realization of common goals. This is physical asset management focused on risk management towards the reduction of major incident risks.

The model sub-divides into three floors: 1) Physical AIM system. The top floor comprises the system of policies, standards, procedures and resources needed to be in place to deliver integrity over the whole life cycle of an asset. 2) Integrity, reliability and process safety assessment. The middle floor is about conducting the relevant analyses to ensure that integrity risks are understood, the assets are designed and operated to achieve their performance targets, and safety risks are as low as reasonably practicable. 3) Maintenance, inspection and testing. At the ground floor level are the activities which maintain the design intent through life. Spanning all floors is the competence of personnel in performing their tasks to the required standards.

The benefits of such an encompassing simplified model is that each of the different disciplines involved can identify the contribution they are making, and align their processes and work towards achieving a common goal.

# 1 The need for an integrated model between asset management and process safety management

Asset Integrity can be defined as "the ability of an asset to perform its required function effectively and efficiently whilst protecting health, safety and the environment" [1]. Asset Integrity Management (AIM) offers asset owners and operators the ability to manage risks and assure the integrity of assets throughout their life cycle. The purpose of AIM is to provide an organization a system that ensures consistent and safe performance, being able to keep their assets safe and reliable. PAS 55 [2], which has now evolved into ISO 55001 [3], is an international standard that establishes guidance for management of physical assets. ISO 55001 is actually applicable to any type of assets, although it is intended to be used specifically for managing physical assets.

High hazard industries must maintain a focus on risk management towards reducing the risk of major incidents. OGP 415 [4] is a previous attempt to provide sound guidance in reduction of major incidents risk by focusing on asset integrity management. Reduction of major incidents hazards is actually the main objective of the process safety discipline. Nevertheless, disciplines such as process safety and integrity management are still being treated separately inside many organizations. Reliability, maintenance (these two being fundaments of integrity management), and safety are still being managed as "silos" in some organizations. Silo mentality is an attitude that dominates organizations where different departments do not share information nor work together with other departments of the same organization, which tampers the efforts for achieving common goals in an efficient and cost-effective manner.

The approach presented here brings together under one roof the disciplines of process safety and physical asset integrity management, supported on reliability foundations. This is physical asset management focused on risk management towards the reduction of major incident risks. This is called the "Asset Integrity Management House".

It is worthy to make a distinction between occupational (or personal) safety and process safety. Occupational health and safety is mostly focused on high frequency "low" consequence events (e.g. occupational injuries, like slips, trips, and falls), while process safety is focused on low frequency high consequence events (e.g. those that can have catastrophic consequence, like wide reaching or multiple fatalities; i.e. major incidents). As OGP 415 states, "good occupational health and safety performance of an asset does not guarantee major incident prevention" [4].

## 2 The Plan-Do-Check-Act continuous improvement process

The basis of most modern management systems, such as quality (ISO 9001 [5]), environment (ISO 14001 [6]), occupational health & safety (OHSAS 18001 [7]), and risk management (ISO 31000 [8]), are founded on a standard iterative continuous improvement management cycle: Plan, Do, Check, Act. Thus, most management systems share a common structure. As established by HSG 65 [9]:

- Plan. Development of a policy and plans for implementation.
- Do. Implementation and execution of the plan with adequate resources.
- Check. Review and measurement of performance.
- Act. Taking action to act on deviations identified and lessons learned

## 3 The different approaches and elements

### *3.1. The approach for process safety*

The main focus or process safety is the prevention and control of hazards that have the potential for causing major incidents. Major hazards are those with the potential to cause multiple fatalities, catastrophic environmental damage or significant asset loss (i.e. low frequency, high consequence events). Although process safety pertains to the process industry, its principles, methods and techniques can be applied to a wide spectrum of different high-hazard and other industries.

Process safety-focused management has become an important aspect of loss prevention in the process industry worldwide. Example of important related regulations are the Seveso III Directive (implemented as the COMAH Regulations in the UK [10]), and the OSHA PSM regulation in the United States [11] (which precursor was API 750 [12]). Many other countries have followed implementing their own process safety regulations. Modern process safety management is supported by an overall risk-based strategy founded on a series of different elements (e.g. hazard identification, competence, management of change, etc.) that intend to implement the four main pillars for process safety: commitment to process safety, understanding of hazards and risks, management of risks, and learning from experience. This approach has been called "risk based process safety" (as published by the Center for Chemical Process Safety [13]). A more recent approach has been published by the Energy Institute (EI) as a high level framework for PSM [14]. The four focus areas of this approach are: Process safety leadership, risk identification and assessment, risk management, and review and improvement. Both the CCPS' and EI's schemes share important similarities.

As discussed above, "good occupational health and safety performance of an asset does not guarantee good major incident prevention" [4]. Even if organizations focus on managing successfully personal safety, they may still experience major accidents. This is supported, for example, by the Baker Report with reference to the Texas City accident when stated as one of its findings that "BP mistakenly used improving personal safety performance (i.e. personal injury rates) as an indication of acceptable process safety performance at its five U.S. refineries; BP's reliance on this data and inadequate process safety understanding created a false sense of confidence that it was properly addressing process safety risks at those refineries" [15].

### *3.2. Risk Management*

ISO 31000 [8] provides guidelines for a consistent risk management process, helpful to manage risks effectively and efficiently. This is an international standard which guidance can be implemented for any type of risks (financial, strategic, etc.), and it sets out well principles that can be used for major hazards risk management. In addition to the Plan-do-check-act principle, it establishes a risk assessment process that is at the core of the risk management implementation (the ""do" step). This is illustrated in Figure 1.

The process safety risk management process is composed of: establishing the context, risk assessment and risk treatment. Risk assessment consists of performing identification of hazards, followed by a risk analysis (determining the likelihood and consequence of each hazard), and then risk evaluation (comparing the actual risk against corporate risk criteria to determine if this is tolerable or it needs to be further reduced). This makes possible to identify and implement risk control (treatment) measures.

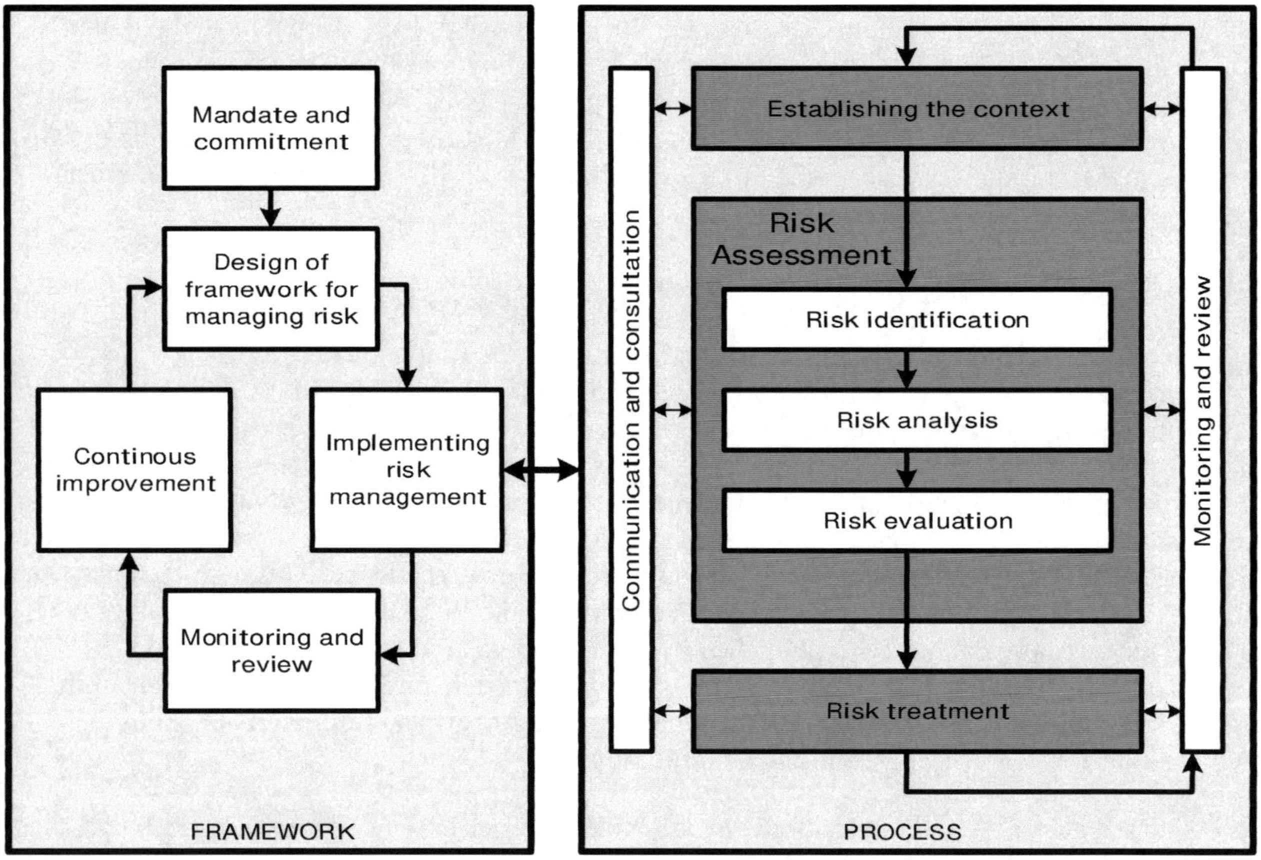


**Figure 1. Risk Management framework and process [8]**

### *3.3. Safety critical equipment and performance standards (OGP 415)*

A barrier is defined as a functional grouping of safeguards to prevent and control the realization of a hazard [4]. Since barriers can be any measure implemented to support this function, a barrier can be a mix of tangible goods (e.g. equipment) and processes (procedures). Barriers can be preventive (to prevent a hazardous event from taking place), or mitigative (to mitigate the consequences of a hazardous event). Management of hazards is focused on the implementation of barriers for prevention and mitigation.

The interpolation between physical asset management and management of major hazards is realized when certain physical assets become barriers that serve in prevention and control of hazards. Those physical barriers that are critical for safety can be classified as Safety Critical Equipment (SCE). SCE needs to have their performance standards defined in terms of functionality, availability, reliability and survivability [4]. The performance standards determine design specifications and maintenance requirements to maintain their required functionality and integrity throughout their useful life.

### *3.4. Mechanical integrity and reliability*

It becomes clear thus that reliability is at the core of SCE performance standards. Notice that here "reliability" refers to the discipline in charge of analysis and application of techniques to maintain equipment and systems (in this case SCE) performing their intended function and free of failure. Traditionally, mechanical integrity has been a subset of a company's reliability program, encompassing measures and activities intended to ensure the integrity of mechanical equipment through its lifecycle: design, fabrication, installation and operation (mechanical integrity is actually one of the elements of the OSHA PSM regulation [11]). The concept has evolved to encompass all types of critical equipment (not only mechanical), becoming "process and equipment integrity", and subsequently "asset integrity" [13]. This concept of asset integrity primarily involves inspections, tests, preventive and predictive maintenance, repair activities and quality assurance processes to maintain SCEs fit for use.

### *3.5. The asset integrity management approach (PAS 55 and ISO 55001)*

PAS 55 Asset Management [2] is the standard for the optimized management of physical assets. PAS 55 introduced a risk-based management approach for asset integrity, by putting risk assessment and management at the center of the program. Also, notice that several other elements of the asset management structure overlap with those of process safety management; i.e. risk assessment, management of change, incident investigation, etc. Two of the principles of risk management set by PAS 55 are that is has to be 1) risk based, and 2) integrated. PAS also introduced the concept of "critical assets" as those "having the greatest potential to impact on the achievement of the organizational strategic plan". In an interpolation with process safety, assets that are crucial for avoidance of major hazards can be classified as SCEs.

Some of the most relevant contributions of PAS 55 were:

- It structured physical asset management into a standard management system, following the plan-do-check-act principle.
- Establishes as an essential attribute of physical asset management to be risk-based.
- Called for physical asset management to be integrated.
- Introduced several elements that can be easily overlapped with process safety management systems (i.e. the CCPS risk-based process safety [13], or the EI framework on PSM [14] programs) into the physical asset management system; such as risk identification and assessment, contingency planning, training and competence, management of change, physical asset monitoring, audit and management review.

ISO 55001 [3] is the newest international standard for asset management. It is an evolution of PAS 55 (which was actually phased out after the release of ISO 55001). ISO 55001 scope was made wider in comparison with PAS 55, and it is applicable to any type of assets (financial, human, information, etc.), although it is intended to be used mainly for managing physical assets. This wider scope makes its requirements to be more generic. As a result, ISO 55001 addresses risk management with less detail than PAS 55, which guidance was more specific. Regarding risk management, ISO 55001 only requires to determine "actions to address risks and opportunities", with identification and assessment of risks, and to include them into risk management and contingency planning. It actually refers the reader to "see ISO 31000 for further guidance on risk management". Thus, ISO 55001 rather than establishing detailed requirements for the risk management process defers them to the use of ISO 31000, although following ISO 31000 is not made mandatory. It can be said that ISO 55001 is the latest and currently valid approach for asset management, but PAS 55 is still a very useful reference for physical asset management, and it can be used as a complement.

### *3.6. Correspondence between different approaches*

Table 1 presents the correspondence between ISO 55001, PAS 55 and the CCPS' and the EI's process safety management approaches. The table demonstrates how risk-based process safety elements overlap with ISO 55001/PAS 55 physical asset management systems. This is where the integration of physical asset management and process safety can be accomplished; i.e. putting in place a physical asset management system with a focus on major incident risks reduction.

## Table 1. Correspondence ISO 55001/PAS 55 to the CCPS Risk Based Process Safety and the EI Process Safety Management

| ISO 55001 | | | PAS 55 | | CCPS RBPS | EI PSM |
|---|---|---|---|---|---|---|
| Section | Element | | Element | Notes | Element | Element |
| 4. Context of the organization | 4.1. Understanding the organization and its context | | 4.3.1. AM strategy | Loosely mentioned in ISO 55002 4.1.1 | | |
| | 4.2. Understanding the needs and expectations of stakeholders | | | | 5. Stakeholder outreach | 5. Communication via stakeholders |
| | 4.3. Determining the scope of the AM system | | 4.1. General requirements | | | |
| | 4.4. AM system | | 4.1. General requirements | | | |
| 5. Ledearship | 5.1. Leadership and commitment | | 4.4.1. Structure, authority and responsibilities | | | 1. Leadership commitement and responsibility |
| | 5.2. Policy | | 4.2. AM policy | | | |
| | 5.3. Organizational roles, responsibilities and authorities | | 4.4.1. Structure, authority and responsibilities | | | |
| 6. Planning | 6.1.Actions to address risk and opportunities for the AMS | | 4.3.3. AM plans | | | |
| | 6.2. AM objectives and planning | 6.2.1. AM objectives | 4.3.2. AM objectives | | | |
| | | 6.2.2. Planning to achieve AM objectives | 4.3.3. AM plans | | | |
| | | | 4.4.7.1. Risk management process | Loosely implicit in 6.2.2, referred to ISO 31000 | | |
| | | | 4.4.7.2. Risk management methodology | Loosely implicit in 6.2.2, referred to ISO 31000 | | |
| | | | 4.4.7.3. Risk identification and assessment | Mentioned in 6.2.2 ( less detailed than PAS55), referred to ISO 31000 | 7. Hazard identification and risk analysis | 6. Hazard identification and risk assessment |
| | | | 4.4.7.4. Use and maintenace of asset risk information | Loosely mentioned in 6.2.2, referred to ISO 31000 | | |
| | | | 4.3.4. Contingency planning | Loosely mentioned in 6.2.2 | 16. Emergency management | 14. Emergency preparedness |
| 7. Support | 7.1. Resources | | 4.5.2. Tools, facilites and equipment<br>4.4.3. Training, awareness and competence | | | |
| | 7.2. Competence | | 4.4.3. Training, awareness and competence | | 3. Process safety competency<br>12. Training and performance assurance | 3. Employee selection, placement and competency, and health assurance |
| | 7.3. Awareness | | 4.4.3. Training, awareness and competence | | | |
| | 7.4. Communication | | 4.4.4. Communication, participation and consultation | | 4. Workforce involvement<br>5. Stakeholder outreach | 4. Workforce involvement<br>5. Communication via stakeholders |
| | 7.5. Information requirements | | 4.4.6. Information management | | 6. Process knowledge management | 7. Documentation, records and knowledge management |

AM = Asset Management

**Table 1. [Continuation]**

| ISO 55001 | | | PAS 55 | | CCPS RBPS | EI PSM |
|---|---|---|---|---|---|---|
| Section | Element | | Element | Notes | Element | Element |
| | 7.6. Documented information | 7.6.1. Documented information - general | 4.4.5. AM system documentation | | 6. Process knowledge management | 7. Documentation, records and knowledge management |
| | | 7.6.2. Creating and updating documented information | 4.4.5. AM system documentation | | | |
| | | 7.6.3. Control of documented information | 4.4.5. AM system documentation | | | |
| 8. Operation | 8.1. Operational planning and control | | 4.5.1. Lifecycle activities (very loosely) | | 8. Operating procedures | |
| | | | | | 9. Safe work practices | 8. Operating manuals and procedures<br>17. Work control, permit to work and task risk management |
| | | | | | 14. Operational readiness | 9. Process and operational status monitoring, and handover |
| | | | | | 15. Conduct of operations | 13. Operational readiness and process startup<br>10. Management of operational interfaces |
| | 8.2. Management of change | | 4.4.9. Management of change | | 13. Management of change | 12. Management of change and project management |
| | 8.3. Outsorcing | | 4.4.2. Outsorcing of AM activities | | 11. Contractor management | 18. Contactor and supplier selection and management |
| 9. Performance evaluation | 9.1. Monitoring, measurement, analysis and evaluation | | 4.6.1. Performance and condition monitoring | | 18. Measurement and metrics | 15. Inspection and maintenance |
| | 9.2. Internal audit | | 4.6.4. Audit | | 19. Auditing | 20. Audit, assurance, management review and intervention |
| | 9.3. Management review | | 4.7. Management review | | 20. Management review and continuous improvement | 20. Audit, assurance, management review and intervention |
| 10. Improvement | 10.1. Nonconformity and corrective action | | 4.6.5.1. Corrective and preventative action | | 10. Asset integrity and reliability | 15. Inspection and maintenance |
| | 10.2. Preventive action | | 4.6.5.1. Corrective and preventative action | | 10. Asset integrity and reliability | 15. Inspection and maintenance |
| | 10.3. Continual improvement | | 4.6.5.2. Continual improvement | | 20. Management review and continuous improvement | |
| | | | 4.4.8. Legal and other requirements | References scattered in several clauses in ISO 55001 | 2. Compliance with standandards | 2. Identification and compliance with legislation and industry standards |
| | | | 4.6.2. Investigation of asset-related failures, incidents and nonconformities | Subjectively suggested in ISO 55001 clause 10.1 (some guidance in ISO 55002 10.1.20) | 17. Incident investigation | 19. Incident reporting and investigation |
| | | | 4.6.3. Evaluation of compliance | Loosely scattered in several clauses in ISO 55001 | | |
| | | | 4.6.6. Records | Not covered explicitly, although can be implicit in ISO 55001 clause 7.6.3 | | |
| | | | | | 1. Process safety culture | |
| | | | | | | 16. Management of safety critical devices |

AM = Asset Management

# 4 Integration of the model

This section presents the integration of the different approaches and elements into one single Physical Asset Integrity model named the "Asset Integrity Management House", which is illustrated in Figure 2. The model is sub-divided into three floors, described in the next sub-sections. The model integrates under one roof the disciplines of physical asset integrity and process safety management, supported on reliability foundations, and it is developed down to elementary methodologies and techniques that facilitate its successful implementation.

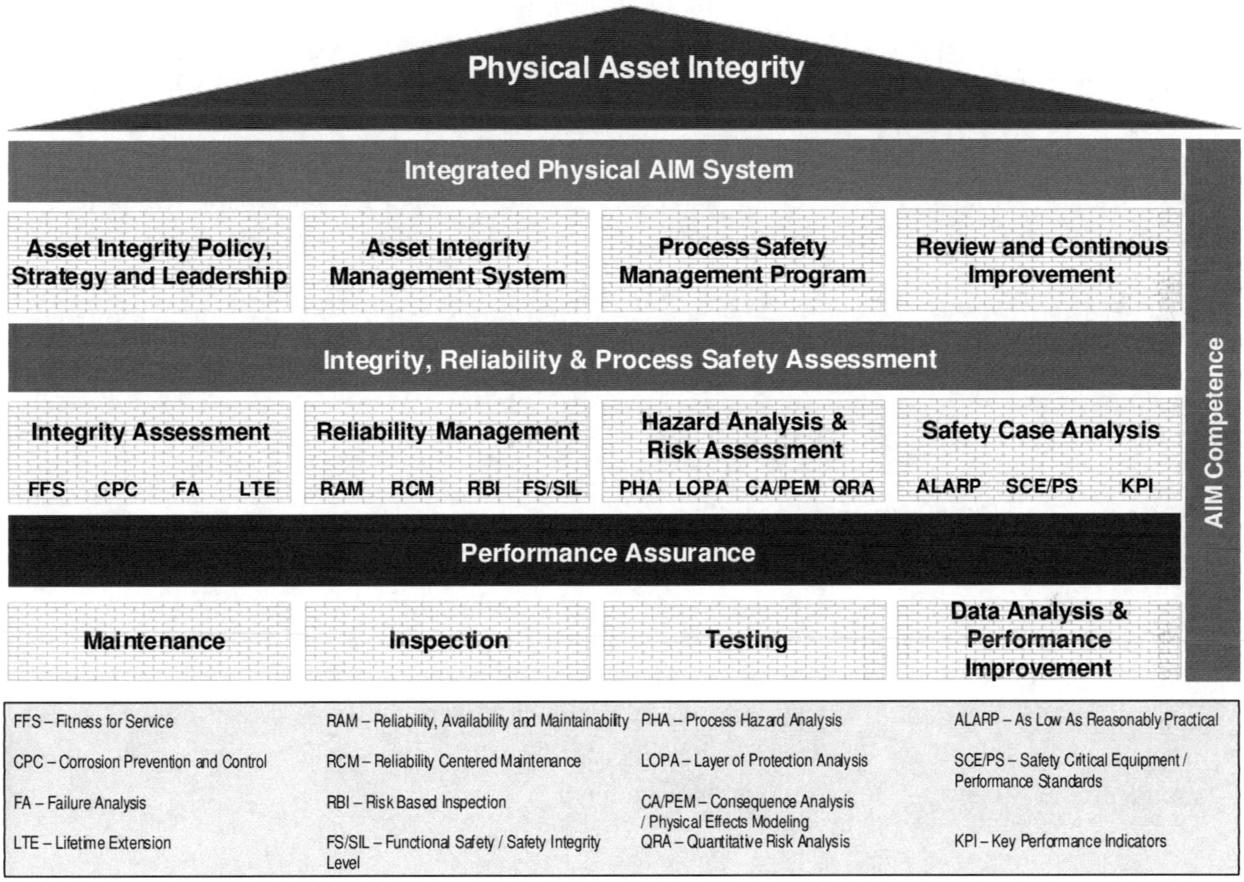


**Figure 2. The Physical Asset Integrity Management House**

### *4.1. Integrated Physical AIM System*

The first level of the model is composed of four components. The two key components are the Asset Integrity management system and the Process Safety management system. Both management systems are integrated, especially in the elements where they converge (i.e. where some elements of ISO 55001/PAS 55 overlap those of the CCPS Risk Based Process Safety and/or the EI Process Safety Management programs, as per Table 1). The other two components:

Asset integrity policy, strategy and leadership, and Review and continuous improvement are foundations over which those two management systems are implemented. "Using an integrated management systems approach allows a management system to be built on elements of other management systems, such as for quality, environment, health and safety, and risk management. This can improve integration across different disciplines and improve cross-functional coordination" [16].

a) Asset Integrity policy, strategy and leadership. A policy is a high level document that establishes the organization's intentions and direction. A strategy is a plan of action directed towards achievement of the organization goals and objectives. This needs to be aligned with the organization's strategic plan [2]. Finally, leadership is essential to steer the organization towards successful implementation of the management system and achievement of its objectives. It sets commitment and accountability of directors and managers, which are critical for success of any safety management system, and facilitates involvement at all levels of the organization. Leadership is the foundation of an adequate safety culture within an organization, since "top management should create the vision and values that guide policy, practice and actively promote these values inside and outside the organization" [17].
b) Asset Integrity management system. It is the combination of policy, strategy, objectives, plans, activities, processes and organizational structures needed for the implementation and sustenance of the integrity of the organization's assets [2]. In the context of this paper, it is based on ISO 55001 [3] and PAS 55 [2], supported by ISO 31000 [8].
c) Process Safety management (PSM) program. The PSM program integrates management practices, procedures and technologies intended to prevent or minimize the consequences of catastrophic incidents related to the release of toxic, reactive, flammable or explosive chemicals. In the context of this paper, is based on the PSM framework set by CCPS [13] and IE [14].
d) Review and continuous improvement. These implement the CCPS' "learn from experience" pillar [13]. It is basically the measurement and performance assessment of the management system and the physical assets themselves, with the aim of implementing continuous improvement. It includes elements such as incident investigation, performance metrics, audit, management review, and continuous improvement.

### *4.2. Integrity, Reliability & Process Safety Assessment*

e) Integrity Assessment. This part provides the assessment and follow up of processes traditionally assigned to physical asset integrity management. Traditionally these processes pertained to mechanical integrity, but have evolved to encompass all types of physical assets.
    - Fitness for Service – FSS. A FFS assessment is a quantitative evaluation performed to evaluate the structural integrity of a piece of equipment or a component that is in service and which is sustaining a flaw or damage. Guidance can be found in API 579 [18]. FFS assessments can encompass several damage mechanisms, such as fracture, fatigue, cracks, corrosion, etc.

- Corrosion Prevention and Control – CPC. Corrosion is the deterioration of material or its properties due reaction with its chemical environment. A CPC program includes activities for prevention and control of corrosion, and it can encompass all phases of the lifecycle. It applies management principles, engineering design and analysis, quality assurance, technologies and processes for tracking, control and repair of corrosion problems [19]. This may include for example materials selection, protective coating, inhibitors, environmental control, corrosion allowances and cathodic protection. In the operation phase this includes corrosion monitoring and control measures.
- Failure Analysis – FA. Failure relates to loss of functionality, which can be gradual or sudden. Failure analysis is the process of examination of a failed system or component, using engineering data collection and analysis techniques, to determine the damage mechanisms and the immediate and root causes of a failure. Failure analysis can range from a simple desktop analysis to a comprehensive failure investigation. Some of the specialized techniques that can be used are Failure Modes and Effect Analysis (FMEA), Fault Tree Analysis, and other multiple testing and forensic engineering techniques. Failure Analysis is part of the "learning from experience" pillar, and can be a part of the incident investigation element. Results from failure analysis are used for prevention of further failures and control of failure consequences.
- Lifetime Extension – LTE. This is a program that can be implemented to extend the life of ageing assets (equipment and facilities) beyond the original design expected lifetime. Lifetime extension is based on a rigorous condition assessment and gap analysis of regulatory requirements [20], and subsequent periodic monitoring, review and evaluation (integrity, functionality, performance, safety). Lifetime extension decisions for safety critical equipment needs to be based on an adequate risk assessment (see [21]).

f) Reliability management. This deals with assessment, monitoring and assurance of asset dependability. Reliability is a wide concept that can be sometimes confusing. Here the concept refers to the discipline of reliability engineering. Reliability of an asset can be quantified using several measures, one of them is actually called "reliability". Thus, the concept of dependability can be used as a collective term to describe an asset's attributes of reliability, availability and maintainability (RAM), i.e. the "trustworthiness" of an asset to keep delivering its service free of failure.

- Reliability, Availability, Maintainability – RAM. RAM analysis can encompass several different types of studies to determine system dependability. In its more common form it is actually a study of system availability. Reliability is the probability of a system keeping performing its intended function (i.e. to stay free of failure) during a specific period of time. Maintainability is the probability of a system being repairable (at a given time). Availability is a measure that combines reliability and maintainability, to quantify the probability of a system being capable of performing its intended function (i.e. to be available) at a given time. For example, a system may be free of failure (reliable) but unavailable due to maintenance. Thus, availability quantifies all time down (either by failure or by maintenance) to predict the fraction of time that the system will be running.

- Reliability Centered Maintenance – RCM. RCM guides the design of maintenance strategies based on analysis for optimization of maintenance costs against asset availability; i.e. maximization of availability and minimizations of costs. Thus, RCM is used to define the optimal maintenance strategy is terms of, for example, replacement intervals, spares holding, proof-test intervals and condition monitoring [22]. RCM integrates FMECA, probabilistic safety analysis, preventive maintenance, predictive testing and inspection, repairs and proactive maintenance [23, 24]. RCM is usually focused on critical assets. In the case of safety barriers, those are part of the facility's SCE. Thus, maintenance strategies optimized by RCM must consider availability and risk (safety); this becomes what is now called Reliability and Risk Centered Maintenance [25]. A guide to RCM can be found in IEC 60300-3-11 [26].
- Risk Based Inspection – RBI. This is the development of inspection plans (equipment identification, scheduling and techniques selection) for critical equipment based on the results of risk analysis, in lieu of time-based or prescriptive planned inspection. A standard for RBI is API 580/581 [27, 28]. RBI has been traditionally developed for mechanical pressurized equipment, although the concept and overall methodology can be extended to other types of physical assets. RBI can be used as feedback to a FFS assessment and risk re-assessment. RBI also overlaps with condition-based monitoring.
- Functional Safety / Safety Integrity Level – FS/SIL. Functional Safety refers to safety achieved by means of the correct operation of a system or equipment. An important share of safety critical systems in the process industries are electrical, electronic and programmable electronic systems (E/E/PE). IEC 61508 [29] addresses design and implementation of E/E/PE safety-related systems. The standard is generic, applicable to any type of industry. Some of the industry-specific standards derived from IEC 61508 are IEC 61511 [30] for process industry and IEC 61513 [31] for nuclear industry. E/E/EP safety-related systems are called Safety Instrumented Systems (SIS) in the process industry. Some examples of E/E/EP safety-related systems are emergency shutdown systems, fire & gas detection systems and alarm systems. The two most important contributions of the IEC standards are the establishment of the safety lifecycle for SIS and the definition of Safety Integrity Levels (SIL). The SIL is a discrete measure of performance (ranging from 1 to 4) based on the maximum acceptable probability of failure of a SIS. Maintenance of a specific SIL level depends on the reliability of the system components as well as periodic proof testing of the system. Therefore, functional safety needs to be sustained by appropriate reliability modeling and management. Functional safety is one important example where safety and reliability management overlap.

g) Hazard Analysis & Risk Assessment. Risk management, and more specifically the risk assessment process is based on analysis of two main concepts: the identification of hazards and the analysis and evaluation of risk (see Fig. 1). Hazard is defined as characteristic or condition that has the potential to cause harm (to people, the environment or the assets). Risk is defined as the combination of likelihood and the potential level of consequences of a hazardous event.

- Process Hazards Analysis – PHA. Hazard identification is the foundation of the risk assessment process. Errors in this step are carried over the entire risk management process, since hazards that are not identified cannot be evaluated and treated. Process Hazards Analysis (PHA) is a generic name for hazard identification. There are several well established PHA techniques, such as HAZID, HAZOP, FMEA, etc., which can be selected according to several factors, such as project lifecycle stage and purpose of the PHA. One of the best guides for PHA is CCPS [32].
- Layer of Protection Analysis – LOPA. This is a simplified semi-quantitative risk analysis methodology. The most comprehensive description of LOPA can be found in CCPS [33]. The LOPA method allows identification of the likelihood of a loss event taking into account the layers of protection (barriers) available, and to determine if the residual risk is tolerable or it needs further reduction. This method is widely used for SIL selection.
- Consequence Analyses / Physical Effects Modeling – CA/PEM. Consequence analysis is the study of the potential outcomes and their severity of a hazardous event. CCPS [34] provides a good summary of CA in the process industry. CA starts by definition of an incident. Subsequently a source model is applied to have a physical description the release process of material (loss of containment), which includes quantity, rate and chemical phase of the discharge. A dispersion model is then utilized to understand how the released material travels and disperses in the surrounding environment. This provides quantification of the reach of a toxic or flammable release (the hazard endpoint). If the release is flammable, a fire or explosion model can be used to "convert the source model information on the release into energy hazard potentials such as thermal radiation and explosion overpressures" [34]. Finally, effect models translate the potential effects on people, assets and/or environment. All this is a comprehensive process named Physical Effects Modelling (PEM). There are other simplified methodologies to address consequence analysis, but PEM is the more detailed and comprehensive modality.
- Quantitative Risk Analysis – QRA. A fully quantitative methodology intended to obtain a numerical estimation of risk: incident likelihood and consequence severity. Consequence severity is addressed using CA/PEM described above. The second part, frequency (likelihood) analysis, is addressed using reliability engineering techniques, such as parts count, Fault Tree Analysis, Event Tree Analysis, etc. Once both risk components are estimated, the actual risk is compared against corporate risk criteria to determine if the risk level is tolerable or needs further reduction (i.e. risk evaluation), which completes the risk assessment. Guidance can be found in [34].

h) Safety Case Analysis. A safety case is a document that demonstrate how hazards and risks related to operation of a specific facility are identified and managed. In some regions they are called a HSE case. Safety cases for high-hazard industries are required by law in some regions or countries (e.g. Seveso III in Europe, COMAH in the UK, Australia's Management of Safety on Offshore Facilities). Also, some major operators in some industries apply a safety case requirement because of their benefits. Specific sectors in some other countries, such the US Nuclear Regulatory Commission, have similar regulations that require a Safety Analysis Report (10 CFR 50.71(e) [35]).

An HSE case is operation-specific. It is focused on major incident hazards and should demonstrate that risks are managed to a level As Low as Reasonably Practicable (ALARP). A Safety Case encompasses HSE management systems, hazard identification and risk assessment processes, risk reduction (mitigation and control) measures (e.g. SCEs), ALARP demonstration and remedial action plans. It is therefore an all-encompassing document related to management of major incident hazards. Safety cases have a goal setting approach that fosters continuous improvement.

The analysis required to integrate a safety case, and subsequent analysis of the safety case itself, provides a template for assurance of major hazards management with focus on safety critical equipment. Thus, the safety case can be used both a as tool and a source of information. A safety case might seem redundant if a good HSE management system is in place, but the safety case allows integration of the management system with plant operations in order to ensure that risks are managed to ALARP. Therefore, the safety case provide cohesion between the management systems' spirit and its implementation. Besides hazard analysis and risk assessment, there are three key elements of the safety case that are directly relevant to physical asset integrity management: ALARP demonstration, SCE identification and assessment, and performance indicators.

- As Low as Reasonable Practicable – ALARP. The main aim of a safety case is to demonstrate that risks have been reduced to an ALARP level. Demonstration of ALARP is the HSE's [36] approach to compliance with COMAH regulations requirement to reduce risks so far as reasonably practicable in the UK [37]. Many high hazard industries operators and sectors in other countries have adopted ALARP demonstration (or similar concepts, such as SFAIRP, ALARA) as an internal regulation. ALARP demonstration is a balance between the risk level to be avoided, the effort (time, difficulty and cost) to achieve risk reduction, and the residual risk, based on the concept of "gross disproportion". ALARP demonstration requires account of implementation of risk reduction measures, for example using SCE. Thus, ALARP demonstration is closely linked to the identification and implementation of SCE and definition of their performance standards.
- Safety Critical Equipment and Performance Standards – SCE/PS. When addressing hazard identification and risk assessment, the safety case focuses on identification and analysis of Safety Critical Equipment (i.e. key critical safety barriers). The failure of SCE items "could cause or contribute to a major accident" [1]. Performance standards are developed in order to be able to understand their function, set measures of required performance and measure their effectiveness. All SCE items need to have an impairment risk assessment, either embedded in the overall risk assessment or separately. Finally, SCE items need to have a verification scheme.
- Key Performance Indicators – KPIs. These are leading and lagging indicators that allow monitoring progress and maintenance of physical assets integrity with respect to safety, providing "dual assurance" that key risk control systems (SCEs) are operating as intended [38]. They provide assurance that SCE items are being properly

maintained, a measurement of performance of risk controls' effectiveness and if risks are being adequately controlled, as well as indication of developing issues that might need attention and early warning of SCE deterioration before catastrophic failure [38]. Leading indicators may include, for example, number of functional tests completed on time and SCE items found in fully compliance with codes and standards [4]. Lagging indicators for instance could be spurious trips and SCE failure rates. KPIs can be set at facility level and at equipment level. Good guidance in KPIs can be found in OGP 456 [39] and API 754 [40].

### *4.3. Performance Assurance*

In the context of this article, physical asset performance assurance is composed of the basic activities at the ground floor level that maintain the design intent through life: Maintenance, inspection and testing. Analysis of the results of those activities are used to identify potential issues and improvement opportunities.

i) Maintenance. This is the performance of tasks to maintain the functional capability (and safety) of equipment and systems [41]. Preventive maintenance is made of inspection and/or servicing task that have been preplanned to retain functionality of operating equipment, while corrective maintenance is the performance of unplanned tasks to restore the functionality of malfunctioning equipment [41].
j) Inspection. The examination of a piece of equipment or item to determine their condition using visual surveys and various non-destructive testing (NDT) techniques.
k) Testing. A physical intervention of an item to verify that functionality, performance or integrity has been achieved and is maintained as specified. It includes NDT techniques, overlapping with the inspection function. A category of testing that is of special interest for SCE is proof testing, which primary objective is to detect dangerous unrevealed failures, especially in dormant or standby safety systems (e.g. systems that actuate only on demand, like some fire detection or emergency shutdown systems).
l) Data Analysis and Performance Improvement. This embraces the collection, processing and analysis of data with the objective of identifying potential issues and opportunities for improvement. It is a fundamental function of asset integrity management.

### *4.4. Competence*

Competence of the people involved at any stage or activity of the physical asset integrity management is fundamental. Organizations are made of people, and the quality of their personnel determines the organization performance at all levels. Competence of people includes education, training and experience. A fourth dimension can also be fitness for work. Sustained competence of people is ensured by appropriate selection and recruitment, training, development programs, and competence reviews.

### *4.5. Summary*

It can be noticed that the core of the model for management of physical asset integrity is accomplished by the integration of the disciplines of integrity assurance, reliability management, process safety and risk, all of them within the framework of management. This is illustrated in Figure 3.

**Figure 3. Integration of disciplines for Physical Asset Integrity Management**

## 5 Conclusions

This paper presented a model called the "Asset Integrity Management House", which brings together under one roof the disciplines of process safety and physical asset integrity management, supported on reliability foundations. With this model, physical asset management is focused on risk management and towards the reduction of major incident risks. This is an approach based on process safety, which can be extrapolated to other major hazard industries.

## 6 References

[1] HSE, 2007. Key Programme 3. Asset Integrity Program. Health and Safety Executive, Hazardous Installation Directorate, Offshore Division. Her Majesty Stationery Office, Norwich, UK.

[2] BSI, 2008. PAS 55-1:2008 Part 1: specification for the optimized management of physical assets. British Standard Institution, London, UK.

[3] ISO, 2014. ISO 55001. Asset management – Management systems – Requirements. International Organization for Standardization, Geneva, Switzerland.

[4] OGP, 2008. OGP 415 Asset integrity – the key to managing major incident risks. International Association of Oil & Gas Producers, London, UK.

[5] ISO, 2008. ISO 9001 Quality Management Systems – Requirements. International Organization for Standardization, Geneva, Switzerland.

[6] ISO, 2004. ISO 14001 Environmental management systems – requirements with guidance for use. International Organization for Standardization, Geneva, Switzerland.

[7] BSI, 2007. OHSAS 18001 Occupational Health and Safety Management Systems Requirements. British Standard Institution, London, UK.

[8] ISO, 2009. ISO 31000 Risk management – Principles and guidelines. International Organization for Standardization, Geneva, Switzerland.

[9] HSE, 2013. HSG 65 Managing for health and safety. 3rd ed. Health and Safety Executive. Her Majesty Stationery Office, Norwich, UK.

[10] HSE, 2015. The Control of Major Accident Hazards Regulations. Guidance on regulations. Health and Safety Executive. Her Majesty Stationery Office, Norwich, UK.

[11] OSHA, 1992. 29 CFR §1910.119, Process Safety Management of Highly Hazardous Chemicals. Occupational Safety and Health Administration, US Government Printing Office e-CFR, 2016 Edition, USA.

[12] API, 1990. API RP 750 Management of Process Hazards. American Petroleum Institute, Washington DC, USA.

[13] CCPS, 2007. Guidelines for risk based process safety. American Institute of Chemical Engineers, Center for Chemical Process Safety, New York City, New York, USA.

[14] Energy Institute, 2010. High level framework for process safety management. Energy Institute, London, UK.

[15] Baker III J.A., et. al., 2007. The report of the BP U.S. Refineries Independent Safety Review Panel. The BP U.S. Refineries Independent Safety Review Panel, USA.

[16] ISO, 2014. ISO 55002. Asset management – Management systems – Guidelines for the application of ISO 55001. International Organization for Standardization, Geneva, Switzerland.

[17] ISO, 2014. ISO 55000. Asset management – Management systems – Overview, principles and terminology. International Organization for Standardization, Geneva, Switzerland.

[18] API, 2000. API RP 579 Fitness for Service. American Petroleum Institute, Washington DC, USA.

[19] DoD, 2014. Corrosion Prevention and Control Planning Guidebook for Military Systems and Equipment. Department of Defense, Washington DC, USA.

[20] Cavendra F. and Houari M., 2013. Plant Screening for Ageing Impact in the Process Industry. Chemical Engineering Transactions, 2013, Vol 31: 2013.

[21] NOGA, 2012. Recommended guidelines for the assessment and documentation of service life extension of facilities. Norwegian Oil and Gas Association, Stavanger, Norway.

[22] Smith D.J., 2001. Reliability, maintainability and risk. Practical methods for engineers, 6th ed. Butterworth-Heinemann, Oxford, UK.

[23] NASA, 2008. Reliability-centered maintenance guide for facilities and collateral equipment. National Aeronautics Aerospace Administration, Washington DC, USA.

[24] IAEA, 2007. IAEA-TECDOC-1590 Application of Reliability Centred Maintenance to Optimize Operation and Maintenance in Nuclear Power Plants. International Atomic Energy Industry, Vienna, Austria.

[25] Selvik T.J., Aven T., 2010. A framework for reliability and risk centered maintenance. Reliability Engineering and System Safety, 2010. 96(2): 324-331.

[26] IEC, 2009. IEC 60300-3-11 Dependability management – Par 3-11: Application guide – Reliability centred maintenance. International Electrotechnical Commission. Geneva, Switzerland.

[27] API, 2002. API RP 580 Risk-based Inspection. American Petroleum Institute, Washington DC, USA.

[28] API, 2000. API RP 581 Risk-based Inspection Base Resource Document. American Petroleum Institute, Washington DC, USA.

[29] IEC, 2010. IEC 61508 Functional Safety of Electrical / Electronic / Programmable Electronic Safety-related systems, Parts 1-7, 2nd Edition. International Electrotechnical Commission, Geneva, Switzerland.

[30] IEC, 2003. IEC 61511 Functional Safety - Safety Instrumented systems for the Process Industry Sector - Part 1: Framework, definitions, system, hardware and software requirements. International Electrotechnical Commission. Geneva, Switzerland.

[31] IEC, 2011. IEC 61513 Nuclear power plants – Instrumentation and control important to safety – General requirements for systems. International Electrotechnical Commission. Geneva, Switzerland.

[32] CCPS, 2008. Guidelines for Hazard Evaluation Procedures, 3rd ed. American Institute of Chemical Engineers, Center for Chemical Process Safety, New York City, New York, USA.

[33] CCPS, 2001. Layer of Protection Analysis. Simplified Process Risk Assessment. American Institute of Chemical Engineers, Center for Chemical Process Safety, New York City, New York, USA.

[34] CCPS, 2000 Guidelines for Chemical Process Quantitative Risk Analysis, 2nd ed. American Institute of Chemical Engineers, Center for Chemical Process Safety, New York City, New York, USA.

[35] NRC, 1982. 10 CFR 50.71 Domestic licensing of production and utilization facilities. Maintenance of records, making or reports. Nuclear Regulatory Commission, US Government Printing Office e-CFR, 2016 Edition, USA.

[36] HSE, 2001. Reducing risk protecting people. Health and Safety Executive. Her Majesty Stationery Office, Norwich, UK.

[37] Ellis G., 2003. The ongoing challenge of demonstrating ALARP in COMAH safety reports. Institute of Chemical Engineers Symposium Series 149, pp103-115. Rugby, UK. Available online at https://www.icheme.org.

[38] HSE, 2006. Developing Process Safety Indicators. A step-by-step guide for chemical and major hazard industries. Health and Safety Executive. Her Majesty Stationery Office, Norwich, UK.

[39] OGP, 2011. OGP 456 Process Safety – Recommended Practice on Key Performance indicators. International Association of Oil & Gas Producers, London, UK.

[40] API, 2010. API RP 754 Process Safety Indicators for the Refinery and Petrochemical Industries. American Petroleum Institute, Washington DC, USA.

[41] Smith A.M., Hinchcliffe G.R., 2004. RCM - Gateway to world class maintenance. Elsevier Butterworth-Heinemann, Oxford, UK.

MAJA CONSULTING GROUP

7TH CCPS LATIN AMERICAN CONFERENCE ON PROCESS SAFETY

# Aplicación de las Alarmas Críticas de Proceso (con respuesta del Operador) en las Industrias de Alto Riesgo

Ana María Macías Juárez y Rufino Perea Lorenzo
MAJA Consulting Group, S.A. de C.V.
Boca del Río, Veracruz. México.
contacto@majaconsultinggroup.com

7th LACPS · Swissotel · Lima, Peru · August 22-23, 2016

MAJA CONSULTING GROUP

7TH CCPS LATIN AMERICAN CONFERENCE ON PROCESS SAFETY

## Agenda

- Resumen.
- Caracteristicas de una Alarma.
- Alarma como IPL.
- Pasos para el diseño de los Sistemas de Alarmas Críticas.
- Conclusiones.

7th LACPS · Swissotel · Lima, Peru · August 22-23, 2016

## Palabras clave:

- Sistema de Alarmas Críticas con Respuesta del Operador.
- Sistema de Alarmas.
- Tiempo Seguro del Proceso.
- Capas de Protección Independientes (IPL's).
- Factor de Reducción de Riesgo (RRF).
- Estándar.
- Sistema de Control Básico del Proceso (BCPS).
- Sistema de Control Distribuído (DCS).
- Panel de Alarmas
- Lineamientos.



MAJA® CONSULTING GROUP
7TH CCPS LATIN AMERICAN CONFERENCE ON PROCESS SAFETY

## Resumen.

- Se describe la Aplicación de las Alarmas Críticas de Proceso (con respuesta del Operador) en las Industrias de Alto Riesgo.
- Se recomiendan los pasos necesarios para valorar si una Alarma Crítica requiere cumplir con los requisitos de una Capa de Protección Independiente, y con ello, determinar el nivel de robustez requerido para su diseño e implementación.

7th LACPS · Swissotel · Lima, Peru · August 22-23, 2016

MAJA® CONSULTING GROUP

7TH CCPS LATIN AMERICAN CONFERENCE ON PROCESS SAFETY

## Características de una Alarma

Es difícil dar crédito a la efectividad de a los Sistemas de Alarmas de Proceso, ya que ésta depende de muchos factores. De acuerdo a EEMUA 191, una alarma de proceso:

- ❑ Debe ser relevante.
- ❑ Oportuna
- ❑ Entendible
- ❑ Que Asista al Operador.
- ❑ Única
- ❑ Priorizada
- ❑ Que Diagnostique.
- ❑ Enfocada

7th LACPS · Swissotel · Lima, Peru · August 22-23, 2016

MAJA® CONSULTING GROUP

7TH CCPS LATIN AMERICAN CONFERENCE ON PROCESS SAFETY

## Características de una Alarma

EEMUA 191 además dá sugerencias en relación a las variables a medir por los sensores. La medición debe ser directa sobre la variable de proceso, y no inferida (medir la presión en el proceso, en lugar de medir indirectamente ésta a través de la posición de cierre de la válvula que ocasionaría la sobrepresión.

7th LACPS · Swissotel · Lima, Peru · August 22-23, 2016

## Alarma como IPL.

Consideraciones requeridas para hacer una Alarma confiable, para lograr un factor de reducción de riesgo de 10.

Registrar las alarmas o eventos generados para un análisis de incidentes posterior (ya sea una bitácora física o bien en una base de datos automatizada).



maja® CONSULTING GROUP
7TH CCPS LATIN AMERICAN CONFERENCE ON PROCESS SAFETY

## Alarma como IPL.

Mostrar de una forma distintiva y clara al personal, las situaciones que pueden ser peligrosas con la intención de arreglar los eventos que son la causa del problema.

El tiempo invertido en arreglar el problema y en poner al proceso en estado seguro por parte del Operador, debe ser menor que el intervarlo de tiempo que llevaría desde que se presenta la causa del problema hasta que se manifiesta en una situación peligrosa (Tiempo Seguro del Proceso).

7th LACPS · Swissotel · Lima, Peru · August 22-23, 2016

## Alarma como IPL.

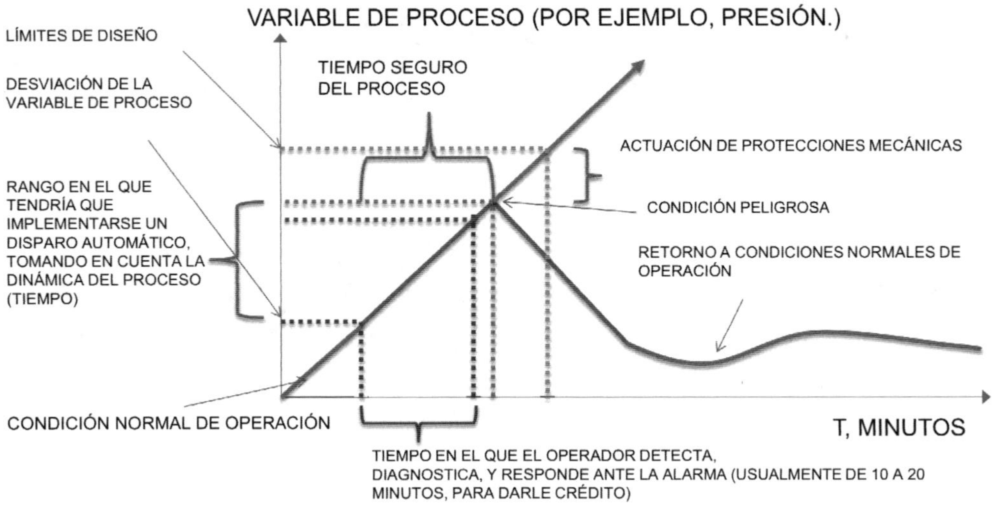


7th LACPS · Swissotel · Lima, Peru · August 22-23, 2016

## Alarma como IPL.

Tiempo de 10 a 20 minutos (mucho de este tiempo depende de la cercanía de la persona al lugar donde se encuentra el equipo al cual manipulará para llevar al proceso al estado seguro), hay que considerar también que este tiempo el operador debe dedicarse a atender sólo esa alarma.

Referencia: Libro “Layer of Protection Analysis: Simplified Process Risk Assessment (AICHE)”.

7th LACPS · Swissotel · Lima, Peru · August 22-23, 2016

MAJA® CONSULTING GROUP

7TH CCPS LATIN AMERICAN CONFERENCE ON PROCESS SAFETY

# Alarma como IPL.

En cuanto a la independencia en hardware, AICHE sugiere que pueden utilizarse dos enfoques para lograrlo.



MAJA® CONSULTING GROUP

7TH CCPS LATIN AMERICAN CONFERENCE ON PROCESS SAFETY

SISTEMA DE CONTROL BÁSICO DE PROCESO

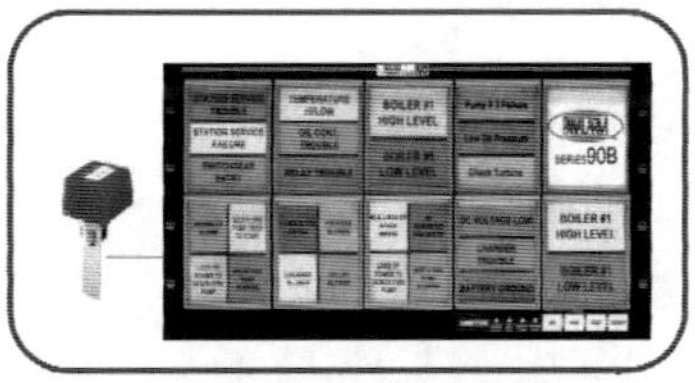

SISTEMA DE ALARMAS CRÍTICAS, EN PANEL BAJO ESTÁNDAR ANSI/ISA -18.1

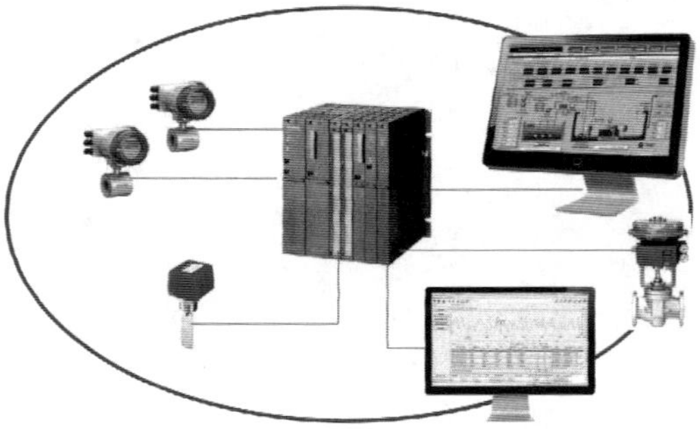

SISTEMA DE ADMINISTRACIÓN DE ALARMAS CRÍTICAS ANSI/ISA -18.2 MONTADO SOBRE EL CONTROL DE PROCESO

7TH CCPS LATIN AMERICAN CONFERENCE ON PROCESS SAFETY

# Alarma como IPL.

El estándar ANSI/ISA-18.2 considera un ciclo de vida para todas las etapas a desarrollar, incluyendo la filosofía de operación (definición del alcance), Indentificación de la necesidad de una Alarma (de varias fuentes posibles, una de ellas es el Análisis de Peligros en el Proceso), racionalización, diseño detallado, implementación, operación, mantenimiento, administración del cambio, monitoreo y evaluación, y auditoría.

7th LACPS · Swissotel · Lima, Peru · August 22-23, 2016

7TH CCPS LATIN AMERICAN CONFERENCE ON PROCESS SAFETY

# Pasos para el Diseño de los Sistemas de Alarmas Críticas

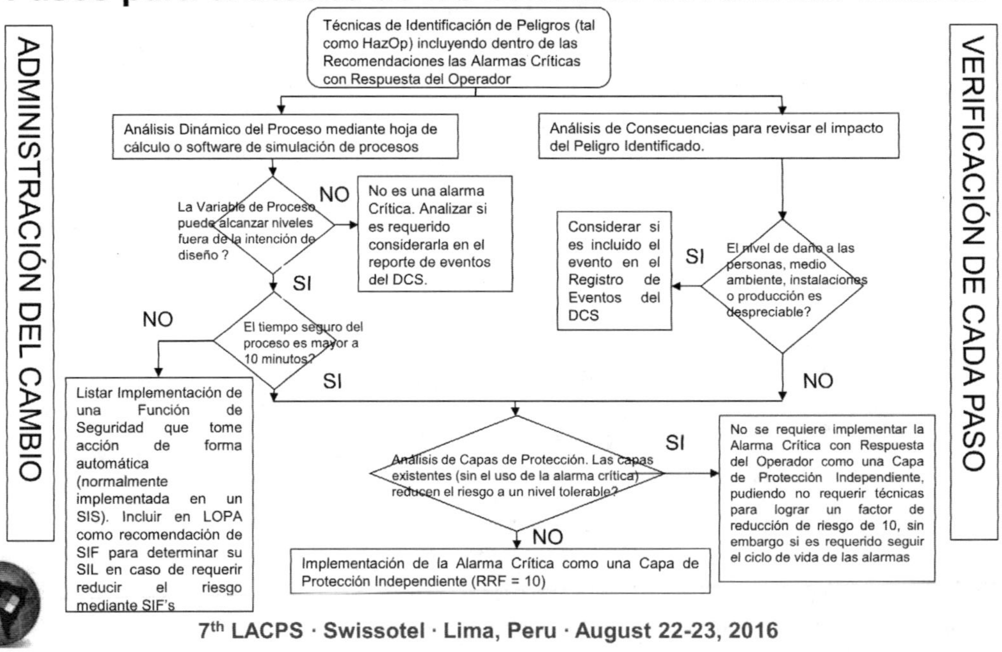


7th LACPS · Swissotel · Lima, Peru · August 22-23, 2016

maja® CONSULTING GROUP

7TH CCPS LATIN AMERICAN CONFERENCE ON PROCESS SAFETY

## Pasos para el Diseño de los Sistemas de Alarmas Críticas

Cabe mencionar, que aún cuando no se haya identificado una Alarma Crítica con respuesta del operador como recomendación en el Análisis de Riesgo (tal como el HazOp), podría proponerse ésta en la etapa de LOPA, derivado de la necesidad de reducir el riesgo en primera instancia con una Capa No SIS, tal como recomiendan los estándares de seguridad funcional.



maja® CONSULTING GROUP

7TH CCPS LATIN AMERICAN CONFERENCE ON PROCESS SAFETY

## Conclusiones.

Es importante considerar desde la etapa de diseño, que las Alarmas Críticas (con respuesta del Operador), sustenten sus características de efectividad, y se ligue la importancia de su implementación con el nivel de riesgo asociado.

No es práctico desde el punto de vista de la seguridad y de los recursos invertidos, implementar Alarmas de Proceso, cuando éstas no le indican al Operador de las desviaciones o condiciones anormales del proceso que requieren de una respuesta apremiante.

7TH CCPS LATIN AMERICAN CONFERENCE ON PROCESS SAFETY

# Corrosion Under Insulation
## *A "Hidden Risk" to Process Safety*

**Marcel Forte**
**Chevron Oronite Brazil, Ltd**
**marcelforte@chevron.com**



7TH CCPS LATIN AMERICAN CONFERENCE ON PROCESS SAFETY

# Agenda

- What is Corrosion Under Insulation (CUI)?
- How does CUI happen?
- Vulnerabilities & Warning Signs
- CUI Mitigation, Detection & Inspection
- CUI Program Elements
- Repair or Replace Decisions
- Prevention, Standards & Sustainability

7th LACPS · Swissotel · Lima, Peru · August 22-23, 2016

# Could it look like this under your insulation?

# What is Corrosion Under Insulation?

CUI = loss of thickness of material due to oxidation.

Insulation is critical to energy conservation and temperature control in the process industry…BUT it also presents a risk to the integrity of your equipment if not designed, installed and maintained properly.

- The likelihood of this thinning on insulated equipment is higher under certain conditions.
- The resulting corrosion pattern is of generally uniform morphology.

7TH CCPS LATIN AMERICAN CONFERENCE ON PROCESS SAFETY

# How does CUI occur?

Moisture can enter the insulation from:

- Rain or humidity saturating joints or penetrations
- Steam leaks from tracing under the insulation

7th LACPS · Swissotel · Lima, Peru · August 22-23, 2016

7TH CCPS LATIN AMERICAN CONFERENCE ON PROCESS SAFETY

# Vulnerabilities and Warning Signs

Vulnerabilities:

- Vertical runs with horizontal elements at low points
- Lifting lugs and other penetrations
- Stiffener Rings
- Insulated Flanges
- Tubing connections for steam tracing

Plants growing out of tanks
*(Believe me.. It has been seen before)*

Cracked or damaged insulation

7th LACPS · Swissotel · Lima, Peru · August 22-23, 2016

7TH CCPS LATIN AMERICAN CONFERENCE ON PROCESS SAFETY

# Steam Tracing

- Steam tracing failure defeats all barriers. When it fails inside the insulation, it introduces moisture, strips away coatings and provides worst case CUI temperatures.
- From the viewpoint of CUI, it is preferable to use electric tracing but in reality the majority of systems in use will remain as steam traced.
  - Working with metallurgical experts can help assure the selection of materials least likely to leak in the service being considered.
  - Working with boiler treatment experts can help minimize the likelihood of corrosion on the steam side of the tubing.
- A common leak point for steam tracing is around coupling joints, which should be located outside of the insulation so leaks are detectable, quickly repairable and don't lead to corrosion.

7th LACPS · Swissotel · Lima, Peru · August 22-23, 2016

7TH CCPS LATIN AMERICAN CONFERENCE ON PROCESS SAFETY

# Value Drivers for a CUI Program

***Reduce risk of Loss of Containment***

***Minimize Operating Expense*** by reducing:

- Unplanned maintenance by increasing reliability.
- Frequency or extent of scheduled maintenance by reducing the CUI susceptibility of new and existing assets.

7th LACPS · Swissotel · Lima, Peru · August 22-23, 2016

7TH CCPS LATIN AMERICAN CONFERENCE ON PROCESS SAFETY

# Risk based approach

**Insulation Benefits**

Heat conservation

Heat tracing

Winterization

Personnel protection

Is all of the existing insulation in the plant needed?

For Heat Conservation: revalidate the benefits, and consider removing in low benefit areas.

For PPE: Are there other mitigation methods such as cages / mesh wraps or enhanced PPE ?

**Insulation Risks**

Unseen accelerated external corrosion

Assess risks in each equipment item or segment – *this may include assuming a certain sized hole releasing hazardous material.*

Prioritize inspection work.

Identify replacement, repair or redesign opportunities.

7th LACPS · Swissotel · Lima, Peru · August 22-23, 2016

7TH CCPS LATIN AMERICAN CONFERENCE ON PROCESS SAFETY

# Elements of a CUI Program

**Plan**

- Scope definition
- CAPEX planning
- MOC

**Do**

- Insulation removal
- Inspection
- Repair or replacement

**Check**

- Follow equipment performance after modifications

**Analyze**

- Gap assessment
- Prioritization

7th LACPS · Swissotel · Lima, Peru · August 22-23, 2016

7TH CCPS
LATIN AMERICAN
CONFERENCE
ON PROCESS SAFETY

# CUI Program Results

**Before**

**After**

7th LACPS · Swissotel · Lima, Peru · August 22-23, 2016

# Propuesta Metodológica para el Cálculo de los Parámetros de Desempeño de las Funciones Instrumentadas de Seguridad con Redundancia Diversa

Andreina Cabeza
cabezaa@csf.com.ve
Romel Rodríguez
rodriguezrx@csf.com.ve
CSF Consultoría en Seguridad Funcional





# Agenda

- Introducción
- Desarrollo de Ecuaciones
- Verificación
- Caso de Estudio
- Conclusiones

CSF
CONSULTORÍA EN SEGURIDAD FUNCIONAL

7TH CCPS LATIN AMERICAN CONFERENCE ON PROCESS SAFETY

# Introducción

- Las metodologías usadas para determinar PFDavg de una SIF (ecuaciones simplificadas, árbol de fallas, Markov, bloques de confiabilidad) no proveen ecuaciones cuando los elementos de una arquitectura usan redundancia diversa (elementos con diferente tasa de falla).

7th LACPS · Swissotel · Lima, Peru · August 22-23, 2016 Página 3 de 27

CSF
CONSULTORÍA EN SEGURIDAD FUNCIONAL

7TH CCPS LATIN AMERICAN CONFERENCE ON PROCESS SAFETY

# Introducción

Diagrama de bloques de confiabilidad con elementos en redundancia diversa.

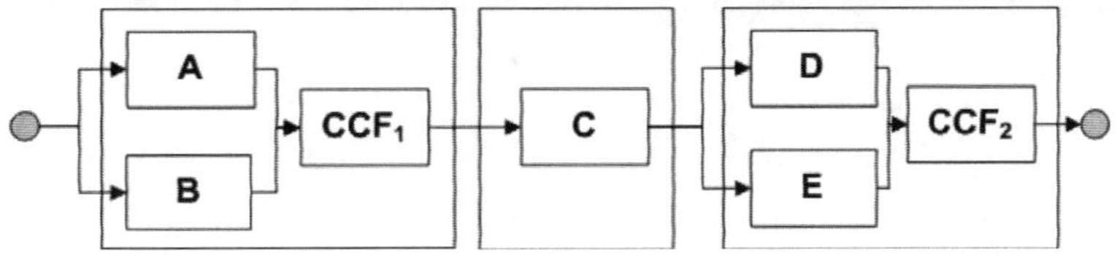


7th LACPS · Swissotel · Lima, Peru · August 22-23, 2016 Página 4 de 27

# Desarrollo de Ecuaciones

El desarrollo de las ecuaciones para determinar la PFDavg se basó en la metodología de bloques de confiabilidad de la norma IEC-1078 y la norma IEC-61508-6.

- Se realizó la tabla de la verdad de cada arquitectura estudiada.
- Se desarrollaron las distintas ecuaciones para los modos de falla resultantes de la tabla de la verdad.





# Desarrollo de Ecuaciones

- Se determinó el aporte de la falla de causa común para cada arquitectura redundante, mediante el modelo de β de la norma IEC-61508-6.
- Las arquitecturas estudiadas fueron, 1oo2, 2oo2, 1oo3, 2oo3, 3oo3 y 2oo4.

# Desarrollo de Ecuaciones

## Arquitectura 1oo2

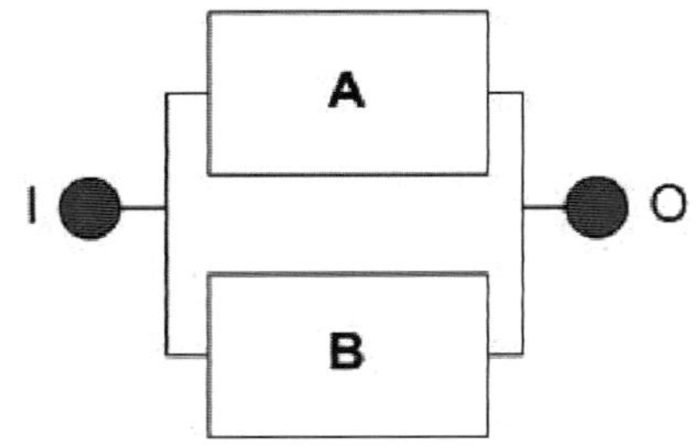


**Estado de los elementos que componen la arquitectura**
**F**: Fallado **R:** En reparación **O:**Operativo
**Estado del Sistema**
**0** Falla **1** Opera

| A | B | SISTEMA |
|---|---|---|
| F | F | 0 |
| F | R | 0 |
| R | F | 0 |
| O | F | 1 |
| F | O | 1 |
| R | O | 1 |
| O | R | 1 |
| O | O | 1 |

Posible Combinación de estados de los componentes del Sistema:

1. Ambos elementos (**A** y **B**) fallados.
2. **A** fallado y **B** en reparación.
3. **B** fallado y **A** en reparación.





# Desarrollo de Ecuaciones

1. Ambos elementos fallados, determinado por la norma IEC-1078.

$$PFD_{avg1oo2} = \frac{1}{T_i}\int_0^{Ti} PFD_A(t) \cdot PFD_B(t) \cdot dt$$

$$PFD_{avg1oo2} = \frac{2\lambda_{DUA}\lambda_{DUB}Ti^2}{6} = \frac{\lambda_{DUA}\lambda_{DUB}Ti^2}{3}$$

# Desarrollo de Ecuaciones

2. **A** fallado y **B** en reparación

$$\lambda_{DUA}T_i\lambda_{DDB}MTTR_B$$

3. **B** fallado y **A** en reparación

$$\lambda_{DUB}T_i\lambda_{DDA}MTTR_A$$



CSF
CONSULTORÍA EN SEGURIDAD FUNCIONAL
7TH CCPS LATIN AMERICAN CONFERENCE ON PROCESS SAFETY

# Desarrollo de Ecuaciones

Arquitectura 1oo2, con el aporte de la falla de causa común.

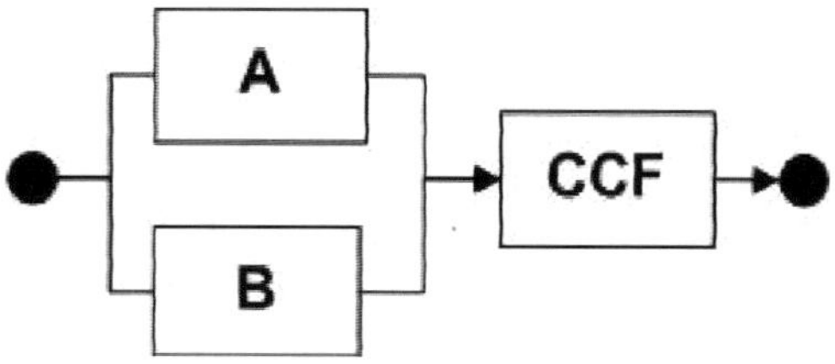


El aporte de la falla de causa común fué determinado mediante el modelo de β de la Norma IEC-61508-6.

Debido a que el modelo de β usa las tasas de fallas y éstas son distintas, el aporte de la causa común puede ser determinado, según SINTEF:

1. Por la mayor de las tasas de Fallas
2. La menor de las tasas de fallas ó
3. Un promedio de estas.

CSF
CONSULTORÍA EN SEGURIDAD FUNCIONAL

7TH CCPS LATIN AMERICAN CONFERENCE ON PROCESS SAFETY

# Desarrollo de Ecuaciones

Aporte de la Falla de Causa Común

1. Promedio de las tasas de falla.

$$PFD_{MooN}^{(CCF)} = C_{MooN} \cdot \beta \cdot \sqrt[N]{\lambda_1 \cdot \lambda_2 \ldots \lambda_N} \cdot \frac{\bar{T}}{2}$$

2. Menor de las tasas de fallas

$$PFD_{MooN}^{(CCF)} = C_{MooN} \cdot \beta \cdot \lambda_{min} \cdot \frac{T_{min}}{2}$$

3. Mayor de las tasas de falla.

$$PFD_{MooN}^{(CCF)} = C_{MooN} \cdot \beta \cdot \lambda_{max} \cdot \frac{T_{max}}{2}$$

7th LACPS · Swissotel · Lima, Peru · August 22-23, 2016

Página 11 de 27

CSF
CONSULTORÍA EN SEGURIDAD FUNCIONAL

7TH CCPS LATIN AMERICAN CONFERENCE ON PROCESS SAFETY

# Desarrollo de Ecuaciones

Ecuación Completa Arquitectura 1oo2, con aporte de falla de causa común

$$PFD_{avg1oo2} = \frac{(1-\beta)^2 \cdot {T_i}^2}{3} \cdot \lambda_{DUA}\lambda_{DUB} + (1-\beta) \cdot (\lambda_{DUA}T_i\lambda_{DDB}MTTR_B + \lambda_{DUB}T_i\lambda_{DDA}MTTR_A) + CCF$$

7th LACPS · Swissotel · Lima, Peru · August 22-23, 2016

Página 12 de 27

CSF
CONSULTORÍA EN SEGURIDAD FUNCIONAL

7TH CCPS LATIN AMERICAN CONFERENCE ON PROCESS SAFETY

# Verificación

1. Redundancia idéntica.

- Software Comercial (basado en el método de bloques de confiabilidad).
- IEC-61508.

Los resultados de las pruebas del uso de las ecuaciones planteadas muestran consistencia en comparación con las ecuaciones de la norma IEC-61508-6 y de un Software commercial para el caso de redundancia idéntica .

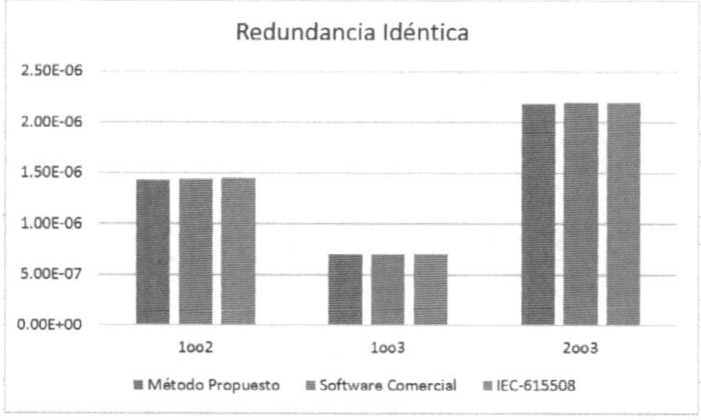





CSF
CONSULTORÍA EN SEGURIDAD FUNCIONAL

7TH CCPS LATIN AMERICAN CONFERENCE ON PROCESS SAFETY


# Verificación

2. Redundancia diversa.

- Software Comercial
- Ecuaciones de Beckman (2001), para lazos complejos de seguridad a través de una aproximación por Ecuaciones Simplificadas.
- El aporte de Falla de Causa Común fue determinado por:
  - Tasa de Falla Mayor, Menor y Promedio de las tasas de fallas.

# Verificación

## 2. Redundancia diversa.

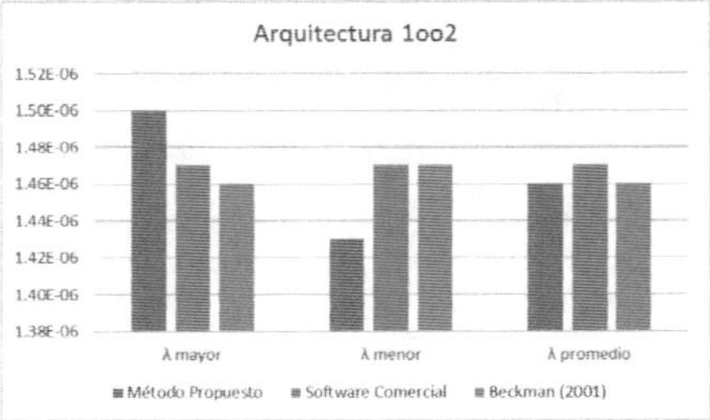


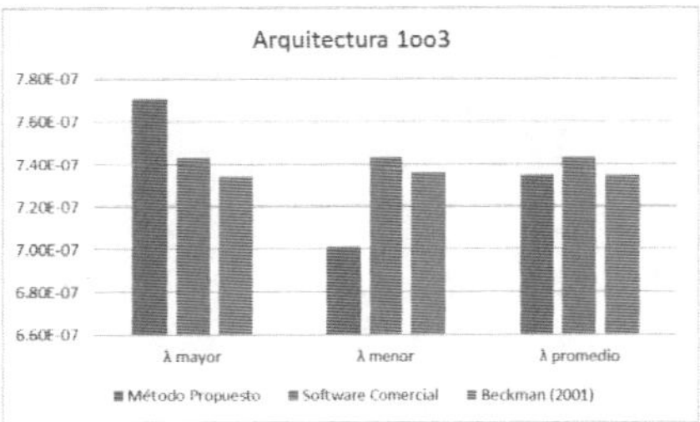


- Para ambas arquitecturas se muestra mayor acercamiento entre los resultados de las pruebas para efectos de la causa común representados por el promedio de las tasas de fallas.





# Verificación

## 2. Redundancia diversa.

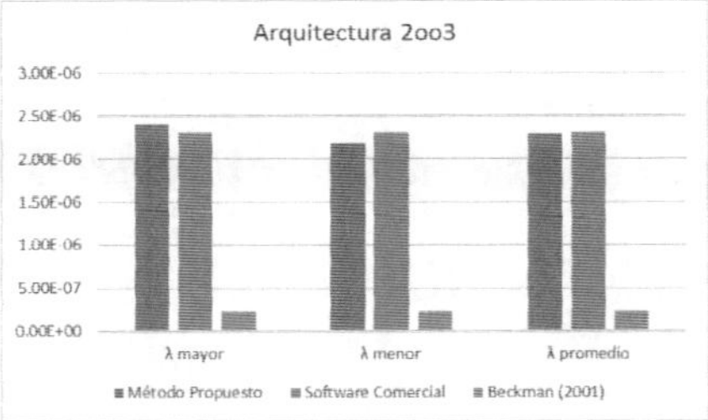


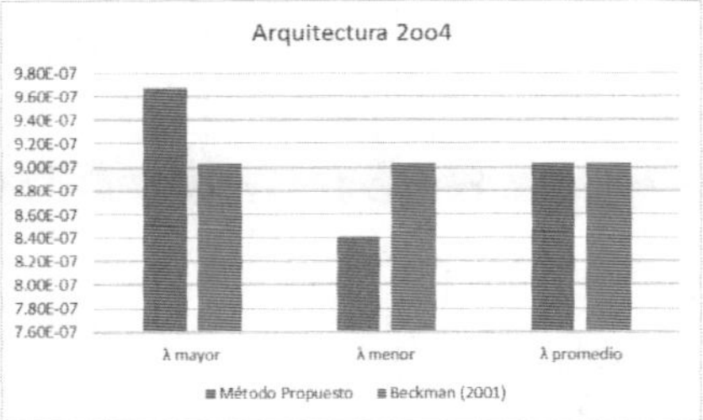


- Para la arquitectura 2oo3, el método propuesto muestra consistencia con las ecuaciones del Software Comercial (0.71% desv. max) y una mayor desviación con respecto a las ecuaciones de Beckman.
- Para la arquitectura 2oo4:
    - El software commercial no provee una solución. El resultado mediante el método propuesto muestra coincidencia (0,01% desv) entre los resultados de las pruebas para efectos de la causa común representados por el promedio de las tasas de fallas con las ecuaciones de Beckman.

# Caso de Estudio

SIF estudiada: paro de emergencia por muy alta presión de gas a quemadores de una caldera.

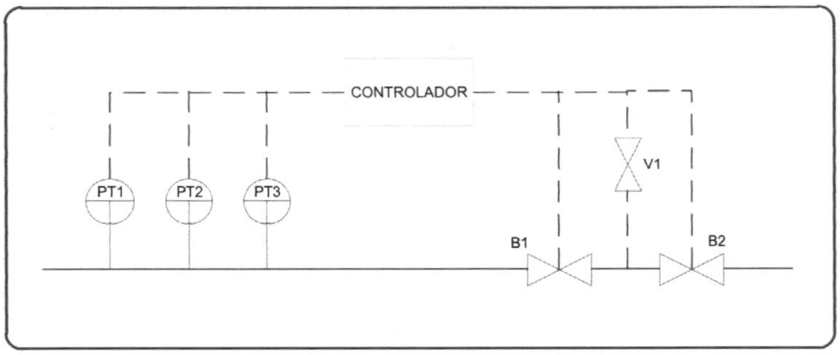




# Caso de Estudio

- Estado Seguro del Proceso

En caso de detectarse muy alta presión en la línea de gas a quemadores se deberá cortar el suministro de gas y se procederá a ventear la línea entre las dos válvulas de bloqueo.

- Arquitectura

2oo3 Sensores

2oo3 Controlador

2oo2 B1 y B2 y 1oo1 V1

# Caso de Estudio

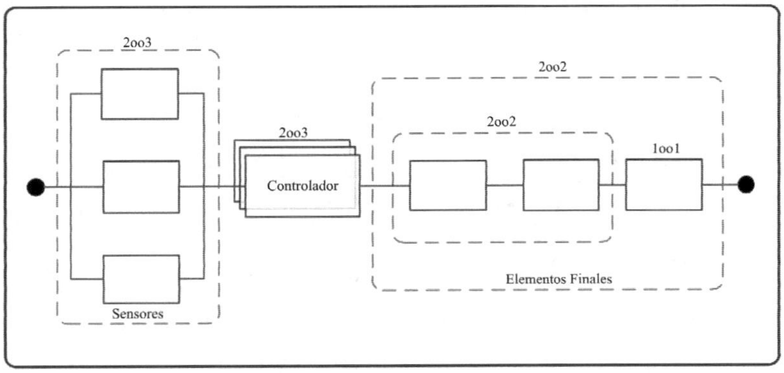






# Caso de Estudio

1. Elementos Redundantes idénticos, para sensores y elementos finales.
2. Elementos Redundantes diversos, para sensores y elementos finales.

# Caso de Estudio

- Para este caso de estudio se usaron tasas de fallas de equipos con la misma tecnología pero de distintos fabricantes.
- El factor de causa común β, fué calculado para los elementos idénticos y diversos de sensores y elementos finales mediante el modelo de β de la norma IEC 61508-6.
- El controlador fué el mismo para los dos escenarios.





# Caso de Estudio

Resultado de FRR de SIF, con elementos redundantes idénticos y redundantes diversos.

Cuando la redundancia de los elementos es diversa el desempeño de la SIF, en cuanto a FFR es mejor que cuando los elementos son redundantes idénticos.
La diversidad reduce la incidencia de falla de causa común, lo que influye en el cálculo de la PFDavg de la SIF.

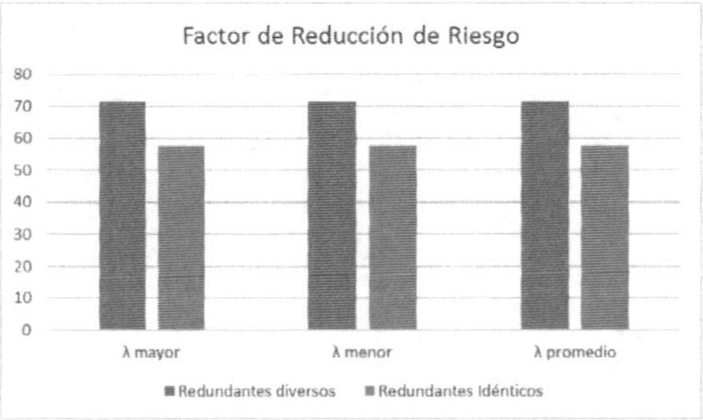

# Conclusiones

- Se establecieron un conjunto ecuaciones matemáticas para determinar la $PFD_{avg}$ de arquitecturas con redundancia diversa 1oo2, 2oo2, 1oo3, 2oo3, 3oo3 y 2oo4., donde sus elementos pueden ser idénticos o diversos respecto a su tasa de falla y tiempo de inspección, basado en los conceptos de la metodología de Bloques de Confiabilidad de la norma IEC 1078 (1991).





# Conclusiones

- Cuando es usado el modelo de β propuesto en la norma IEC-61508-6 para determinar la causa común, este factor disminuye cuando la arquitectura está compuesta por elementos diversos por efecto del cambio de los parámetros en el cálculo del modelo.

CSF
CONSULTORÍA EN SEGURIDAD FUNCIONAL

7TH CCPS LATIN AMERICAN CONFERENCE ON PROCESS SAFETY

# Conclusiones

- En las ecuaciones propuestas el cálculo del aporte de la causa común en arquitecturas con redundancia diversa puede ser calculado de tres maneras, por la menor de las tasas de falla cuando se confía en un elemento de la arquitectura, por la mayor de la tasas de fallas o por un promedio de ellas.
- Cuando la falla de causa común es calculada mediante el promedio de la tasa de falla genera el resultado mas cercano a las ecuaciones usadas para su verificación.



CSF
CONSULTORÍA EN SEGURIDAD FUNCIONAL

7TH CCPS LATIN AMERICAN CONFERENCE ON PROCESS SAFETY

# Conclusiones

- Cuando existe redundancia, la falla de causa común es la que tiene mayor peso en la $PFD_{avg}$, por lo que al disminuir el factor de causa común esta disminuye.

7TH CCPS LATIN AMERICAN CONFERENCE ON PROCESS SAFETY

# Propuesta Metodológica para el Cálculo de los Parámetros de Desempeño de las Funciones Instrumentadas de Seguridad con Redundancia Diversa

- **Mail:** csf.ven@gmail.com / contacto@csf.com.ve
- **Teléfono:** +58-416-684-0929


**Personal Contacto Venezuela:**
**Andreina Cabeza**
FSEng TÜV SÜD TP16051217
cabezaa@csf.com.ve
Skype: Andreina.cabeza

**Personal Contacto Venezuela:**
**Romel Rodríguez**
FSEng TÜV Rheinland 575/07
FSEng TÜV SÜD TP15051090
ISA84 SIS Fundamentals Specialist
PHA Leader
rodriguezrx@csf.com.ve
Skype: Rodriguezrx

**Personal Contacto Perú:**
**Jorge Luis Perez**
Coordinador Desarrollo de Negocios Perú
RPC: 954 184 099
RPM: #945 430 212
perezj@csf.com.ve
Skype: jluisperezlopez

# AUTHOR INDEX